普通高等教育计算机类专业教材

SQL Server 2019 数据库实战教程

主　编　岳付强　曾陈萍　唐承佳

副主编　秦　光　郝红英　张　彝　范　礼

中国水利水电出版社
www.waterpub.com.cn
· 北京 ·

内 容 提 要

本书以教学项目贯穿全书，通过企业项目同步进行拓展实践，从而使读者掌握 SQL Server 2019 数据库管理技术。全书共 9 章，内容包括搭建 SQL Server 2019 数据库环境、数据库的管理、数据表的管理、数据查询、索引与视图、Transact-SQL 编程、存储过程与触发器、SQL Server 的安全管理、数据库的备份与恢复。

本书可作为“数据库原理与应用”课程配套的实训教材，也可作为计算机及相关专业数据库技术课程的教材，还可作为 SQL Server 2019 初学者的自学参考书。

本书提供程序源码，读者可以从中国水利水电出版社网站（www.waterpub.com.cn）或万水书苑网站（www.wsbookshow.com）免费下载。

图书在版编目（CIP）数据

SQL Server 2019 数据库实战教程 / 岳付强，曾陈萍，唐承佳主编. -- 北京 : 中国水利水电出版社，2024. 9.
(普通高等教育计算机类专业教材). -- ISBN 978-7-5226-2702-1

Ⅰ. TP311.132.3

中国国家版本馆 CIP 数据核字第 20245Z5L45 号

策划编辑：寇文杰　　责任编辑：鞠向超　　加工编辑：刘瑜　　封面设计：苏敏

书　　名	普通高等教育计算机类专业教材 SQL Server 2019 数据库实战教程 SQL Server 2019 SHUJUKU SHIZHAN JIAOCHENG
作　　者	主　编　岳付强　曾陈萍　唐承佳 副主编　秦　光　郝红英　张　彝　范　礼
出版发行	中国水利水电出版社 （北京市海淀区玉渊潭南路 1 号 D 座　100038） 网址：www.waterpub.com.cn E-mail：mchannel@263.net（答疑） sales@mwr.gov.cn 电话：（010）68545888（营销中心）、82562819（组稿）
经　　售	北京科水图书销售有限公司 电话：（010）68545874、63202643 全国各地新华书店和相关出版物销售网点
排　　版	北京万水电子信息有限公司
印　　刷	三河市鑫金马印装有限公司
规　　格	184mm×260mm　16 开本　21.25 印张　544 千字
版　　次	2024 年 9 月第 1 版　2024 年 9 月第 1 次印刷
印　　数	0001—2000 册
定　　价	64.00 元

前　言

SQL Server 是 Microsoft（微软）公司推出的适用于大型网络环境的企业级数据库产品，是一个典型的关系型数据库管理系统，它一经推出便得到了用户的广泛认可，成为数据库市场上的一个重要产品。目前，许多行业都在使用 SQL Server 数据库，因此掌握其管理技术是非常有必要的。

本书以教学项目贯穿全书，通过企业项目同步进行拓展实践，从而使读者掌握 SQL Server 2019 数据库管理技术。全书共 9 章，内容包括搭建 SQL Server 2019 数据库环境、数据库的管理、数据表的管理、数据查询、索引与视图、Transact-SQL 编程、存储过程与触发器、SQL Server 的安全管理、数据库的备份与恢复。

本书具有以下几个特点：①理实一体化；②全程项目化；③实战过程化。本书根据读者的思维特点、按照对事务的认知过程组织结构设计，内容由浅入深，详略得当。本书中概念、方法、步骤都有实例讲解，较容易理解，并配有实战训练加以巩固。

本书由西昌学院资助出版，西昌学院岳付强、曾陈萍、唐承佳任主编，负责统稿工作；西昌学院秦光、郝红英、张彝、范礼任副主编，对书稿进行修改和润色。具体编写分工如下：岳付强负责第 2、3、4、6 章，曾陈萍负责第 1、5 章，唐承佳负责第 7 章，秦光和郝红英负责第 8 章，张彝和范礼负责第 9 章。

由于数据库技术的发展日新月异，加上编者水平有限，书中难免有不妥之处，恳请广大读者提出宝贵的意见和建议，以便进一步修订和完善本书。

编　者
2024 年 6 月

目录

第 1 章　搭建 SQL Server 2019 数据库环境

搭建一个可用的 SQL Server 数据库环境，对于初学者来说至关重要。本章在简要介绍 SQL Server 基础知识的基础上，以 SQL Server 2019 为例，介绍如何安装和配置 SQL Server 2019 数据库服务器实例和客户端，为后续业务数据处理的实际操作和应用奠定基础。

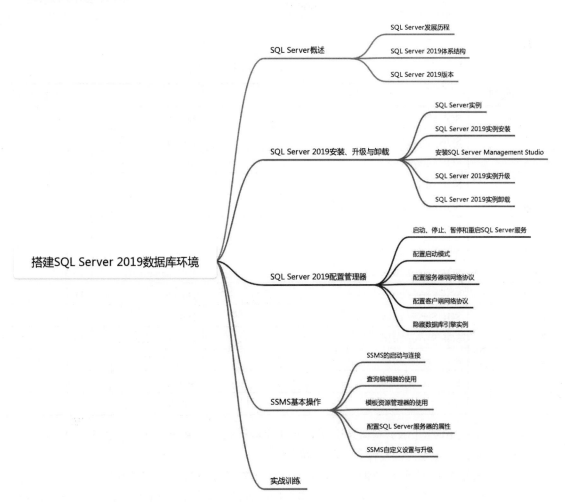

- 搭建SQL Server 2019数据库环境
  - SQL Server概述
    - SQL Server发展历程
    - SQL Server 2019体系结构
    - SQL Server 2019版本
  - SQL Server 2019安装、升级与卸载
    - SQL Server实例
    - SQL Server 2019实例安装
    - 安装SQL Server Management Studio
    - SQL Server 2019实例升级
    - SQL Server 2019实例卸载
  - SQL Server 2019配置管理器
    - 启动、停止、暂停和重启SQL Server服务
    - 配置启动模式
    - 配置服务器端网络协议
    - 配置客户端网络协议
    - 隐藏数据库引擎实例
  - SSMS基本操作
    - SSMS的启动与连接
    - 查询编辑器的使用
    - 模板资源管理器的使用
    - 配置SQL Server服务器的属性
    - SSMS自定义设置与升级
  - 实战训练

1.1 SQL Server 概述

SQL Server 是 Microsoft（微软）公司推出的适用于大型网络环境的关系型数据库管理系统，它一经推出便得到了广大用户的积极响应，成为数据库市场上的一个重要产品。在全球知名的 DB-Engines 数据库排名中，SQL Server 常年稳居榜单第三名。

1.1.1 SQL Server 发展历程

SQL Server 最初由 Microsoft、Sybase 和 Ashton-Tate 三家公司共同研发，是一种广泛应用于网络业务数据处理的关系型数据库管理系统。从 SQL Server 6.0 开始首次由微软公司独立研发，1996 年推出 SQL Server 6.5 版本，1998 年又推出了 SQL Server 7.0 版本，并于 2000 年 9 月发布了 SQL Server 2000，正式进入企业数据库的行列。

2005 年发布的 SQL Server 2005 则标志其真正走向成熟，与 Oracle、IBM DB2 形成了三足鼎立之势。之后 SQL Server 经历了 2008、2008 R2、2012、2014、2016、2017、2019 以及 2022 版本的持续投入和不断进化，各种业务数据处理新技术得到了广泛应用且不断快速发展和完善，其版本发布时间和开发代号，见表 1-1。

表 1-1 SQL Server 版本发布时间和开发代号

发布时间	产品名称	开发代号	内核版本
1995 年	SQL Server 6.0	SQL 95	6.x
1996 年	SQL Server 6.5	Hydra	6.5
1998 年	SQL Server 7.0	Sphinx	7.x
2000 年	SQL Server 2000	Shiloh	8.x
2003 年	SQL Server 2000 Enterprise 64 位版	Liberty	8.x
2005 年	SQL Server 2005	Yukon	9.x
2008 年	SQL Server 2008	Katmai	10.x
2010 年	SQL Server 2008 R2	Kilimanjaro	10.5
2012 年	SQL Server 2012	Denali	11.x
2014 年	SQL Server 2014	Hekaton	12.x
2016 年	SQL Server 2016	Data Explorer	13.x
2017 年	SQL Server 2017	vNext	14.x
2019 年	SQL Server 2019	Seattle	15.x
2022 年	SQL Server 2022	Dallas	16.x

SQL Server 2019（15.x）是微软公司研发的旗舰级数据库和分析平台，该平台提供开发语言、数据类型、本地或云以及操作系统选项。

SQL Server 2019 为所有数据工作负载带来了创新的安全性和合规性功能、业界领先的性能、任务关键型可用性和高级分析，现在还支持内置的大数据，同时带来了十大全新的亮点，将行业领先的性能和 SQL Server 安全性引入所选的语言、平台、结构化和非结构化数据。

（1）利用大数据。SQL Server 2019 具备由 SQL Server、Spark 和 HDFS（Hadoop Distributed File System，Hadoop 分布式文件系统）组成的可扩展计算和存储功能的大数据群集。数据可在扩展数据集市中缓存。

（2）将 AI 引入工作负载。SQL Server 2019 拥有完整的 AI 平台，可使用 Azure Data Studio Notebooks 在 SQL Server ML 服务或 Spark ML 中训练和实施模型。

（3）消除数据迁移的需求。SQL Server 2019 借助数据虚拟化，用户可以查询关系和非关系数据，而无须对数据进行迁移或复制。

（4）了解可视数据并与之进行交互。SQL Server 2019 使用 SQL Server BI 工具和 Power BI 报表服务器进行可视化数据浏览和交互式分析。

（5）对操作数据运行实施分析。SQL Server 2019 使用 HTAP（Hybrid Transactional/Analytical Processing，混合事务析处理）对操作数据进行分析，通过持久内存提高并发性和规模。

（6）自动调整 SQL Server。SQL Server 2019 的智能查询处理功能改善了查询的扩展，自动计划更正功能解决了性能问题。

（7）减少数据库维护时间并延长业务正常运行时间。SQL Server 2019 的在线索引操作可延长业务正常运行时间，还可以使用 Kubernetes 在容器上运行 Always On 可用性组。

（8）提高安全性并保护使用中的数据。SQL Server 2019 支持多个安全层，包括 Always Encrypted Secure Enclave 中的计算保护。

（9）跟踪复杂资源的合规性。SQL Server 2019 通过数据发现和分类（可通过标记确保遵守 GDPR）和漏洞评估工具跟踪合规性。

（10）利用丰富选择和灵活性进行优化。SQL Server 2019 支持选择 Windows、Linux 和容器。在 SQL Server 2019 上运行 Java 代码，并存储和分析图形数据。

1.1.2　SQL Server 2019 体系结构

SQL Server 是典型的客户机/服务器（Client/Server，C/S）体系结构，客户机负责与用户进行交互和数据的显示，服务器负责数据的存取、调用和管理，客户机向服务器发出各种用户请求（语句命令或窗口菜单操作指令），服务器验证权限后根据用户请求处理数据，并将结果返回客户机，如图 1-1 所示。

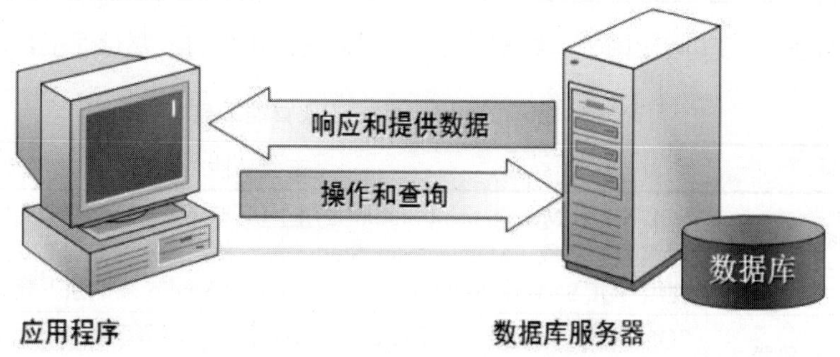

图 1-1　客户机/服务器体系结构

（1）服务器组件。SQL Server 2019 具有大规模处理联机事务、数据仓库和商业智能等许多强大功能，它主要包括数据库引擎（Database Engine）、分析服务（Analysis Services）、集成服务（Integration Services）、报表服务（Reporting Services）以及主数据服务（Master Data Services）等组件。

其中用于操作、管理和控制的 SQL Server 数据库引擎是整个系统的主要核心，它由协议（Protocol）、查询引擎 Query Compilation and Execution Engine、存储引擎（Storage Engine）和 SQLOS（User Mode Operating System）四大组件构成，各客户端提交的操作指令都与这四大组件交互。

在 SQL Server 2019 安装向导的“功能选择”页中，可以选择安装 SQL Server 服务器组件。表 1-2 列出了 SQL Server 2019 的主要服务器组件。

表 1-2　SQL Server 2019 服务器组件

服务器组件	主要功能
Database Engine 数据库引擎	Database Engine 包括数据库引擎（用于存储、处理和保护数据的核心服务）、复制、全文搜索、管理关系数据和 XML 数据工具（以数据分析集成和用于访问 Hadoop 与其他异类数据源的 Polybase 集成的方式）以及使用关系数据运行 Python 和 R 脚本的机器学习服务
Analysis Services 分析服务	Analysis Services 包括一些工具，可用于创建和管理联机分析处理（OLAP）以及数据挖掘应用程序
Integration Services 集成服务	Integration Services 是一组图形工具和可编程对象，用于移动、复制和转换数据。它还包括用于 Integration Services 的“数据质量服务（DQS）”组件
Reporting Services 报表服务	Reporting Services 包括用于创建、管理和部署表格报表、矩阵报表、图形报表以及自由格式报表的服务器和客户端组件。Reporting Services 还是一个可用于开发报表应用程序的可扩展平台
Master Data Services 主数据服务	Master Data Services（MDS）是针对主数据管理的 SQLServer 解决方案。可以配置 MDS 来管理任何领域（产品、客户、账户）；MDS 中可包括层次结构、各种级别的安全性、事务、数据版本控制和业务规则，以及可用于管理数据的用于 Excel 的外接程序
机器学习服务（数据库内）	机器学习服务（数据库内）支持使用企业数据源的分布式、可缩放的机器学习解决方案。支持 R 和 Python
机器学习服务器（独立）	机器学习服务器（独立）支持在多个平台上部署分布式、可缩放机器学习解决方案，并可使用多个企业数据源，包括 Linux 和 Hadoop。支持 R 和 Python

（2）管理工具。在实际应用中，经常使用 SQL Server 2019 的主要管理工具，见表 1-3。

表 1-3　SQL Server 2019 主要管理工具

管理工具	主要功能
SQL Server Management Studio	SQL Server Management Studio 是用于访问、配置、管理和开发 SQL Server 组件的集成环境；Management Studio 使各种技术水平的开发人员和管理员都能使用 SQL Server；SQL Server Management Studio 须单独下载并安装
SQL Server 配置管理器	SQL Server 配置管理器为 SQL Server 服务、服务器协议、客户端协议和客户端别名提供基本配置管理
SQL Server Profiler	SQL Server Profiler 提供了一个图形用户窗口，用于监视数据库引擎实例或 Analysis Services 实例
数据库引擎优化顾问	数据库引擎优化顾问可以协助创建索引、索引视图和分区的最佳组合

续表

管理工具	主要功能
数据质量客户端	数据质量客户端提供了一个非常简单和直观的图形用户窗口，用于连接到 DQS 数据库并执行数据清理操作。它还允许用户集中监视在数据清理操作过程中执行的各项活动
SQL Server Data Tools	SQL Server Data Tools 提供 IDE 以便为以下商业智能组件生成解决方案：Analysis Services、Reporting Services 和 Integration Services（以前称作 Business Intelligence Development Studio）；SQL Server Data Tools 还包含数据库项目，为数据库开发人员提供集成环境，以便在 Visual Studio 内为任何 SQL Server 平台（包括本地和外部）执行其所有数据库设计工作，数据库开发人员可以使用 Visual Studio 中功能增强的服务器资源管理器轻松创建或编辑数据库对象和数据或执行查询
连接组件	连接组件安装用于客户端和服务器之间通信的组件，以及用于 DB-Library、ODBC 和 OLE DB 的网络库

1.1.3　SQL Server 2019 版本

SQL Server 2019 为 SQL Server 引入了大数据群集，它还为 SQL Server 数据库引擎、SQL Server Analysis Services、SQL Server 机器学习服务、Linux 上的 SQL Server 和 SQL Server Master Data Services 提供了附加功能和改进。

SQL Server 2019 共有 5 个版本，主要包括 Enterprise（企业版）、Standard（标准版）、Web（网站版）、Developer（开发人员版）和 Express（精简版），后两个版本可免费下载使用，其版本及主要功能见表 1-4。

表 1-4　SQL Server 2019 版本及主要功能

版本	主要功能
Enterprise	提供了全面的高端数据中心功能，具有极高的性能和无限的虚拟化功能，以及端到端的商业智能，可为关键任务的工作负载和终端用户访问数据提供高服务水平
Standard	提供了基本的数据管理和商业智能数据库，使部门和小型组织能运行其应用程序，并支持用于现场和云的通用开发工具，使数据库能够以最少的 IT 资源进行有效管理
Web	是一种低总拥有成本的选项，可供 Web 主机和 Web VAPs 使用，以便为从小到大规模的 Web 属性提供可伸缩性、可负担性和可管理性功能
Developer	允许开发人员在 SQL Server 之上构建任何类型的应用程序。它包含 Enterprise 版的所有功能，但被授权作为开发和测试系统使用，而不是作为生产服务器使用。Developer 版是构建和测试应用程序的人员的理想选择
Express	Express 版是入门级的免费数据库，是学习和构建桌面和小型服务器数据驱动应用程序的理想选择。对于构建客户端应用程序的独立软件供应商、开发人员和爱好者来说，这是最好的选择。如果您需要更高级的数据库功能，则可以无缝地将 SQL Server Express 升级到其他更高级的 SQL Server 版本。SQL Server Express Local DB 是一个轻量级的 Express 版本，它具有所有可编程特性，以用户模式运行，具有快速零配置安装和简短的特点

1.2 SQL Server 2019 安装、升级与卸载

不同版本的 SQL Server 在安装时对软件和硬件的要求是不同的，可供安装的数据库组件内容也不完全相同，但安装过程大同小异。下面以在 Windows 10 操作系统下安装 SQL Server 2019 为例进行讲解。

1.2.1 SQL Server 实例

SQL Server 数据库引擎实例，包括一组该实例私有的程序和数据文件，同时也和其他实例共享一组程序和数据文件。SQL Server 2019 其他类型的实例，如分析服务实例、报表服务实例也使用相同的机制，这些实例拥有自己的一组程序和数据文件。

一台计算机上可以包括一个或多个 SQL Server 实例。每一个实例都独立于其他的实例运行，都可以看作一个独立的数据库“服务器”。应用程序可以分别连接到不同的实例进行工作。数据库管理员也是通过连接到实例后，对数据库进行管理和维护的。

SQL Server 实例以名称进行区分，用户可以指定实例名称，也可以使用默认的实例名称。

（1）命名实例。命名实例是指通过计算机的网络名称和实例名称来标识 SQL Server 数据库的实例。具体格式如下：

计算机名称\实例名称

（2）默认实例。默认情况下，系统可以通过计算机的网络名称来识别 SQL Server 实例。SQL Server 服务默认的实例名称是 MSSQLSERVER。

可以在操作系统的“服务”程序中查看 SQL Server 实例的名称。

实例名称要求以字母开头，可以与符号“&”或下划线“_”连用，也可以包含数字、字母和其他字符。不同的实例可以设置不同的排序规则、安全性和其他选项。不同实例的目录结构、注册表结构、服务名称等，都是以实例的名称来进行区分的。

注意：在实际应用中，SQL Server 实例所在的计算机的名称往往是以计算机的 IP 地址来标识的。因为这样比较方便和简单。

使用多个命名实例有时对工作是十分有帮助的，主要在以下情况中使用多个命名实例。

（1）当使用一台计算机测试多个版本的 SQL Server 数据库时。

（2）当测试服务包、开发数据库和应用时。

（3）当不同的用户需要使用独立的系统和数据库，并要求具有管理权限时。

（4）当应用程序内嵌了桌面引擎数据库，而用户又需要安装自己的独立的数据库实例时。

1.2.2 SQL Server 2019 实例安装

SQL Server 安装向导提供了一个用于安装所有 SQL Server 组件的功能树，以便用户根据需要分别安装这些组件。利用下载好的 SQL Server 2019 安装向导进行安装的步骤如下。

（1）进入微软官网，下载最新的 SQL Server 2019 安装向导。

（2）双击下载好的 SQL Server 2019，即可打开“选择安装类型”窗口。在其中单击“自定义”类型，如图 1-2 所示。

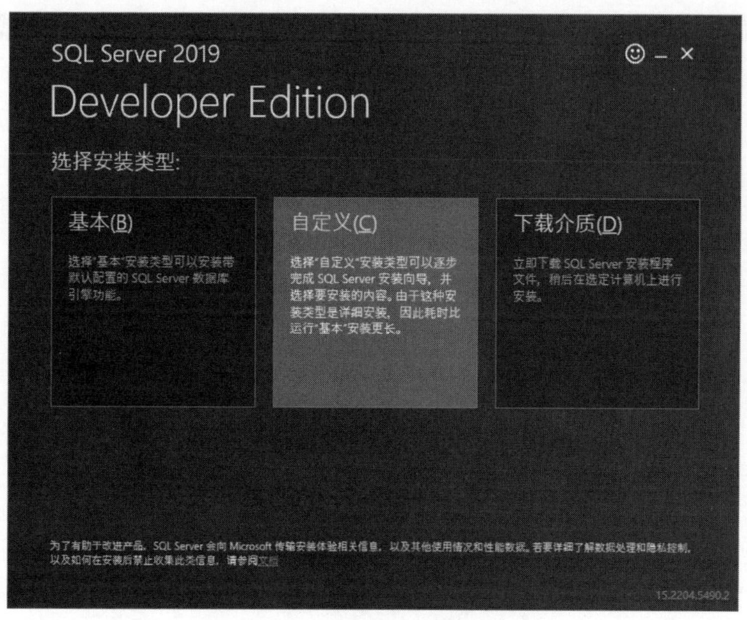

图 1-2　“选择安装类型”窗口

（3）打开“指定 SQL Server 媒体下载目标位置”窗口，在其中设置 SQL Server 2019 的选择语言及媒体位置，如图 1-3 所示，再单击“安装”按钮。

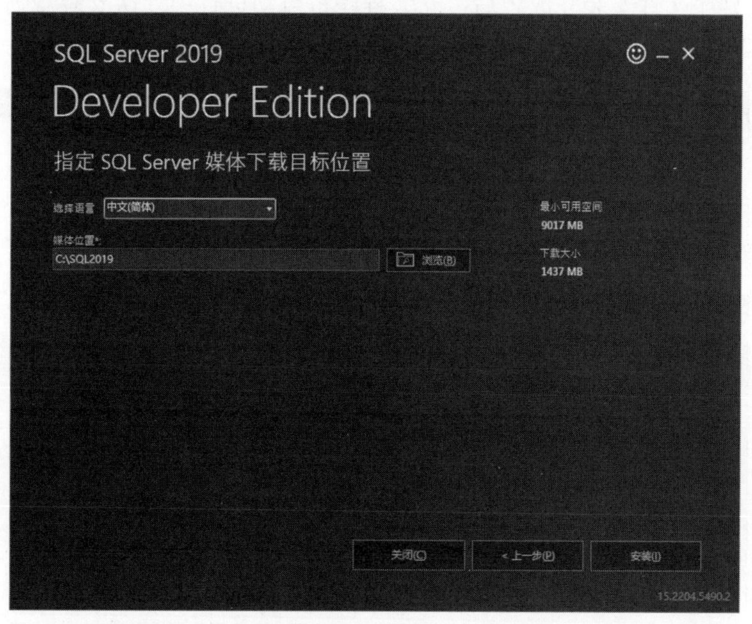

图 1-3　“指定 SQL Server 媒体下载目标位置”窗口

（4）安装完成后向导自动进入“SQL Server 安装中心”窗口，先单击左侧导航栏中的“安装”按钮，然后选择“全新 SQL Server 独立安装或向现有安装添加功能”选项，如图 1-4 所示。

（5）通过规则检查后，进入“Microsoft 更新”窗口。勾选“使用 Microsoft 更新检查更新”复选框后，单击“下一步”按钮。

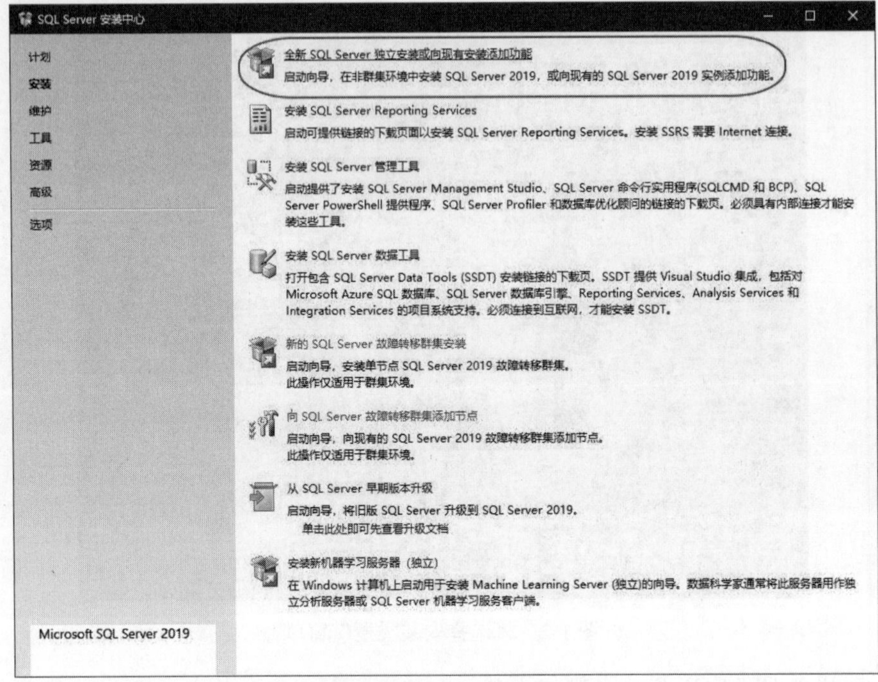

图 1-4 “SQL Server 安装中心”窗口

（6）安装程序文件安装完成之后，安装程序将自动进行第二次安装规则的检测，“安装规则”窗口如图 1-5 所示，单击“下一步”按钮。

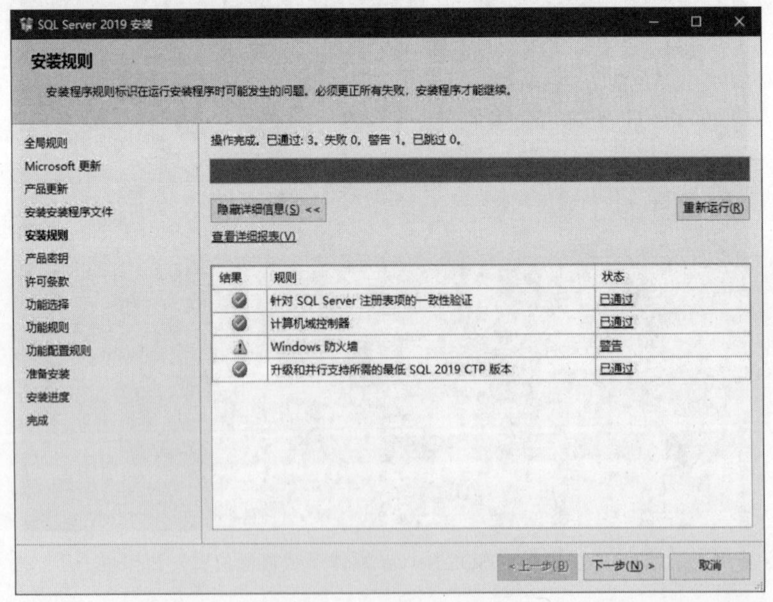

图 1-5 “安装规则”窗口

（7）进入“产品密钥”窗口。从下拉列表框中选择某个选项以安装免费的 SQL Server 版本，或者安装具有 PID 密钥的生产版本，单击“下一步”按钮。

（8）进入“许可条款”窗口。勾选“我接受许可条款”复选框，然后单击“下一步”按钮。

（9）进入“功能选择”窗口。勾选中“数据库引擎服务”复选框，如图 1-6 所示，单击“下一步”按钮。

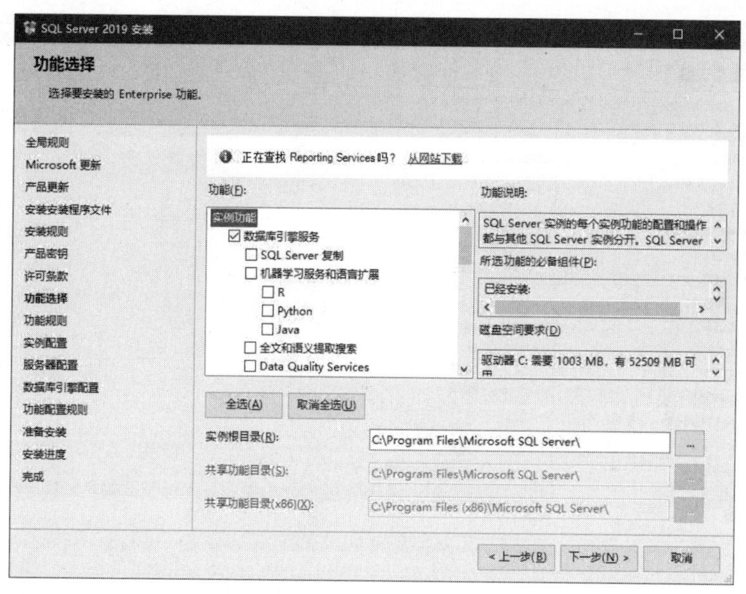

图 1-6　“功能选择”窗口

（10）进入“实例配置”窗口。在此选择“默认实例”（一台服务器只能有一个默认实例）或“命名实例”（需要输入有效的命名实例名称）选项后，单击“下一步”按钮。

（11）进入“服务器配置”窗口。保持默认配置，单击“下一步”按钮。

（12）进入“数据库引擎配置”窗口。在“服务器配置”选项卡中选择使用混合模式，输入密码后单击“添加当前用户”按钮，如图 1-7 所示，单击“下一步”按钮。（提示：还可利用其他选项卡进行更多的设置。）

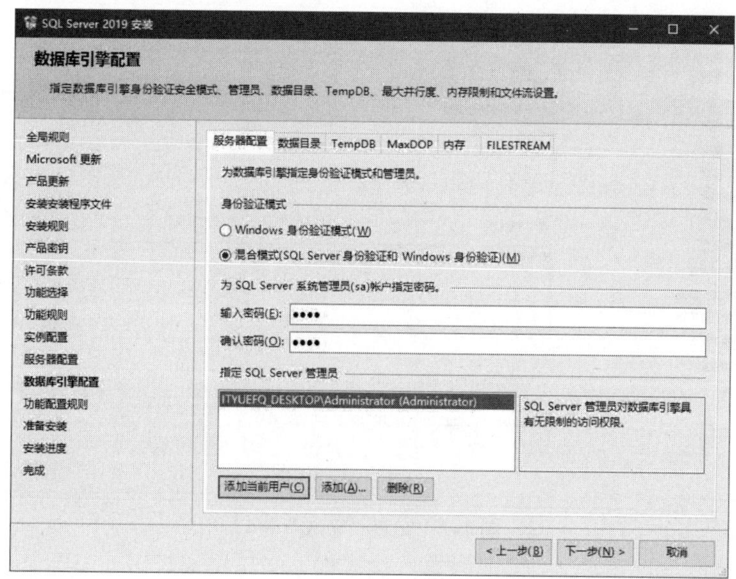

图 1-7　“数据库引擎配置”窗口

（13）进入“准备安装”窗口。该窗口中描述了安装向导记录的所有配置信息，如图 1-8 所示。单击“安装”按钮，出现“安装进度”窗口。

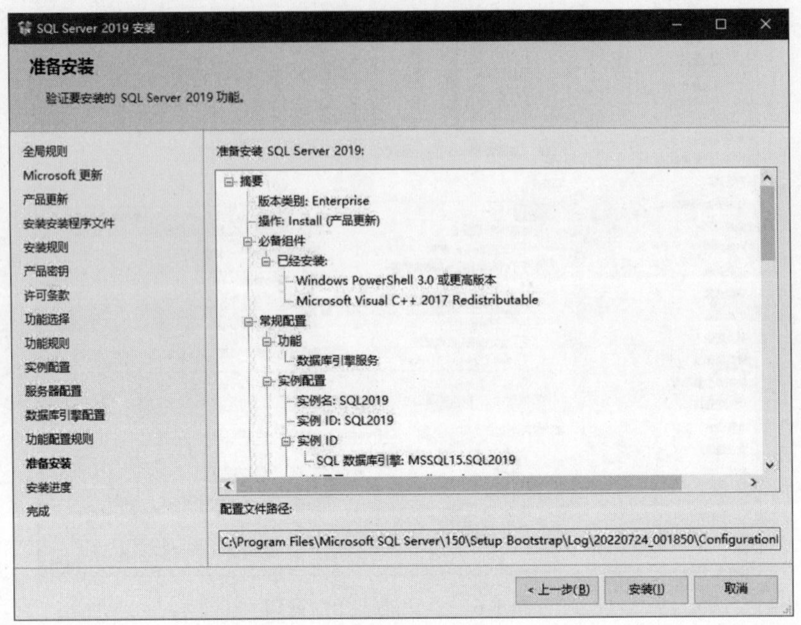

图 1-8 “准备安装”窗口

（14）等待安装完成后，出现“完成”窗口，如图 1-9 所示。单击“关闭”按钮即可完成 SQL Server 2019 实例的安装。

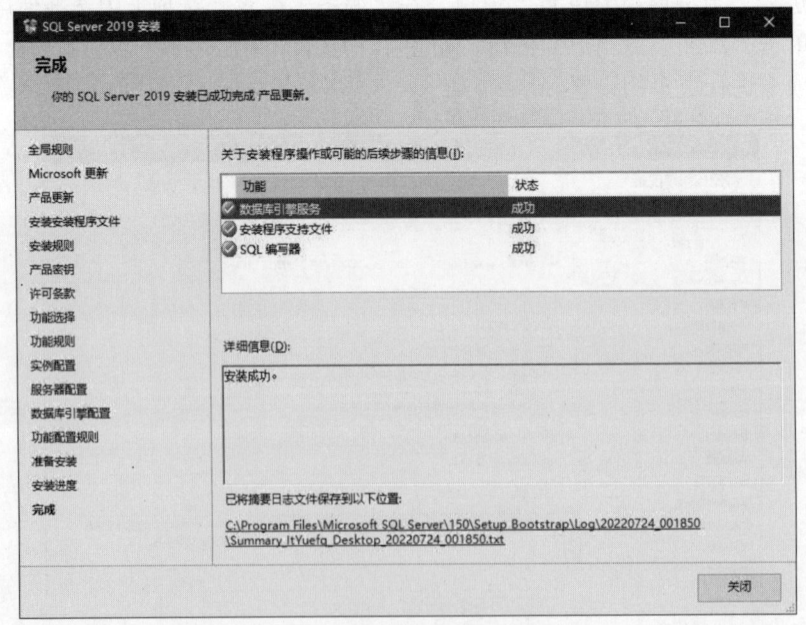

图 1-9 安装“完成”窗口

SQL Server 2019 实例安装完成后，可以通过以下方式来确认其是否安装成功。

（1）在 Windows 系统下，通过“计算机管理”窗口中的“服务”选项，可以看到对应的服务项。其中，SQL Server（SQL2019）实例服务为“正在运行”状态时，表示数据库引擎可用，如图 1-10 所示。此时，用户可以连接到 SQL Server 2019 实例，进行数据库相关操作。

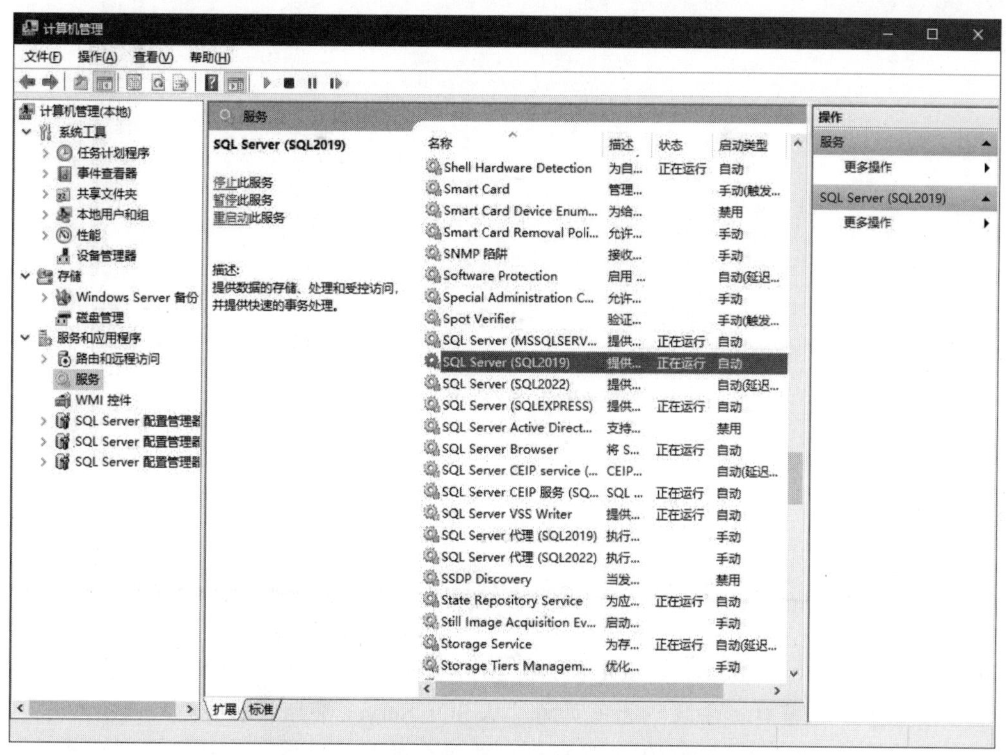

图 1-10　“计算机管理”窗口下的“服务”选项

（2）在 Windows 系统下，通过选择“开始菜单”中“Microsoft SQL Server 2019”文件夹下的“SQL Server 2019 配置管理器”选项，打开 Sql Server Configuration Manager 窗口。在其中同样可以看到 SQL Server（SQL2019）实例服务为“正在运行”状态，如图 1-11 所示。

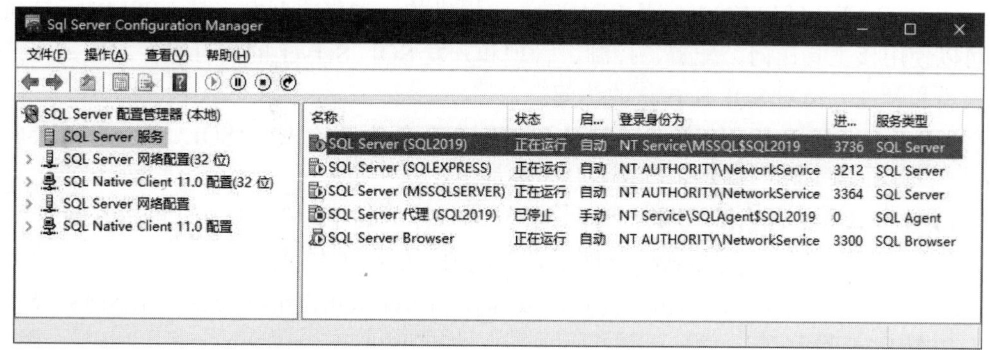

图 1-11　“Sql Server Configuration Manager”窗口下的“SQL Server 服务”选项

在 SQL Server 2019 安装过程中，会为每个服务器组件生成一个实例 ID（形式为 MSSQL15.n，其中 n 为实例名称，默认实例名称为 MSSQLSERVER），在所选择的安装目录下，可以看到图 1-12 所示的目录结构。

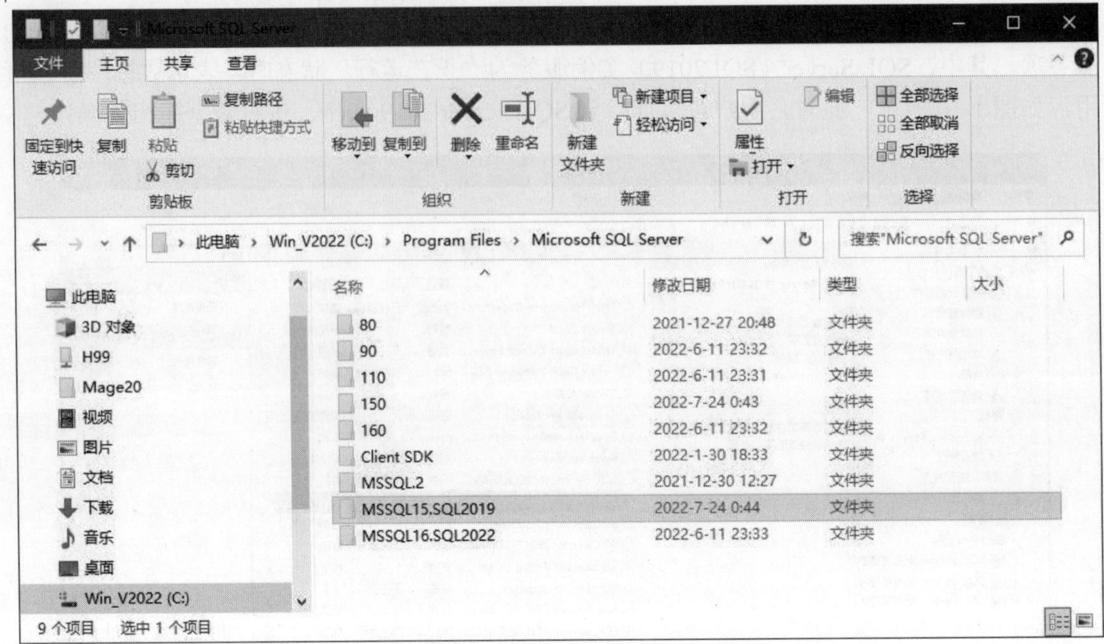

图 1-12　SQL Server 安装目录结构

注意：若计算机已安装过 SQL Server 的其他版本，需要升级到 SQL Server 2019，则有以下两种方式。

- 若需要从旧(低)版本(如 SQL Server 2017)升级到 SQL Server 2019，单击“SQL Server 安装中心”窗口“安装”选项页的“从 SQL Server 早期版本升级”选项即可。
- 若需要从 SQL Server 2019 升级到功能更全的其他版本，如标准版到企业版，单击“SQL Server 安装中心”窗口“维护”选项页的“版本升级”选项即可。

1.2.3　安装 SQL Server Management Studio

SQL Server 2019 提供了图形用户窗口的数据库开发和管理工具，该工具就是 SQL Server Management Studio（SSMS），它是 SQL Server 提供的一种集成开发工具。SSMS 工具简易直观，可以使用该工具访问、配置、控制、管理和开发 SQL Server 的所有组件，极大地方便了开发人员和管理人员对 SQL Server 的访问。

在 SQL Server 2019 实例安装完成后，默认情况下并没有安装 SQL Server Management Studio 工具，还需单独下载安装，其安装步骤如下。

（1）在 SQL Server 2019 安装向导的“SQL Server 安装中心”窗口中，单击左侧的“安装”按钮，然后选择“安装 SQL Server 管理工具”选项，如图 1-13 所示。

（2）在打开的页面中，单击“免费下载 SQL Server Management Studio (SSMS) 18.12.1”链接，如图 1-14 所示。

（3）下载完成后，双击下载的 SSMS-Setup-CHS.exe 文件，打开“SQL Server Management Studio 安装”窗口，单击“安装”按钮，如图 1-15 所示。

（4）系统开始自动安装并显示安装进度，安装完成后，在“完成安装”窗口中单击“关闭”按钮即可，如图 1-16 所示。

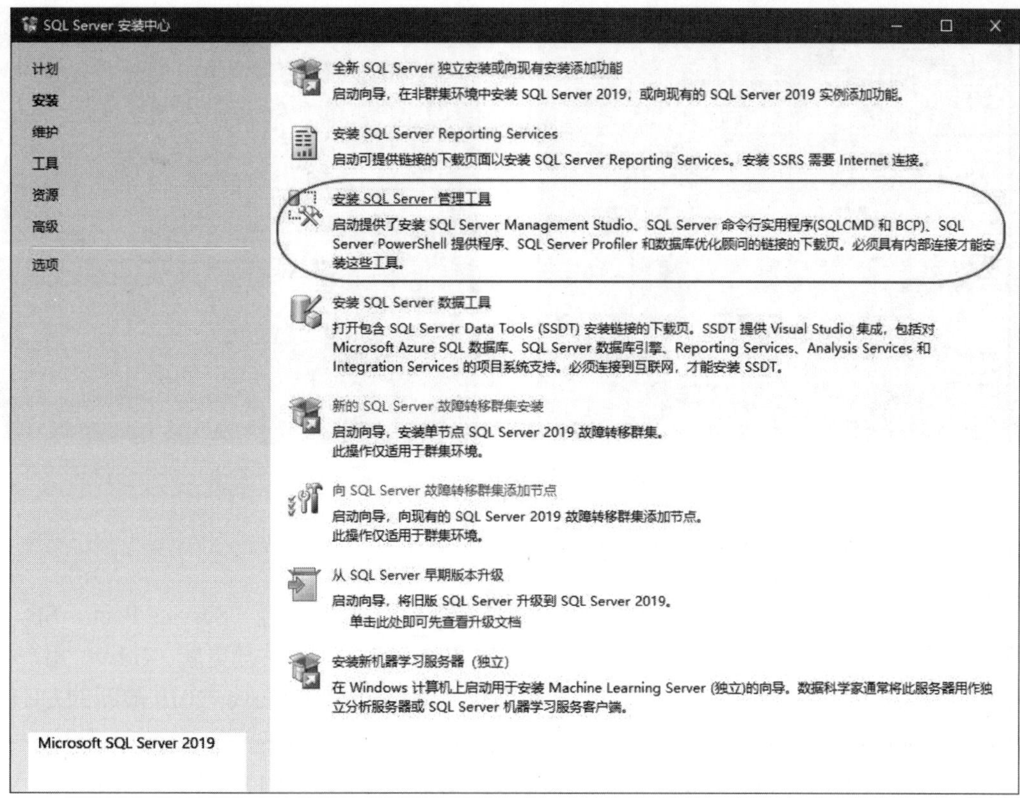

图 1-13　“SQL Server 安装中心”窗口

下载 SQL Server Management Studio (SSMS)

项目 • 2022/07/21 • 42 个参与者

适用于：SQL Server（所有支持的版本）Azure SQL 数据库 Azure SQL 托管实例 Azure Synapse Analytics

SQL Server Management Studio (SSMS) 是一种集成环境，用于管理从 SQL Server 到 Azure SQL 数据库的任何 SQL 基础结构。SSMS 提供用于配置、监视和管理 SQL Server 和数据库实例的工具。使用 SSMS 部署、监视和升级应用程序使用的数据层组件，以及生成查询和脚本。

使用 SSMS 在本地计算机或云端查询、设计和管理数据库及数据仓库，无论它们位于何处。

下载 SSMS

要下载 SSMS 19 预览版 2，请访问下载 SSMS 19。

免费下载 SQL Server Management Studio (SSMS) 18.12.1

SSMS 18.12.1 是最新正式发布 (GA) 版本。如果你安装的是 SSMS 18 旧的 GA 版本，请安装 SSMS 18.12.1 将它升级到 18.12.1。

- 版本号：18.12.1
- 生成号：15.0.18424.0
- 发布日期：2022 年 6 月 21 日

图 1-14　“下载 SQL Server Management Studio (SSMS)”窗口

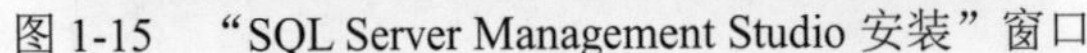

图 1-15 “SQL Server Management Studio 安装”窗口

图 1-16 “完成安装”窗口

1.2.4 SQL Server 2019 实例升级

微软公司不再为 SQL Server 2017 及更高版本提供传统的服务包（Service Pack，SP），而是提供一种新式服务模型（MSM），即仅提供累积更新（CUs）和关键更新（Gdr）。用户可根据需要自行到微软官网上查看和下载最新的更新包。下面以 SQL Server 2019 最新的 CU16 累积更新包为例讲解如何进行升级。

（1）双击下载好的 CU16 累积更新包（SQLServer2019-KB5011644-x64.exe）文件，进入“许可条款”窗口，勾选“我接受许可条款和(A) 隐私声明”复选框后，单击“下一步”按钮，如图 1-17 所示。

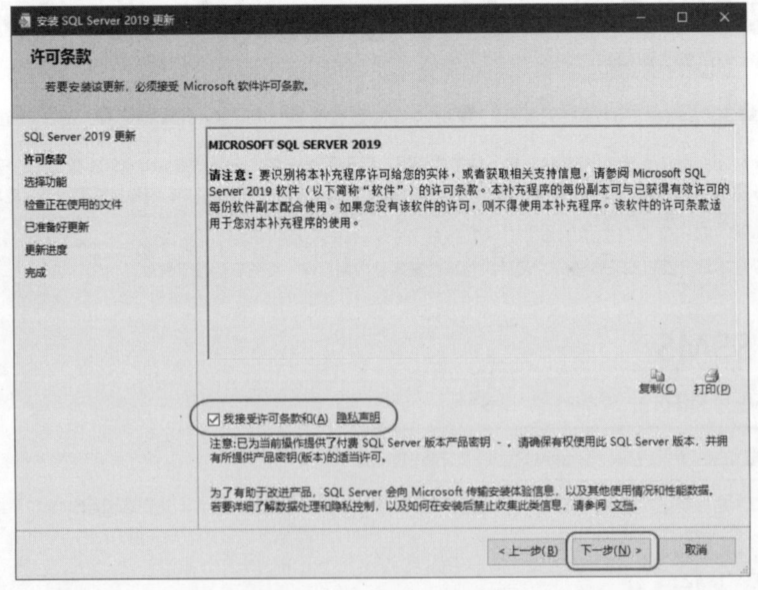

图 1-17 “许可条款”窗口

（2）进入“选择功能”窗口，勾选需要升级的 SQL Server 2019 实例复选框后，单击“下一步”按钮，如图 1-18 所示。

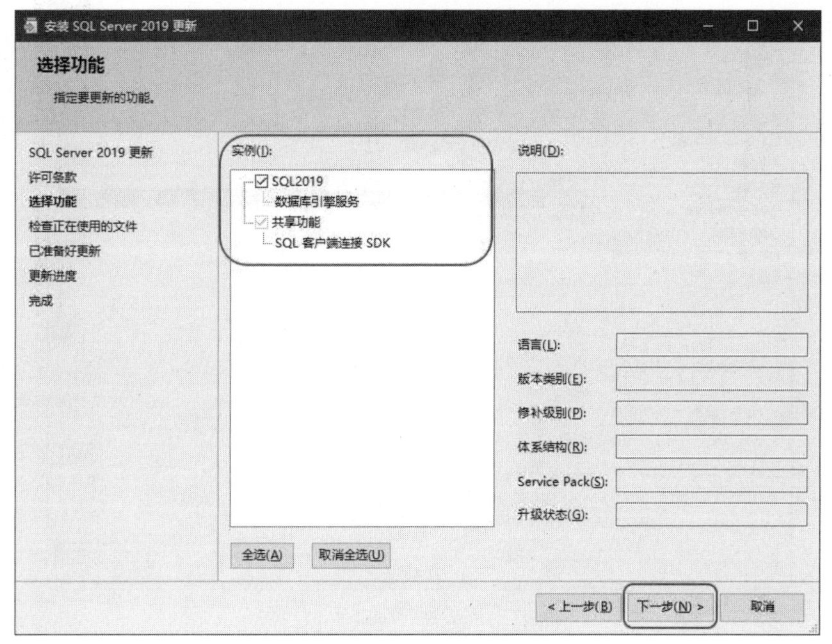

图 1-18　“选择功能”窗口

（3）等待系统自动完成“检查正在使用的文件”的操作后，单击“下一步”按钮。

（4）进入“已准备好更新”窗口，显示向导设置的详细信息。确认信息无误后，单击“更新”按钮，如图 1-19 所示。

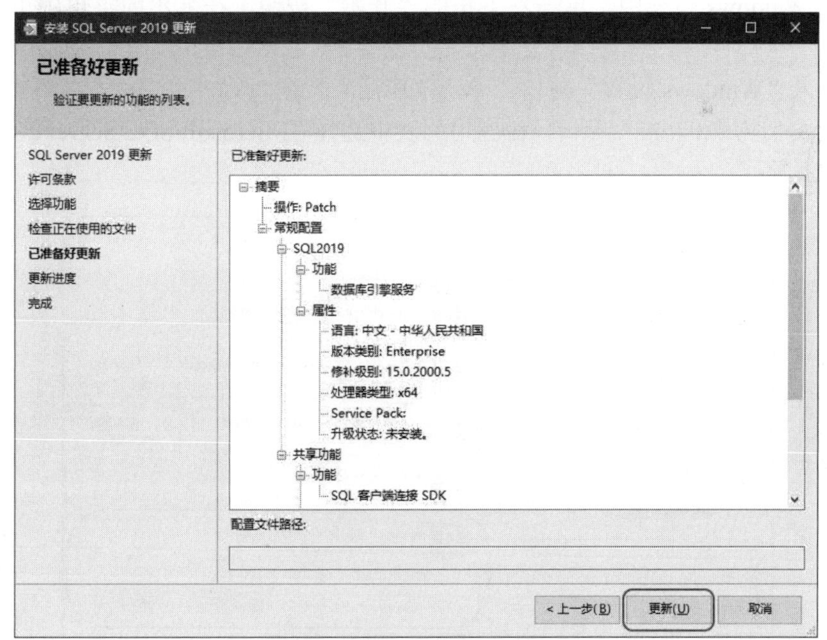

图 1-19　“已准备好更新”窗口

（5）等待安装进度完成后，出现更新“完成”窗口，如图 1-20 所示。单击“关闭”按钮即可完成 SQL Server 2019 数据库实例的升级。

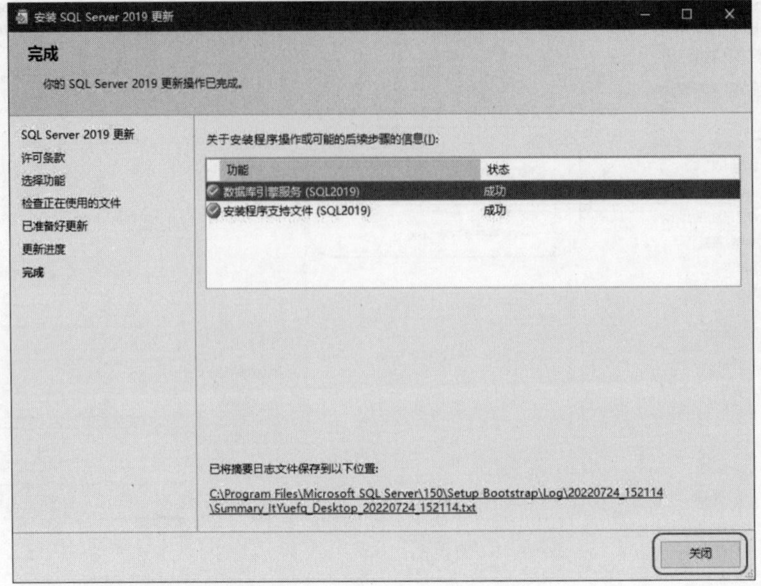

图 1-20 更新“完成”窗口

1.2.5 SQL Server 2019 实例卸载

如果 SQL Server 2019 实例被损坏或确定不再需要了，可以将其从计算机中卸载，卸载过程如下。

（1）在 Windows 系统中，单击左下角的“开始”按钮，在弹出的菜单中单击“设置”命令。

（2）进入“Windows 设置”窗口，单击“应用”按钮。

（3）进入“应用和功能”窗口，在应用列表中选择“Microsoft SQL Server 2019（64-bit）”项，如图 1-21 所示。

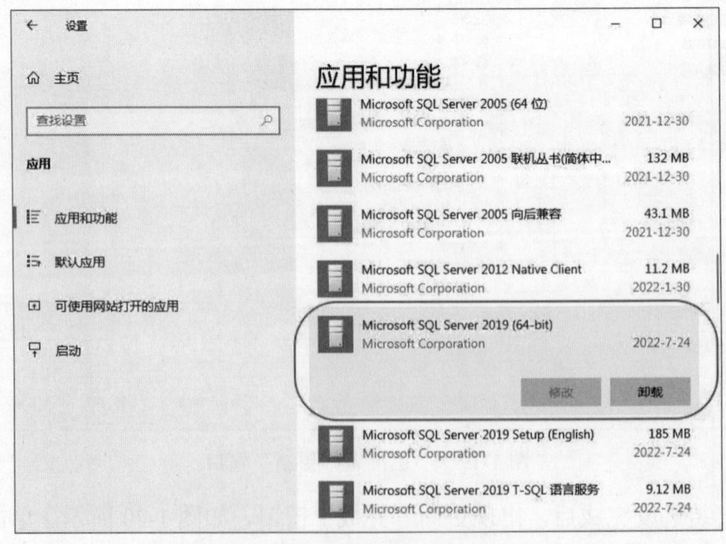

图 1-21 “应用和功能”窗口

（4）单击“卸载”按钮，弹出“确认卸载”对话框，再次单击“卸载”按钮，弹出图 1-22 所示的信息提示对话框。

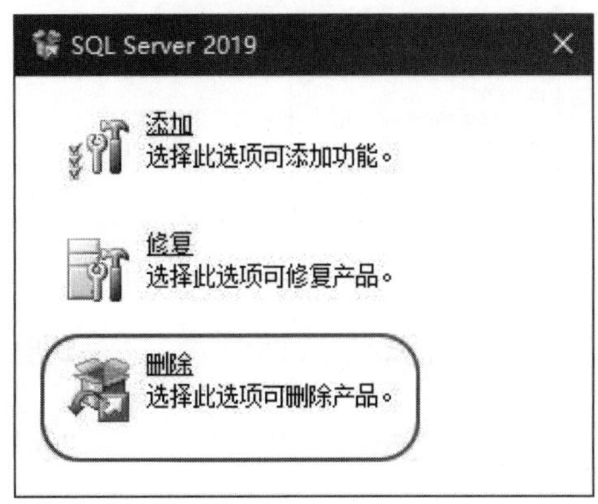

图 1-22　信息提示对话框

（5）单击“删除”链接，打开“选择实例”窗口，选中需要卸载的 SQL 2019 实例，如图 1-23 所示。

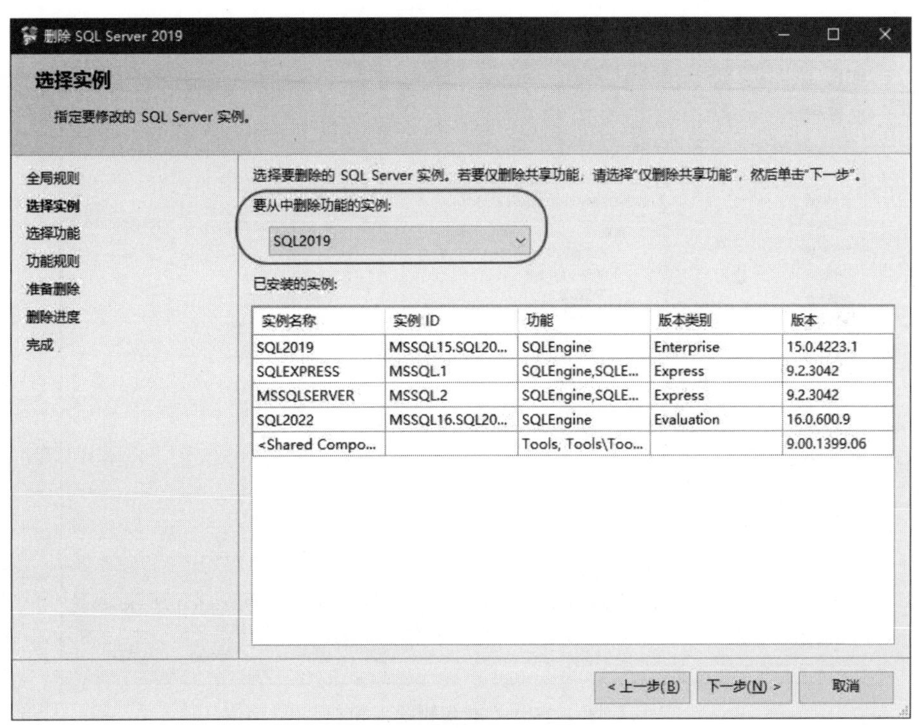

图 1-23　“选择实例”窗口

（6）单击“下一步”按钮，打开“选择功能”窗口，选中需要卸载的功能，如图 1-24 所示。

（7）单击“下一步”按钮，打开“准备删除”窗口，显示向导设置的详细信息，如图 1-25 所示。

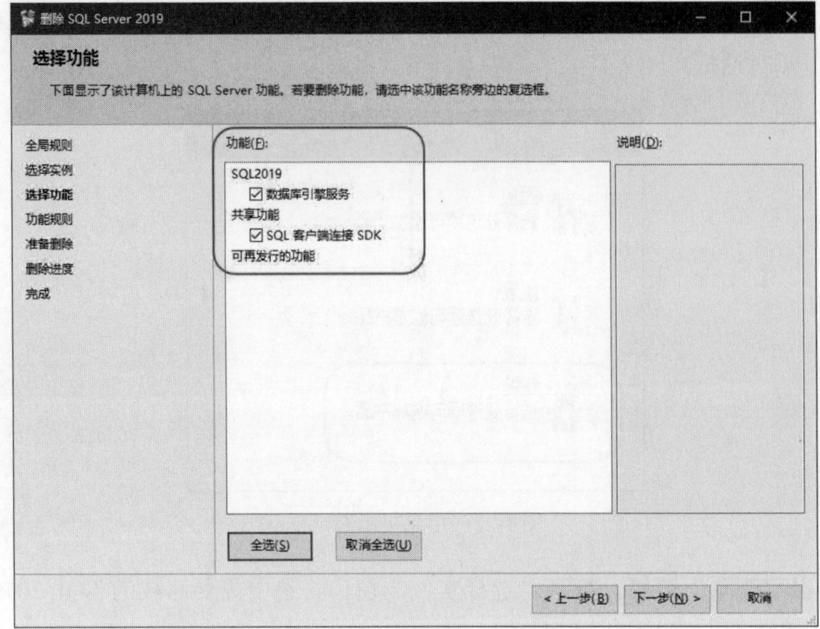

图 1-24 “选择功能”窗口

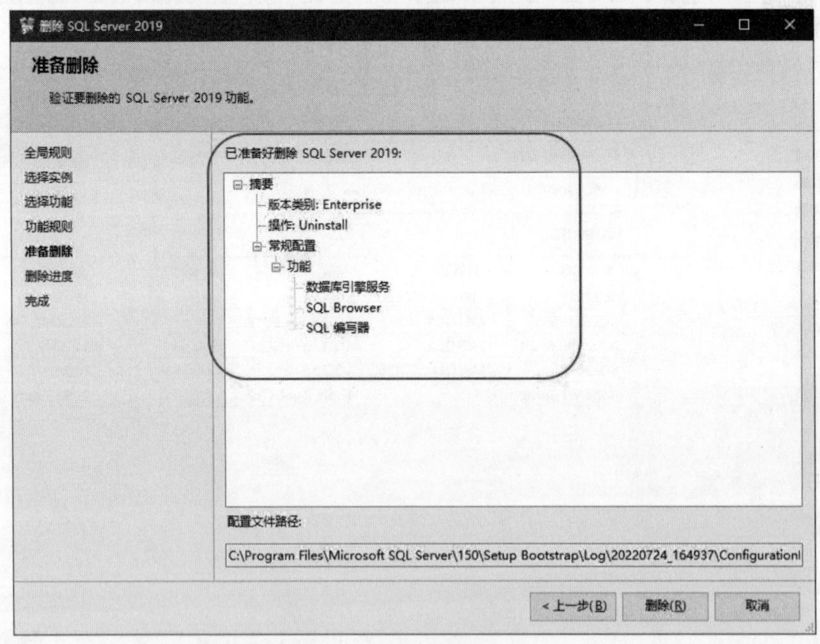

图 1-25 “准备删除”窗口

（8）单击“删除”按钮，然后等待完成删除操作后，出现“完成”窗口，如图 1-26 所示。

（9）单击“关闭”按钮，即可完成 SQL Server 2019 实例的卸载操作。

注意：某个 SQL Server 2019 实例卸载操作完成后，在 Windows 系统“开始”菜单里依然保留有 SQL Server 2019 文件夹及部分菜单项，以方便再次安装。同时，在系统安装目录下，依然保留实例 ID 目录结构，用来保留用户的数据库文件。

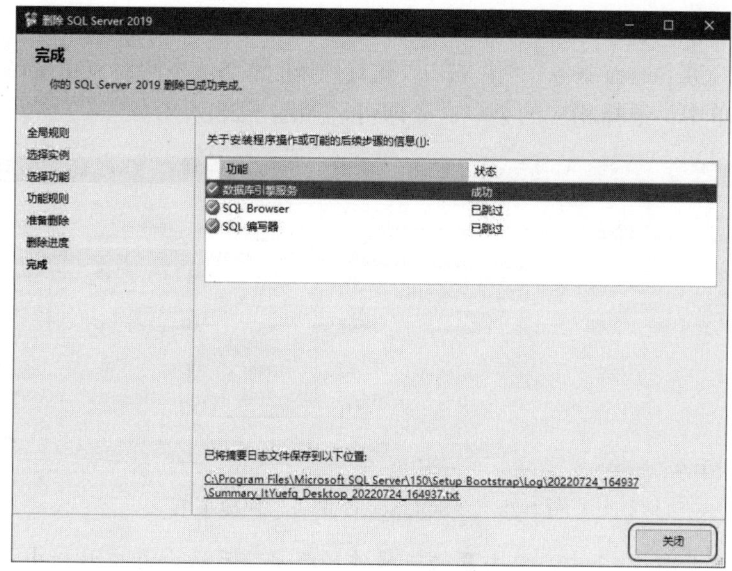

图 1-26 “完成”窗口

1.3 SQL Server 2019 配置管理器

SQL Server 配置管理器是 SQL Server 提供的一种配置工具，用于管理与 SQL Server 相关联的服务、配置 SQL Server 使用的网络协议，以及从 SQL Server 客户机端管理网络连接配置。使用 SQL Server 配置管理器可以启动、停止、暂停和重启服务，可以更改服务使用的账户，还可以查看或更改服务器属性。

单击 Windows 系统“开始”菜单“Microsoft SQL Server 2019”文件夹下的“SQL Server 2019 配置管理器”选项，打开“Sql Server Configuration Manager”工具，进行 SQL Server 2019 的相关配置操作，如图 1-27 所示。

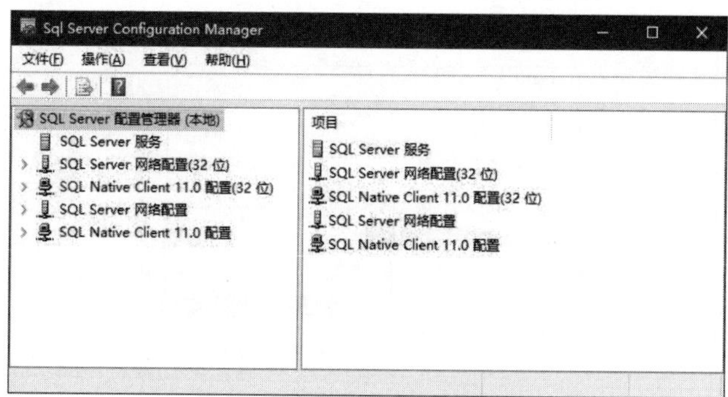

图 1-27 “Sql Server Configuration Manager”工具

1.3.1 启动、停止、暂停和重启 SQL Server 服务

使用 SQL Server 配置管理器进行 SQL Server 服务的启动、停止、暂停和重启等基本操作，操作步骤如下。

（1）打开“SQL Server 配置管理器”窗口。

（2）展开“SQL Server 服务”项，右击要进行操作的服务［本例为SQL Server（SQL2019）］，在弹出的快捷菜单中，选择相应的菜单命令即可，如图 1-28 所示。

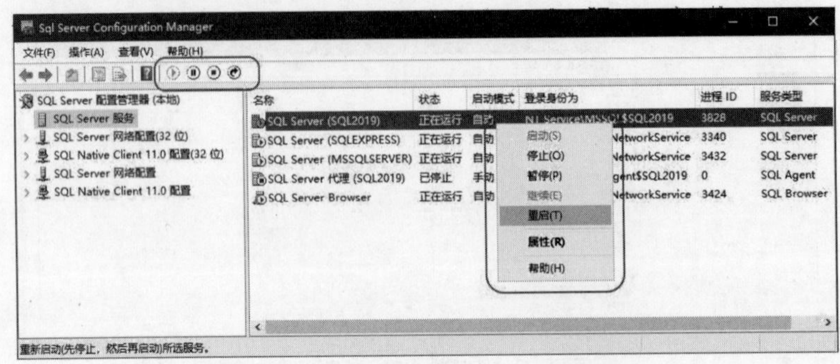

图 1-28 “SQL Server 服务”快捷菜单

提示：在上述步骤（2）中，单击要进行操作的服务，系统会在工具栏中添加“启动服务”“暂停服务”“停止服务”和“重启服务”4 个按钮。通过这些按钮，也可以对该服务进行启动、暂停、停止和重启等操作。同样，还可以通过“操作”菜单下的相应菜单项来完成这些操作。

1.3.2 配置启动模式

为 SQL Server 2019 配置启动模式，操作步骤如下。

（1）打开“SQL Server 配置管理器”窗口。

（2）展开“SQL Server 服务”项，右击要进行操作的服务［本例为SQL Server（SQL2019）］，在弹出的快捷菜单中，单击“属性”命令，打开“SQL Server（SQL2019）属性”对话框。

（3）选择“服务”选项卡，在“启动模式”下拉列表框中进行设置即可，如图 1-29 所示。其中，可以将启动模式设置为“自动”“已禁用”或“手动”。

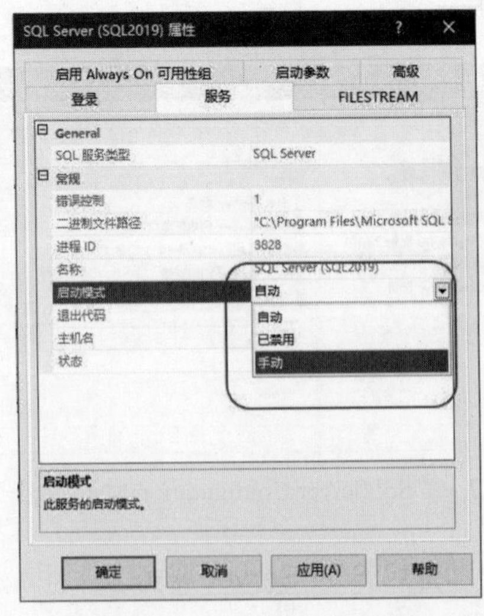

图 1-29 “服务”选项卡

（4）单击“确定”按钮，即可完成 SQL Server 2019 启动模式的配置操作。

1.3.3　配置服务器端网络协议

在客户端计算机连接到数据库引擎之前，服务器必须在监听启用的网络库，并按要求启用服务器网络协议。使用 SQL Server 配置管理器可以进行以下的设置。

- 启用 SQL Server 实例要监听的服务器协议。
- 禁用不再需要的服务器协议。
- 指定或更改每个数据库引擎都将监听的 IP 地址、TCP/IP 端口和命名管道。
- 为所有已启用的服务器协议启用安全套接字层加密。

（1）启用要使用的协议。在“SQL Server 配置管理器”窗口中，展开“SQL Server 网络配置”项，选择“<实例名>的协议”（本例为“SQL2019 的协议”）选项。在细节窗格中，右击要更改的协议，在弹出的快捷菜单中，选择“启用”或“禁用”菜单命令，即可完成对该协议的配置操作，如图 1-30 所示。

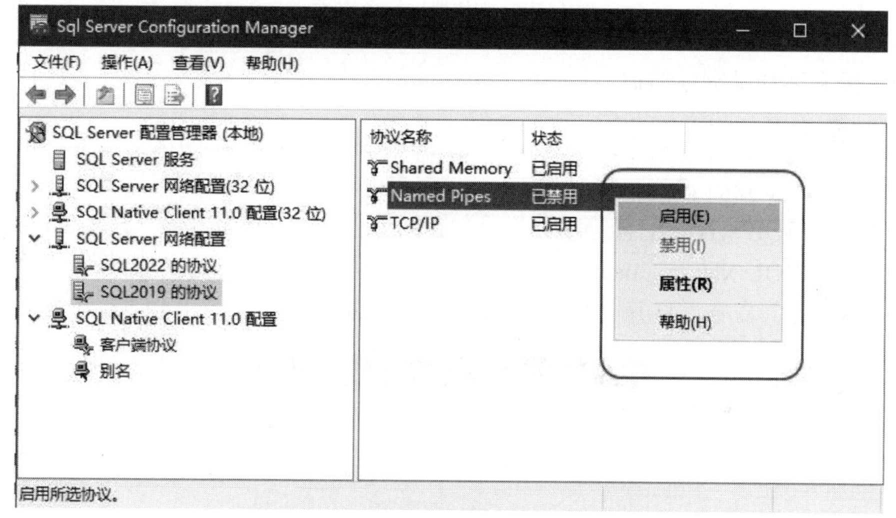

图 1-30　“SQL2019 的协议”快捷菜单

注意：完成所有网络协议的配置后，必须重新启动数据库引擎实例，才能使修改的配置生效。

（2）为数据库引擎分配 TCP/IP 端口号。在“SQL Server 配置管理器”窗口中，展开“SQL Server 网络配置”项，选择“<实例名>的协议”（本例为“SQL2019 的协议”）选项。在细节窗格中，右击“TCP/IP”协议，在弹出的快捷菜单中，单击“属性”菜单命令，打开“TCP/IP 属性”对话框，并切换到“IP 地址”选项卡，如图 1-31 所示。

在“IP 地址”选项卡中，显示了若干个 IP 地址。这些 IP 地址中，有一个是用作环回适配器的 IP 地址（127.0.0.1），其他 IP 地址是计算机上的各个 IP 地址。

如果“TCP 动态端口”框中包含 0，表示数据库引擎正在监听动态端口，需删除 0。在对应的“TCP 端口”框中，输入希望此 IP 地址监听的端口号。SQL Server 数据库引擎默认的端口号为 1433。

完成相关设置后，单击“确定”按钮，即可完成为数据库引擎分配 TCP/IP 端口号的操作。

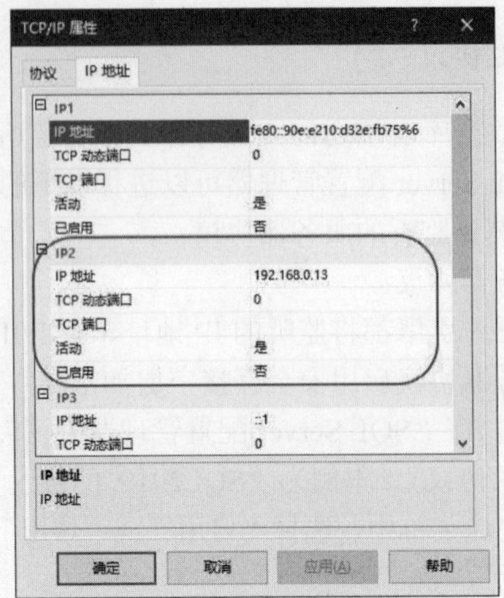

图 1-31 “IP 地址”选项卡

1.3.4 配置客户端网络协议

可以根据需要配置客户端网络协议，如启用、禁用、设置协议的优先级等，以提供更加可靠的性能，操作步骤如下。

（1）打开“SQL Server 配置管理器”窗口。

（2）展开“SQL Native Client 11.0 配置”项，右击“客户端协议”命令，在弹出的快捷菜单中单击“属性”命令，打开“客户端协议 属性”对话框，如图 1-32 所示。

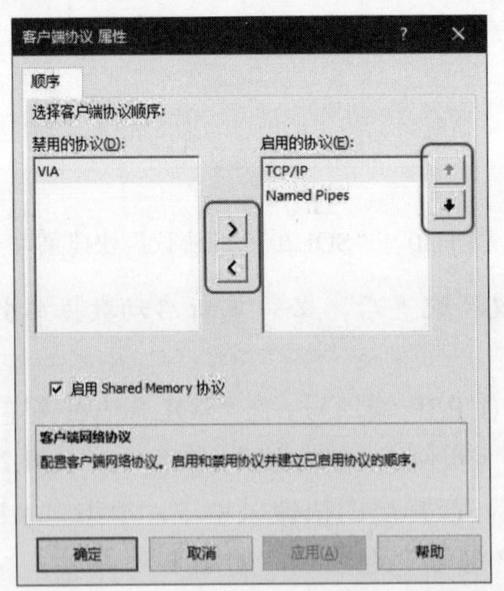

图 1-32 “客户端协议 属性”对话框

（3）单击“禁用的协议”框中的协议，再单击“>”按钮来启用协议。同样，可以单击“启用的协议”框中的协议，再单击“<”按钮来禁用协议。

（4）在“启用的协议”框中，单击“↑”或“↓”按钮，更改尝试连接到 SQL Server 时使用的协议顺序。“启用的协议”框中最上面的协议是默认协议。

（5）单击“确定”按钮，完成配置客户端网络协议。

1.3.5　隐藏数据库引擎实例

SQL Server 使用 SQL Server 浏览器服务来枚举安装在本机上的数据库引擎实例。这使客户端应用程序可以浏览服务器，并帮助客户端区别同一台计算机上的多个数据库引擎实例。用户可能希望运行 SQL Server 浏览器服务来显示指定的数据库引擎，同时隐藏其他实例。使用 SQL Server 配置管理器可隐藏数据库引擎实例，具体操作步骤如下。

（1）打开“SQL Server 配置管理器”窗口。

（2）展开“SQL Server 网络配置”项，右击“<实例名>的协议”（本例为“SQL2019 的协议”）命令，在弹出的快捷菜单中单击“属性”命令，打开“SQL2019 的协议 属性”对话框。

（3）在“标志”选项卡的“隐藏实例”下拉列表框中，单击“是”命令，如图 1-33 所示。

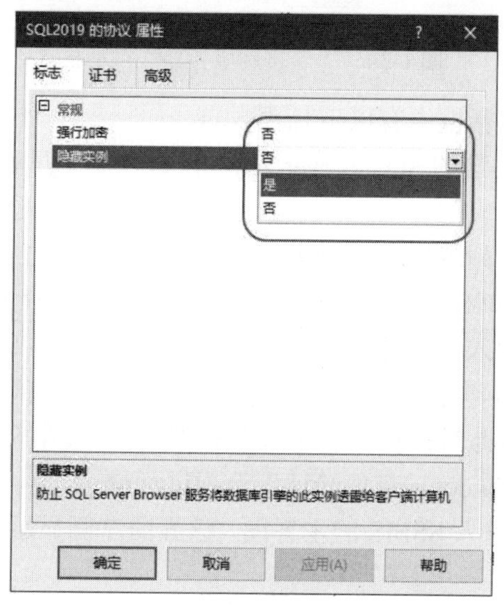

图 1-33　“SQL2019 的协议 属性”对话框

（4）单击“确定”按钮关闭对话框，完成隐藏数据库引擎实例操作。

1.4　SSMS 基本操作

SQL Server Management Studio 是一种集成环境，用于管理从 SQL Server 到 Azure SQL 数据库的任何 SQL 基础结构，提供用于配置、监视和管理 SQL Server 实例的工具，可以使用它部署、监视和升级应用程序使用的数据层组件，以及生成查询和脚本。掌握 SSMS 的基本操作是一个 SQL Server 数据库管理员和开发者的必备技能。

1.4.1　SSMS 的启动与连接

SQL Server 实例安装到系统中后，将作为一个服务由操作系统监控，而 SSMS 是作为一个单独的进程运行的。安装好 SQL Server 2019 实例和管理工具后，就可以打开 SSMS 并且连接到 SQL Server 服务器进行数据库的相关操作，具体操作步骤如下。

（1）单击 Windows 系统“开始”菜单“Microsoft SQL Server Tools 18”文件夹下的“Microsoft

SQL Server Management Studio 18”命令，打开 SQL Server 的“连接到服务器”对话框，选择相关信息后，单击“连接”按钮即可完成操作，如图 1-34 所示。

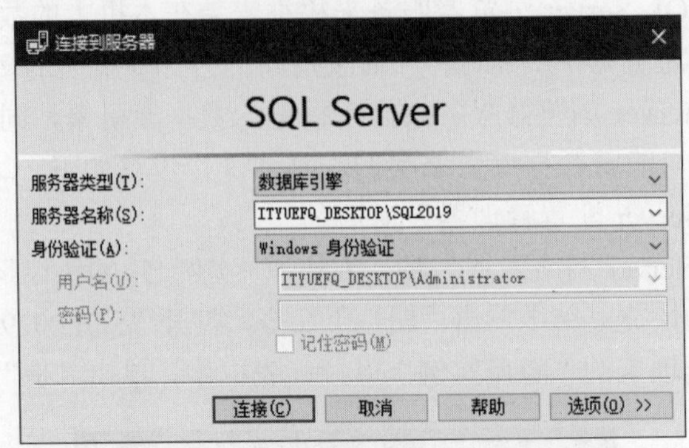

图 1-34 “连接到服务器”对话框

在“连接到服务器”对话框中有以下几项内容。

1）服务器类型：根据安装的 SQL Server 2019 版本选择不同的服务器类型。这里选择默认的“数据库引擎”服务器。

2）服务器名称：该下拉列表框中列出了所有已经成功连接过的数据库服务器实例的名称，这里的 ITYUEFQ_DESKTOP\SQL2019 表示一个连接到本地主机上的命名实例；如果要连接到远程数据服务器，则需要输入该服务器的 IP 地址（如果是命名实例，则必须包含实例名称）。

3）身份验证：指定连接类型，如果设置了混合验证模式，可以在下拉列表框中选择“SQL Server 身份验证”选项登录，此时需要输入用户名和密码；如果在安装过程中指定使用 Windows 身份验证，也可以选择“Windows 身份验证”选项进行登录。

（2）连接成功后自动进入 SSMS 的主界面，该界面左侧显示了“对象资源管理器”窗口，如图 1-35 所示。

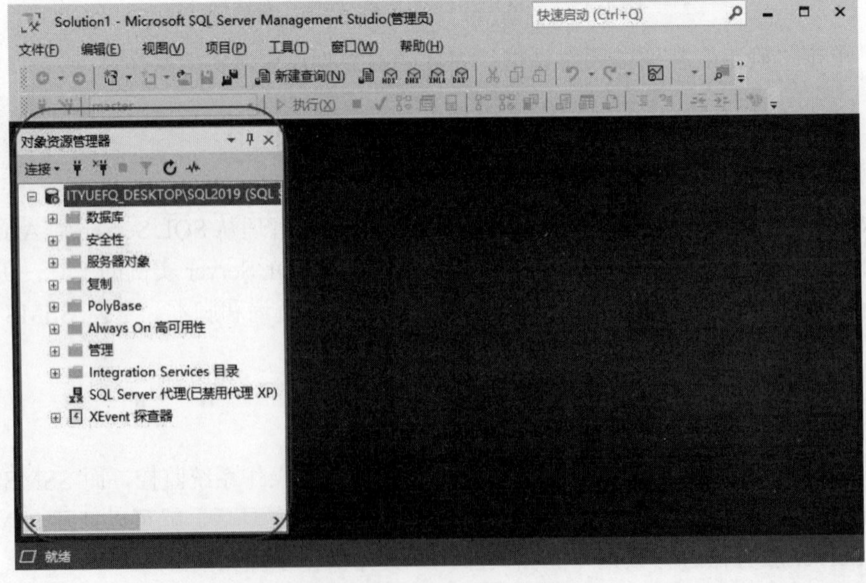

图 1-35 SSMS 的主界面

（3）单击“视图”菜单下的“已注册的服务器”命令，为 SSMS 工具新增“已注册的服务器”窗口。该窗口中显示了所有已经注册的 SQL Server 服务器，如图 1-36 所示。

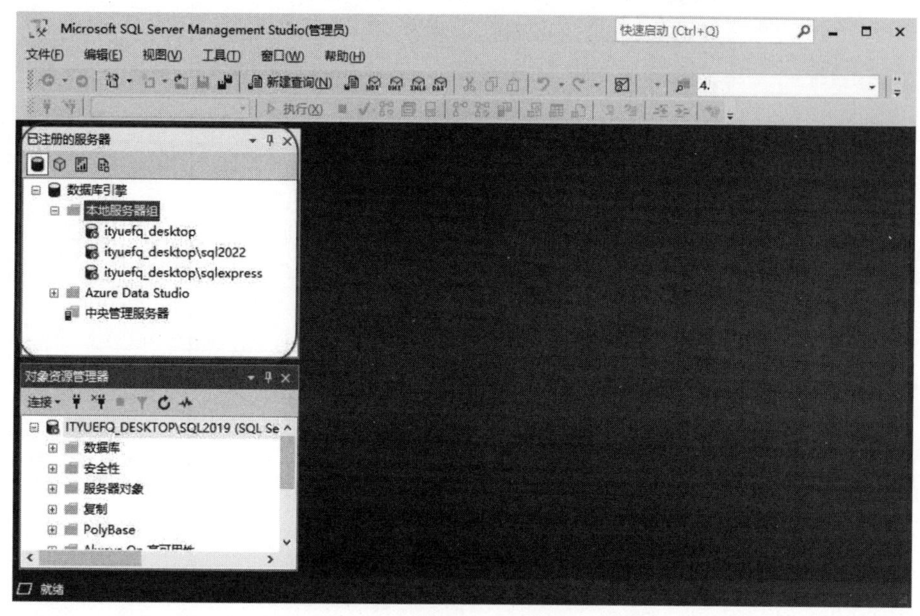

图 1-36　“已注册的服务器”窗口

（4）如果需要注册另外一个 SQL Server 服务，可以右击“本地服务器组”命令，在弹出的快捷菜单中单击“新建服务器注册”菜单命令，如图 1-37 所示。

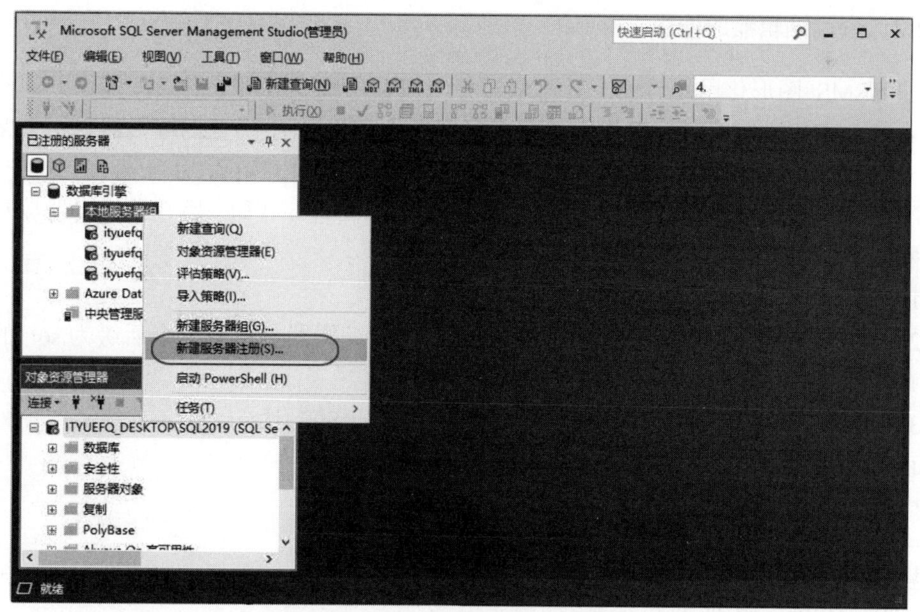

图 1-37　“新建服务器注册”菜单命令

（5）打开“新建服务器注册”对话框，设置“服务器名称”和“身份验证”，如图 1-38 所示。

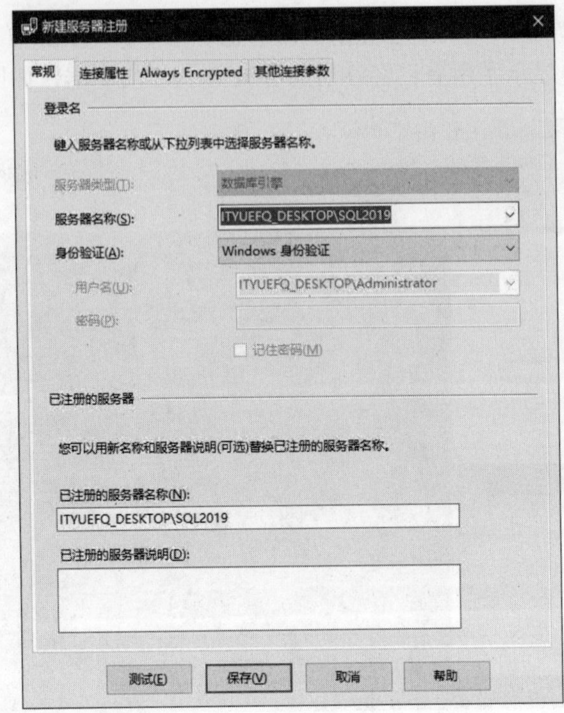

图 1-38 “新建服务器注册”对话框

（6）单击“测试”按钮，测试成功后再单击“保存”按钮，完成 SQL Server 服务注册操作。

1.4.2 查询编辑器的使用

通过 SSMS 图形化用户界面工具可以轻松完成数据库及其对象的管理操作，同样也可以使用 Transact-SQL 语句编写程序代码来完成管理操作。SSMS 中的查询编辑器就用来帮助用户编写 Transact-SQL 语句的工具，这些语句可以直接在编辑器中执行，用于查询、操作数据等。即使在用户未连接到服务器时，也可以用它来编写和编辑程序代码。用查询编辑器编写和执行代码的操作步骤如下。

（1）连接并进入 SSMS 的主界面。

（2）在工具栏中单击“新建查询”按钮，在查询编辑器中打开一个后缀为.sql 的文件，其中没有任何代码，如图 1-39 所示。

（3）在“查询编辑器”窗口中输入下面的 Transact-SQL 语句。

```
USE master
GO

IF DB_ID('db_Test') IS NOT NULL
    DROP DATABASE db_test
GO

CREATE DATABASE db_test
GO
```

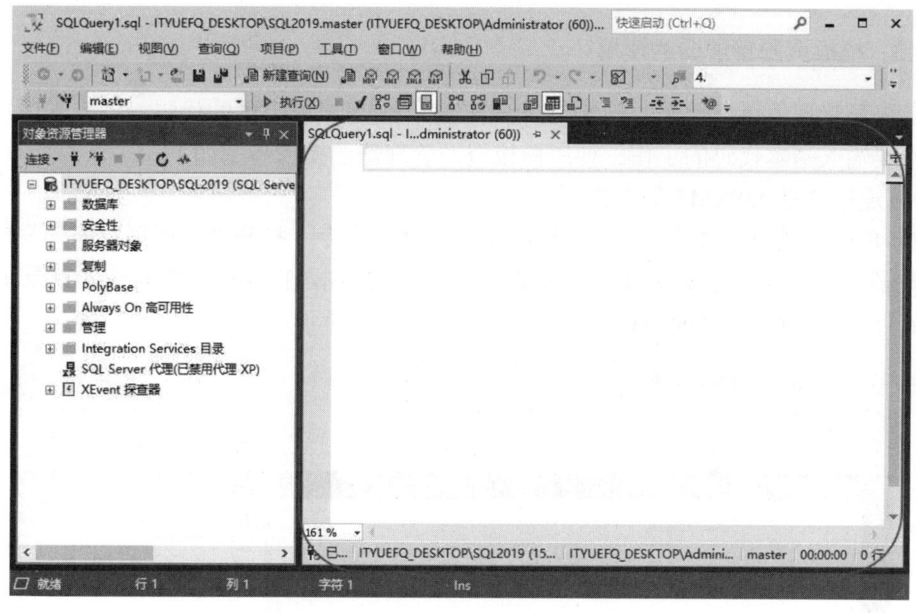

图 1-39 “查询编辑器”窗口

（4）输入完成之后，单击“文件”菜单下的“保存 SQLQuery1.sql”命令或“SQLQuery1.sql 另存为”命令，也可以单击工具栏上的“保存”按钮或直接按 Ctrl+S 组合键，打开“另存文件为”对话框。

（5）设置完保存的路径和文件名之后，单击“保存”按钮。

（6）单击工具栏中的“执行”按钮，或者直接按 F5 键，将会执行该.sql 文件中的代码。执行成功之后，在消息窗口中提示“命令已成功完成”。同时，在“对象资源管理器”窗口中的“数据库”文件夹下会出现新建的“db_test”数据库，如图 1-40 所示。

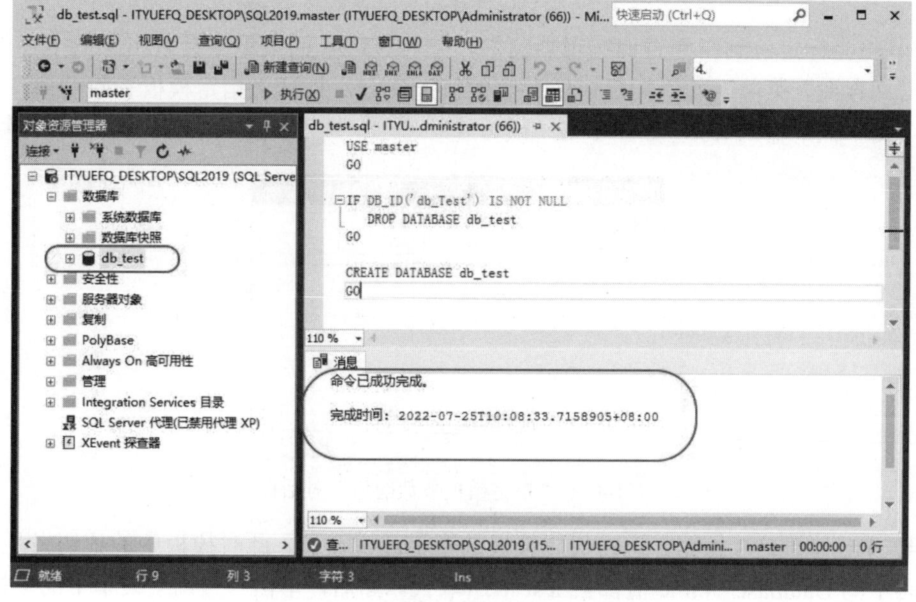

图 1-40 “查询编辑器”执行结果窗口

1.4.3 模板资源管理器的使用

模板资源管理器可以用来访问 SQL 代码模板，使用模板提供的代码，省去了用户在开发时每次都要输入基本代码的工作。使用模板资源管理器的操作步骤如下。

（1）连接并进入 SSMS 的主界面。

（2）单击“视图”菜单下的“模板资源管理器”命令，打开“模板浏览器”窗口。模板资源管理器按代码类型进行分组，例如对数据库的相关操作都放在 Database 目录下，双击 Database 目录下的 Create Database 模板，代码如图 1-41 所示。

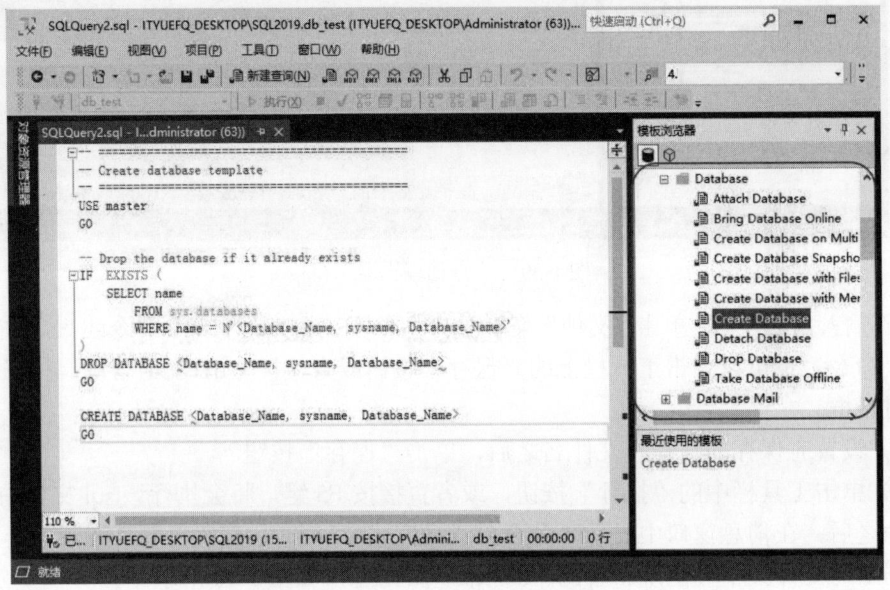

图 1-41 “模板浏览器”窗口

（3）将光标定位到左侧查询编辑器窗口，此时 SSMS 的菜单中会多出来一个“查询”菜单。单击“查询”菜单下的“指定模板参数的值”命令，打开“指定模板参数的值”对话框，在“值”文本框中输入 test，如图 1-42 所示。

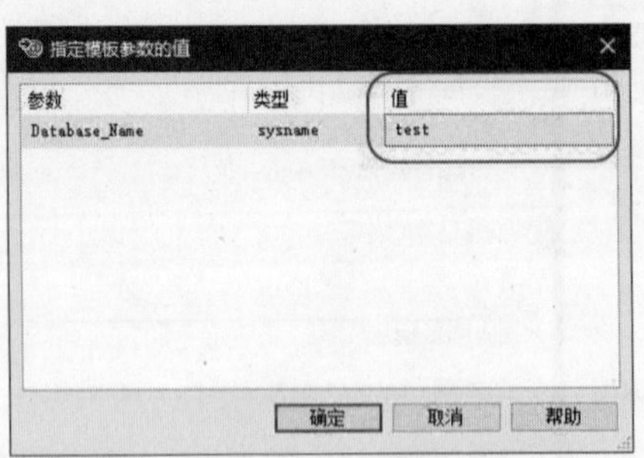

图 1-42 “指定模板参数的值”对话框

（4）单击“确定”按钮，返回代码模板的查询编辑窗口，此时模板中的代码发生了变化，此前代码中的 Database_Name 值都被 test 值所取代。然后，单击“查询”菜单下的“执行”命令，SSMS 将根据刚才修改过的代码创建一个新的名为 test 的数据库，如图 1-43 所示。

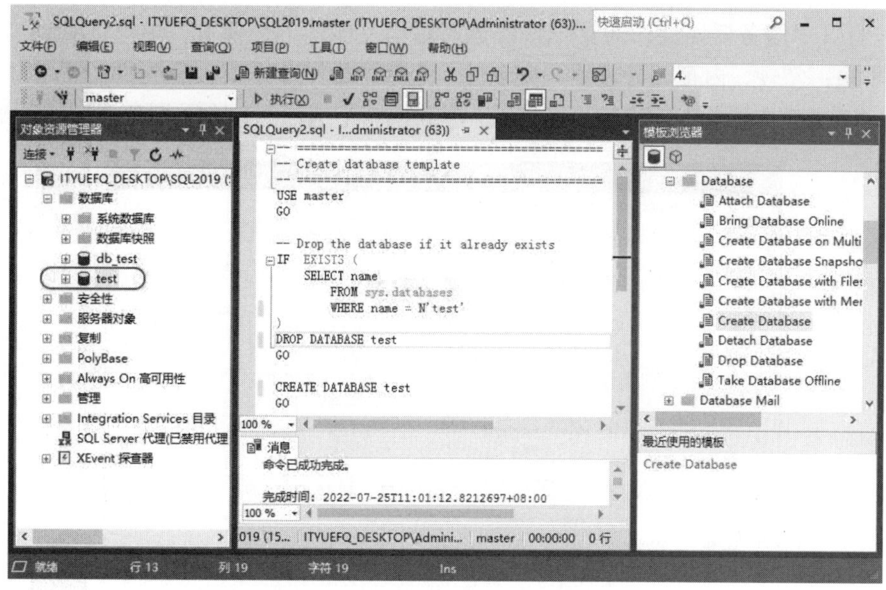

图 1-43　修改后的代码及执行效果

1.4.4　配置 SQL Server 服务器的属性

对服务器进行优化配置可以保证 SQL Server 服务器安全、稳定、高效地运行。配置 SQL Server 2019 服务器属性的操作步骤如下。

（1）连接并进入 SSMS 的主界面。

（2）在“对象资源管理器”窗口中，右击当前登录的服务器，在弹出的快捷菜单中单击“属性”命令，如图 1-44 所示。

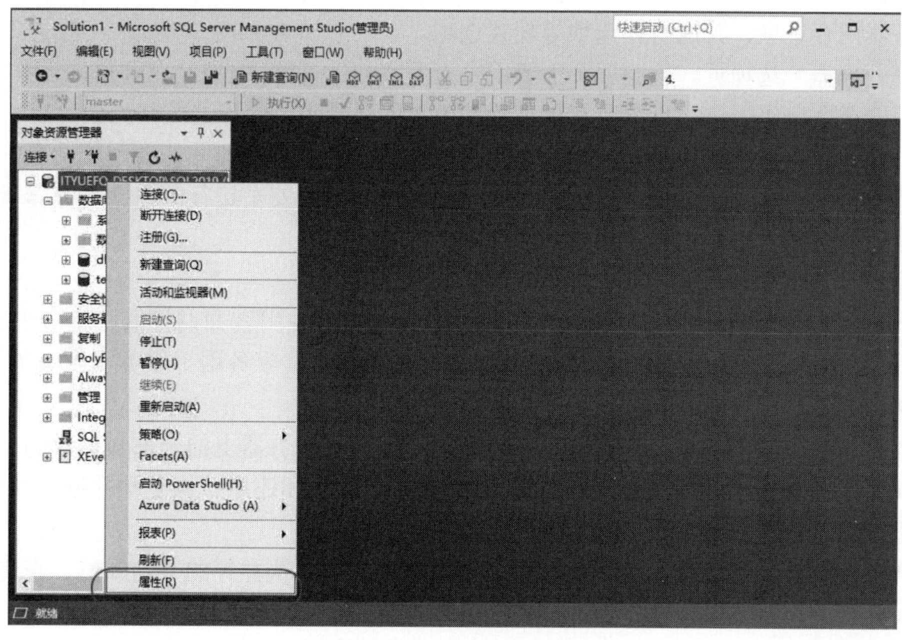

图 1-44　“属性”菜单命令

（3）打开“服务器属性”对话框，在该对话框左侧的“选择页”中可以看到当前服务器的所有选项页：常规、内存、处理器、安全性、连接、数据库设置、高级和权限，如图 1-45 所示。其中，“常规”选项页中的内容不能修改，而其他 7 个选项页包含了服务器端的可配置信息。

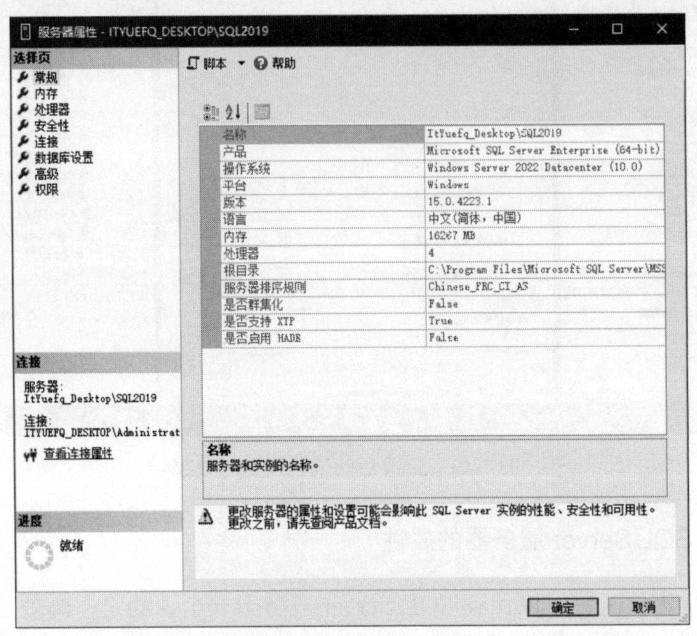

图 1-45 “服务器属性”对话框

1）“常规”选项页。该选项页列出了服务器名称、产品、操作系统、平台、版本、语言、内存、处理器、根目录等固有属性信息。

2）“内存”选项页。该选项页主要用来根据实际要求对服务器内存大小进行配置与更改，包含服务器内存选项、其他内存选项等配置选项。

3）“处理器”选项页。该选项页主要用来查看或修改 CPU 选项，包含自动设置所有处理器的处理器关联掩码、自动设置所有处理器的 I/O 关联掩码、处理器关联列表、I/O 关联列表和最大工作线程数等配置选项。一般来说，只有安装了多个处理器才需要配置此项。

4）“安全性”选项页。该选项页主要用来确保服务器的安全运行，包含服务器身份验证、登录审核、服务器代理账户和选项等配置选项。

注意：更改安全性配置之后需要重新启动服务。

5）“连接”选项页。该选项卡包含最大并发连接数、使用查询调控器防止查询长时间运行、默认连接选项、允许远程连接到此服务器和需要将分布式事务用于服务器到服务器的通信等配置选项。

6）“数据库设置”选项页。该选项页可以设置针对该服务器上的全部数据库的一些选项，包含默认索引填充因子、默认备份介质保留期（天）、备份和还原、恢复和数据库默认位置等配置选项。

7）“高级”选项页。该选项页包含众多配置选项，主要从并行的开销阈值、查询等待值、锁、最大并行度、网络数据包大小、远程登录超时值、两位数年份截止、默认全文语言、默认语言、启动时扫描存储过程等方面来进行配置。

8）“权限”选项页。该选项页主要用于授予或撤销账户对服务器的操作权限。“登录名或角色”列表框中显示的是多个可以设置权限的对象。在“显式”列表框中，可以查看“登录名或角色”列表框中对象的权限。在“登录名或角色”列表框中选择不同的对象后“显式”列表框中会有不同的权限显示，还可以为“登录名或角色”列表框中的对象设置权限。

（4）设置好 SQL Server 2019 服务器的各种属性后，单击“确定”按钮即可保存配置信息。

1.4.5　SSMS 自定义设置与升级

微软公司为 SSMS 提供统一的界面风格。所有已经连接的数据库服务器及其对象以树状结构显示在左侧“对象资源管理器”窗口中。中间的“文档”窗口是 SSMS 的主要工作区域，SQL 语句的编写、表的创建、数据表的展示和报表展示等功能都是在该区域完成，它采用选项卡的方式在同一区域实现这些功能。另外，右侧的属性区域自动隐藏到窗口最右侧，用鼠标移动到属性选项卡上就会自动显示出来，主要用于查看和修改某对象的属性。SSMS 中各窗口和工具栏的位置并非固定不变，可以根据个人的需要和喜好来对其进行自定义设置，操作步骤如下。

（1）在“查询编辑器”中显示行号以及自动换行。为了方便调试代码以及排除错误，往往需要在“查询编辑器”中显示代码行号以及对较长代码注释或进行自动换行设置，其方法如下。

1）在 SSMS 主界面中，单击“工具”菜单下的“选项”命令，打开“选项”对话框。

2）选择“文本编辑器”下的“所有语言”项，在右侧勾选“自动换行”和“行号”复选框，如图 1-46 所示，单击“确定”按钮即可。

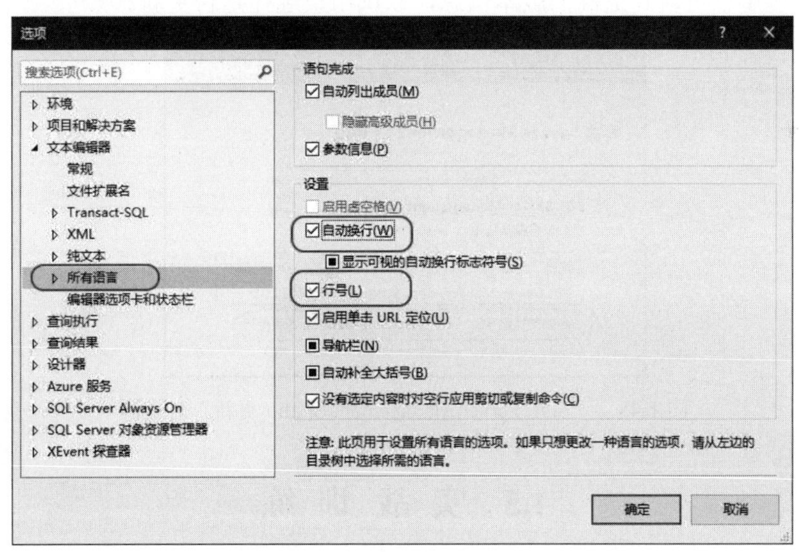

图 1-46　“选项”对话框

（2）在“查询编辑器”中对代码进行显示比例缩放设置。根据需要，可以在“查询编辑器”中对代码进行显示比例缩放操作，其方法如下。

在“查询编辑器”窗口中，单击左下角的“缩放比例”下拉列表框进行选择或者输入想要的比例数值，但要注意其范围为 20%～400%，如图 1-47 所示。或者按住 Ctrl 键，直接向上或向下滚动鼠标滚轮也可以完成同样的操作。

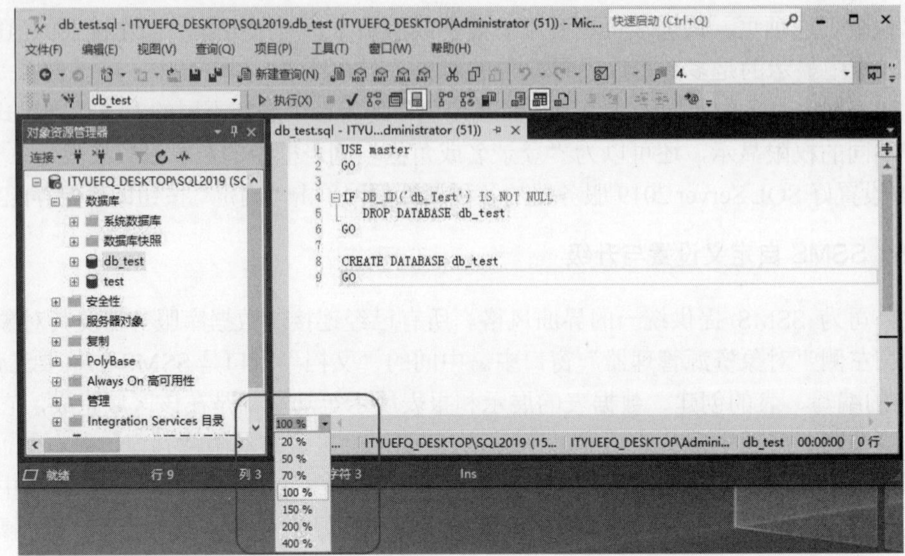

图 1-47 “缩放比例”下拉列表框

（3）升级 SSMS 到最新版本。微软公司会不定期对 SSMS 进行更新，用户可自行到官网下载安装最新版本。最简单的方法是在 SSMS 主界面中，单击“工具”菜单下的“检查更新”命令。若在“SQL Server Management Studio 更新”对话框中，勾选“自动检查 SQL Server Management Studio 更新”复选框（图 1-48 所示），一旦微软公司发布新版本，启动 SSMS 工具时会自动提醒可以更新到更高的版本信息，以供用户选择是否更新。

图 1-48 “SQL Server Management Studio 更新”对话框

1.5 实战训练

任务描述：

某企业拟开发一个在线销售管理系统，决定采用 SQL Server 2019 作为其数据库平台。为了满足网络安全法的要求，需要安装最新的、提供服务和维护的操作系统和相应软件。

（1）现有两台高性能服务器，一台作为数据库服务器（Data Server），另一台作为 Web 应用服务器（Web Server）。

（2）两台服务器都装有微软公司的 Windows Server 2022 操作系统。现在数据库服务器需要安装 SQL Server 2019 数据库和 SSMS 管理工具，而 Web 应用服务器需要安装 SSMS 管理工具。

（3）需要配置服务器，设置 sa 账户和 TCP/IP 协议簇，确保数据库服务器和 Web 应用服务器之间的连通。

解决思路：

（1）在数据库服务器（Data Server）中安装 SQL Server 2019 相应版本和最新的 SSMS 管理工具。

（2）在 Web 应用服务器（Web Server）中安装最新的 SSMS 管理工具。

（3）配置数据库服务器和 Web 应用服务器，使 Web 应用服务器中的 SSMS 管理工具能访问数据库服务器的 SQL Server 2019 数据库服务。

第 2 章　数据库的管理

数据库的管理主要包含新建数据库、修改数据库、重命名数据库和删除数据库等操作，对数据库的基本操作是数据库管理和开发人员的一项重要工作。在 SQL Server 2019 中新建、修改、重命名和删除数据库可以使用 SSMS 图形工具，也可以使用 Transact-SQL 语句来完成。本章除了需要读者掌握 SSMS 图形工具以外，还需要熟练掌握 CREATE DATABASE、ALTER DATABASE 和 DROP DATABASE 语句的具体用法。

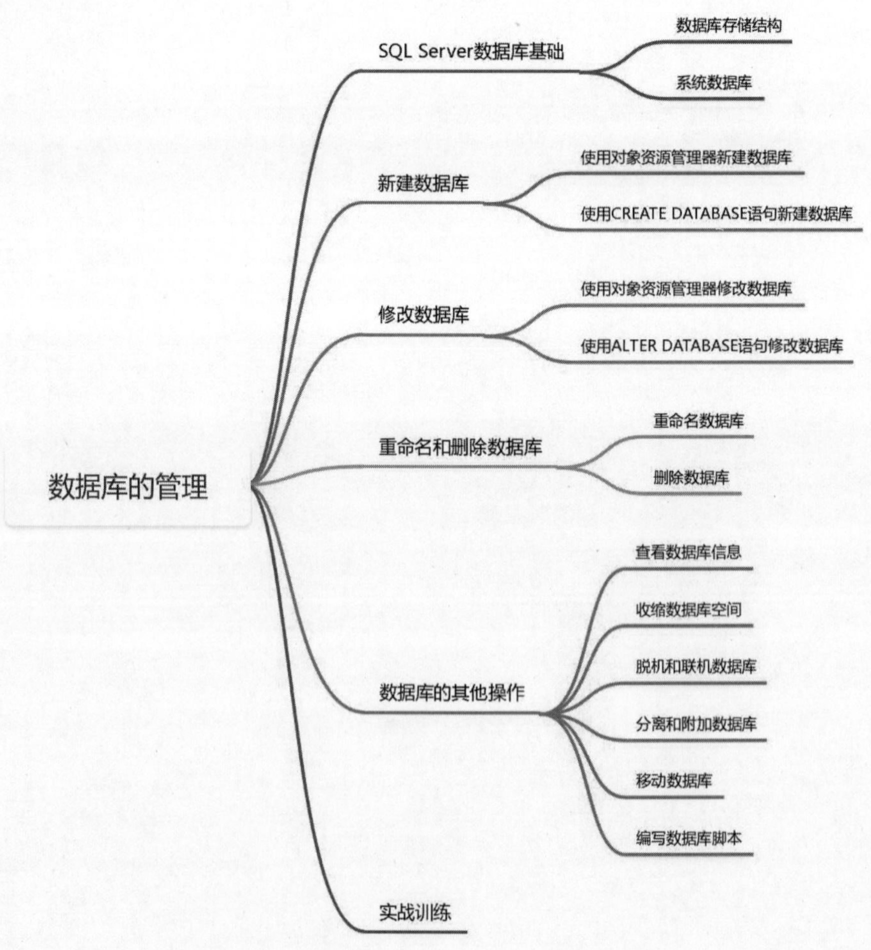

2.1　SQL Server 数据库基础

每个 SQL Server 实例可以包含一个或多个数据库，每个数据库中可以存放一些相关的数据。例如，SQL Server 实例可以有一个数据库用于存储与职员相关的数据，另一个数据库用于存储与产品相关的数据；或者一个数据库用于存储当前客户订单数据，而另一个相关数据库用于存储客户的历史订单数据。SQL Server 数据库就是存放有组织的数据集合的容器，以操作系统文件的形式存储在磁盘上，由数据库系统进行管理和维护。

2.1.1　数据库存储结构

SQL Server 支持数据库典型的三级模式结构，其中外模式对应视图，模式对应基本表，内模式对应存储文件，如图 2-1 所示。

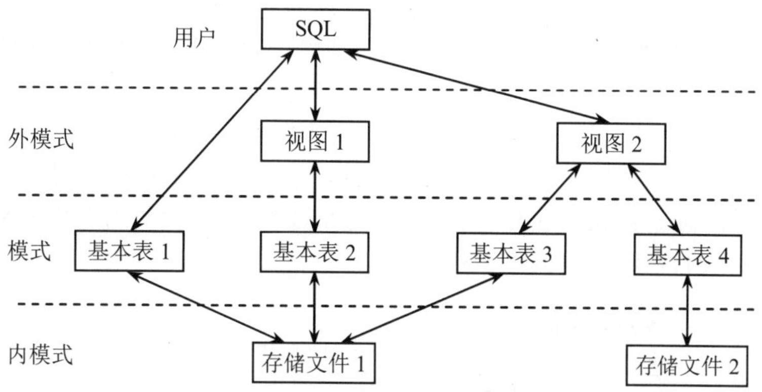

图 2-1　数据库的三级模式结构

SQL Server 数据库的存储结构分为逻辑存储结构和物理存储结构，实际上是按物理方式在磁盘上以多个文件方式进行实现的，而用户使用数据库时调用的主要是逻辑组件，如图 2-2 所示。

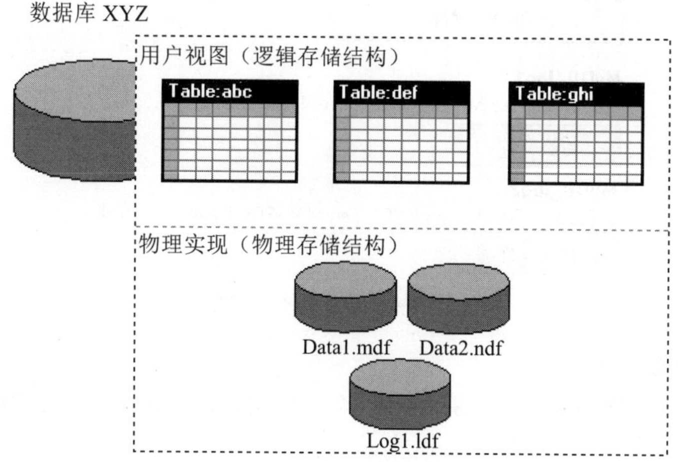

图 2-2　SQL Server 数据库的存储结构

（1）逻辑存储结构。逻辑存储结构说明数据库是由哪些性质的信息所组成。SQL Server 的数据库不仅仅是存储数据，所有与数据处理操作相关的信息都存储在数据库中。

（2）物理存储结构。物理存储结构讨论数据库文件在磁盘中是如何存储的。SQL Server 数据库在磁盘上是以文件为单位存储的，由数据库文件和事务日志文件组成，一个 SQL Server 数据库至少应该包含一个数据库文件和一个事务日志文件。

1. 数据库文件

SQL Server 数据库具有以下 3 种类型的文件。

（1）主数据文件。主数据文件包含数据库的启动信息，是数据库的起点，指向数据库中的其他文件，用于存储用户数据和对象，是 SQL Server 数据库的主体，每个 SQL Server 数据库有且仅有一个主数据文件。主数据文件的默认文件扩展名是.mdf。

（2）次要数据文件。除主数据文件以外的所有其他数据文件都是次要数据文件，也称为辅助数据文件，可用于将数据分散到多个磁盘上。一个数据库可以没有次要数据文件，也可以有多个次要数据文件。次要数据文件的默认扩文件展名为.ndf。

（3）日志文件。日志文件用来记录数据库更新情况的文件。对数据库中的数据进行增、删、改等各种操作，都会记录在日志文件中。当数据库被破坏时可以利用日志文件恢复数据库中的数据，从而最大限度地减少损失。与数据文件不同，日志文件不存放数据，它是由一系列日志记录组成的。每个数据库至少有一个日志文件，日志文件的默认文件扩展名是.ldf。

SQL Serve 不强制使用.mdf、.ndf 和.ldf 作为文件的扩展名，但使用这些扩展名有助于标识文件。一个数据库文件组织示例如图 2-3 所示。

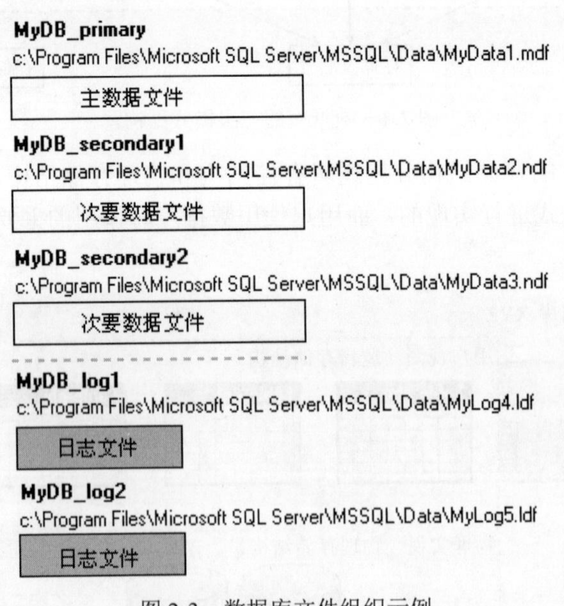

图 2-3 数据库文件组织示例

2. 数据库文件组

为了便于管理和分配数据，SQL Server 将多个数据库文件组成一个文件组。数据库文件组是数据文件的逻辑组合，主要包括以下两类。

（1）主文件组。主文件组包含主数据文件和任何没有明确分配给其他文件组的数据文件。

系统表的所有页都被分配在主文件组中。在 SQL Server 中用 PRIMARY 表示主文件组的名称。主数据文件由系统自动生成，用户不能修改或删除，当主文件组的存储空间用完之后，将无法向系统表中添加新的目录信息，一个数据库只有一个主文件组。

（2）次文件组。在 CREATE DATABASE 或 ALTER DATABASE 语句中用 FILEGROUP 关键字指定的除主文件组以外的任何文件组都是次文件组，也称用户自定义文件组，其目的在于数据分配，以提高数据表的读写效率。

每个 SQL Server 数据库中均可指定一个文件组为默认文件组，但一次只能将一个文件组作为默认文件组。若在数据库中新增数据文件时没指定其所属的文件组，则其将被分配给默认文件组。如果没有指定默认文件组，则 SQL Server 将主文件组作为默认文件组。

此外，SQL Server 2019 还支持内存优化数据文件组和 FILESTREAM 文件组。

注意：数据库文件和文件组应遵循的规则，一个文件或文件组只能被一个数据库使用；一个文件只能属于一个文件组；日志文件不能属于任何文件组。此外，为了提高使用效率，使用数据文件和文件组时应注意以下内容。

- 在新建数据库时，需要考虑数据文件可能会出现自动增长的情况，应当设置上限，以免占满磁盘。
- 主文件组可以容纳各系统表。当容量不足时，后更新的数据可能无法添加到系统表中，数据库也可能无法进行追加或修改等操作。
- 建议将频繁查询或频繁修改的文件分开放在不同的文件组中。
- 将索引、大型的文本文件、图像文件放到专门的文件组中。

3. 数据库对象

SQL Server 数据库中的数据在逻辑上被组织成一系列对象。当一个用户连接到数据库后，所看到的是数据库的逻辑对象，而不是数据库的物理文件。在 SSMS 的“对象资源管理器”窗口中的“数据库”节点下，展开任意一个数据库即可查看，如图 2-4 所示。

图 2-4　SQL Server 数据库对象

SQL Server 数据库中有以下几种常用的数据库对象。

（1）表。数据库中的表与日常生活中使用的表格相似，由列和行组成。每一列都由相同类型的数据组成，每列称为一个字段，每列的标题称为字段名。每一行包括若干列信息。一行数据称为一条记录，它是具有一定意义的信息组合，代表一个实体。一个数据库表由一条或多条记录组成，没有记录的表称为空表。每个表中通常有一个主关键字，用于唯一标识一条记录。

（2）索引。索引指某个表中一列或若干列值的集合与相应的指向表中物理标识这些值的数据页的逻辑指针清单。

（3）视图。视图看上去与表相似，具有一组命名的字段和数据项，但它其实是一个虚拟的表，在数据库中并不实际存在。

（4）关系图表。关系图表其实就是数据库表之间的关系示意图，利用它可以编辑表与表之间的关系。

（5）默认值。默认值指当在表中新建列或插入数据时，为没有指定具体值的列或列数据赋予事先设定好的值。

（6）约束。约束是 SQL Server 实施数据一致性和数据完整性的方法。

（7）规则。规则用来限制数据表中字段的有限范围，以确保列中数据完整性的一种方式。

（8）触发器。触发器是一种特殊的存储过程，与表格或某些操作相关联。当用户对数据进行插入、修改、删除或对数据库表进行建立、修改、删除时激活，并自动运行。

（9）存储过程。存储过程是一组经过编译的可以重复使用的 Transact-SQL 语句的组合。

2.1.2 系统数据库

使用 SSMS 启动并连接到 SQL Server 2019 数据库服务器后，在“对象资源管理器”窗口中的“数据库”节点下面的“系统数据库”节点中，可以看到几个已经存在的数据库。这些数据库在 SQL Server 2019 安装到系统中之后就建好了，是 SQL Server 2019 的系统数据库。

1. master 数据库

master 数据库是 SQL Server 中最重要的数据库，是整个数据库服务器的核心。用户不能直接修改该数据库，如果损坏了 master 数据库，整个 SQL Server 服务器将不能工作。该数据库中包含所有用户的登录信息、用户所在的组、所有系统的配置选项、服务器中本地数据库的信息、SQL Server 的初始化方式等内容。要想提高数据库的安全性，应定期备份 master 数据库。

2. model 数据库

model 数据库是 SQL Server 中新建数据库的模板，如果用户希望新建的数据库有相同的初始化文件大小，则可以在 model 数据库中保存初始的文件大小的信息；若希望所有的数据库中都有一个相同的数据表，同样也可以将该数据表保存在 model 数据库中。因为新建的数据库以 model 数据库中的数据为模板，因此在修改 model 数据库中数据之前要考虑到，任何对 model 数据库中数据的修改都将影响所有使用此模板新建的数据库。

3. msdb 数据库

msdb 数据库提供了运行 SQL Server Agent 工作的信息，主要包括计划、警报和作业。SQL Server Agent 是 SQL Server 中的一个 Windows 服务，该服务用来运行指定的计划任务。计划任务是在 SQL Server 中定义的一个程序，该程序不需要干预即可自动开始执行。与 tempdb 数据和 model 数据库一样，在使用 SQL Server 时也不要直接修改 msdb 数据库，因为 SQL Server 中其他一些程序会自动使用该数据库。例如，当用户对数据进行存储或者备份时，msdb 数据库会记录与执行这些任务相关的一些信息。

4. tempdb 数据库

tempdb 是 SQL Server 中的一个临时数据库，是连接到 SQL Server 实例的所有用户都可使用的一个全局资源，它保存所有临时表和临时存储过程。另外，它还用来满足所有其他临时存储要求，例如存储 SQL Server 生成的工作表。SQL Server 关闭后，该数据库中的内容被清空，而每次重新启动 SQL Server 服务器时，tempdb 数据库都将被重建，保证该数据库总是空的。因此，tempdb 数据库中不会有什么内容从一个 SQL Server 会话保存到另一个 SQL Server 会话。

5. resource 数据库

resource 数据库是只读的，它包含 SQL Server 的所有系统对象。这些系统对象（如 sys.objects）在物理上保留在 resource 数据库中，但在逻辑上却显示在每个数据库的 sys 架构中，故在“系统数据库”节点下看不到该数据库。

resource 数据库的物理文件名为 mssqlsystemresource.mdf 和 mssqlsystemresource.ldf。默认情况下这些文件位于<drive>:\Program Files\Microsoft SQL Server\MSSQL<version><instance_name>\MSSQL\Binn 目录下。每个 SQL Server 实例都具有一个（也是唯一的一个）关联的 mssqlsystemresource.mdf 文件，并且实例间不共享此文件。

说明：

- resource 数据库不包含用户数据或用户元数据。
- 请勿移动或重命名 resource 数据库文件。如果该文件已重命名或被移动，SQL Server 将不启动。
- 请勿将 resource 数据库放置在压缩或加密的 NTFS 文件系统的文件夹中，此操作会降低性能并阻止升级。

2.2　新建数据库

数据库的新建过程实际上就是数据库从逻辑设计到物理实现的过程。在 SQL Server 的 SSMS 管理工具中新建数据库的方法有两种：一是在“对象资源管理器”窗口中使用菜单命令；二是在“查询编辑器”窗口中使用 CREATE DATABASE 语句。这两种新建数据库的方法各有优缺点，用户可以根据自己的喜好，灵活选择使用合适的方法。

2.2.1　使用对象资源管理器新建数据库

在使用对象资源管理器新建数据库之前，首先要启动 SSMS 并连接到数据库服务器实例。

连接成功之后，在左侧的“对象资源管理器”窗口中，右击“数据库”节点，在弹出的快捷菜单中单击“新建数据库”菜单命令，如图 2-5 所示。

打开“新建数据库”对话框，在该对话框左侧的“选择页”中有“常规”“选项”和“文件组”3 个选项，默认选中的是“常规”选项，如图 2-6 所示。

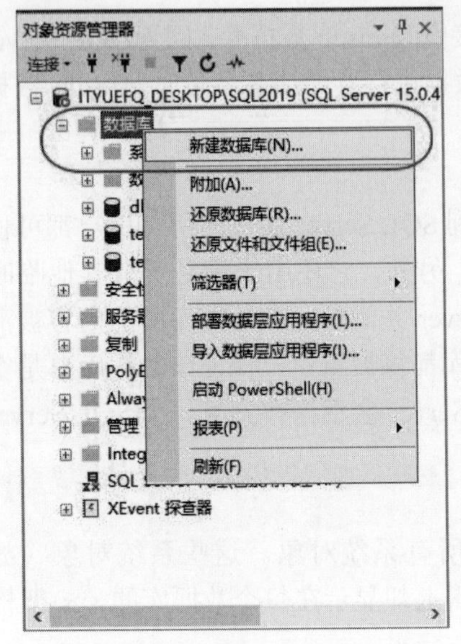

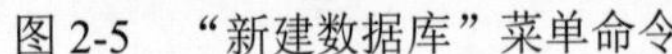

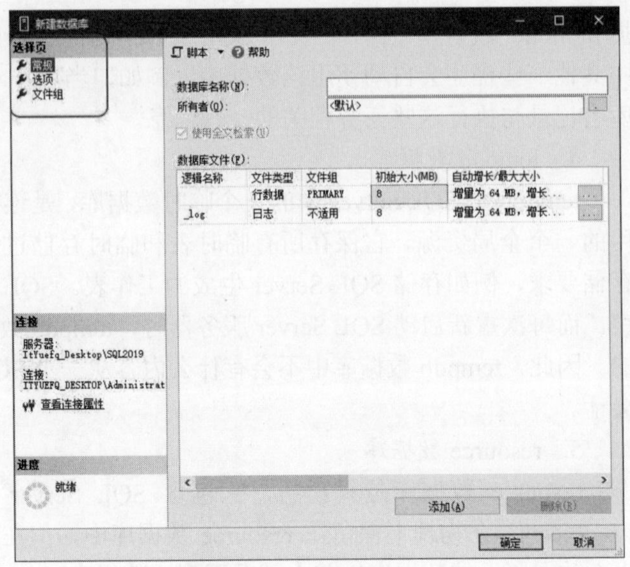

图 2-5 “新建数据库”菜单命令

图 2-6 “新建数据库”对话框的“常规”选项页

在“常规”“选项”和“文件组”3 个选项页中，分别设置所要新建的数据库的各项参数。

（1）“常规”选项页。该选项页可以设置数据库的名称、所有者、数据库文件的基本信息，还可以单击“添加”和“删除”按钮来管理数据库包含的数据文件和日志文件。

（2）“选项”选项页。该选项页可以设置数据库的排序规则、恢复模式、兼容性级别、包含类型以及其他选项，如图 2-7 所示。

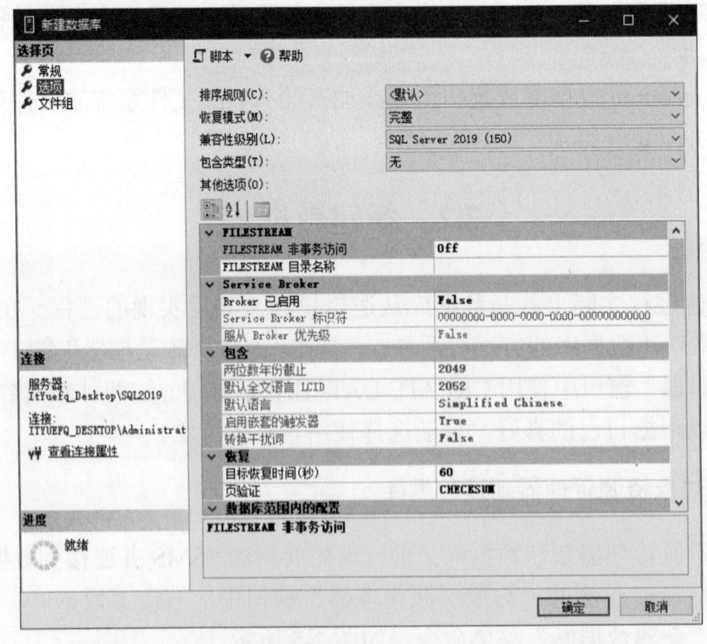

图 2-7 “新建数据库”对话框的“选项”选项页

（3）“文件组”选项页。该选项页可以自定义文件组并设置默认文件组，还可以管理内存优化数据文件组和 FILESTREAM 文件组，如图 2-8 所示。

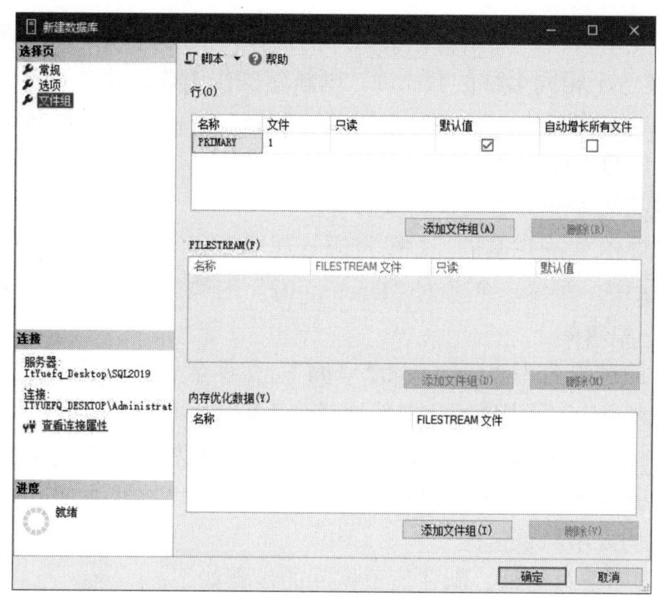

图 2-8　“新建数据库”对话框的“文件组”选项页

单击“确定”按钮，即可开始数据库的新建操作。

1. *新建未指定文件的数据库*

【例 2-1】在 SSMS 管理工具的“对象资源管理器”窗口中，利用“新建数据库”对话框，新建一个名为“teaching01”的数据库，不指定任何数据库文件及参数。

操作步骤如下。

（1）启动 SSMS 并连接到数据库服务器实例。

（2）在左侧的“对象资源管理器”窗口中，右击“数据库”节点，在弹出的快捷菜单中单击“新建数据库”菜单命令，打开“新建数据库”对话框。

（3）在“常规”选项页中的“数据库名称”文本框中输入“teaching01”，其他参数保持默认设置，注意“数据库文件”表格里信息的变化，如图 2-9 所示。

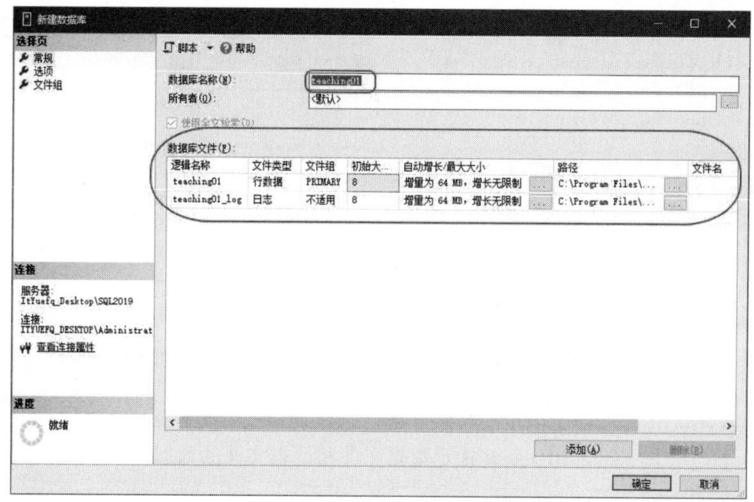

图 2-9　新建未指定文件的数据库

（4）单击“确定”按钮，开始新建数据库的操作，SQL Server 在新建过程中将对数据库进行检验，如果存在一个相同名称的数据库，则新建操作失败，并提示错误信息；新建成功之后，自动返回到 SSMS 窗口中，在“对象资源管理器”窗口中的“数据库”节点下即可看到新建的“teaching01”数据库。

2. 新建指定数据文件和日志文件的数据库

【例 2-2】在 SSMS 管理工具的“对象资源管理器”窗口中，利用“新建数据库”对话框，在 C:\teaching02 目录中，新建一个名为“teaching02”的数据库，该数据库仅包含 1 个数据文件和 1 个日志文件，要求如下。

（1）数据文件的逻辑名为“teaching02_data”，文件名为“teaching02_data.mdf”，初始大小为 200MB，最大大小为“无限制”，文件增量为 100M。

（2）日志文件的逻辑名为“teaching02_log”，文件名为“teaching02_log.1df”，初始大小为 100MB，最大大小为 20480MB，文件增量为 20%。

（3）其他参数均采用默认值。

利用“新建数据库”对话框，新建该数据库的步骤如下。

（1）在 C 盘下新建名为“teaching02”的文件夹。如果系统磁盘中没有此文件夹，在新建数据库时会报错，导致数据库新建失败，所以需要确认此文件夹是否存在。

（2）启动 SSMS 并连接到数据库服务器实例。

（3）在左侧的“对象资源管理器”窗口中，右击“数据库”节点，在弹出的快捷菜单中单击“新建数据库”菜单命令，打开“新建数据库”对话框。

（4）在“常规”选项页中的“数据库名称”文本框中输入“teaching02”；在“数据库文件”表格下按要求依次设置数据文件和日志文件的各项属性，如图 2-10 所示。

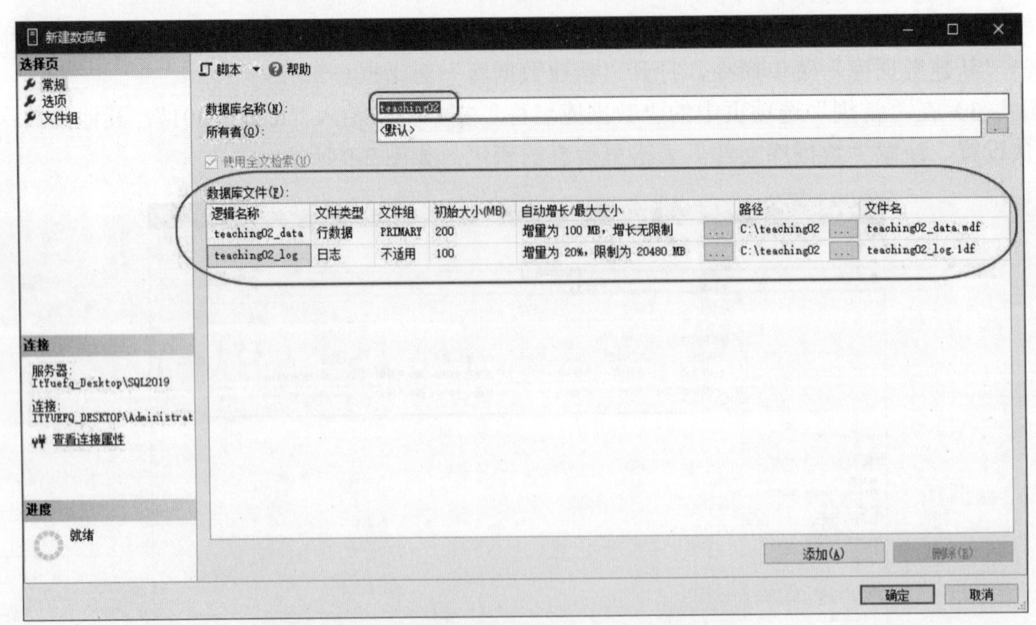

图 2-10 新建指定数据文件和日志文件的数据库

（5）单击“确定”按钮，等待系统完成即可。

3. 新建含有多个数据文件和日志文件并启用自定义文件组的数据库

【例 2-3】 在 SSMS 管理工具的“对象资源管理器”窗口中，利用“新建数据库”对话框，在“C:\teaching03”目录中，新建一个名为“teaching03”的数据库，其中包含 3 个数据文件、2 个日志文件和 2 个自定义文件组，要求如下。

（1）主数据文件的逻辑名为“teaching03a”，文件名为“teaching03a.mdf”。

（2）次数据文件 1 的逻辑名为“teaching03b”，文件名为“teaching03b.ndf”，并属于 TG1 文件组。

（3）次数据文件 2 的逻辑名为“teaching03c”，文件名为“teaching03c.ndf”，并属于 TG2 文件组。

（4）日志文件 1 的逻辑名为“teaching03d_log”，文件名为“teaching03d_log.ldf”。

（5）日志文件 2 的逻辑名为“teaching03e_log”，文件名为“teaching03e_log.ldf”。

（6）每个文件的初始大小均为 10MB，最大大小为 10240MB，增量为 30%，其他参数均采用默认值。

利用“新建数据库”对话框，新建该数据库的步骤如下。

（1）在 C 盘下新建名为“teaching03”的文件夹。如果系统磁盘中没有此文件夹，则在新建数据库时会报错，导致数据库新建失败，所以需要确认此文件夹是否存在。

（2）启动 SSMS 并连接到数据库服务器实例。

（3）在左侧的“对象资源管理器”窗口中，右击“数据库”节点，在弹出的快捷菜单中单击“新建数据库”菜单命令，打开“新建数据库”对话框。

（4）在“常规”选项页中的“数据库名称”文本框中输入“teaching03”。

（5）单击右下角的“添加”按钮连续添加文件，并在“数据库文件”表格下按要求依次设置数据文件和日志文件的各项属性，如图 2-11 所示。

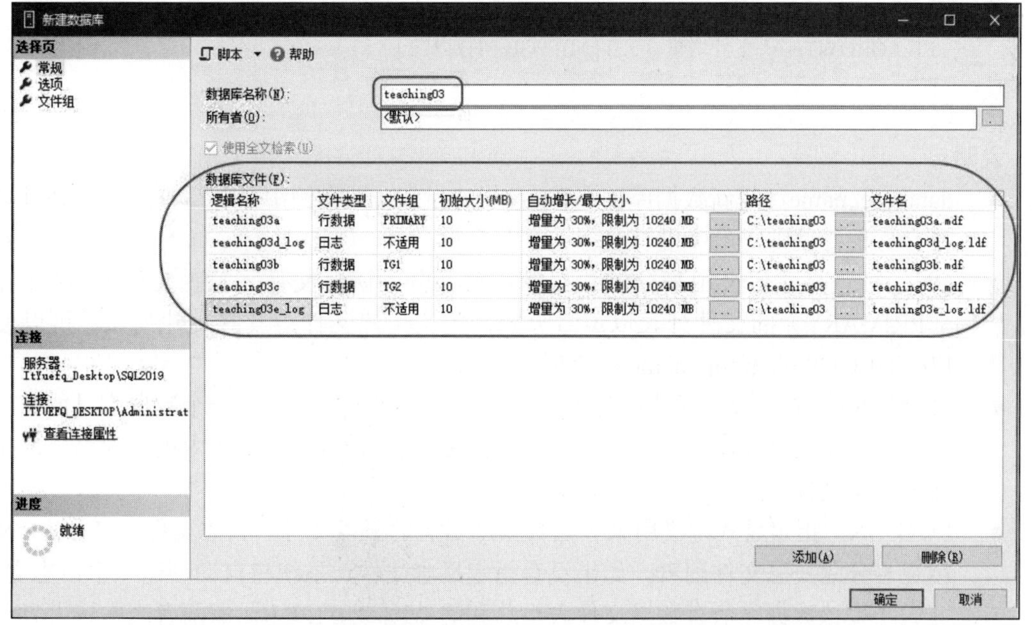

图 2-11　新建含有多个数据文件和日志文件的数据库

注意：

- 可通过“文件类型”下拉列表框直接选择数据库文件的文件类型。
- 数据文件默认属于 PRIMARY 文件组，可通过“文件组”下拉列表框选择或新建自定文件组，也可通过“文件组”选项页添加。
- 日志文件不属于任何文件组。

（6）单击“确定”按钮，等待系统完成即可。

2.2.2 使用 CREATE DATABASE 语句新建数据库

Transact-SQL 语言提供了新建数据库的 CREATE DATABASE 语句，其基本语法格式如下：

```
CREATE DATABASE database_name
[ ON [ PRIMARY ]
(
    NAME = 逻辑文件名,
    FILENAME = '物理文件名'
    [ , SIZE = 初始大小 [ KB | MB | GB | TB ] ]
    [ , MAXSIZE = [数据文件最大大小 [ KB | MB | GB | TB ]] | UNLIMITED ]
    [ , FILEGROWTH = 文件增量 [ KB | MB | GB | TB | % ] ]
) [ ,...n ]
]

[ LOG ON
(
    NAME = 逻辑文件名,
    FILENAME = '物理文件名'
    [ , SIZE = 初始大小 [ KB | MB | GB | TB ] ]
    [ , MAXSIZE = [日志文件最大大小 [ KB | MB | GB | TB ]] | UNLIMITED ]
    [ , FILEGROWTH = 文件增量 [ KB | MB | GB | TB | % ] ]
) [ ,...n ]
]
```

说明：

- database_name：是新数据库的名称，在 SQL Server 实例中必须是唯一的，并且必须符合标识符规则，最多可以包含 128 个字符。
- ON：指定显式定义用来存储数据库数据部分的磁盘文件（数据文件）。主文件组（PRIMARY）的文件列表以逗号分隔；定义用户文件组及其文件列表，可以使用 FILEGROUP filegroup_name 来实现（可选）。
- PRIMARY：在主文件组中指定的第一个文件将成为主文件。一个数据库只能有一个主文件。如果没有指定主文件，那么 CREATE DATABASE 语句中列出的第一个文件将成为主文件。
- LOG ON：指定显式定义用来存储数据库日志的磁盘文件（日志文件）。LOG ON 后用逗号分隔日志文件列表。如果没有指定日志文件，系统将自动创建一个日志文件，其大小为该数据库所有数据文件大小总和的 25%或 512KB，取两者之中较大者。此文件放置于默认的日志文件位置。

- “[]”表示可选项；“[,…n]”表示可以有多个重复项，每项使用逗号分隔；“|”表示在多项中选择一个。

1．新建未指定文件的数据库

【例 2-4】在 SSMS 管理工具的“查询编辑器”窗口中，使用 CREATE DATABASE 语句，新建一个名为“teaching04”的数据库，不指定任何数据库文件及参数。

Transact-SQL 语句如下。

```
--打开 master 数据
USE master
GO

--如果“teaching04”数据库存在，则先删除该数据库
IF   EXISTS (
        SELECT name
                FROM sys.databases
                WHERE name = 'teaching04'
)
DROP DATABASE teaching04
GO

--新建数据库
CREATE DATABASE teaching04
GO
```

2．新建指定数据文件和日志文件的数据库

【例 2-5】在 SSMS 管理工具的“查询编辑器”窗口中，使用 CREATE DATABASE 语句，在 C:\teaching05 目录中，新建一个名为“teaching05”数据库，该数据库仅包含 1 个数据文件和 1 个日志文件，要求如下。

（1）数据文件的逻辑名为“teaching05_data”，物理文件名为“teaching05_data.mdf”，初始大小 50MB，最大大小为“无限制”，文件增量为 20%。

（2）日志文件的逻辑名为“teaching05_log”，文件名为“teaching05_log.ldf”，初始大小 20MB，最大大小为 5120MB，文件增量为 10MB。

（3）其他参数均采用默认值。

Transact-SQL 语句如下。

```
--打开 master 数据
USE master
GO

--如果“teaching05”数据库存在，则先删除该数据库
IF DB_ID( 'teaching05') IS NOT NULL
        DROP DATABASE teaching05
GO

--新建数据库
```

```
CREATE DATABASE teaching05   --数据库名称
ON PRIMARY   --数据文件
(
    NAME = teaching05_data,   --逻辑名称
    FILENAME = 'C:\teaching05\teaching05.mdf',   --物理路径和文件名称
    SIZE = 50 MB,   --初始大小
    MAXSIZE = UNLIMITED,   --最大大小
    FILEGROWTH = 20%   --文件增量
)

LOG ON   --日志文件
(
    NAME = teaching05_log,
    FILENAME = 'C:\teaching05\teaching05.ldf',
    SIZE = 20MB,
    MAXSIZE = 5120MB,
    FILEGROWTH = 10MB
)
GO
```

3. 新建含有多个数据文件和日志文件并启用自定义文件组的数据库

【例 2-6】在 SSMS 管理工具的“查询编辑器”窗口中，使用 CREATE DATABASE 语句，在 C:\teaching06 目录中，新建一个名为“teaching06”的数据库，其中包含 3 个数据文件、2 个日志文件和 2 个自定文件组，要求如下。

（1）主数据文件的逻辑名为“teaching06a”，文件名为“teaching06a.mdf”。

（2）次数据文件 1 的逻辑名为“teaching06b”，文件名为“teaching06b.ndf”，并属于 TG1 文件组。

（3）次数据文件 2 的逻辑名为“teaching06c”，文件名为“teaching06c.ndf”，并属于 TG2 文件组。

（4）日志据文件 1 的逻辑名为“teaching06d_log”，文件名为“teaching06d_log.ldf”。

（5）日志据文件 2 的逻辑名为“teaching06e_log”，文件名为“teaching06e_log.ldf”。

（6）其他参数均采用默认值。

Transact-SQL 语句如下。

```
--打开 master 数据
USE master
GO

--如果“teaching06”数据库存在，则先删除该数据库
DROP DATABASE IF EXISTS teaching06
GO

--新建数据库
CREATE DATABASE teaching06
ON PRIMARY   --这是默认的主文件组
```

```
(
	NAME = teaching06a_data,
	FILENAME = 'C:\teaching06\teaching06a.mdf'
),	--数据文件用逗号隔开
FILEGROUP GT1	--这是自定义主文件组 GT1
(
	NAME = teaching06b_data,
	FILENAME = 'C:\teaching06\teaching06b.ndf'
),	--数据文件用逗号隔开
FILEGROUP GT2	--这是自定义主文件组 GT2
(
	NAME = teaching06c_data,
	FILENAME = 'C:\teaching06\teaching06c.ndf'
)

LOG ON
(
	NAME = teaching06d_log,
	FILENAME = 'C:\teaching06\teaching06d_log.ldf'
),	--日志文件也用逗号隔开
(
	NAME = teaching06e_log,
	FILENAME = 'C:\teaching06\teaching06e_log.ldf'
)
GO
```

提示：

- 在 SSMS 管理工具的“查询编辑器”窗口中，执行 CREATE DATABASE 语句新建数据库成功后，需要在“对象资源管理器”窗口中手动刷新“数据库”节点，才可以看到新建的数据库。
- 在 SSMS 管理工具的“对象资源管理器”窗口中，利用“新建数据库”对话框来新建数据库，它的本质依然是调用 CREATE DATABASE 语句并利用设置的相关参数来完成。实际上，可以在“数据库”节点下，右击任一个数据库，在弹出的快捷菜单中依次单击“编写数据库脚本为”→“CREATE 到”→“新查询编辑器窗口”命令，即可看到该数据库完整的 CREATE DATABASE 语句。

2.3　修改数据库

新建完数据库之后，在使用过程中可以根据需要对数据库的定义进行修改。在 SQL Server 的 SSMS 管理工具中修改数据库的方法有两种：一是在“对象资源管理器”窗口中使用菜单命令；二是在“查询编辑器”窗口中使用 ALTER DATABASE 语句。

2.3.1　使用对象资源管理器修改数据库

在“对象资源管理器”窗口中，使用菜单命令修改数据库的操作步骤如下。

（1）启动SSMS，并连接到数据库服务器实例。

（2）在左侧的“对象资源管理器”窗口中，展开“数据库”节点，右击需要修改的数据库（如teaching01），在弹出的快捷菜单中单击“属性”菜单命令，如图2-12所示。

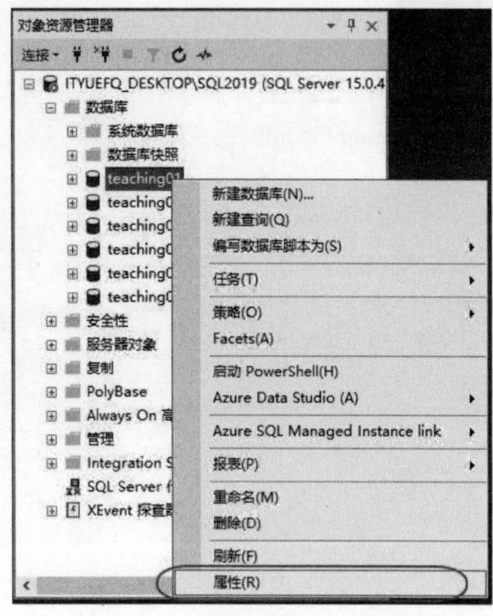

图2-12 “属性”菜单命令

（3）打开“数据库属性-teaching01”对话框，此对话框与“新建数据库”对话框相似，不过这里多了更改跟踪、权限、扩展属性、镜像、事务日志传送和查询存储几个选项，如图2-13所示。用户可以根据实际需要，分别对不同选项页中的内容进行设置。

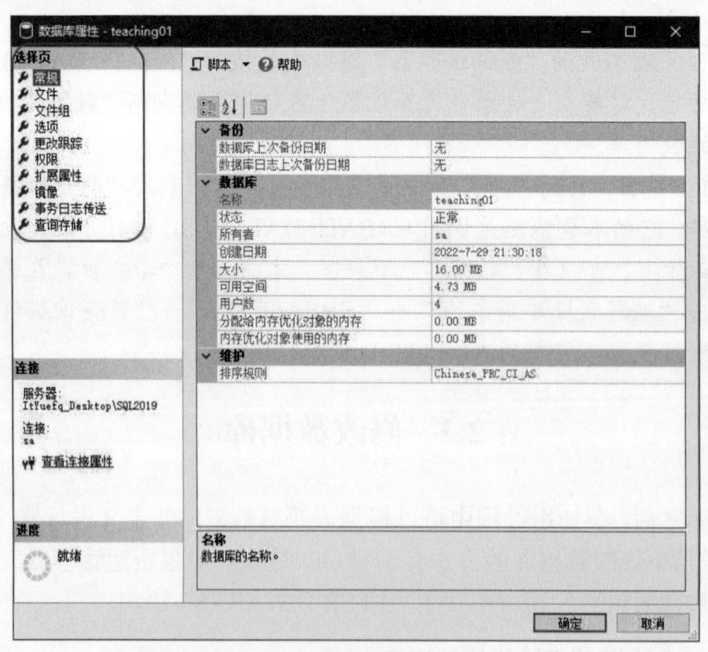

图2-13 “数据库属性-teaching01”窗口

（4）单击“确定”按钮，完成对数据库的修改操作。

【例 2-7】在 SSMS 管理工具的“对象资源管理器”窗口中，利用“数据库属性”对话框，完成对“teaching01”数据库的修改，要求如下。

（1）修改“teaching01”数据文件的逻辑名称为“teaching01a”，文件增量为 20%。

（2）修改“teaching01_log”日志文件的逻辑名称为“teaching01a_log”，文件初始大小为 10 MB。

（3）添加文件组 group1 和 group2，并把文件组 group2 设为默认文件组。

（4）依次添加“teaching01b”“teaching01c”“teaching01d”3 个数据文件，并把“teaching01c”添加到 group1 文件组中，增加日志文件“teaching01b_log”。

（5）先删除 group1 文件组，再删除“teaching01c”数据文件。

（6）打开数据库“更改跟踪”“自动收缩”和“自动关闭”选项，并设置数据库限制访问为单用户（SINGLE_USER）模式。

（7）设置数据库为只读模式，然后在“对象资源管理器”窗口中观察数据库的变化。

（8）最后，恢复数据库为多用户（MULTI_USER）模式和可读写模式。

操作步骤如下。

（1）启动 SSMS，并连接到数据库服务器实例。

（2）在左侧的“对象资源管理器”窗口中，展开“数据库”节点，右击“teaching01”数据库，在弹出的快捷菜单中单击“属性”菜单命令，打开“数据库属性-teaching01”对话框。

（3）进入“文件”选项页，按要求调整数据文件和日志文件的相关属性，结果如图 2-14 所示。

图 2-14　“文件”选项页修改 1

（4）进入“文件组”选项页，在“行”表格下，连续 2 次单击“添加文件组”按钮，分别设置名称为 group1 和 group2，并勾选 group2 后的“默认值”复选框设其为默认文件组，结果如图 2-15 所示。

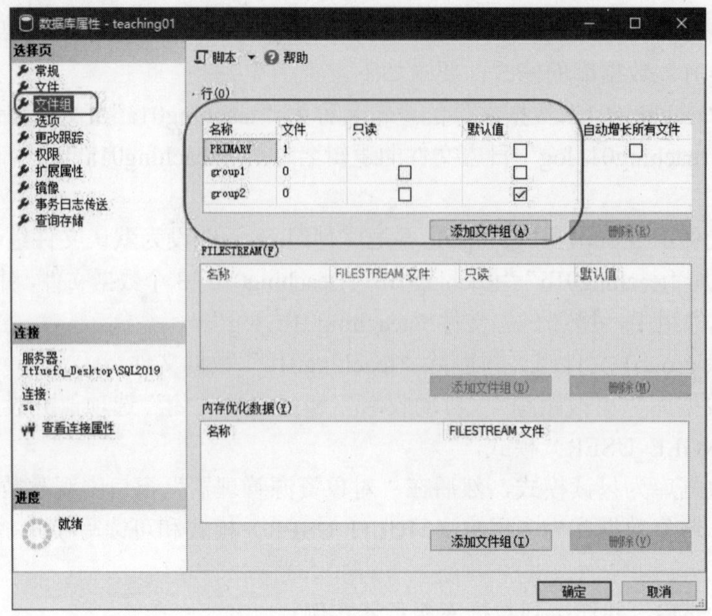

图 2-15 “文件组”选项页修改

（5）返回“文件”选项页，连续 4 次单击右下角的“添加”按钮，依次修改逻辑名称为“teaching01b”“teaching01c”“teaching01d”和“teaching01b_log”，并在“teaching01c”文件后的“文件组”下拉列表框中选择“group1”文件组，在“teaching01b_log”文件后的“文件类型”下拉列表框中选择“日志”类型，结果如图 2-16 所示。

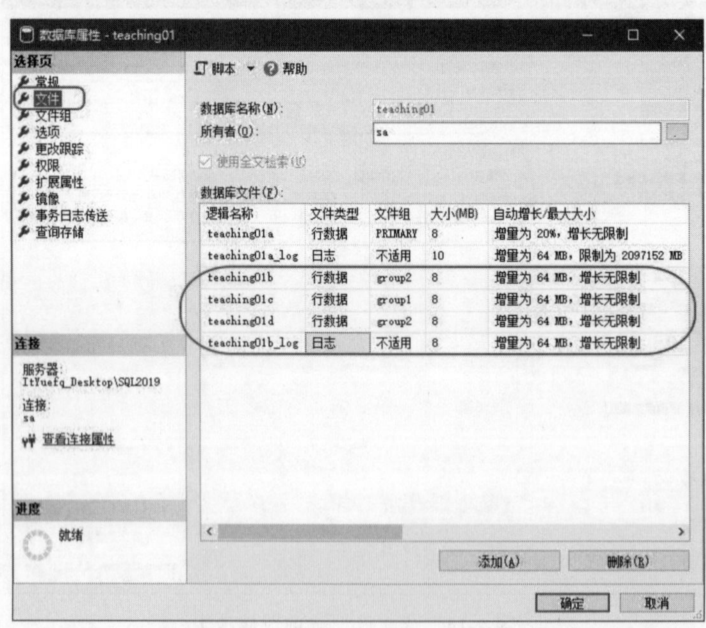

图 2-16 “文件”选项页修改 2

（6）返回“文件组”选项页，选中“group1”文件组后单击“删除”按钮，注意观察删除前后“group2”文件组中文件数量的变化。

（7）再次返回“文件”选项页，选中“teaching01c”数据文件，单击右下角的“删除”按钮，删除该数据文件，注意观察删除前后该数据文件所属文件组的情况。

（8）进入“更改跟踪”选项页，找到“更改跟踪”项，双击该项或者从下拉列表框中选择，将其设置为 True，其他参数设置保持默认，如图 2-17 所示。

图 2-17　“更改跟踪”选项页修改

（9）进入“选项”选项页，首先找到“限制访问”项，双击该项或者从下拉列表框中选择，将其设置为 SINGLE_USER；然后找到“自动关闭”和“自动收缩”项，双击该项或者从下拉列表框中选择，将其设置为 True，结果如图 2-18 所示。

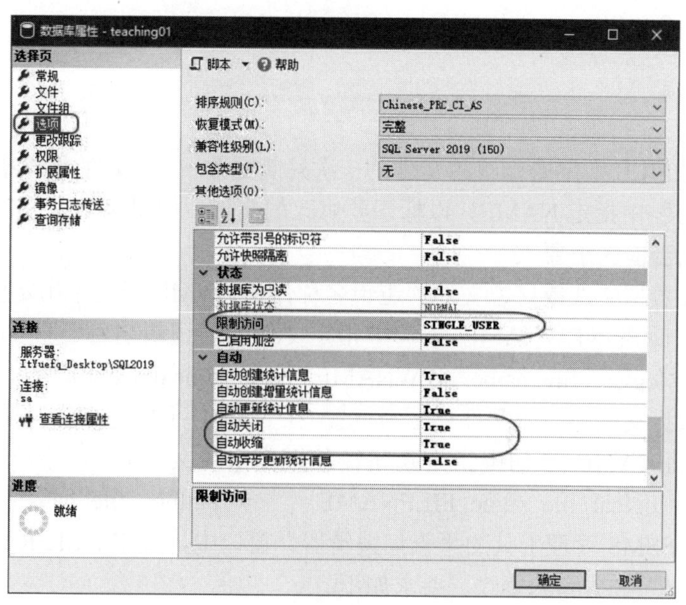

图 2-18　“选项”选项页修改

（10）单击右下角的“确定”按钮，完成数据库的修改操作。返回“对象资源管理器”窗口后，注意观察“对象资源管理器”窗口中“teaching01”数据库状态的变化（“teaching01”后有“单个用户”的标识）。

（11）再次打开“数据库属性-teaching01”对话框，进入“选项”选项页，找到“数据库为只读”项，双击该项或者从下拉列表框中选择，将其设置为 True。单击“确定”按钮返回“对象资源管理器”窗口，注意观察“对象资源管理器”窗口中“teaching01”数据库状态的变化（“teaching01”后有“单个用户/只读”的标识）。

（12）再次打开“数据库属性-teaching01”对话框，恢复“限制访问”项为 MULTI_USER，恢复“数据库为只读”项为 False 可读写模式。单击“确定”按钮返回“对象资源管理器”窗口，注意再次观察“对象资源管理器”窗口中“teaching01”数据库状态的变化（“teaching01”后“单个用户/只读”的标识消失）。

2.3.2 使用 ALTER DATABASE 语句修改数据库

Transact-SQL 语言提供了新建数据库的 ALTER DATABASE 语句，其基本语法格式如下：

```
ALTER DATABASE database_name
ADD FILE <数据文件定义> [ ,...n ] [ TO FILEGROUP  文件组名 ]
| ADD LOG FILE <日志文件定义> [ ,...n ]
| REMOVE FILE  逻辑文件名
| MODIFY FILE <文件定义>
| ADD FILEGROUP  文件组名
| REMOVE FILEGROUP  文件组名
| MODIFY FILEGROUP  文件组名
            READONLY | READWRITE | READ_ONLY | READ_WRITE
            | DEFAULT
            | NAME =新文件组名
            | AUTOGROW_SINGLE_FILE | AUTOGROW_ALL_FILES
| MODIFY NAME =新数据库名
| SET  参数及选项
```

说明：

- MODIFY FILE 指定要修改的文件。一次只能更改一个<文件定义>属性。必须始终在<文件定义>中指定 NAME，以标识要修改的文件。如果指定了 SIZE，那么新大小必须比文件当前大小要大。
- 若要修改数据文件或日志文件的逻辑名称，在 NAME 子句中指定要重命名文件的逻辑名称，并在 NEWNAME 子句中指定文件的新逻辑名称。例如：MODIFY FILE (NAME = logical_file_name, NEWNAME = new_logical_name)。
- 若要将数据文件或日志文件移至新位置，在 NAME 子句中指定当前文件的逻辑名称，并在 FILENAME 子句中指定新路径和操作系统文件名称。例如：MODIFY FILE (NAME = logical_file_name, FILENAME = ' new_path\os_file_name ')。

【例 2-8】在 SSMS 管理工具的“查询编辑器”窗口中，使用 ALTER DATABASE 语句，完成对“teaching04”数据库的修改，要求如下。

（1）修改“teaching04”数据文件的逻辑名称为“teaching04a”，文件增量为 10%。

（2）修改“teaching04_log”日志文件的逻辑名称为“teaching04a_log”，文件初始大小为10MB。

（3）添加文件组 group1 和 group2。

（4）在 C:\teaching04 目录中（若没有，须先在操作系统下新建该目录），依次添加“teaching04b”“teaching04c”“teaching04d”3 个数据文件，并把“teaching04b”“teaching04d”数据文件添加到 group2 文件组中，把“teaching04c”数据文件添加到 group1 文件组中，增加日志文件“teaching04b_log”。

（5）先设置 group2 为默认文件组，然后删除“teaching04c”数据文件，最后删除 group1 文件组。

（6）设置数据库为单用户（SINGLE_USER）模式和只读模式。

（7）恢复数据库为多用户（MULTI_USER）模式和可读写模式。

Transact-SQL 语句如下。

```
--打开 master 数据
USE master
GO

--如果“teaching04”数据库存在，则先删除该数据库
DROP DATABASE IF EXISTS teaching04
GO

--新建数据库
CREATE DATABASE teaching04
GO

--修改数据文件
ALTER DATABASE teaching04
MODIFY FILE
(
    NAME=teaching04,
    NEWNAME=teaching04a,
    FILEGROWTH=10%
)

--修改日志文件
ALTER DATABASE teaching04
MODIFY FILE
(
    NAME=teaching04_log,
    NEWNAME=teaching04a_log,
    SIZE=10MB
)

--添加文件组
ALTER DATABASE teaching04
ADD FILEGROUP group1
```

```
ALTER DATABASE teaching04
ADD FILEGROUP group2

--添加数据文件和日志文件
ALTER DATABASE teaching04
ADD FILE
(
      NAME=teaching04b,
      FILENAME ='C:\teaching04\teaching04b.ndf'
),
(
      NAME=teaching04d,
      FILENAME ='C:\teaching04\teaching04d.ndf'
)TO FILEGROUP group2

ALTER DATABASE teaching04
ADD FILE
(
      NAME=teaching04c,
      FILENAME ='C:\teaching04\teaching04c.ndf'
)TO FILEGROUP group1

ALTER DATABASE teaching04
ADD LOG FILE
(
      NAME=teaching04b_log,
      FILENAME ='C:\teaching04\teaching04b_log.ldf'
)

--设置默认文件组，并删除数据文件和文件组
ALTER DATABASE teaching04
MODIFY FILEGROUP group2 DEFAULT

ALTER DATABASE teaching04
REMOVE FILE teaching04c

ALTER DATABASE teaching04
REMOVE FILEGROUP group1

--配置数据库选项
ALTER DATABASE teaching04
SET SINGLE_USER, READ_ONLY

--恢复数据库选项
ALTER DATABASE teaching04
SET MULTI_USER, READ_WRITE
GO
```

2.4　重命名和删除数据库

SQL Server 2019 允许对现有数据库进行重命名操作以及对不再需要的数据库进行删除操作。

2.4.1　重命名数据库

重命名数据库即修改数据库的名称。SQL Server 2019 允许对数据库进行重新命名操作，但在重新命名前，要保证没有用户正在使用该数据库，并且新的数据库名称必须符合 SQL Server 的命名规则。在 SQL Server 的 SSMS 管理工具中重命名数据库的方有两种：一是在“对象资源管理器”窗口中使用菜单命令；二是在“查询编辑器”窗口中使用相关的 Transact-SQL 语句。

1．使用对象资源管理器重命名数据库

在“对象资源管理器”窗口中，使用菜单命令重命名数据库的操作步骤如下。

（1）启动 SSMS，并连接到数据库服务器实例。

（2）在左侧的“对象资源管理器”窗口中，展开“数据库”节点。

（3）右击需要修改的数据库（如 teaching01），在弹出的快捷菜单中单击“重命名”菜单命令，如图 2-19 所示。或者连续单击该数据库名称。

（4）在数据库名的可编辑文本框中，输入新的数据库名称（如 teaching），如图 2-20 所示。

图 2-19　“重命名”菜单命令

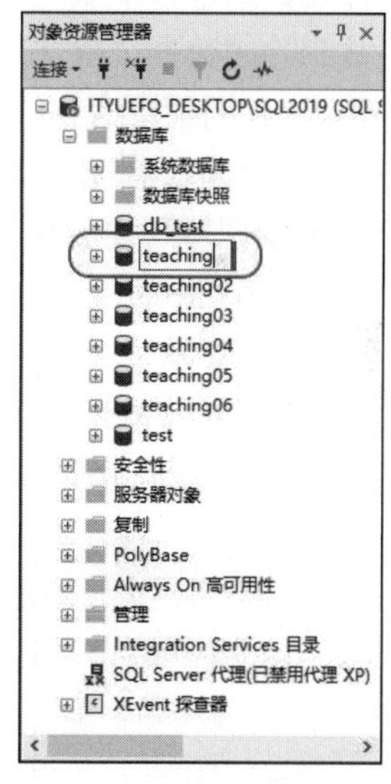

图 2-20　修改数据库名称

（5）在弹出的警告信息对话框中，单击“是”按钮，如图 2-21 所示，即可完成数据库的重命名操作。

图 2-21　“修改数据库名称”警告信息对话框

2. 使用 Transact-SQL 语句重命名数据库

在 SQL Server 2019 中，除使用 ALTER DATABASE…MODIFY NAME 语句来修改数据库名称外，还可以使用系统存储过程 sp_renamedb 来修改数据库的名称，其语法格式如下。

```
sp_renamedb [@dbname=]'old_name' ,[@newname=]'new_name'
```

【例 2-9】在 SSMS 管理工具的“查询编辑器”窗口中，使用 ALTER DATABASE 语句将“teaching02”数据库重命名为“teaching02a”，使用系统存储过程 sp_renamedb 将“teaching03”数据库重命名为“teaching03b”。

Transact-SQL 语句如下。

```
--使用 ALTER DATABASE 语句
ALTER DATABASE teaching02
MODIFY NAME=teaching02a
GO

--使用系统存储过程 sp_renamedb
sp_renamedb 'teaching03', 'teaching03b'
GO
```

2.4.2 删除数据库

当数据库不再被需要时，为了节省磁盘空间，可以将它们从系统中删除。数据库删除之后，数据库中的文件及数据都将从服务器上的磁盘中删除。故删除数据库时一定要慎重，因为系统无法轻易恢复被删除的数据，除非做过数据库的备份。删除数据库有两种方法：一是在“对象资源管理器”窗口中使用菜单命令；二是在“查询编辑器”窗口中使用相关的 Transact-SQL 语句。

1. 使用对象资源管理器删除数据库

在“对象资源管理器”窗口中，使用菜单命令重命名数据库的操作步骤如下。

（1）启动 SSMS，并连接到数据库服务器实例。

（2）在左侧的“对象资源管理器”窗口中，展开“数据库”节点。

（3）右击需要删除的数据库（如 teaching02a），在弹出的快捷菜单中选择“删除”菜单命令，如图 2-22 所示。或直接按 Delete 键。

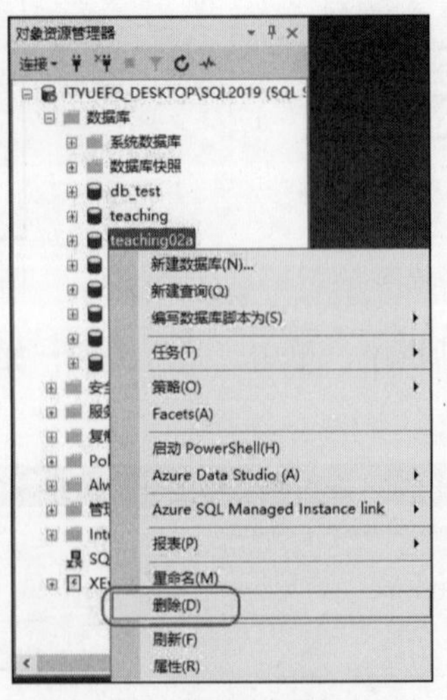

图 2-22 “删除”菜单命令

（4）打开“删除对象”对话框，确认需删除的目标数据库对象。在该对话框中也可以选择是否要“删除数据库备份和还原历史记录信息”和“关闭现有连接”，选择之后单击“确定”按钮，即可执行数据库的删除操作，如图 2-23 所示。

图 2-23　“删除对象”对话框

2. 使用 Transact-SQL 语句删除数据库

在 Transact-SQL 中使用 DROP DATABASE 语句删除数据库，使用该语句可以从 SQL Server 中一次删除一个或多个数据库及其数据库快照，其语法格式如下。

```
DROP DATABASE [ IF EXISTS ] { database_name | database_snapshot_name } [ ,...n ]
```

说明：

- database_name：需要删除的数据库的名称。
- database_snapshot_name：需要删除的数据库快照的名称。

【例 2-10】在 SSMS 管理工具的“查询编辑器”窗口中，使用 DROP DATABASE 语句先依次将“db_test”和“test”数据库删除，然后再一次性将“teaching03b”“teaching04”“teaching05”和“teaching06”数据库删除。

Transact-SQL 语句如下。

```
--打开 master 数据库
USE master
GO

--删除“db_test”数据库
DROP DATABASE IF EXISTS db_test
GO
```

```
--删除“test”数据库
DROP DATABASE IF EXISTS test
GO

--一次性删除多个数据库
DROP DATABASE IF EXISTS teaching03b, teaching04, teaching05, teaching06
GO
```

注意：并不是所有的数据库在任何时候都可以被删除，只有处于正常状态下的数据库才能使用 DROP DATABASE 语句删除。例如数据库正在使用、数据库正在恢复、数据库包含用于复制的对象、数据库存在快照时，不能被删除。SQL Server 系统数据库也不能被删除。

2.5 数据库的其他操作

在 SQL Server 2019 中新建、修改、重命名和删除数据库是用户必须掌握的最基本的操作。本节介绍一些数据库其他的常用操作，如查看数据库信息、收缩数据库空间、脱机和联机数据库、分离和附加数据库、移动数据库以及编写数据库脚本等。

2.5.1 查看数据库信息

在 SQL Server 2019 中，除利用“数据库属性”对话框查看数据库信息外，还可以使用其他方式查看数据库信息，例如使用目录视图、函数、系统存储过程以及数据库报表等方式。

1. 使用目录视图

可以使用如下的目录视图查看数据库信息。

（1）使用 sys.database_files 查看有关数据库文件的信息。

（2）使用 sys.filegroups 查看有关数据库文件组的信息。

（3）使用 sys.master_files 查看数据库文件的基本信息和状态信息。

（4）使用 sys.databases 数据库和文件目录视图查看有关数据库的基本信息。

2. 使用函数

如果要查看指定数据库中指定选项的信息时，可以使用 DATABASEPROPERTYEX()函数，该函数每次只返回一个选项的信息，其语法格式如下。

```
DATABASEPROPERTYEX ( database , property )
```

【例 2-11】在“查询编辑器”窗口中，查看“teaching”数据库的状态信息。

Transact-SQL 语句如下。

```
--打开“teaching”数据库
USE teaching
GO

--查看“teaching”数据库的状态
SELECT DATABASEPROPERTYEX('teaching', 'Status') AS '数据库状态'
GO
```

执行结果如图 2-24 所示。

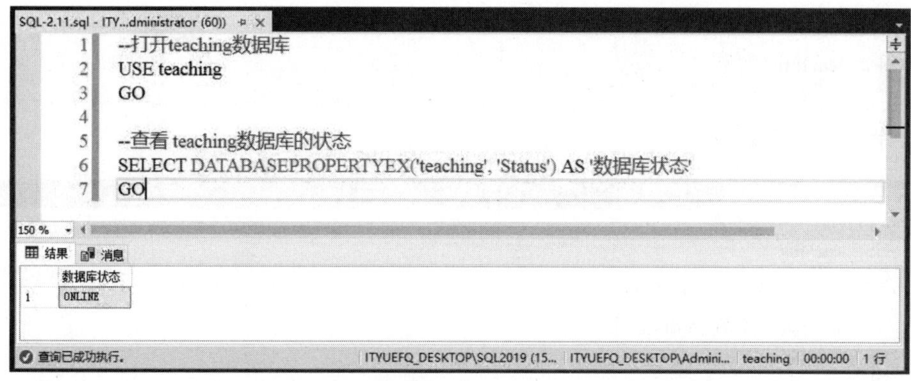

图 2-24　查看“teaching”数据库的状态信息

上述代码中，DATABASEPROPERTYEX()函数的第一个参数表示要返回信息的数据库，第二个参数则表示要返回数据库的属性表达式，其他可查看的几个常用属性参数值如下。

（1）Collation：数据库的默认排序规则名称。

（2）IsAutoClose：在最后一个用户退出后，数据库完全关闭并释放资源。

（3）IsAutoShrink：可以定期自动收缩数据库文件。

（4）Updateability：指示是否可以修改数据。READ_ONLY 表示数据库支持数据读取，但不支持数据修改；READ_WRITE 表示数据库支持数据读取和修改。

（5）UserAccess：指示哪些用户可以访问数据库。SINGLE_USER 表示一次仅限一个 db_owner、dbcreator 或 sysadmin 用户；RESTRICTED_USER 表示仅限 db_owner、dbcreator 或 sysadmin 角色的成员；MULTI_USER 表示所有用户。

（6）Version：用于创建数据库的 SQL Server 代码的内部版本号。

3. 使用系统存储过程

除上述的目录视图和函数外，还可以使用如下系统存储过程来查看数据库信息。

（1）sp_spaceused：显示数据库使用和保留的空间。

（2）sp_helpdb [[@dbname=] 'name']：查看所有或指定数据库的基本信息。

【例 2-12】在“查询编辑器”窗口中，依次查看“teaching”数据库使用和保留的空间信息、所有数据库的基本信息以及“teaching”数据库的基本信息。

Transact-SQL 语句如下。

```
--打开“teaching”数据库
USE teaching
GO

--查看数据库使用和保留的空间
sp_spaceused
GO

--查看所有数据库的基本信息
sp_helpdb
GO
```

```
--查看“teaching”数据库的基本信息
sp_helpdb 'teaching'
GO
```

执行结果如图 2-25 所示。

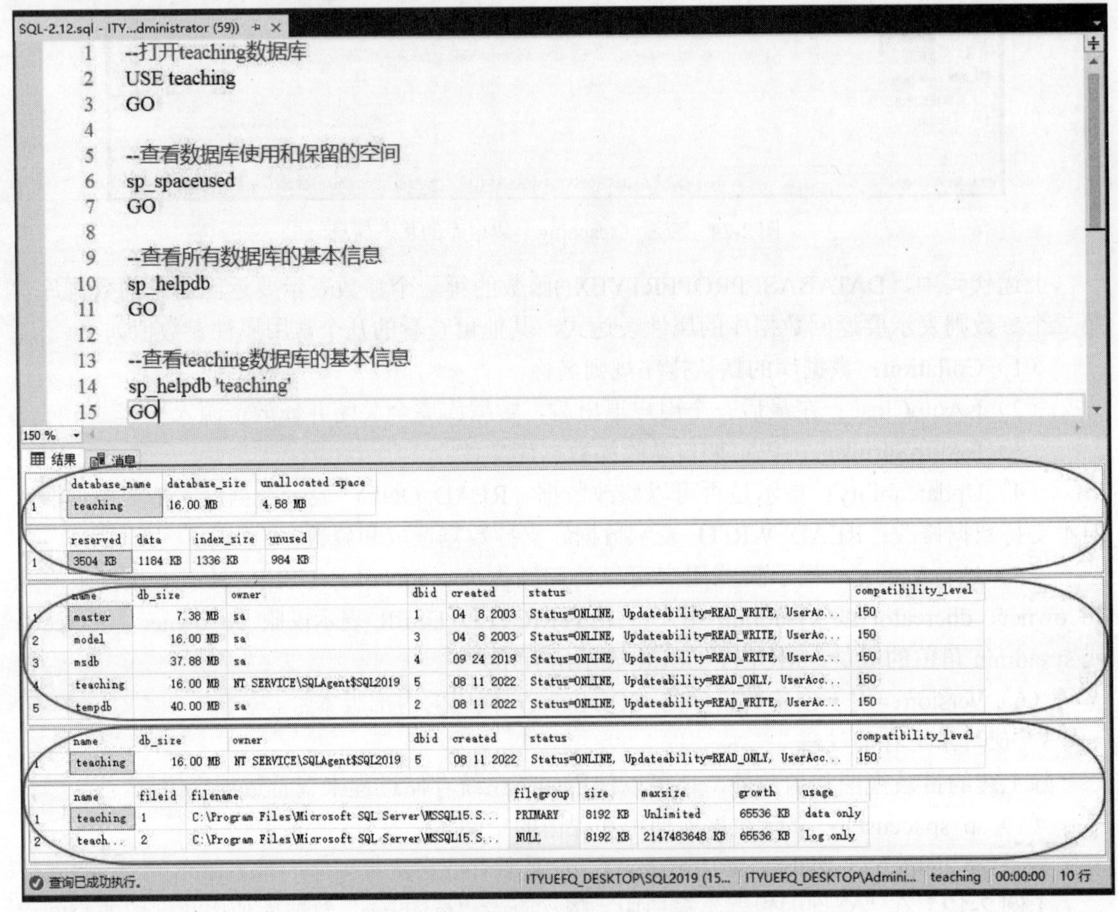

图 2-25　使用系统存储过程查看数据库信息

4. 使用数据库报表

SQL Server 2019 提供了丰富的数据库报表，可以查看数据库的使用情况。例如查看“teaching”数据库磁盘使用情况的操作步骤如下。

（1）启动 SSMS，并连接到数据库服务器实例。

（2）在左侧的“对象资源管理器”窗口中，展开“数据库”节点，右击“teaching”数据库，在弹出的快捷菜单中依次单击“报表”→“标准报表”→“磁盘使用情况”菜单命令，如图 2-26 所示。

（3）打开“磁盘使用情况”页面，如图 2-27 所示。

该页面中可以查看数据库的总空间使用量、数据文件的空间使用量和日志文件的空间使用量，并以饼图的方式显示。通过查看此报表，可以了解数据库的空间使用情况，从而决定是否需要扩充或收缩数据库大小。

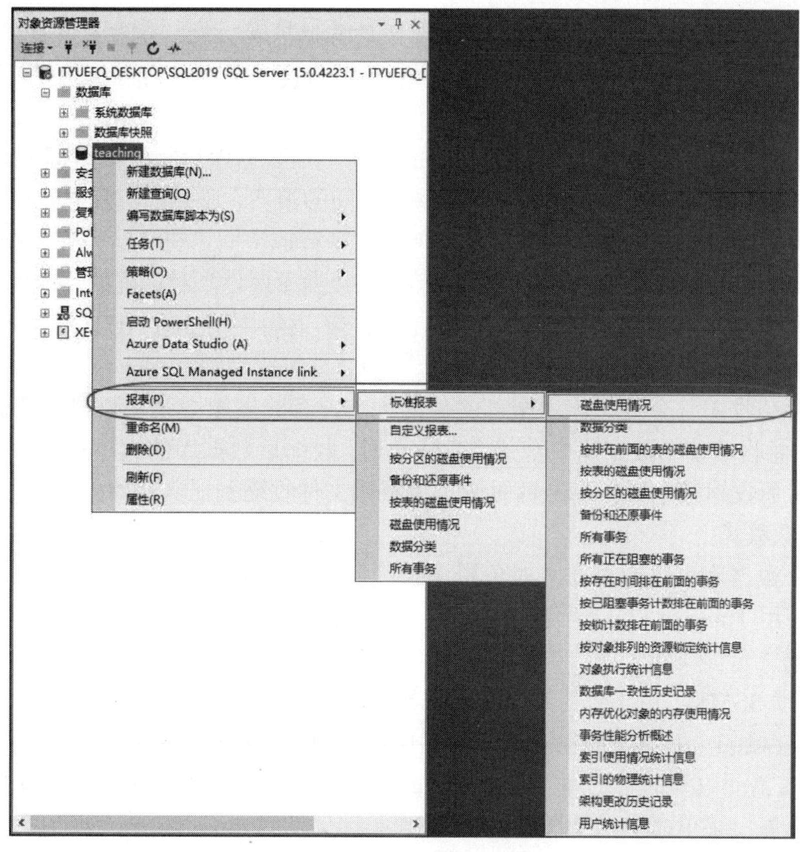

图 2-26　“磁盘使用情况”菜单命令

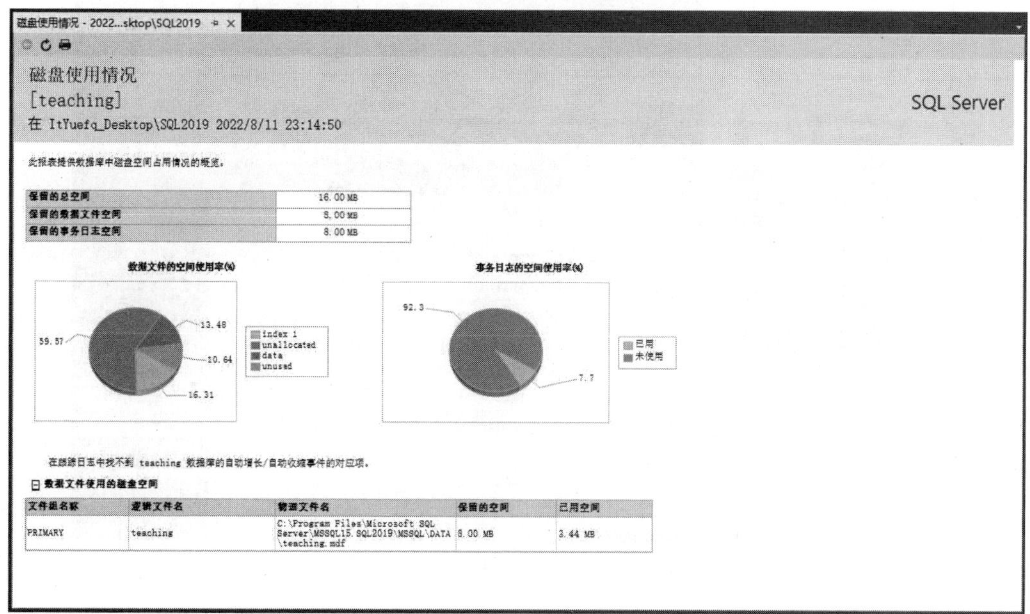

图 2-27　“磁盘使用情况”页面

提示：可以使用“报表”→“标准报表”下的其他报表功能，查看更多数据库信息。

2.5.2 收缩数据库空间

操作系统不会主动回收已分配给数据库的空间。当数据库运行一段时间后，由于删除了大量数据或者初始空间分配过大，都会造成磁盘空间的浪费，还会影响数据库运行的性能。此时，就非常有必要对数据库进行收缩操作，使其主动释放空间，交还给操作系统。

如果用户希望数据库实现自动收缩，只需在“数据库属性”对话框的“选项”页中将“自动收缩”选项设置为 True 或者在 ALTER DATABASE 语句中用 SET AUTO_SHRINK ON 设置即可。

也可以手动收缩整个数据库中全部文件的大小或者数据库中某个数据文件或日志文件的大小。但要注意收缩整个数据库中全部文件大小时，收缩后数据库的大小不能小于创建数据时指定的大小，而收缩某个数据库文件时则可以将该文件收缩到比其初始大小更小。

1. 收缩数据库

收缩整个数据库可以通过在“对象资源管理器”窗口中使用菜单命令或者在“查询编辑器”窗口中使用 Transact-SQL 语句实现。

在“对象资源管理器”窗口中使用菜单命令收缩数据库的操作步骤如下。

（1）启动 SSMS，并连接到数据库服务器实例。

（2）在左侧的“对象资源管理器”窗口中，展开“数据库”节点。

（3）右击需要收缩的数据库（如 teaching），在弹出的快捷菜单中依次单击“任务”→“收缩”→“数据库”菜单命令，如图 2-28 所示。

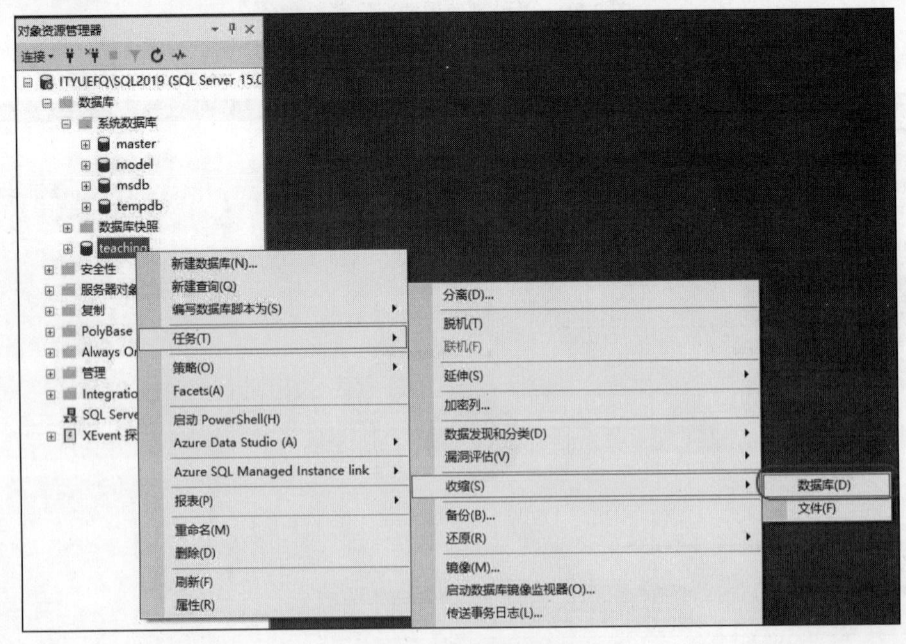

图 2-28 收缩数据库

（4）打开“收缩数据库-teaching”对话框，显示数据库大小及收缩操作等信息，如图 2-29 所示。

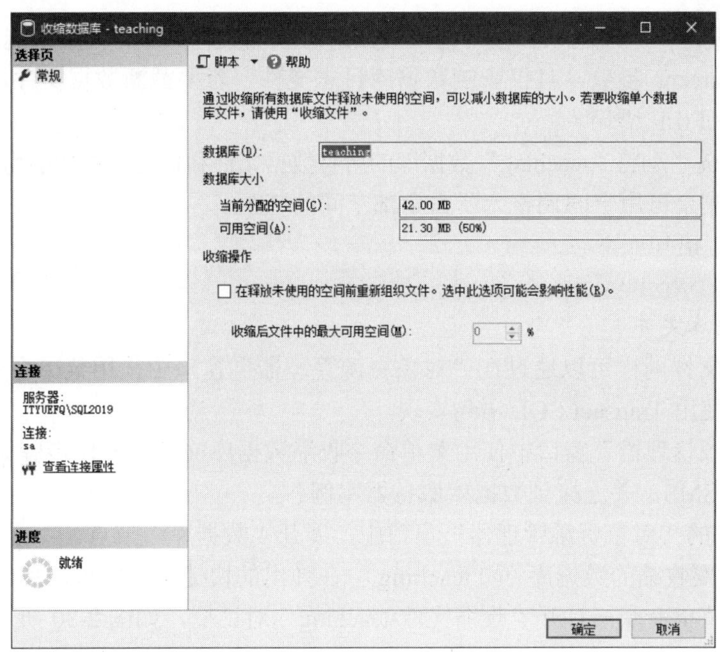

图 2-29　“收缩数据库-teaching”对话框

用户可根据需要勾选“在释放未使用的空间前重新组织文件”复选框，然后指定收缩后数据库中未使用空间占数据库全部空间的百分比（介于 0%～99%之间）。若默认不勾选该复选框，则表示将数据文件中所有未使用的空间全部释放给操作系统，并将文件收缩到最后分配的大小，而不需要移动任何数据。

（5）单击“确定”按钮即可完成收缩操作。

在“查询编辑器”窗口中使用 Transact-SQL 语句实现收缩数据库的语法格式如下。

```
DBCC SHRINKDATABASE
(
    database_name | database_id | 0
    [ , target_percent ]
    [ , { NOTRUNCATE | TRUNCATEONLY } ]
)
```

说明：

- database_name | database_id | 0：要收缩的数据库名称或 ID。0 表示指定使用当前数据库。
- target_percent：数据库收缩后的数据库文件中所需的剩余可用空间所占全部空间的百分比。
- NOTRUNCATE：将分配的页面从文件的末尾移动到文件前面的未分配页面来压缩数据文件中的数据，其作用类似于勾选“在释放未使用的空间前重新组织文件”复选框。使用该选项时 target_percent 为可选项，文件末尾的可用空间不会释放给操作系统，并且文件的物理大小也不会更改。因此，指定 NOTRUNCATE 时，数据库似乎不会收缩。该选项只适用于数据文件，不影响事务日志文件。
- TRUNCATEONLY：将日志文件末尾的所有可用空间释放给操作系统，并将数据文件收缩到最后分配的大小，其作用类似于默认不勾选“在释放未使用的空间前重新组织文件”复选框。该选项不移动任何数据即可收缩文件大小。使用该选项时，将会忽略 target_percent 参数，且仅影响数据库日志文件。若要截断数据文件，请使用 DBCC SHRINKFILE 语句。

【例 2-13】先手动将“teaching”数据库的所有数据文件和日志文件大小均调整为 100MB，再将该数据库的剩余可用空间调整为所占全部空间的 25%。

Transact-SQL 语句如下。

```
DBCC SHRINKDATABASE (teaching, 25)
```

2. 收缩数据库文件

收缩数据库文件同样可以通过在“对象资源管理器”窗口中使用菜单命令或者在“查询编辑器”窗口中使用 Transact-SQL 语句实现。

在“对象资源管理器”窗口中使用菜单命令收缩数据库文件的操作步骤如下。

（1）启动 SSMS，并连接到数据库服务器实例。

（2）在左侧的“对象资源管理器”窗口中，展开“数据库”节点。

（3）右击需要收缩的数据库（如 teaching），在弹出的快捷菜单中依次单击“任务”→“收缩”→“文件”菜单命令，打开“收缩文件-teaching”对话框，如图 2-30 所示。

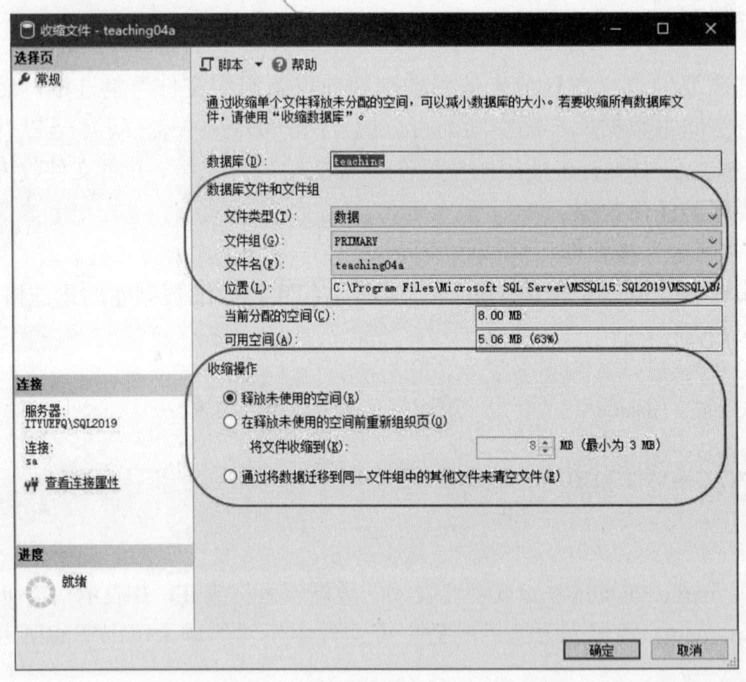

图 2-30 “收缩文件-teaching”对话框

在此对话框中，可以进行如下设置。

1）可以在“文件类型”下拉列表框中选择要收缩的是数据文件还是日志文件。

2）如果选择收缩数据文件，可以在“文件组”下拉列表框中选择要收缩的数据文件所在的文件组。

3）可以在“文件名”下拉列表框中指定要收缩的具体文件。

（4）选择好收缩操作选项后，单击“确定”按钮即可完成对数据库文件的收缩操作。

在“查询编辑器”窗口中使用 Transact-SQL 语句实现收缩数据库文件操作的语法格式如下。

```
DBCC SHRINKFILE
(
    { file_name | file_id }
    { [ , EMPTYFILE ]
    | [ [ , target_size ] [ , { NOTRUNCATE | TRUNCATEONLY } ] ]
    }
)
```

说明：

- file_name | file_id：要收缩文件的逻辑名称或标识号（ID）。可使用 FILE_IDEX()系统函数获得文件 ID，或查询当前数据库中的 sys.database_files 目录视图来获得。
- EMPTYFILE：将指定文件中的所有数据迁移到同一文件组中的其他文件中，使得该文件为空，便于用 ALTER DATABASE 语句删除该文件。因为 EMPTYFILE 确保不会将任何新数据添加到文件中（尽管此文件不是只读文件）。如果后面使用 ALTER DATABASE 语句更改了文件大小，只读标志会重置，并能添加数据到文件中。
- target_size：收缩后文件的目标大小（用整数表示，以 MB 为单位）。如果未指定或为 0，DBCC SHRINKFILE 语句会将文件收缩到文件创建时的大小，但不会收缩已超过所需存储数据大小的文件。例如，如果使用 10MB 数据文件中的 7MB，则带有 target_size 为 6 的 DBCC SHRINKFILE 语句只能将该文件收缩到 7MB，而不能收缩到 6MB。
- NOTRUNCATE：无论是否指定 target_percent，都将数据文件末尾中的已分配页移到文件开头的未分配页区域中。但操作系统不会回收文件末尾的可用空间，文件的物理大小也不会改变。因此，如果指定 NOTRUNCATE，文件看起来就像没有收缩一样。NOTRUNCATE 只适用于数据文件，事务日志文件不受影响。
- TRUNCATEONLY：将文件末尾的所有可用空间释放给操作系统，并将文件收缩到最后分配的大小，从而收缩文件的大小，但不在文件内移动任何数据。使用该选项时将会忽略 target_size 参数，且只适用于数据文件。因为它不会移动日志文件中的数据，但它会删除日志文件末尾的失效 VLF。

【例 2-14】 在“teaching”数据库中，将逻辑名称为“teaching04a”的数据文件和逻辑名称为“teaching04a_log”的日志文件均收缩到 5MB。

Transact-SQL 语句如下。

```
--打开“teaching”数据库
USE teaching
GO

--收缩数据文件
DBCC SHRINKfile(teaching04a, 5)
GO

--收缩日志文件
DBCC SHRINKfile(teaching04a_log, 5)
GO
```

2.5.3 脱机和联机数据库

SQL Server 实例中的数据库总是处于某个特定的状态中。除下面常见的“联机”和“脱机”两种状态外，还有“恢复挂起”“紧急”或“可疑”等多种状态。

（1）联机。该状态为数据库的正常状态，也是在“对象资源管理器”窗口中常看到的状态。该状态下的数据库处于可操作、可查询的状态，可以对数据库进行任何权限内的操作，但是不能对数据库文件进行移动和复制操作。

（2）脱机。可以在“对象资源管理器”窗口中看到该状态的数据库，但该数据库名称旁边有“脱机”字样。说明该数据库现在虽然存在于数据库引擎实例的“数据库”节点中，但断开了与所有用户的连接，此时不能执行任何有效的数据库操作，比如新增、修改和删除等。

可以利用 sys.databases 系统表的“state_desc”列来查看数据库的状态信息，Transact-SQL 语句如下。

```
SELECT name, state_desc FROM sys.databases
```

依然可以通过在“对象资源管理器”窗口中使用菜单命令或者在“查询编辑器”窗口中使用 Transact-SQL 语句来实现数据库的脱机和联机操作。

1. 使用对象资源管理器脱机和联机数据库

在“对象资源管理器”窗口中，脱机和联机数据库的操作步骤如下。

（1）启动 SSMS，并连接到数据库服务器实例。

（2）在左侧的“对象资源管理器”窗口中，展开“数据库”节点。

（3）右击需要脱机的数据库（如 teaching），在弹出的快捷菜单中依次单击“任务”→“脱机”菜单命令，打开“使数据库脱机”对话框，如图 2-31 所示。

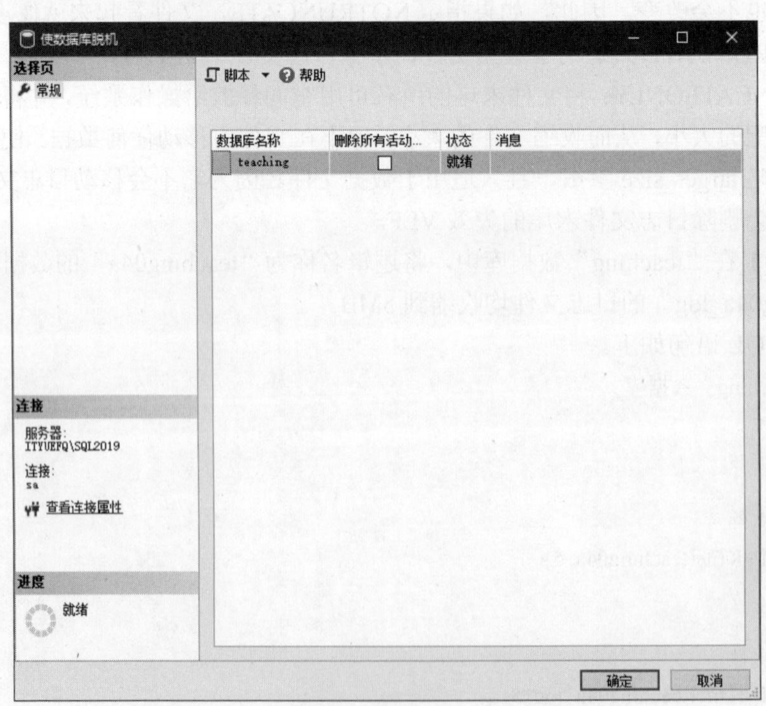

图 2-31 “使数据库脱机”对话框

（4）单击“确定”按钮，即可完成数据库的脱机操作。

反之，若数据库处于脱机状态，只需要在“对象资源管理器”窗口的“数据库”节点下，右击需要联机的数据库（如 teaching），在弹出的快捷菜单中依次单击“任务”→“联机”菜单命令即可。

2. 使用 Transact-SQL 语句脱机和联机数据库

在“查询编辑器”窗口中使用 ALTER DATABASE 语句修改数据库状态，语法格式如下。

```
ALTER DATABASE { database_name | CURRENT }
SET { ONLINE | OFFLINE | EMERGENCY }
```

说明：

- database_name | CURRENT：要修改的数据库的名称或者当前数据库（从 SQL Server 2012 开始支持 CURRENT）。
- ONLINE | OFFLINE | EMERGENCY：分别表示“联机”“脱机”和“紧急”状态。

【例 2-15】在“查询编辑器”窗口中，脱机和联机“teaching”数据库并查看该数据库的状态变化。

Transact-SQL 语句如下。

```
--查看数据库状态
SELECT name, state_desc FROM sys.databases

--脱机数据库后，再次查看数据库状态
ALTER DATABASE teaching SET OFFLINE
SELECT name, state_desc FROM sys.databases

--联机数据库后，再次查看数据库状态
ALTER DATABASE teaching SET ONLINE
SELECT name, state_desc FROM sys.databases
```

2.5.4 分离和附加数据库

分离数据库会将数据库从 SQL Server 实例中删除，但分离数据库后的数据文件和日志文件不会被删除，而是保留在操作系统的文件系统中，可以重新附加到数据库的相同实例，或者移动到另一个服务器，并将其附加到具有相同或更高版本的 SQL Server 实例中，从而实现复制、移动或升级 SQL Server 数据库的目的。但如果存在下列任何情况，则不能分离数据库。

（1）已复制并发布数据库。

（2）数据库中存在数据库快照。

（3）数据库是 Always On 可用性组的一部分。

（4）该数据库正在某个数据库镜像会话中进行镜像。

（5）数据库处于可疑状态。

（6）数据库为系统数据库。

1. 分离数据库

与现有 SQL Server 实例分离之前，建议先在“数据库属性”页查看与数据库关联的所有文件及其当前存放的目录位置信息。然后再在“对象资源管理器”窗口中使用菜单命令分离数据库，其操作步骤如下。

（1）启动 SSMS，并连接到数据库服务器实例。

（2）在左侧的“对象资源管理器”窗口中，展开“数据库”节点。

（3）右击需要分离的数据库（如 teaching），在弹出的快捷菜单中依次单击“任务”→“分离”菜单命令，打开“分离数据库”对话框，如图 2-32 所示。

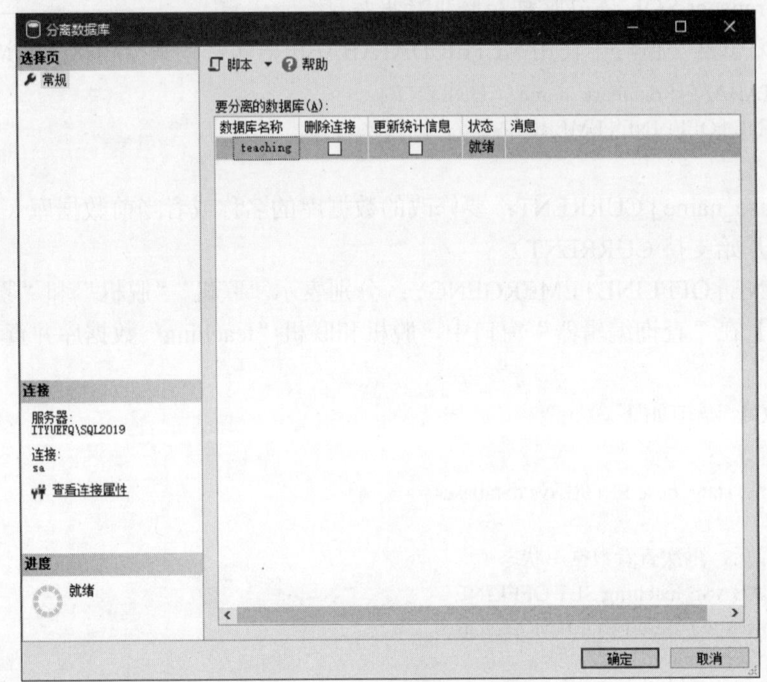

图 2-32 “分离数据库”对话框

（4）单击“确定”按钮，即可完成分离数据库操作。

在“查询编辑器”窗口中使用 Transact-SQL 语句实现分离数据库，语法格式如下。

```
sp_detach_db [ @dbname= ] 'database_name'
    [ , [ @skipchecks= ] 'skipchecks' ]
    [ , [ @keepfulltextindexfile = ] 'KeepFulltextIndexFile' ]
```

说明：

- database_name：要分离的数据库名称。
- skipchecks：定义是否运行“更新统计信息”。其默认值为 NULL，更新有关表和索引中的数据信息；若要跳过“更新统计信息”，则指定为 true；若要显式运行“更新统计信息”，则指定为 false。
- KeepFulltextIndexFile：指定与数据库关联的全文索引文件是否要分离。其默认值为 true，表示保留与全文相关的元数据；如果其值为 false，则删除与数据库关联的所有全文索引文件以及全文索引的元数据。
- 返回代码值：0（成功）或 1（失败）。

【例 2-16】在“查询编辑器”窗口中，分离“teaching”数据库并跳过“更新统计信息”。Transact-SQL 语句如下。

```
sp_detach_db @dbname='teaching', @skipchecks= 'true'
```

2. 附加数据库

在“对象资源管理器”窗口中使用菜单命令附加数据库的操作步骤如下。

（1）启动 SSMS，并连接到数据库服务器实例。

（2）在左侧的“对象资源管理器”窗口中，右击“数据库”节点，然后单击“附加”菜单命令，打开“附加数据库”对话框中。

（3）选择“添加”按钮，在打开的“定位数据库文件”对话框中，选择数据库所在的位置，然后展开目录树来找到该数据库的.mdf 文件。例如：C:\Program Files\Microsoft SQL Server\MSSQL15.SQL2019 \MSSQL\DATA\teaching04.mdf，如图 2-33 所示。

图 2-33　“附加数据库”对话框

注意： 如果多个数据文件或日志文件不在同一目录中，则在该对话框的“数据库详细信息”列表中可能会报错，此时需要手动定位并添加该数据库相关的数据文件或日志文件。

（4）单击“确定”按钮，即可完成附加数据库操作。

在“查询编辑器”窗口中使用 Transact-SQL 语句实现附加数据库的语法格式有三种。

语法格式 1（仅限于单一数据文件）：

```
sp_attach_single_file_db [ @dbname= ] 'database_name'
        ,[ @physname ]='physical_name'
```

【例 2-17】 现假设在 C:\teachings 目录下存放有一个名为“teachings”的数据库，其主数据文件为“teachings.mdf”。使用 sp_attach_single_file_db 命令附加该数据库。

Transact-SQL 语句如下。

```
--先分离数据库
sp_detach_db @dbname='teachings'
GO

--再附加数据库
```

```
sp_attach_single_file_db @dbname = 'teachings',
      @physname ='C:\teachings\teachings.mdf'
GO
```

语法格式 2（可用于多个数据文件或日志文件）：

```
sp_attach_db [ @dbname= ] 'database_name'
      ,[ @filename1 ]='filename_n' [ ,...16]
```

说明：

- database_name：新数据库的名称，要求在 SQL Server 实例中必须是唯一的。
- filename_n：数据库文件的物理名称，包含路径。最多可以指定 16 个文件名，参数名称从 filename1 开始并依次递增到 filename16。文件名列表必须包含主文件。

【例 2-18】使用 sp_attach_db 命令附加"teaching"数据库。

Transact-SQL 语句如下。

```
--先分离数据库
sp_detach_db @dbname='teaching'
GO

--再附加数据库
sp_attach_db @dbname = 'teaching',
     @filename1 ='C:\Program Files\Microsoft SQL Server\MSSQL15.SQL2019\MSSQL\DATA\teaching04.mdf',
     @filename2 ='C:\Program Files\Microsoft SQL Server\MSSQL15.SQL2019\MSSQL\DATA\teaching04_log.ldf',
     @filename3 ='C:\teaching04\teaching04b.ndf',
     @filename4 ='C:\teaching04\teaching04d.ndf',
     @filename5 ='C:\teaching04\teaching04b_log.ldf'
GO
```

语法格式 3（带 ATTACH 子句的 CREATE DATABASE 语句）：

```
CREATE DATABASE database_name
     ON <文件定义> [ ,...n ]
     FOR { ATTACH | ATTACH_REBUILD_LOG }
```

说明：

- database_name：新数据库的名称，要求在 SQL Server 实例中必须是唯一的。
- FOR ATTACH：指定通过附加一组现有的操作系统文件来创建数据库。但是要求所有数据文件（MDF 和 NDF）都必须可用，如果存在多个日志文件，这些文件也都必须可用。
- FOR ATTACH_REBUILD_LOG：如果缺少一个或多个日志文件，数据库引擎将重新创建一个新的大小为 1MB 的日志文件，放置于默认的日志文件位置。如果日志文件可用，数据库引擎将使用这些文件，而不会重新生成日志文件。但依然要求所有数据文件（MDF 和 NDF）都必须可用，且完全关闭数据库。

【例 2-19】使用带 ATTACH 子句的 CREATE DATABASE 语句附加"teaching"数据库。

Transact-SQL 语句如下。

```
--先分离数据库
sp_detach_db @dbname='teaching'
GO
```

```
--再附加数据库
CREATE DATABASE teaching
ON
  ( FILENAME ='C:\Program Files\Microsoft SQL Server\MSSQL15.SQL2019\MSSQL\DATA\teaching04.mdf' ),
  ( FILENAME ='C:\Program Files\Microsoft SQL Server\MSSQL15.SQL2019\MSSQL\DATA\teaching04_log.ldf' ),
  ( FILENAME ='C:\teaching04\teaching04b.ndf' ),
  ( FILENAME ='C:\teaching04\teaching04d.ndf' ),
  ( FILENAME ='C:\teaching04\teaching04b_log.ldf' )
FOR ATTACH
GO
```

2.5.5　移动数据库

数据库新建完成后，在“对象资源管理器”窗口中，无法通过“数据库属性”窗口更改数据库文件的物理存储位置。要想移动数据库，可以通过分离和附加数据库的方法（分离数据库后，移动数据库文件到目标存储位置，然后再进行附加）来实现。

在 SQL Server 2019 中，可以通过在 ALTER DATABASE…MODIFY FILE 语句的 FILENAME 子句中指定新的位置，将数据、日志和全文目录文件移动到新位置。此方法仅适用于在同一 SQL Server 实例中移动数据库。若要将数据库移到其他 SQL Server 实例，应该使用备份和还原、分离和附加或者复制数据库操作。

【例 2-20】将“teaching”数据库默认存储目录下的“teaching04.mdf”数据文件和“teaching04_log.ldf”日志文件移动到 C:\teaching04 目录下，并分别重命名文件为“teaching04a.mdf”和“teaching04a_log.ldf”。

Transact-SQL 语句如下。

```
--步骤（1）：修改数据和日志文件属性，并设置数据库脱机
ALTER DATABASE teaching
MODIFY FILE
(
      NAME=teaching04a,
      FILENAME='C:\teaching04\teaching04a.mdf'
)

ALTER DATABASE teaching
MODIFY FILE
(
      NAME=teaching04a_log,
      FILENAME='C:\teaching04\teaching04a_log.ldf'
)

ALTER DATABASE teaching
SET OFFLINE
```

```
--步骤（2）：在操作系统下移动数据文件和日志文件到指定位置，并重命名

--步骤（3）：设置数据库联机
ALTER DATABASE teaching
SET ONLINE
```

2.5.6 编写数据库脚本

在 SSMS 管理工具中，几乎可以通过在“对象资源管理器”窗口中使用菜单命令或者在“查询编辑器”窗口中使用相应的 Transact-SQL 语句来完成数据库的各种管理操作。这是因为各种菜单命令里都对应着相应的 Transact-SQL 脚本语句。

在进行新建、修改和删除数据库等基本操作时，可以使用“新建数据库”或“数据库属性”或“删除对象”对话框中提供的“脚本”功能。它可以将数据库的各种设置操作自动编写为对应的 Transact-SQL 脚本，并指定这些脚本的存放位置，例如“‘新建查询’窗口”“文件”“剪贴板”和“作业”，如图 2-34 所示。

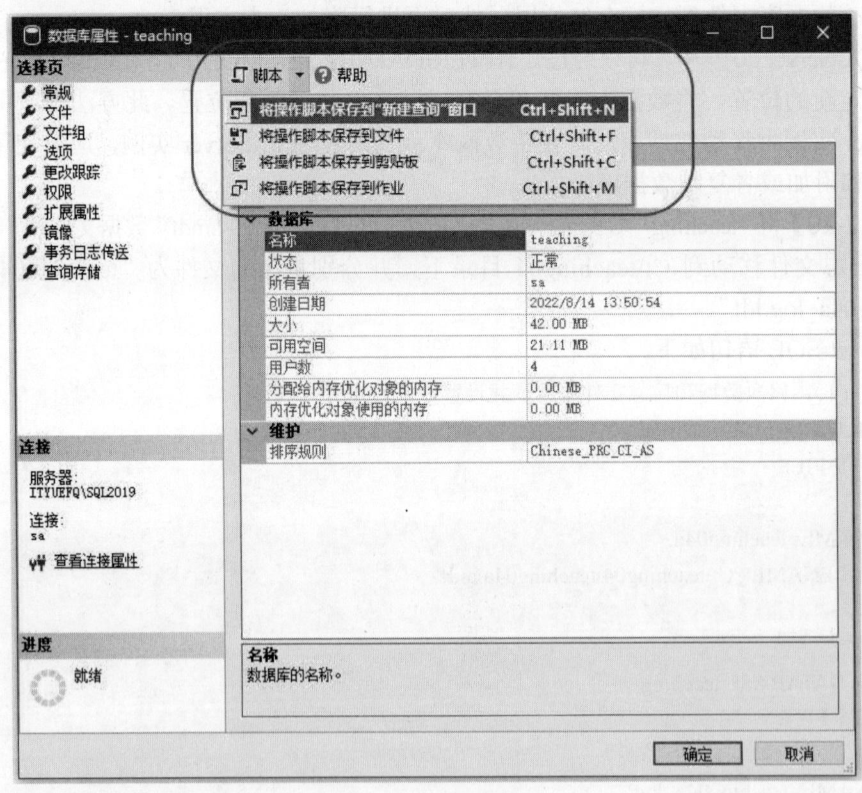

图 2-34 脚本指令

此外，还可以把对数据库及其对象的所有操作一次性转换为完整的 Transact-SQL 脚本语句。

（1）当仅需要数据库本身的脚本时，右击数据库，在弹出的快捷菜单中单击“编写数据库脚本为”命令后，再根据需要单击相应的菜单命令，如图 2-35 所示。

（2）当需要包括数据库及其对象的脚本时，右击数据库，在弹出的快捷菜单中依次单击“任务”→“生成脚本”菜单命令（图 2-36），打开“生成脚本”向导进行操作。

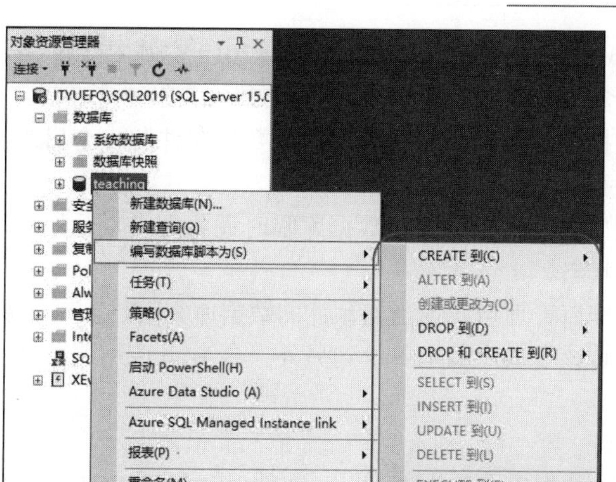

图 2-35　“编写数据库脚本为”菜单命令

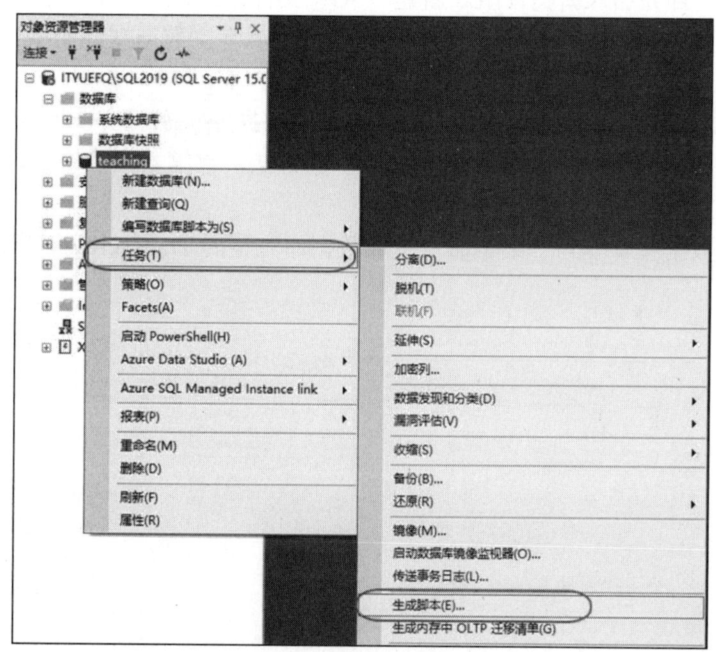

图 2-36　“生成脚本”菜单命令

2.6　实 战 训 练

任务描述：

在开发“销售管理系统”时，由数据库系统工程师负责数据库相关的工作。现阶段需要在 SQL Server 2019 中新建“销售管理系统”数据库。

在数据库服务器（Data Server）的 SQL Server 2019 实例中新建“sale”数据库。在系统研发初期，数据库只包含一个数据文件和一个日志文件。

随着项目进度的推进，数据库需要增加两个数据文件和一个日志文件，并把新增的数据文件放入“SG”文件组。

根据开发人员提出的要求，需要将数据库临时调整为“紧急”状态，等待问题处理完成后再恢复为“正常”状态。

在开发中期，数据库管理员发现当初预计的数据库空间过大，需要适当收缩数据库。

以防意外，需要将该数据库脚本备份到另外一台 Web 应用服务器（Web Server）中。

解决思路：

新建数据库，要求数据库名称为“sale”，文件保存在 D:\SQL_Data\sale 目录中。其中，主数据文件参数：逻辑文件名为“saleA”，物理文件名为“saleA.mdf”，初始大小为 100MB，最大为 10240MB，文件增量为 200MB；日志文件参数：逻辑文件名为“saleA_log”，物理文件名为“saleA_log.ldf”，初始大小为 50MB，最大为 5120MB，文件增量为 20%。

增加数据库文件并加入新文件组。新建“SG”文件组，再增加名为“saleB”和“saleC”的次要数据文件到“SG”文件组中，文件参数与“saleA”主数据文件的参数相同。最后再增加一个与“saleA_log”文件参数相同的日志文件“saleB_log”。

用 ALTER DATABASE…SET 语句先修改再恢复数据库状态。

使用“收缩数据库”或“收缩数据库文件”的方法，收缩数据库空间，然后再查看数据库信息。

使用“编写数据库脚本为”菜单命令生成数据库完整的 Transact-SQL 脚本语句。

第 3 章　数据表的管理

数据表的管理包括表定义管理和表中数据管理两个方面。表定义管理主要包括新建数据表、修改数据表、设置表约束、重命名数据表和删除数据表等，而表中数据管理主要包括查看表中数据、维护表中数据以及导入/导出数据等。本章要求读者能够在 SQL Server 2019 的 SSMS 中使用管理工具或者使用 Transact-SQL 语句熟练地完成有关数据表管理的常用操作。

数据表的管理

- SQL Server数据表基础
  - SQL Server数据类型
  - SQL Server表的类型
- 架构管理
  - 新建架构
  - 在架构间传输对象
  - 删除架构
- 数据表定义的管理
  - 使用对象资源管理器管理表定义
  - 使用对象资源管理器管理表约束
  - 使用Transact-SQL语句管理表定义
  - 关系图
- 表中数据的管理
  - 使用对象资源管理器管理表中数据
  - 使用Transact-SQL语句管理表中数据
  - 查看表中数据
  - 导入/导出数据
- 实战训练

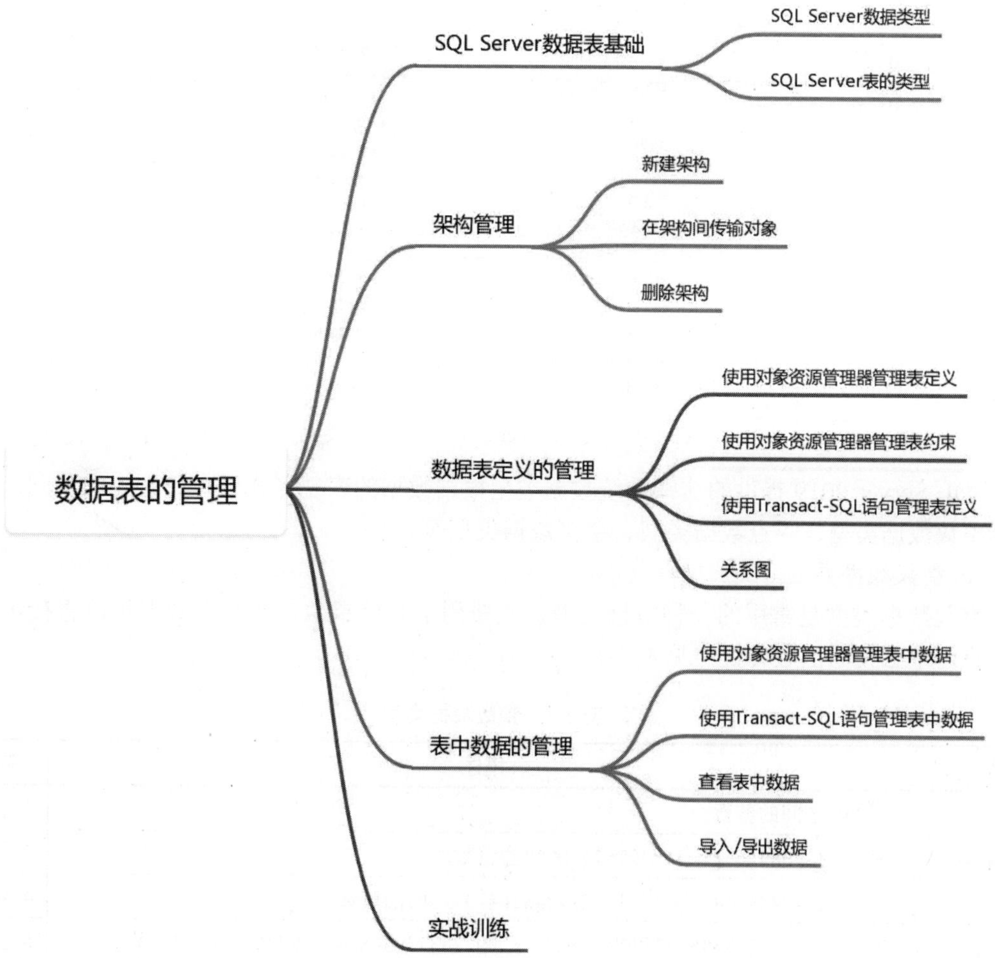

3.1 SQL Server 数据表基础

数据表（简称表）是 SQL Server 数据库中最重要、最基本的操作对象，是数据存储的基本单位。在了解 SQL Server 2019 提供的数据类型和系统表等相关知识后，就可以开始创建数据库表了。

3.1.1 SQL Server 数据类型

系统数据类型是 SQL Server 预先定义好的，可以直接使用。在实际应用中，SQL Server 会自动限制每个系统数据类型值的范围，当插入数据库的值超过了系统数据类型允许的范围，SQL Server 系统就会报错。SQL Server 2019 提供了 9 类，共 33 种系统数据类型，如图 3-1 所示。

图 3-1 SQL Server 2019 系统数据类型

SQL Server 2019 提供的这些系统数据类型根据数据的表现形式及存储方式的不同，又可分为整数数据类型、浮点数据类型、字符数据类型等。

1. 整数数据类型

整数数据类型是常用的一种数据类型，主要用于存储整数，此类型数据可以直接进行数据运算而不必使用函数转换，见表 3-1。

表 3-1 整数数据类型

数据类型	描述	存储
tinyint	0～255 之间的整数	1 字节
smallint	-2^{15}（-32768）～$2^{15}-1$（32767）之间的整数	2 字节
int	-2^{31}（-2147483648）～$2^{31}-1$（2147483647）之间的整数	4 字节
bigint	-2^{63}（-9223372036854775808）～$2^{63}-1$（9223372036854775807）之间的整数	8 字节

2. 浮点数据类型

浮点数据类型用于存储十进制小数，见表 3-2。浮点数据为近似值，浮点数据在 SQL Server 中采用只入不舍的方式进行存储，即当且仅当要舍入的数是一个非零数时，对其保留数字部分的最低有效位上的数值加 1，并进行必要的进位。

表 3-2　浮点数据类型

数据类型	描述	存储
real	−3.40E+38～−1.18E−38、0 以及 1.18E−38～3.40E+38	4 字节
float 或 float(n)	−1.79E+308～−2.23E−308、0 以及 2.23E+308～1.79E+308 其中 n 为用于指定数值尾数的尾数（以科学计数法表示），为 1～53 之间的整数值。当 n 取 1～24 时，系统认为其是 real 类型，用 4 个字节存储它；当 n 取 25～53 时，系统认为其是 float 类型，用 8 个字节存储它。n 的默认值为 53	4字节或8字节
decimal(p,s)	固定精度和小数位数的数字数据，范围为$-10^{38}+1$～$10^{38}-1$ 之间。 p 参数指示可以存储的最大位数（小数点左侧和右侧），必须是 1～38 之间的值，默认是 18。 s 参数指示小数点右侧存储的最大位数，必须是 0～p 之间的值，默认是 0	5～17 字节
numeric(p,s)		5～17 字节

3. 字符数据类型

字符数据类型是 SQL Server 中最常用的数据类型之一，用来存储各种字母、数字符号和特殊符号，见表 3-3。在使用字符数据类型时，需要在其前后加上英文单引号或者双引号。

表 3-3　字符数据类型

数据类型	描述	存储
char(n)	固定长度的非 Unicode 字符数据，最大长度为 8000 个字符	n 字节
varchar(n)	长度可变的非 Unicode 字符数据，最大长度为 8000 个字符	n+2 字节
varchar(max)	长度可变的非 Unicode 字符数据，最大长度为 1073741824 个字符	n+2 字节
text	长度可变的非 Unicode 字符数据，最大长度为 $2^{31}-1$（2147483647）个字符	n+4 字节
nchar(n)	固定长度的 Unicode 字符数据，最大长度为 4000 个字符	2n 字节
nvarchar(n)	长度可变的 Unicode 字符数据，最大长度为 4000 个字符	2n 字节
nvarchar(max)	长度可变的 Unicode 字符数据，最大长度为 536870912 个字符	2n 字节
ntext	长度可变的 Unicode 字符数据，最大长度为 $2^{30}-1$（1073741823）个字符	2n 字节

4. 日期和时间数据类型

日期和时间数据类型用于存储日期类型和时间类型的组合数据，见表 3-4。

表 3-4　日期和时间数据类型

数据类型	描述	存储
datetime	日期和时间数据，从 1753 年 1 月 1 日到 9999 年 12 月 31 日，精确到一秒的 3%或 3.33 毫秒	8 字节
datetime2	日期时间瞬间，从 1753 年 1 月 1 日到 9999 年 12 月 31 日，精度为 100 纳秒	6～8 字节

续表

数据类型	描述	存储
snalldatetime	日期和时间数据，从 1900 年 1 月 1 日到 2079 年 6 月 6 日，精确到 1 分钟	4 字节
date	日期瞬间，从公元元年 1 月 1 日到 9999 年 12 月 31 日，用年、月和日表示	3 字节
time	时间瞬间，采用 24 小时制，用小时、分钟、秒和秒的小数形式表示	3～5 字节
datetimeoffset	日期时间瞬间，用日期、时间以及针对 UTC 的时区偏移量表示	8～10 字节
timestamp	存储唯一的数字，每次更新时都会得到更新数据库范围内的唯一号，该值基于内部时钟，不对应真实时间。每个表只能有一个 timestamp 变量	—

5. 货币数据类型

货币数据类型用于存储货币值，使用时在数据前加上货币符号，不加货币符号的情况下默认为“¥”，见表 3-5。

表 3-5　货币数据类型

数据类型	描述	存储
money	-2^{63}（−922337203685477.5808）～$2^{63}-1$（922337203685477.5807）之间的货币数据值，精确到货币单位的万分之一	8 字节
smallmoney	−214748.3648～214748.3647 之间的货币数据值，精确到货币单位的万分之一	4 字节

6. 二进制数据类型

二进制数据类型用于存储二进制数，见表 3-6。

表 3-6　二进制数据类型

数据类型	描述	存储
binary(n)	固定长度的二进制数据，长度为 1～8000	n 字节
varbinary(n)	长度可变的二进制数据，最大长度为 8000	n+2 字节
varbinary(max)	长度可变的二进制数据，最多为 2GB	n+2 字节
image	长度可变的二进制数据，最多为 2GB。一般用于存储图像，如照片等	—

7. 其他数据类型

SQL Server 还提供有大量其他数据类型供用户选择，常用的其他数据类型见表 3-7。

表 3-7　常用的其他数据类型

数据类型	描述
bit	值为 0 或 1 的整数，长度为 1 字节。经常作为逻辑值用于判断 TRUE(1)和 FALASE(0)，输入非零值时系统将其转换为 1
sql_variant	用于存储除 text、ntext、timestamp 和 sql_variant 等类型数据以外的合法数据
uniqueidentifier	全局唯一标识符代码（GUID）
xml	XML 数据，可以在 xml 列中或者变量中存储 XML 实例，但大小不能超过 2 GB
hierarchyid	用于表示层次结构树中的节点的 CLR 数据类型
geometry	用于存储平面数据的空间数据类型
geography	用于存储椭球面数据的空间数据类型

8. 用户自定义数据类型

SQL Server 除提供系统数据类型外，还支持用户自定义数据类型。用户自定义的数据类型实际上就是给系统数据类型取了个别名，因此也称为别名类型。当在多个表中存储语义相同的列时（例如主键和外键），一般要求这些列的数据类型和长度都完全一致。为了避免语义相同的列在不同表中的定义不一致，这时就可以考虑使用用户自定义数据类型。例如，可以为“学号”列定义一个数据类型 sno_type，以便于在不同的表中定义“学号”列时均可使用 sno_type 数据类型。

用户自定义数据类型可以在 SSMS 工具的“对象资源管理器”窗口中使用菜单命令或者在“查询编辑器”窗口中使用 Transact-SQL 语句实现。

通过在“对象资源管理器”窗口中使用菜单命令，在“teaching”数据库中自定义“sno_type”数据类型的步骤如下。

（1）启动 SSMS，并连接到数据库服务器实例。

（2）在左侧的“对象资源管理器”窗口中，展开“数据库”节点。

（3）在“teaching”数据库中，依次展开该数据库下的“可编程性”→“类型”节点，右击“用户定义数据类型”节点，在弹出的快捷菜单中单击“新建用户定义数据类型”菜单命令，如图 3-2 所示。

（4）打开“新建用户定义数据类型”对话框。在该对话框的“名称”文本框中输入 cno_type，在“数据类型”下拉列表框中选择“char”数据类型，并设置其长度为 10，其他参数保持默认值，如图 3-3 所示。

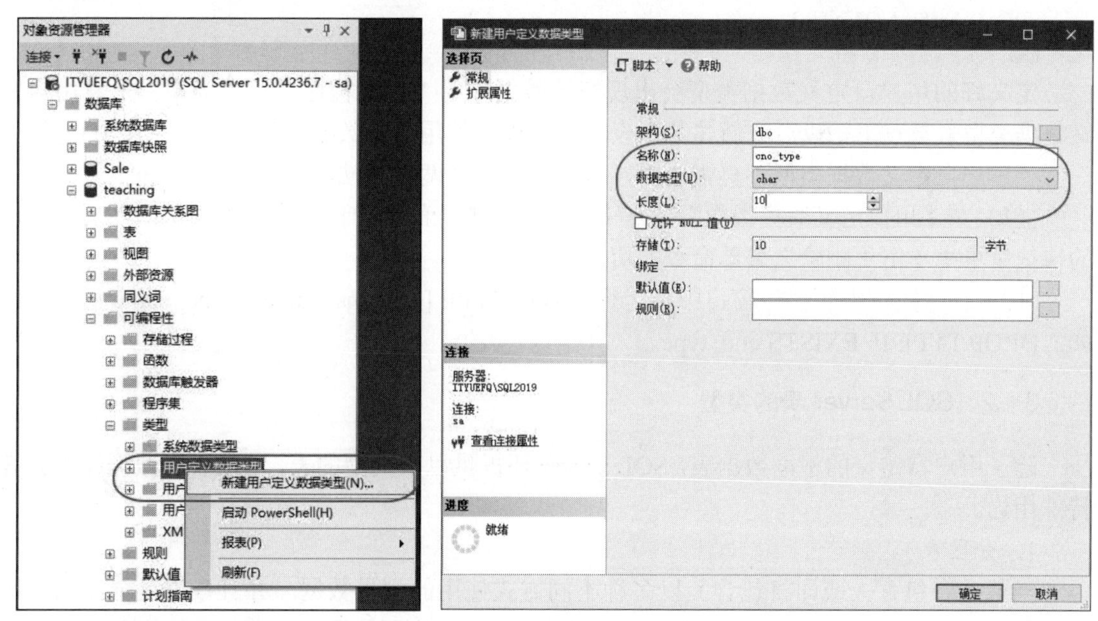

图 3-2　“新建用户定义数据类型”菜单命令　　　　图 3-3　“新建用户定义数据类型”对话框

（5）单击“确定”按钮，完成定义数据类型 sno_type 的创建。

通过在“查询编辑器”窗口中，使用 Transact-SQL 语句定义数据类型的简化语法格式如下。

```
CREATE TYPE [ schema_name. ] type_name
[
    FROM base_type
    [ ( precision [ , scale ] ) ]
    [ NULL | NOT NULL ]
]
```

说明：

- schema_name：别名数据类型或用户自定义数据类型所属架构的名称。
- type_name：别名数据类型或用户自定义数据类型的名称。
- base_type：SQL Server 提供的系统数据类型。
- precision [, scale]：分别表示精度和小数位数。

【例 3-1】 在 SSMS 管理工具的"查询编辑器"窗口中，使用 CREATE TYPE 语句在"teaching"数据库中定义一个"cno_type"数据类型，其源于 char 基本数据类型，长度为 3 且不允许为空。

Transact-SQL 语句如下。

```
--打开"teaching"数据库
USE teaching
GO

--创建自定义数据类型
CREATE TYPE cno_type
FROM char(3) NOT NULL
GO
```

定义好的用户自定义数据类型会出现在该数据库的"可编程性"→"类型"→"用户定义数据类型"节点下。以后在新建数据表时就可以像使用系统数据类型一样直接使用它了。

当用户自定义数据类型不再需要时，可以通过下面两种方法删除。

（1）在"用户定义数据类型"节点下，右击要删除的用户自定义数据类型，然后在弹出的快捷菜单中单击"删除"菜单命令即可。

（2）在"查询编辑器"窗口中，运行 DROP TYPE [schema_name.] type_name 语句。例如：DROP TYPE IF EXISTS cno_type。

3.1.2 SQL Server 表的类型

除了用户自定义的标准数据表，SQL Server 还提供以下类型的表，这些表在数据库中具有特殊用途。

1. 分区表

当数据表包含（或即将包含）以多种不同方式使用的大量数据，并且数据是分段的，比如数据以年份为分隔。此时如果需要对不同段的数据进行不同的操作，就可以考虑使用分区表。

因为分区表可以把数据按某种标准水平划分为多个单元，这些单元可以分布到数据库的多个文件组中。在维护整个集合的完整性时，使用分区可以快速有效地访问或管理数据子集，从而使大型表或索引更易于管理。默认情况下，SQL Server 最多支持 15000 个分区。合理地使用分区表能很大程度上提高数据库的性能。

2. 临时表

临时表存储在“tempdb”数据库中，其有两种类型：本地表和全局表，两者在名称、可见性以及可用性上有区别。本地临时表以一个数字符号（#）作为名称的第一个字符，它们仅对当前的用户连接可见，当用户与 SQL Server 实例断开连接时，这些本地临时表就会被删除。全局临时表以两个数字符号（##）作为名称的第一个字符，它们创建后对所有用户都可见，并且当引用表的所有用户与表实例断开连接时，全局临时表才会被删除。

3. 系统表

SQL Server 将数据存储在一组特殊的表（称为系统表）中，用于定义服务器及其所有表的配置。用户不能直接查询或更新系统表，但可以通过系统视图查看系统表中的信息。所有的系统表与基表都具有相同的逻辑结构。因此，Transact-SQL 语句同样可以用于检索和修改系统表中的信息。几个最重要的系统表见表 3-8。

表 3-8　重要的系统表

系统表	描述
sysobjects	出现在每个数据库中，它对每个数据库对象都含有一行记录
syscolumns	出现在“master”数据库和每个用户自定义的数据库中，对基表或视图的每个列和存储过程中的每个参数都含有一行记录
sysindexes	出现在“master”数据库和每个用户自定义的数据库中，它对每个索引和没有聚簇索引的每个表都含有一行记录，它还对包括文本/图像数据的每个表含有一行记录
sysusers	出现在“master”数据库和每个用户自定义的数据库中，它对整个数据库中的每个 Windows NT 用户、Windows NT 用户组、SQL Server 用户或者 SQL Server 角色含有一行记录
sysdatabases	出现在“master”数据库中，对 SQL Server 系统上的每个系统数据库和用户自定义的数据库含有一行记录
sysdepends	出现在“master”数据库和每个用户自定义的数据库中，对表、视图和存储过程之间的每个依赖关系都含有一行记录
sysconstraints	对使用 CREATE TABLE 或者 ALTER TABLE 语句为数据库对象定义的每个完整性约束都含有一行记录

注意：任何用户都不应直接修改系统表。例如，不要尝试使用 DELETE、UPDATE、INSERT 语句或用户自定义的触发器修改系统表。一般建议使用系统存储过程来代替。

3.2 架构管理

架构（Schema，也称模式）是数据库下的一个逻辑命名空间，可以存放表、视图和触发器等数据库对象，它是一个数据库对象的容器。一个数据库可以包含一个或多个架构，架构由特定的授权用户所拥有。

一个架构可以由零个或多个架构对象组成，对数据库中对象的引用可以通过架构名前缀来限定。不带任何架构限定的 CREATE 语句是指在当前架构中创建对象，“dbo”是 SQL Server 中的默认架构。利用架构可以将同名表放置在不同的架构中，从而使得一个数据库可以包含同名的表。

3.2.1 新建架构

在 SSMS 工具中，通过在“对象资源管理器”窗口中使用菜单命令或者在“查询编辑器”窗口中使用 Transact-SQL 语句均可创建架构。

1. 使用对象资源管理器新建架构

在“对象资源管理器”窗口中使用菜单命令，为“teaching”数据库新建一个名为“teaching”架构的操作步骤如下。

（1）启动 SSMS，并连接到数据库服务器实例。

（2）在左侧的“对象资源管理器”窗口中，展开“数据库”节点。

（3）在“teaching”数据库中，展开“安全性”节点，右击“架构”节点，在弹出的快捷菜单中单击“新建架构”菜单命令，如图 3-4 所示。

（4）打开“架构-新建”对话框，在“架构名称”文本框中输入“teaching”，其他参数保持默认值，如图 3-5 所示。也可以在“架构所有者”文本框中直接指定该架构的所有者或者通过单击“搜索”按钮来查找并指定数据库中将拥有该架构的用户名或数据库角色。

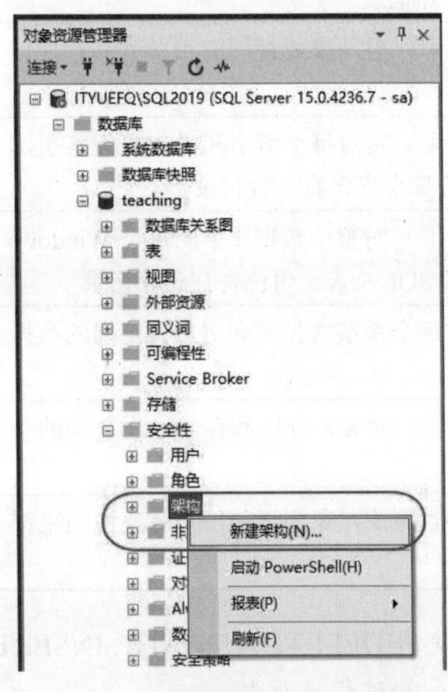

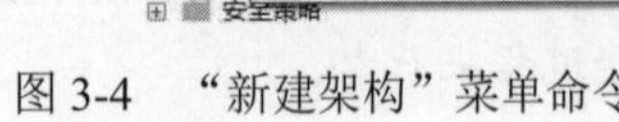
图 3-4 “新建架构”菜单命令

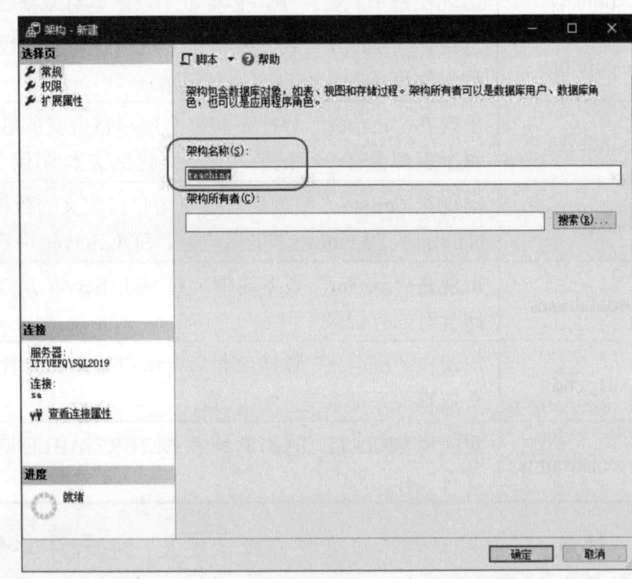

图 3-5 “架构-新建”对话框

（5）单击“确定”按钮，完成“teaching”架构的新建操作。

2. 使用 Transact-SQL 语句新建架构

在“查询编辑器”窗口中，使用 CREATE SCHEMA 语句新建架构，简化语法格式如下。

```
CREATE SCHEMA schema_name
    [ AUTHORIZATION owner_name ]
    [ table_definition | view_definition | grant_statement | revoke_statement | deny_statement [ ...n ] ]
```

说明：

- schema_name：新建架构的名称。
- owner_name：新建架构所有者的名称。
- table_definition：指定在新架构内新建表的 CREATE TABLE 语句。

- view_definition：指定在新架构内新建视图的 CREATE VIEW 语句。
- grant_statement：指定可对除新架构外的任何安全对象授予权限的 GRANT 语句。
- revoke_statement：指定可对除新架构外的任何安全对象撤销权限的 REVOKE 语句。
- deny_statement：指定可对除新架构外的任何安全对象拒绝授予权限的 DENY 语句。

注意：执行新建架构语句的用户需要具有数据库的 CREATE SCHEMA 权限，若要通过 CREATE SCHEMA 语句新建架构对象，用户还必须拥有相应的 CREATE 权限。

【例 3-2】在“查询编辑器”窗口中使用 CREATE SCHEMA 语句，为“teaching”数据库新建一个名为“teaching02”的架构，并在其中新建一个名为“test”的数据表对象。

Transact-SQL 语句如下。

```
--打开“teaching”数据库
USE teaching
GO

--新建架构
CREATE SCHEMA teaching02
    CREATE TABLE test
    (
        c1 int primary key,
        c2 nchar(4)
    )
GO
```

3.2.2　在架构间传输对象

在架构间传输对象就是更改对象所属的架构。该操作可以使用“表设计器”的“表属性”对话框实现，也可以使用 Transact-SQL 中的 ALTER SCHEMA 语句实现，其语法格式如下。

```
ALTER SCHEMA schema_name
    TRANSFER securable_name
```

说明：

- schema_name：当前数据库中的架构名称，安全对象将移入其中。
- securable_name：被移除架构的对象名称，可以是“对象名”，也可以是“架构名.对象名”。

注意：ALTER SCHEMA 语句仅适用于在同一数据库的不同架构之间移动对象。

【例 3-3】在“teaching”数据库中，把“teaching02”架构下的“test”数据表移动到“teaching”架构中。

Transact-SQL 语句如下。

```
--打开“teaching”数据库
USE teaching
GO

--更改架构
ALTER SCHEMA teaching
    TRANSFER teaching02.test
GO
```

3.2.3 删除架构

当架构中不再包含任何对象的时候，可以删除该架构。同样，在 SSMS 工具中，可以通过在“对象资源管理器”窗口中使用“删除”菜单命令或者在“查询编辑器”窗口中使用 Transact-SQL 中的 DROP SCHEMA 语句删除架构，其语法格式如下。

```
DROP SCHEMA schema_name
```

说明：schema_name：要删除的架构的名称。

注意：要删除包含对象的架构，则必须先删除（或传输）架构中包含的全部对象，然后再进行删除架构操作。

【例 3-4】在“teaching”数据库中，同时删除“teaching”架构和“teaching02”架构。

Transact-SQL 语句如下。

```
--打开“teaching”数据库
USE teaching
GO

--删除架构
DROP SCHEMA teaching02          --直接删除该架构
GO

DROP TABLE teaching.test        --先删除架构中的对象
GO

DROP SCHEMA teaching            --然后再删除该架构
GO
```

3.3 数据表定义的管理

数据表的定义，也叫表结构的管理。在 SSMS 工具中，通过在“对象资源管理器”窗口中使用菜单命令打开“表设计器”窗口或者在“查询编辑器”窗口中使用 Transact-SQL 中的 CREATE TABLE、ALTER TABLE、DROP TABLE 语句来完成对表结构的管理。

3.3.1 使用对象资源管理器管理表定义

在“对象资源管理器”窗口中，可以使用菜单命令打开“表设计器”窗口对表结构进行管理。

1. 新建数据表

在“对象资源管理器”窗口中使用菜单命令，为“teaching”数据库新建“student”表的操作步骤如下。

（1）启动 SSMS，并连接到数据库服务器实例。

（2）在左侧的“对象资源管理器”窗口中，依次展开“数据库”→“teaching”数据库节点。

（3）右击“表”节点，在弹出的快捷菜单中单击“新建”→“表”菜单命令，如图 3-6 所示。

（4）打开“表设计器”窗口。在该窗口的顶部来设置各字段的“列名”“数据类型”“允许 Null 值”3 个属性，在底部的“列属性”中可以设置每列的属性。还可通过单击“视图”菜单，单击“属性窗口”菜单命令或者按 F4 键，在右边打开“属性”窗口中定义数据表的基本属性。定义好的“student”表结构如图 3-7 所示。

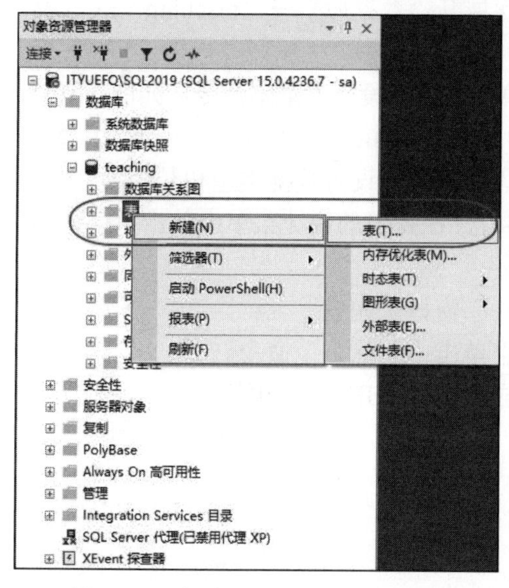

图 3-6　“新建”→“表”菜单命令

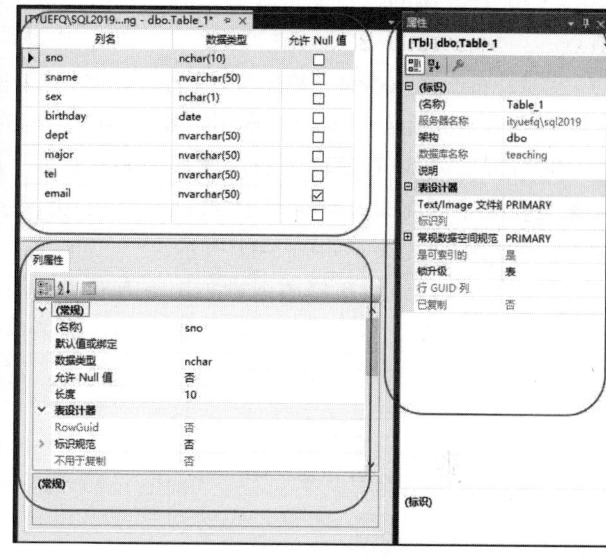

图 3-7　“表设计器”窗口

（5）单击工具栏上的按钮或者依次单击“文件”→“保存”菜单命令，打开“选择名称”对话框，在文本框中输入“student”，如图 3-8 所示。单击“确定”按钮，保存“student”数据表定义。

（6）单击“表设计器”窗口最顶端的“关闭”按钮，即可完成“student”数据表结构的新建操作。

用同样的方法，完成剩下的“teacher”“course”和“score”3 个数据表的新建工作。完成后，在“对象资源管理器”窗口中，刷新“teaching”数据库下的“表”节点，即可看到新建的所有数据表，如图 3-9 所示。

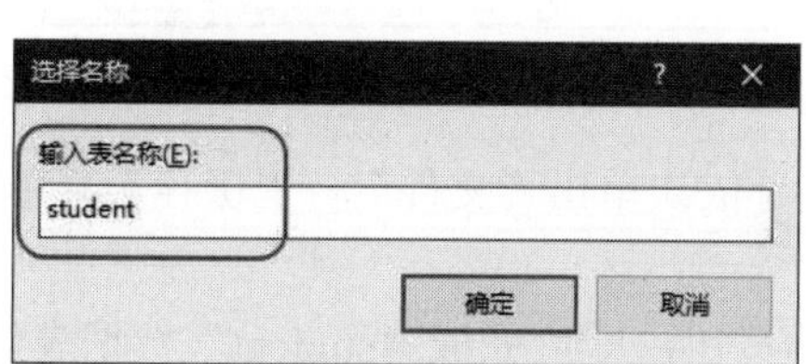

图 3-8　“选择名称”对话框

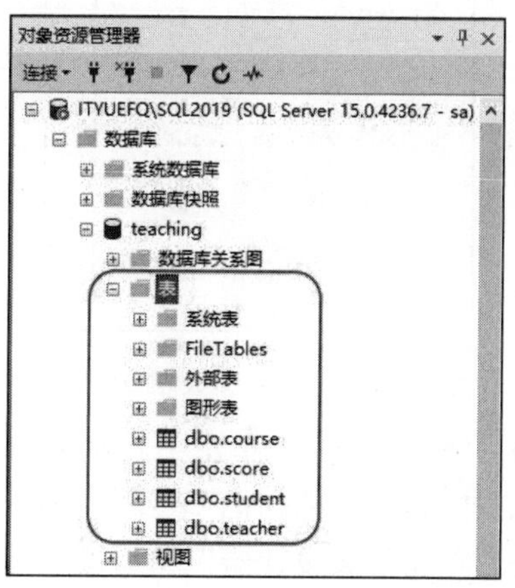

图 3-9　刷新“表”节点

2. 修改数据表

在“对象资源管理器”窗口中使用菜单命令，为“teaching”数据库修改“student”数据表的操作步骤如下。

（1）启动 SSMS，并连接到数据库服务器实例。

（2）在左侧的“对象资源管理器”窗口中，依次展开“数据库”→“teaching”→“表”节点。

（3）右击“student”数据表，在弹出的快捷菜单中单击“设计”菜单命令，如图 3-10 所示，打开“表设计器”窗口。根据需要完成表结构的修改，例如：

1）添加字段。在字段列表末尾直接输入新增字段的列名、设置数据类型和是否为空等。如果是在某字段前面添加新增字段，则需要右击该字段，在弹出的快捷菜单中单击“插入列”命令。弹出的快捷菜单如图 3-11 所示。

2）修改字段。直接修改或者利用下方的“列属性”窗口来完成。

3）删除字段。右击该字段，在弹出的快捷菜单中单击“删除列”命令。

4）其他更多操作。如设置主键、建立外键、建立索引、CHECK 约束等。

图 3-10 “设计”菜单命令

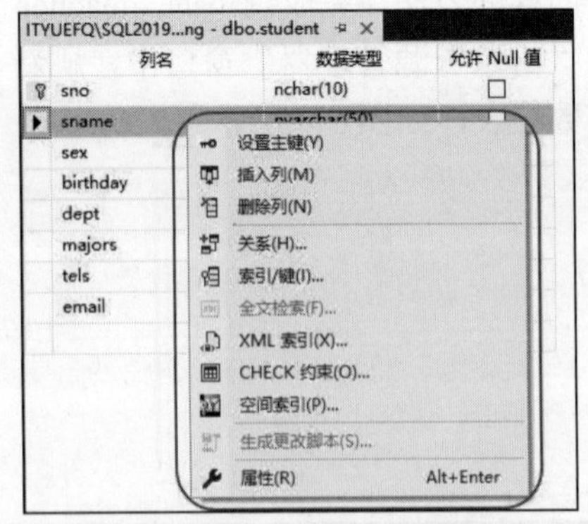

图 3-11 弹出的快捷菜单

（4）修改完成后，单击工具栏上的按钮，或者依次单击“文件”→“保存”菜单命令，或者按 Ctrl+S 组合键，保存表结构的修改。

（5）单击“表设计器”窗口最顶端的“关闭”按钮，即可完成“student”数据表的修改操作。

如果在保存过程中，无法保存修改后的信息，则会弹出警告信息，如图 3-12 所示。解决办法如下。

（1）依次单击 SSMS 工具中的“工具”→“选项”菜单命令，如图 3-13 所示。

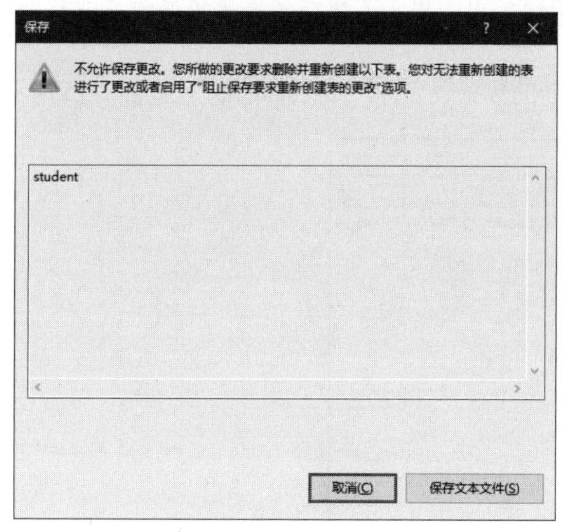

图 3-12　警告信息

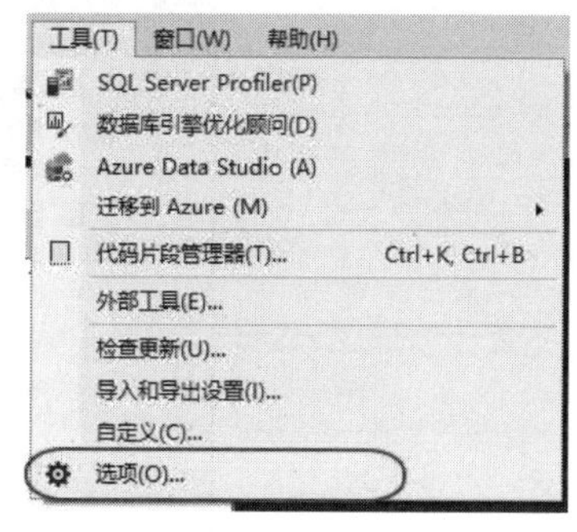

图 3-13　“选项”菜单命令

（2）打开“选项”对话框，在左侧列表项中选中“设计器”选项，在右侧面板中取消勾选“阻止保存要求重新创建表的更改”复选框，图 3-14 所示。

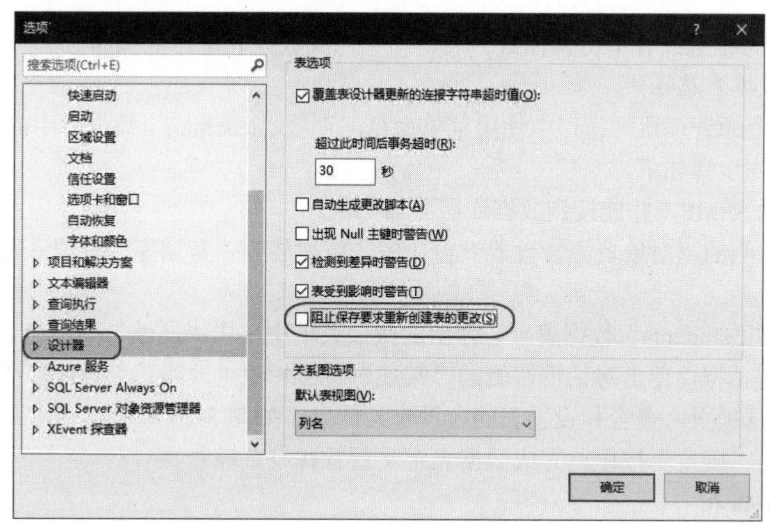

图 3-14　“选项”对话框

（3）单击“确定”按钮，保存设置。

注意： 需要重启 SSMS 管理工具，设置才会生效。

3. 重命名数据表

在“对象资源管理器”窗口中使用菜单命令，为“teaching”数据库中的“student”数据表重命名的操作步骤如下。

（1）启动 SSMS，并连接到数据库服务器实例。

（2）在左侧的“对象资源管理器”窗口中，依次展开“数据库”→“teaching”→“表”节点。

（3）右击“student”数据表，在弹出的快捷菜单中单击“重命名”菜单命令，或者连续单击“student”数据表。

（4）在数据表名的可编辑文本框中，输入新的数据表名称，如“students”，如图 3-15 所示。

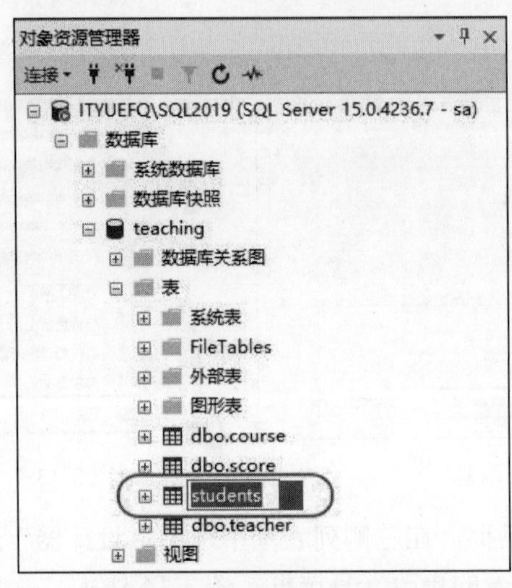

图 3-15 重命名数据表

（5）按 Enter 键或者单击其他数据表，即可完成数据表重命名操作。

4. 查看数据表属性

在“对象资源管理器”窗口中使用菜单命令，查看“teaching”数据库中的“students”数据表属性的操作步骤如下。

（1）启动 SSMS，并连接到数据库服务器实例。

（2）在左侧的“对象资源管理器”窗口中，依次展开“数据库”→“teaching”→“表”节点。

（3）右击“students”数据表，在弹出的快捷菜单中单击“属性”菜单命令。打开“表属性-students”对话框，单击对话框左侧的“常规”“权限”“更改跟踪”“存储”“安全谓词”和“扩展属性”选项页，查看和设置表的各种定义信息，如图 3-16 所示。

（4）单击“确定”按钮，完成数据表定义查看和设置操作。

5. 删除数据表

在“对象资源管理器”窗口中使用菜单命令，删除“teaching”数据库中的“students”数据表的操作步骤如下。

（1）启动 SSMS，并连接到数据库服务器实例。

（2）在左侧的“对象资源管理器”窗口中，依次展开“数据库”→“teaching”→“表”节点。

（3）右击“students”数据表，在弹出的快捷菜单中单击“删除”菜单命令，打开“删除对象”对话框，如图 3-17 所示。

图 3-16　“表属性-students”对话框

图 3-17　“删除对象”对话框

（4）单击“确定”按钮，完成删除数据表的操作。

6. 编写表脚本

在“对象资源管理器”窗口中使用菜单命令，在“teaching”数据库中为“course”数据表编写脚本的操作步骤如下。

（1）启动 SSMS，并连接到数据库服务器实例。

（2）在左侧的“对象资源管理器”窗口中，依次展开“数据库”→“teaching”→“表”节点。

（3）右击“course”数据表，在弹出的快捷菜单中，先单击“编写表脚本为”菜单命令，再单击相应的菜单命令即可，如图 3-18 所示。

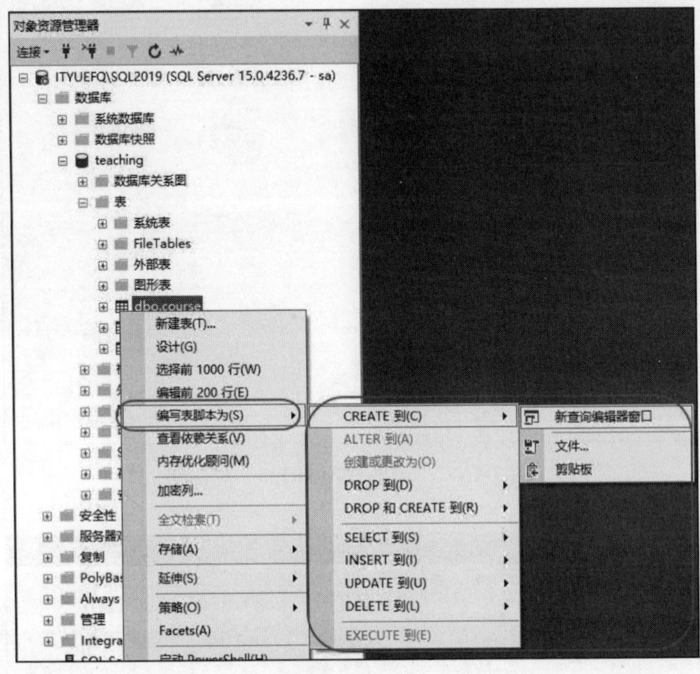

图 3-18 “编写表脚本为”菜单命令

3.3.2 使用对象资源管理器管理表约束

约束是一种用来自动保持数据库完整性的方法，是数据库服务器强制用户必须遵从的业务逻辑。它通过限制字段中的数据、记录中的数据和表之间的数据来保证数据的完整性。

SQL Server 2019 提供了主键约束（Primary Key Constraint）、唯一性约束（Unique Constraint）、检查约束（Check Constraint）、默认值约束（Default Constraint）、外键约束（Foreign Key Constraint）和允许 NULL 值约束共 6 种约束。

1. 主键约束

主键约束可以在表中定义一个主键值，它是可以唯一确定表中每一条记录来实现实体完整性的一种约束，也是最重要的一种约束。每张数据表中只能有一个主键约束，并且主键约束的列不允许 NULL 值。如果主键约束不只在一列上定义，则一列中的值可以重复，但主键约束定义中所有列的组合值必须唯一。

例如，在“course”课程表中不允许出现两条完全相同的课程记录。需要设置“cno”课程编号字段为主键，来唯一地区别每个学生实体，操作步骤如下。

（1）启动 SSMS，并连接到数据库服务器实例。

（2）在左侧的“对象资源管理器”窗口中，依次展开“数据库”→“teaching”→“表”节点。

（3）右击“course”数据表，在弹出的快捷菜单中单击“设计”菜单命令，打开“表设计器”窗口。

（4）右击“cno”字段列，在弹出的快捷菜单中单击“设置主键”菜单命令，如图 3-19 所示。

（5）设置完成后的结果如图 3-20 所示（请注意查看主键标识）。

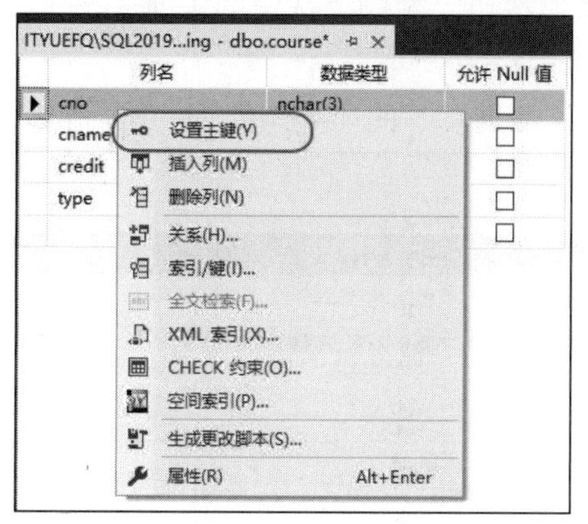

图 3-19　单击“设置主键”菜单命令

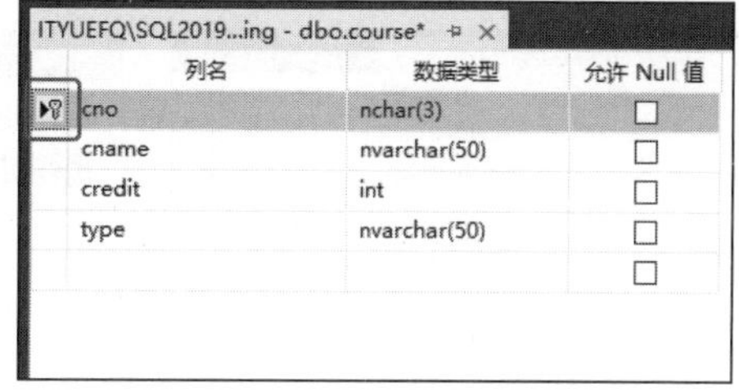

图 3-20　设置主键后的结果视图

（6）保存并关闭“表设计器”窗口，即可完成主键约束的操作。

注意：如果要设置多个字段为复合主键，则应按住 Ctrl 键不放，依次单击要选择的字段，然后再右击选中的字段，在弹出的快捷菜单中单击“设置主键”菜单命令即可完成复合主键的设置。此时，被定义为主键的所有字段左端都会出现主键标志。

在对应的表设计中还可以完成如下操作。

（1）修改 PRIMARY KEY 约束。因为一个表只能有一个 PRIMARY KEY 约束，只需要重新设置表的 PRIMARY KEY 约束即可。

（2）删除 PRIMARY KEY 约束。右击已设置为主键的字段，在弹出的快捷菜单中单击“移除主键”菜单命令即可。移除主键后，字段左端的主键标识消失。

技巧：打开“表设计器”窗口后，在 SSMS 工具栏中会有一个专门的表设计器工具栏。通过这个工具栏可以更加方便地完成“设置/删除主键”、打开“外键关系”对话框设置外键、打开“键/索引”对话框设置唯一性约束和打开“检查约束”对话框设置检查约束等操作。如果没有出现该工具栏，可以依次单击“视图”→“工具栏”→“表设计器”菜单命令，来显示该“表设计器”工具栏。

2. 唯一性约束

唯一性约束确保在非主键列中不输入重复的值，以保证一列或者多列的组合值具有唯一性。由于每个表中只能有一个主键约束，如果还想要保证其他的标识符唯一时，就可以使用唯一性约束。而且还可以对一个数据表定义多个唯一性约束，且唯一性约束允许 NULL 值。

例如，在“teacher”教师信息表中，“tno”教师编号列已设置为主键，由于每个人的手机号码不可能出现重复，所以可以在“tel”手机号码列上建立唯一性约束，确保不会登记重复的手机号码，操作步骤如下。

（1）启动 SSMS，并连接到数据库服务器实例。

（2）在左侧的“对象资源管理器”窗口中，依次展开“数据库”→“teaching”→“表”节点。

（3）右击“teacher”数据表，在弹出的快捷菜单中单击“设计”菜单命令，打开“表设计器”窗口。

（4）右击“tel”字段列，在弹出的快捷菜单中单击“索引/键”菜单命令，如图 3-21 所示。

（5）打开的“索引/键”对话框，单击“添加”按钮，左侧“选定的主/唯一键或索引”列表中会出现新的键/索引名，进入编辑状态。

（6）选中该名称后，在右边的编辑栏中设置“常规”下的“类型”为“唯一键”，列为“tel”即可，如图 3-22 所示。

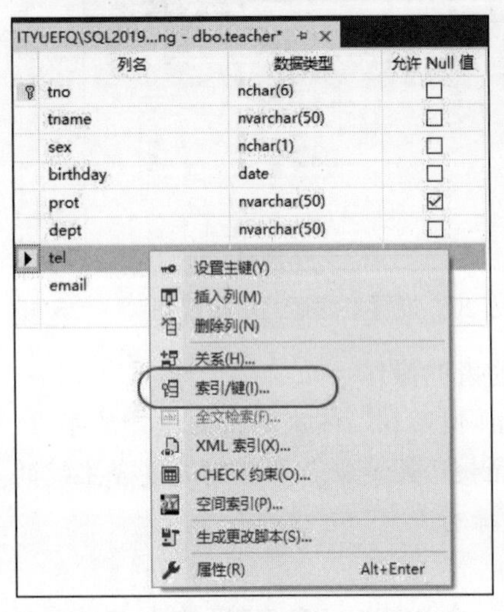

图 3-21 单击“索引/键”菜单命令

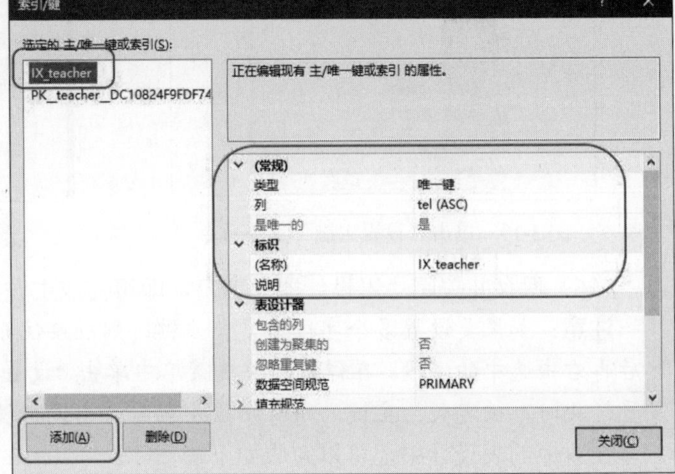

图 3-22 “索引/键”对话框

（7）单击“关闭”按钮，返回“表设计器”窗口。

（8）保存并关闭“表设计器”窗口，即可完成唯一性约束的操作。

技巧： 利用图 3-22 所示的“索引/键”对话框中的“添加”按钮，还可以继续定义其他唯一性约束。利用“删除”按钮，可以完成对现有唯一性约束的删除操作。

3. 检查约束

检查约束对输入列或整个数据表中的值设置检查条件，以限制输入值，保证数据库数据的完整性（也称为域完整性）。检查约束通过数据的逻辑表达式确定有效值。例如，定义“age”年龄字段为 0～150 之间的值，其逻辑表达式为“age>=0 AND age<=150”或“age BETWEEN 0 AND 150”。

现在假定系统定义“score”成绩信息表中的成绩字段采用的是百分制，需要为各个成绩字段列（score1、score2、score3、score4 和 scoreAll）设置检查约束，要求各项成绩必须是 0～100 之间的数，以此保证成绩输入的有效性，操作步骤如下。

（1）启动 SSMS，并连接到数据库服务器实例。

（2）在左侧的“对象资源管理器”窗口中，依次展开“数据库”→“teaching”→“表”节点。

（3）右击“score”数据表，在弹出的快捷菜单中选择“设计”菜单命令，打开“表设计器”窗口。

（4）右击“score1”字段列，在弹出的快捷菜单中单击“CHECK 约束”菜单命令，如图 3-23 所示。

（5）打开“检查约束”对话框，单击“添加”按钮，左侧“选定的 CHECK 约束”列表中出现新的 CHECK 约束名后，进入编辑状态。

（6）在“常规”选项“表达式”文本框中直接输入“score1 >=0 and score1<=100”。或者单击“表达式”文本框右边的...按钮，在弹出的“CHECK 约束表达式”对话框中输入表达式，如图 3-24 所示。

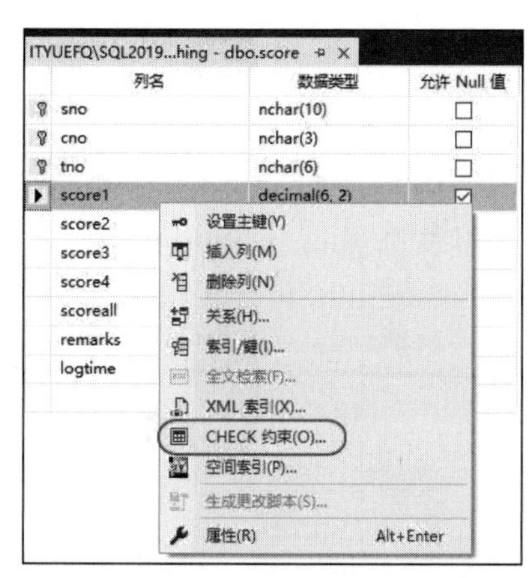

图 3-23 单击“CHECK 约束”菜单命令

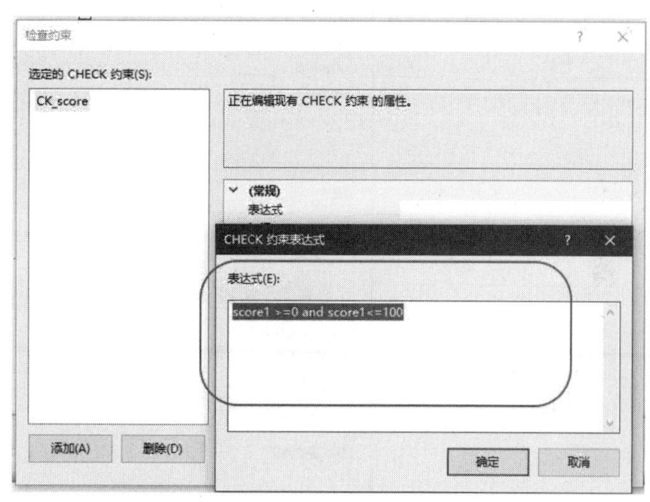

图 3-24 “CHECK 约束表达式”对话框

（7）重复第（6）步，继续为 score2、score3、score4 和 scoreAll 字段设置 CHECK 约束。

（8）单击“确定”按钮，返回“表设计器”窗口。

（9）保存并关闭“表设计器”窗口，即可完成检查约束的操作。

技巧：

- 展开“score”数据表节点，右击“约束”节点，在弹出的快捷菜单中单击“新建约束”菜单命令，同样可以进入“表设计器”窗口并打开“检查约束”对话框，且新增一个带*号的未定义的约束名。
- 单击“检查约束”对话框中的“添加”按钮，继续定义其他检查约束。利用“删除”按钮，可以完成对现有检查约束的删除操作。

4. 默认值约束

默认值约束是在插入操作中如果没有提供输入值时，系统会自动插入指定值，即使该值是 NULL。当必须向数据表中加载一行数据但不知道某一列的值，或该值尚不存在，此时可以使用默认值约束。默认值约束可以包括常量、函数、不带变量的内建函数或者空值。

例如，为“score”成绩表中的“logtime”成绩录入时间字段列设置默认值为系统当前日期和时间的操作步骤如下。

（1）启动 SSMS，并连接到数据库服务器实例。

（2）在左侧的“对象资源管理器”窗口中，依次展开“数据库”→“teaching”→“表”节点。

（3）右击“score”数据表，在弹出的快捷菜单中单击“设计”命令，打开“表设计器”窗口。

（4）选中“logtime”字段列，在“列属性”列表框中找到“默认值或绑定”项，在其右边的文本框中输入“getdate()”函数作为默认值，如图 3-25 所示。

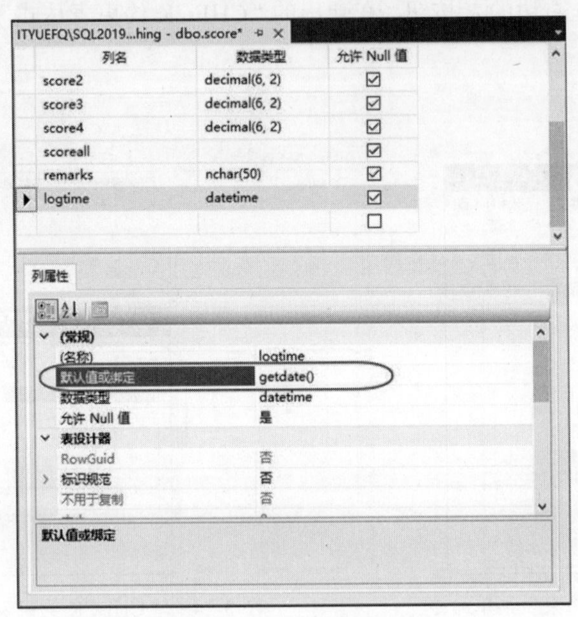

图 3-25 “默认值或绑定”项

（5）保存并关闭“表设计器”窗口，即可完成默认值约束的操作。

技巧：利用图 3-25 所示的“列属性”列表框，还可以继续对其他字段定义默认值约束。也可以修改和删除现有默认值约束。

5. 外键约束

外键约束用于强制引用完整性（也称为参照完整性）。定义外键约束时，需参考同一个数据表或者另外一个数据表中的主键约束字段或唯一性约束字段，而且外键约束表中的字段数据类型和宽度必须和被引用（或被参照）表中的字段一致。

例如，为“score”成绩表中的“sno”“cno”和“tno”3 个字段建立外键约束的操作步骤如下。

（1）启动 SSMS，并连接到数据库服务器实例。

（2）在左侧的“对象资源管理器”窗口中，依次展开“数据库”→“teaching”→“表”节点。

（3）右击“score”数据表，在弹出的快捷菜单中单击“设计”菜单命令，打开“表设计器”窗口。

（4）右击“sno”字段列，在弹出的快捷菜单中单击“关系”菜单命令，如图 3-26 所示。

（5）打开“外键关系”对话框，单击“添加”按钮，左侧“选定的关系”列表框中出现新的外键约束名后，进入编辑状态。

（6）选中左侧列表框中带*号的关系名（表示未定义），在右边的编辑栏中单击“表和列规范”文本框旁的按钮，弹出“表和列”对话框。

（7）在“主键表”的下拉列表框中选择“student”表，在下面的字段下拉列表框中选择“sno”字段；在“score”外键表下的字段下拉列表框中选择“sno”字段；在“关系名”中会默认生成关系名，可以自行修改，如图 3-27 所示。

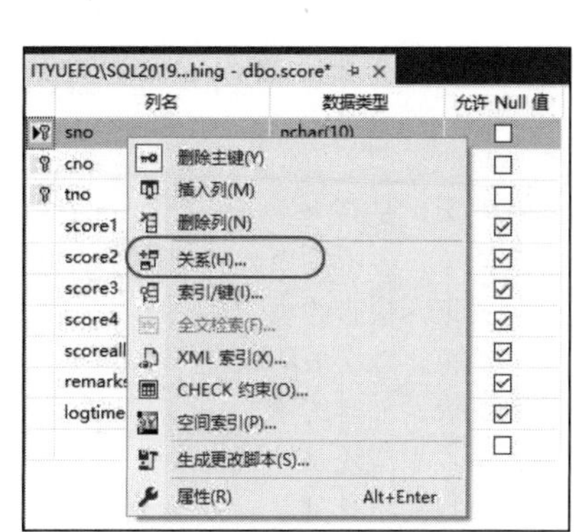

图 3-26　单击“关系”菜单命令

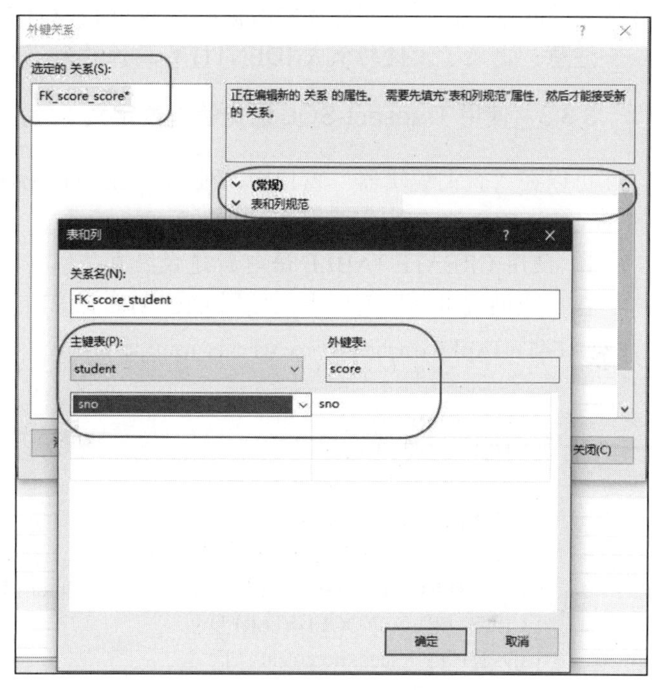

图 3-27　“表和列”对话框

（8）单击“确定”按钮，返回“外键关系”对话框。

重复步骤（5）～（8），设置“cno”和“tno”外键字段。

（9）单击“关闭”按钮，返回“表设计器”窗口。

（10）保存并关闭“表设计器”窗口，即可完成外键约束的操作。

技巧：

- 展开“score”数据表节点，右击“键”节点，在弹出的快捷菜单中单击“新建外键”菜单命令，同样可以进入“表设计器”窗口并打开“外键关系”对话框，且新增一个带*号的未定义的关系名。
- 单击“外键关系”对话框中的“添加”按钮，还可以继续定义其他外键约束。利用“删除”按钮，可以完成对现有外键约束的删除操作。

6. 允许 NULL 值约束

允许 NULL 值约束定义了表中数据行的特定列是否可以指定为空值。空值（NULL）不同于 0、空白或长度为 0 的字符串（如‘’）。在一般情况下，如果在输入数据时不输入该列的值，则表示为空值。因此，出现 NULL 通常表示值未知或未定义。

指定某一列不允许空值有助于维护数据的完整性，因为这样可以确保行中指定的列永远包含数据。如果不允许空值，用户向表中输入数据时必须在列中输入一个值，否则数据库将不接收该数据行。在通常情况下，建议避免允许空值，因为空值会使查询和更新变得复杂，使用户在操作数据的时候变得更加困难。

在 SQL Server 2019 中，允许空值的实现有两种方法：一种方法是在“表设计器”窗口中设计列的时候，勾选“允许 NULL 值”列；另外一种方法就是在用 CREATE TABLE 语句创建数据表的时候，在对列的描述的时候附加 NULL/NOT NULL 来实现。

注意：定义了主键约束或 IDENTITY 属性的列不允许空值。

3.3.3 使用 Transact-SQL 语句管理表定义

可以在“查询编辑器”窗口中，使用 CREATE TABLE、ALTER TABLE、DROP TABLE 等 Transact-SQL 语句来完成对表结构的管理。

1. 使用 CREATE TABLE 语句新建数据表

在“查询编辑器”窗口中，使用 CREATE TABLE 语句新建数据表的简化语法格式如下。

```
CREATE TABLE database_name.schema_name.table_name | schema_name.table_name | table_name
(
    column_name <data_type>
    [ NULL | NOT NULL ]                                         --列约束，是否为空
    [ PRIMARY KEY | UNIQUE ]                                    --列约束，主键约束或者唯一性约束
    [ CHECK(logical_expression) ]                               --列约束，检查约束
    [ DEFAULT constant_expression ]                             --列约束，默认值约束
    [ REFERENCES referenced_table_name [ (ref_column) ] ]       --列约束，外键约束
    [ CLUSTERED | NOCLUSTERED ]                                 --索引，聚集还是非聚集索引
    [ IDENTITY [(seed,increment) ] ]                            --定义自动增长列
    [ ASC | DESC ]                                              --定义排序规则
    [ ,...n ]                                                   --定义多列
    [ , [CONSTRAINT PK_name] PRIMARY KEY(column [ ,...n ]) ]            --表约束，主键约束
    [ , [CONSTRAINT UQ_name] UNIQUE(column [ ,...n ]) ]                 --表约束，唯一性约束
    [ , [CONSTRAINT CK_name] CHECK(logical_expression) ]                --表约束，检查约束
    [ , [CONSTRAINT DF_name] DEFAULT constant_expression ]              --表约束，默认值约束
    [ , [CONSTRAINT FK_name] FOREIGN KEY(column [ ,...n ] )
            REFERENCES referenced_table_name [(ref_column [ ,...n]) ] ]  --表约束，外键约束
)
```

说明：

- database_name：指定要在其中创建数据表的数据库的名称，不指定数据库名称，则默认使用当前数据库。
- schema_name：指定新数据表所属架构的名称，若此项为空，则默认为新表的创建者当前所在的架构。
- table_name：新数据表的名称。不能省略，且在当前架构中必须唯一。
- column_name：指定数据表中的各个列的名称，列的名称必须唯一。
- data_type：指定字段的数据类型，可以是系统数据类型也可以是用户自定义数据类型。

- NULL | NOT NULL：确定列中是否允许使用空值，若省略，则该关键字默认为 NULL。
- PRIMARY KEY：定义主键约束。
- UNIQUE：定义唯一性约束。
- CHECK：定义检查约束。
- DEFAULT：指定列的默认值。
- REFERENCES：定义外键。
- CLUSTERED | NOCLUSTERED：表示为主键约束或唯一性约束创建聚集索引还是非聚集索引。主键约束默认为 CLUSTERED，唯一性约束默认为 NOCLUSTERED。在 CREATE TABLE 语句中，可只为一个约束指定 CLUSTERED。如果在为唯一性约束指定 CLUSTERED 的同时又指定了主键约束，则主键约束将默认为 NOCLUSTERED。
- IDENTITY：指示新列是标识列。可以将 IDENTITY 属性分配给 tinyint、smallint、int、bigint、decimal(p,0)或 numeric(p,0)列。每个表只能创建一个标识列。不能对标识列使用绑定默认值约束和 DEFAULT 约束。必须同时指定种子和增量，或者两者都不指定。如果两者都未指定，则取默认值 (1,1)。其中 seed 是装入表的第一行所使用的值，increment 是向装载的前一行的标识值中添加的增量值。
- ASC | DESC：指定加入数据表的一列或多列的排序顺序，ASC 为按升序排列，DESC 为按降序排列，默认值为 ASC。

【例 3-5】 在“查询编辑器”窗口中，使用 CREATE TABLE 语句，在“teaching”数据库中同时新建“student”“course”“teacher”和“score”4 个数据表，各个表的结构参见附录 A。

Transact-SQL 语句如下。

```
--打开主数据库
USE master
GO

--判断“teaching”数据库是否存在，若存在则先删除
DROP DATABASE IF EXISTS teaching
GO

--新建“teaching”数据库
CREATE DATABASE teaching
GO

--设置“teaching”为当前数据库
USE teaching
GO

--创建“student”学生表
CREATE TABLE student
(
    sno nchar(10) NOT NULL PRIMARY KEY,
    sname nvarchar(50) NOT NULL,
```

```
        sex nchar(1) NOT NULL CHECK(sex in ('男','女')) DEFAULT('男'),
        birthday date NOT NULL,
        dept nvarchar(50) NOT NULL,
        major nvarchar(50) NOT NULL,
        tel nvarchar(50) NOT NULL UNIQUE,
        email nvarchar(50) NULL
)

--创建“course”课程表
CREATE TABLE course
(
        cno nchar(3) NOT NULL PRIMARY KEY,
        cname nvarchar(50) NOT NULL,
        credit int NOT NULL CHECK(credit between 1 and 10),
        type nvarchar(50) NOT NULL CHECK(type in ('必修','限选','任选'))
)

--创建“teacher”教师表
CREATE TABLE teacher
(
        tno nchar(6) NOT NULL PRIMARY KEY,
        tname nvarchar(50) NOT NULL,
        sex nchar(1) NOT NULL CHECK(sex in ('男','女')),
        birthday date NOT NULL,
        prot nvarchar(50) NULL CHECK(prot in ('助教','讲师','副教授','教授')),
        dept nvarchar(50) NOT NULL,
        tel nvarchar(50) NOT NULL UNIQUE,
        email nvarchar(50) NULL
)

--创建“score”成绩表
CREATE TABLE score
(
        sno nchar(10) NOT NULL FOREIGN KEY REFERENCES student(sno),
        cno nchar(3) NOT NULL FOREIGN KEY REFERENCES course(cno),
        tno nchar(6) NOT NULL FOREIGN KEY REFERENCES teacher (tno),
        score1 decimal(6,2) NULL CHECK(score1 between 0 and 100),
        score2 decimal(6,2) NULL CHECK(score2 between 0 and 100),
        score3 decimal(6,2) NULL CHECK(score3 between 0 and 100),
        score4 decimal(6,2) NULL CHECK(score4 between 0 and 100),
        scoreall decimal(6,2) NULL CHECK(scoreall between 0 and 100),
        remarks nchar(50) NULL CHECK(remarks in ('缺考','作弊','缓考','其他')),
        logtime datetime NULL DEFAULT(getdate()),
        PRIMARY KEY(sno,tno,cno)
)
GO
```

2. 使用 ALTER TABLE 语句修改数据表

在“查询编辑器”窗口中，使用 ALTER TABLE 语句修改数据表的简化语法格式如下。

```
ALTER TABLE database_name.schema_name.table_name | schema_name.table_name | table_name
ADD <列定义> [ ,...n ]                                    --添加列
| ADD CONSTRAINT  约束名  约束类型  约束说明                --添加约束
| ALTER COLUMN  列名  <列新定义> [ ,...n ]                  --修改列的定义
| DROP COLUMN [ IF EXISTS ]  列名  [ ,...n ]                --删除列
| DROP [ CONSTRAINT [ IF EXISTS ] ]  约束名  [ ,...n ]      --删除约束
```

注意：ADD 子句后面不能有 COLUMN 关键字，而其他子句后则不能省略相关关键字。

【例 3-6】在“查询编辑器”窗口中，使用 ALTER TABLE 语句，按以下要求对“teaching”数据库中的“student”数据表进行修改。

（1）增加一个生源地字段“origin”，类型为 nchar，长度为 50，不允许为空。

（2）修改生源地字段的数据类型为 nvarchar，长度保持不变。

（3）为生源地字段增加检查约束，要求生源地必须是云南省、四川省、重庆市或贵州省。

（4）删除针对生源地的检查约束。

（5）删除生源地字段。

Transact-SQL 语句如下。

```
--设置“teaching”为当前数据库
USE teaching
GO

--增加一个生源地字段“origin”，类型为 nchar，长度为 50，不允许为空
ALTER TABLE student
ADD origin nchar(50) NOT NULL
GO

--修改生源地字段的数据类型为 nvarchar，长度保持不变
ALTER TABLE student
ALTER COLUMN origin nvarchar(50)
GO

--为生源地字段增加检查约束，要求生源地必须是云南省、四川省、重庆市或贵州省
ALTER TABLE student
ADD CONSTRAINT CK_student_origin CHECK(origin in ('云南省','四川省','重庆市','贵州省'))
GO

--删除针对生源地的检查约束
ALTER TABLE student
DROP CONSTRAINT IF EXISTS CK_student_origin
GO

--删除生源地字段
ALTER TABLE student
DROP COLUMN IF EXISTS origin
GO
```

3. 使用 SP_RENAME 系统存储过程重命名表和表中的数据列

使用系统存储过程 SP_RENAME 可以对数据表和数据表中的列进行重命名操作，其语法格式如下。

```
SP_RENAME 'old_tablename','new_tablename'                    --重命名数据表
SP_RENAME 'tablename.column_name','new_column_name'   --重命名数据表中的列
```

注意：在使用 SP_RENAME 系统存储过程前，必须先打开相应数据库，否则系统会报错找不到对象。

【例 3-7】在“查询编辑器”窗口中，使用 SP_RENAME 系统存储过程对数据表和数据表中的列进行以下操作。

（1）将“student”表重命名为“students”。

（2）将“student”表中的“sno”列重命名为“学号”。

（3）恢复为修改前的数据表名和数据列名。

Transact-SQL 语句如下。

```
--设置“teaching”为当前数据库
USE teaching
GO

EXEC SP_RENAME 'student','students'          --重命名数据表
EXEC SP_RENAME 'students.sno','学号'        --重命名数据表中的列
GO

SELECT * FROM students                        --查看修改结果
GO

EXEC SP_RENAME 'students','student'          --重命名数据表
EXEC SP_RENAME 'student.学号','sno'          --重命名数据表中的列
GO

SELECT * FROM student                         --再次查看修改结果
GO
```

4. 使用 SP_HELP 系统存储过程查看表信息

使用 SP_HELP 系统存储过程可以查看指定数据库对象的信息，也可以提供系统或者用户自定义的数据库类型的信息，其语法格式如下。

```
SP_HELP [ [ @objname = ] 'name' ]
```

说明：SP_HELP 系统存储过程只适用于当前数据库，其中[@objname=]'name'子句用于指定对象的名称。如果不指定，则默认为当前数据库中的所有对象名称、对象所有者和对象的类型。

【例 3-8】在“查询编辑器”窗口中，使用 SP_HELP 系统存储过程，分别查看“teaching”数据库中所有对象信息和“student”数据表对象所有信息。

Transact-SQL 语句如下。

```
--设置“teaching”为当前数据库
USE teaching
```

```
GO

EXEC SP_HELP                 --查看数据库所有对象信息
GO

EXEC SP_HELP student         --查看“student”数据表对象所有信息
GO
```

执行结果如图 3-28 所示。在图中下方可以看到有 2 个窗格：第 1 个窗格显示的是“teaching”数据库中所有对象的信息；第 2 个窗格显示的是“teaching”数据库中“student”表对象所有信息。

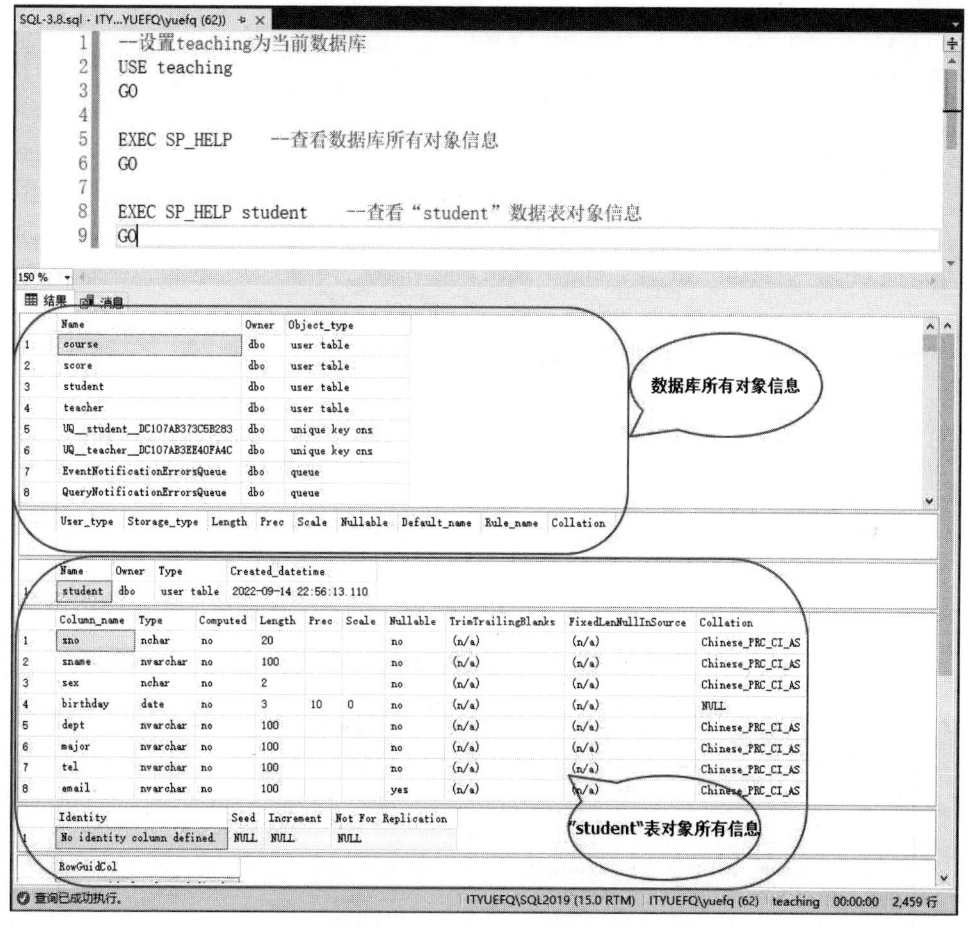

图 3-28　SP_HELP 系统存储过程执行结果

5. 使用 DROP TABLE 语句删除数据表

在“查询编辑器”窗口中，使用 DROP TABLE 语句删除数据表的简化语法格式如下。

```
DROP TABLE [ IF EXISTS ] database_name.schema_name.table_name | schema_name.table_name |
table_name [ ,...n ]
```

注意：如果被删除的数据表中有其他数据表对它的外键引用约束，则必须先删除外键所在的数据表，然后再删除被引用的数据表。

【例 3-9】在“查询编辑器”窗口中，使用 DROP TABLE 语句先删除“student”数据表，再同时删除“student”“course”和“teacher”3 个数据表。

Transact-SQL 语句如下。

```
--设置“teaching”为当前数据库
USE teaching
GO

--删除“score”数据表
DROP TABLE IF EXISTS score
GO

--同时删除“student”“course”和“teacher”数据表
DROP TABLE IF EXISTS student,course,teacher
GO
```

3.3.4 关系图

关系图是 SQL Server 中一类特殊的数据库对象，它提供给用户直观管理数据库表的方法。例如，通过关系图，用户可以直观地创建、编辑数据库表之间的关系，也可以编辑表及其列的属性。

在“teaching”数据库中，新建关系图的操作步骤如下。

（1）启动 SSMS，并连接到数据库服务器实例。

（2）在左侧的“对象资源管理器”窗口中，依次展开“数据库”→“teaching”节点。

（3）右击“数据库关系图”节点，在弹出的快捷菜单中单击“新建数据库关系图”菜单命令，打开“关系图设计器”窗口并弹出“添加表”对话框。

（4）在“添加表”对话框中，依次单击“添加”按钮来添加所有数据表。

（5）添加完成后，直接单击“关闭”按钮，进入“关系图设计”视图，如图 3-29 所示。

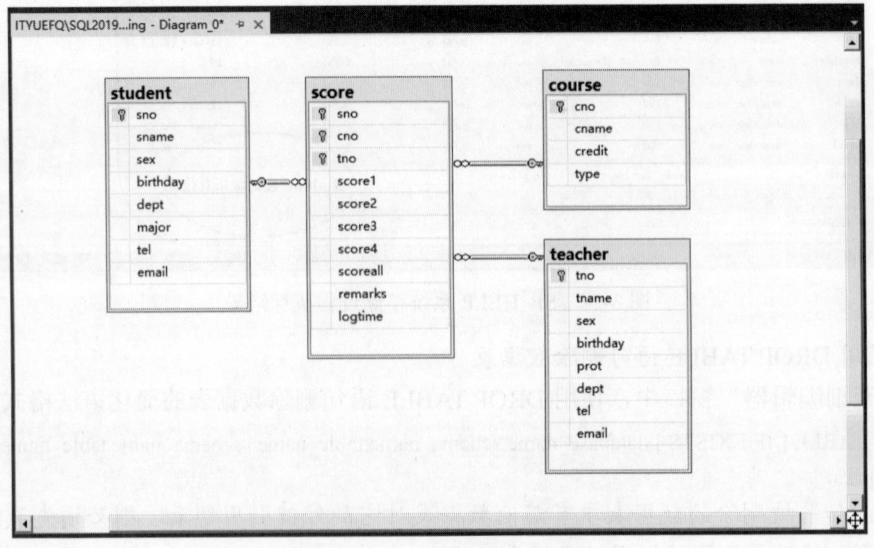

图 3-29 “关系图设计”视图

技巧：

- 进入“关系图设计”视图后，在 SSMS 系统菜单中会出现“表设计器”菜单项，同时在工具栏上则会出现“数据库关系图”工具栏，如图 3-30 所示。如果没有出现该工具栏，可以依次单击“视图”→“工具栏”→“数据库关系图”菜单命令。

图 3-30　“表设计器”菜单项和“数据库关系图”工具栏

- 如果相关数据表在之前没有新建外键约束，则在打开的“关系图设计”视图中，直接把相关键从一个表拖动到另一个表的相关键上，系统会弹出“编辑外键约束”对话框，完成相关设置后即可创建二者之间的外键约束关系。
- 当需要删除数据表之间关系时，在“关系图设计”视图中，右击两表之间的实连线，在弹出的快捷菜单中单击“从数据库中删除关系”菜单命令即可。
- 在“关系图设计”视图中，右击“关系图设计”视图的空白处，在弹出快捷菜单中单击相应的菜单命令，可以完成很多实用操作，如图 3-31 所示。
- 在“关系图设计”视图中，右击某个表对象，在弹出的快捷菜单中单击相应的命令，也可以完成很多实用操作，如图 3-32 所示。

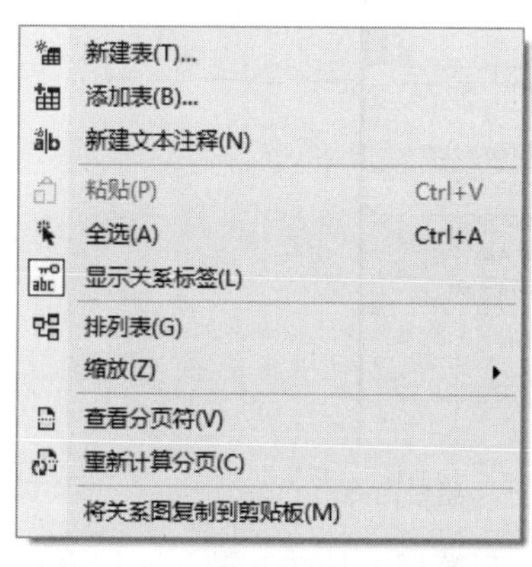

图 3-31　右击空白处弹出的快捷菜单

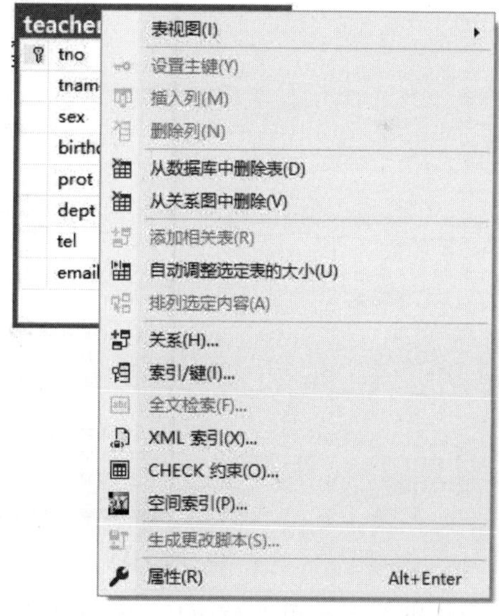

图 3-32　右击数据表弹出的快捷菜单

（6）完成关系图的相关设计后，单击工具栏上的按钮，在弹出的“选择名称”对话框中，输入关系图名称后（如“Diagram_teaching”），单击“确定”按钮即可完成关系图的新建操作。

技巧：新建完成的关系图会出现在该数据库下的“数据库关系图”节点中。此外，还可以右击该关系图对象，使用弹出的快捷菜单，完成关系图的修改、重命名和删除等操作。

3.4 表中数据的管理

完成数据表相关定义后，接下来就需要对表中的数据进行管理。对表中数据的管理主要包括数据的插入、修改和删除等基本操作。在 SSMS 工具中，通过在“对象资源管理器”窗口中使用菜单命令打开“表数据”窗口或者在“查询编辑器”窗口中使用 Transact-SQL 中的 INSERT、UPDATE 和 DELETE 语句来完成对表中数据的管理。

3.4.1 使用对象资源管理器管理表中数据

通过在“对象资源管理器”窗口中使用菜单命令，对“student”表中数据进行管理的操作步骤如下。

（1）启动 SSMS，并连接到数据库服务器实例。

（2）在左侧的“对象资源管理器”窗口中，依次展开“数据库”→“teaching”→“表”节点。

（3）右击“student”表，在弹出的快捷菜单中单击“编辑前 200 行”菜单命令，如图 3-33 所示。

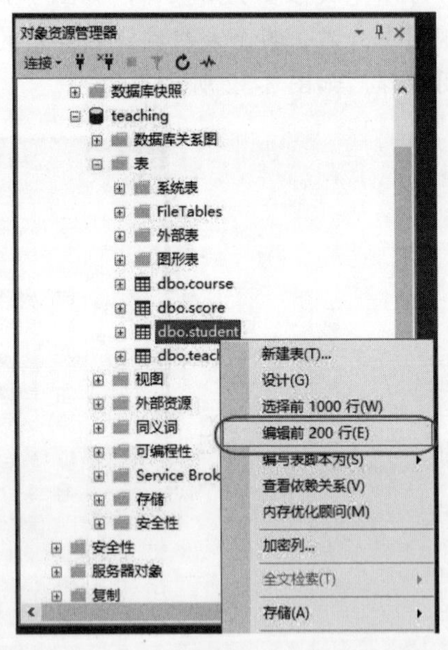

图 3-33 单击“编辑前 200 行”菜单命令

（4）进入“结果”窗口后，输入数据。每输完一列数据，按 Tab 键，光标会自动跳到下一列；每输完一行数据，按 Enter 键，光标则跳至下一行的第一列，继续输入，直到输入完成，如图 3-34 所示。

（5）在“结果”窗口中修改数据。单击要修改的单元格后，直接修改此处数据即可。

（6）在“结果”窗口中删除数据行。单击每行最前面的行标块，右击要删除的数据行（可以借助 Ctrl 键或 Shift 键选择多行），在弹出的快捷菜单中单击“删除”菜单命令，如图 3-35 所示。在弹出的确认窗口中，单击“是”按钮，即可删除选中的数据行。

ITYUEFQ\SQL2019...ng - dbo.student

	sno	sname	sex	birthday	dept	major	tel	email
	2201000009	李佳琦	女	2004-07-10	经济管理学院	金融工程	15101000009	2201000009@163.com
	2201000010	李茹	女	2004-07-17	经济管理学院	金融工程	15101000010	2201000010@163.com
	2202000001	杨华	男	2004-03-12	信息技术学院	软件工程	15202000001	2202000001@qq.com
	2202000002	刘全贞	女	2004-07-11	信息技术学院	软件工程	15202000002	2202000002@qq.com
	2202000003	王国强	男	2005-03-12	信息技术学院	软件工程	15202000003	2202000003@qq.com
	2202000004	孙荣浩	男	2004-07-11	信息技术学院	软件工程	15202000004	2202000004@qq.com
	2202000005	张茂升	男	2004-08-12	信息技术学院	网络空间安全	15202000005	2202000005@189.com
	2202000006	胡娟	女	2004-05-11	信息技术学院	网络空间安全	15202000006	2202000006@189.com
	2202000007	方杰	男	2005-01-12	信息技术学院	网络空间安全	15202000007	2202000007@189.com
	2203000001	刘可	女	2005-01-13	理学院	数学	15302000001	2203000001@qq.com
	2203000002	黄易秋	男	2004-11-12	理学院	数学	15302000002	2203000002@qq.com
	2203000003	唐自立	男	2004-09-12	理学院	数学	15302000003	2203000003@qq.com
	2203000004	韩云飞	男	2004-02-12	理学院	数学	15302000004	2203000004@qq.com
	2203000005	徐川英	女	2005-01-10	理学院	物理	15302000005	2203000005@sina.com
	2203000006	汤洪广	男	2004-11-25	理学院	物理	15302000006	2203000006@sina.com
	2203000007	马秋婷	女	2004-04-06	理学院	物理	15302000007	2203000007@sina.com
	2204000001	曹星	男	2004-08-29	机械工程学院	车辆工程	15404000001	2204000001@sina.com
	2204000002	李立东	男	2005-02-23	机械工程学院	车辆工程	15404000002	2204000002@sina.com
	2204000003	王海明	男	2004-03-29	机械工程学院	车辆工程	15404000003	2204000003@sina.com
	2204000004	王海明	男	2003-01-29	机械工程学院	机械电子工程	15404000004	NULL
	2204000005	王菲儿	女	2005-08-19	机械工程学院	机械电子工程	15404000005	NULL
▸	2204000006	曹林东	男	2004-03-20	机械工程学院	机械电子工程	15404000006	NULL
•	NULL	NULL	NULL	NULL	NULL	NULL	NULL	NULL

30 / 30

图 3-34 “student”表数据窗口

ITYUEFQ\SQL2019...ng - dbo.student

	sno	sname	sex	birthday	dept	major	tel	email
	2201000009	李佳琦	女	2004-07-10	经济管理学院	金融工程	15101000009	2201000009@163.com
	2201000010	李茹	女	2004-07-17	经济管理学院	金融工程	15101000010	2201000010@163.com
	2202000001	杨华	男	2004-03-12	信息技术学院	软件工程	15202000001	2202000001@qq.com
	2202000002	刘全贞	女	2004-07-11	信息技术学院	软件工程	15202000002	2202000002@qq.com
	2202000003	王国强	男	2005-03-12	信息技术学院	软件工程	15202000003	2202000003@qq.com
	2202000004	孙荣浩	男	2004-07-11	信息技术学院	软件工程	15202000004	2202000004@qq.com
	2202000005	张茂升	男	2004-08-12	信息技术学院	网络空间安全	15202000005	2202000005@189.com
	2202000006	胡娟	女	2004-05-11	信息技术学院	网络空间安全	15202000006	2202000006@189.com
	2202000007	方杰	男	2005-01-12	信息技术学院	网络空间安全	15202000007	2202000007@189.com
	2203000001	刘可	女			数学	15302000001	2203000001@qq.com
	2203000002	黄易秋	男			数学	15302000002	2203000002@qq.com
	2203000003	唐自立	男			数学	15302000003	2203000003@qq.com
	2203000004	韩云飞	男			数学	15302000004	2203000004@qq.com
	2203000005	徐川英	女			物理	15302000005	2203000005@sina.com
▸	2203000006	汤洪广	男			物理	15302000006	2203000006@sina.com
	2203000007	马秋婷	女			物理	15302000007	2203000007@sina.com
	2204000001	曹星	男			车辆工程	15404000001	2204000001@sina.com
	2204000002	李立东	男			车辆工程	15404000002	2204000002@sina.com
	2204000003	王海明	男			车辆工程	15404000003	2204000003@sina.com
	2204000004	王海明	男	2003-01-29	机械工程学院	机械电子工程	15404000004	NULL
	2204000005	王菲儿	女	2005-08-19	机械工程学院	机械电子工程	15404000005	NULL
	2204000006	曹林东	男	2004-03-20	机械工程学院	机械电子工程	15404000006	NULL
•	NULL	NULL	NULL	NULL	NULL	NULL	NULL	NULL

执行 SQL(X) Ctrl+R
剪切(T) Ctrl+X
复制(Y) Ctrl+C
粘贴(P) Ctrl+V
删除(D) Del
窗格(N)
清除结果(L)
属性(R) Alt+Enter

23 / 30

图 3-35 单击“删除”菜单命令

注意：在“结果”窗口中，如果删除前选中的是单元格而不是整行数据，则只会删除选中单元格中的数据，而不是删除整行数据。

（7）单击“结果”窗口的“关闭”按钮完成对表中数据的管理操作。

用同样的方法可以对“teaching”数据库中的其他数据表进行数据管理操作。

3.4.2 使用 Transact-SQL 语句管理表中数据

在“查询编辑器”窗口中，可以使用 INSERT、UPDATE 和 DELETE 语句对表中的数据进行管理。

1. 使用 INSERT 语句插入数据

使用 INSERT 语句向已创建好的数据表中插入新的数据记录。可以一次插入一条数据记录，也可以一次插入多条数据记录，插入数据记录中的值必须符合各个字段的数据类型。

在“查询编辑器”窗口中，使用 INSERT 语句插入数据的简化语法格式如下。

```
INSERT [INTO] database_name.schema_name.table_name | schema_name.table_name | table_name
[ (column_list) ]
        VALUES ( DEFAULT | NULL | expression [ ,...n ] ) [ ,...n]
        | derived_table
        | execute_statement
```

说明：

- INTO：可选关键字，可以在 INSERT 和目标表之间使用，使语句的意义更明确。
- column_list：一个或多个要插入数据的列的列表，说明 INSERT 语句只为指定的列插入数据，必须用括号括起来并用逗号分隔。其他没指定列的取值情况包括有 IDENTITY 属性，使用下一个增量标识值；有默认值，使用该列的默认值；有时间戳数据类型，使用当前时间戳值；可以为空，使用空值；是一个计算列，使用计算值。
- VALUES：要插入的数据值列表，必须用括号括起来并用逗号分隔，数据值的顺序和类型要与 column_list 中的数据相对应。
- DEFAULT：强制数据库引擎加载为列定义的默认值。如果该列不存在默认值且允许空值，则插入 NULL。对于使用时间戳数据类型定义的列，插入下一个时间戳值。DEFAULT 对标识列无效。
- NULL：使用空值填充。
- expression：常量、变量或表达式。表达式不能包含 SELECT 语句或 EXECUTE 语句。
- derived_table：返回要加载到表中数据行的任何有效 SELECT 语句。
- execute_statement：任何有效的 EXECUTE 语句，它使用 SELECT 语句或 READTEXT 语句返回数据。

【例 3-10】在“查询编辑器”窗口中，使用 INSERT 语句向数据表插入数据，要求如下。

（1）将“student”数据表中男生的学号、姓名、性别和手机号码信息复制到“student_new”新表中。

（2）向“student_new”新表中插入单行数据。

（3）向“student_new”新表中插入多行数据。

（4）将“student”数据表中女生的学号、姓名、性别和手机号码信息复制到“student_new”新表中。

Transact-SQL 语句如下。

```
--设置“teaching”为当前数据库
USE teaching
GO

--复制生成新表
DROP TABLE if exists student_new
SELECT sno,sname,sex,tel INTO student_new FROM student WHERE sex='男'
```

```
SELECT * FROM student_new    --查看结果
GO

--插入单行数据
INSERT INTO student_new(sno,sname,sex,tel) VALUES ('2204000007','张力航 1','男','18009001131')
INSERT INTO student_new VALUES ('2204000008','张力航 2','男','18009001132')
INSERT INTO student_new (sname,tel,sex,sno) VALUES ('张力航 3','18009001133','男','2204000009')
SELECT * FROM student_new    --查看结果
GO

--插入多行数据
INSERT INTO student_new VALUES
('2204000010','张力航 4','男','18009001134'),
('2204000011','张力航 5','男','18009001135'),
('2204000012','张力航 6','男','18009001136')
SELECT * FROM student_new    --查看结果
GO

--插入女生信息
INSERT INTO student_new
SELECT sno,sname,sex,tel FROM student WHERE sex='女'
SELECT * FROM student_new    --查看结果
GO
```

2. *使用 UPDATE 语句修改数据*

使用 UPDATE 语句可以更新数据表中的记录，它可以更新特定的行或同时更新所有的行。在“查询编辑器”窗口中，使用 UPDATE 语句修改表中数据的简化语法格式如下。

```
UPDATE database_name.schema_name.table_name | schema_name.table_name | table_name
SET column_name = expression | DEFAULT | NULL [ , . . .n ]
[ WHERE search_condition ]
```

说明：

- SET：指定要更新的列或变量名称的列表。
- WHERE：为可选参数，指定条件来限定要更新的行。如果省略，则更新数据表中的所有的行。

【例 3-11】在“查询编辑器”窗口中，使用 UPDATE 语句修改“student_new”数据表中的数据，要求如下。

（1）将学号为“2204000007”的学生姓名修改为“张力航”。

（2）将学号为“2204000008”的学生姓名修改为“向丽丽”，性别修改为“女”。

（3）将学号为“2204000009”到“2204000012”的学生性别统一修改为“女”。

（4）将所有学生的姓名统一修改为“王东东”。

Transact-SQL 语句如下。

```
--设置“teaching”为当前数据库
USE teaching
GO
```

```
--修改单个字段
SELECT * FROM student_new WHERE sno='2204000007'
UPDATE student_new SET sname='张力航' WHERE sno='2204000007'
SELECT * FROM student_new WHERE sno='2204000007'

--修改多个字段
SELECT * FROM student_new WHERE sno='2204000008'
UPDATE student_new SET sname='向丽丽',sex='女' WHERE sno='2204000008'
SELECT * FROM student_new WHERE sno='2204000008'

--修改多行数据
SELECT * FROM student_new WHERE sno BETWEEN '2204000009' AND '2204000012'
UPDATE student_new SET sex='女' WHERE sno BETWEEN '2204000009' AND '2204000012'
SELECT * FROM student_new WHERE sno BETWEEN '2204000009' AND '2204000012'

--修改所有行数据
SELECT * FROM student_new
UPDATE student_new SET sname='王东东'
SELECT * FROM student_new
```

3. 使用 DELETE 语句删除数据

当数据表中的数据不再被需要时，可以将其删除以节省磁盘空间。从数据表中删除数据可使用 DELETE 语句，DELETE 语句允许使用 WHERE 子句指定删除条件。

在“查询编辑器”窗口中，使用 DELETE 语句删除数据的简化语法格式如下。

```
DELETE [ FROM ] database_name.schema_name.table_name | schema_name.table_name | table_name
[ WHERE search_condition ]
```

【例 3-12】在“查询编辑器”窗口中，使用 DELETE 语句删除“student_new”数据表中的数据，要求如下。

（1）删除全部男生的信息。

（2）删除剩下的所有学生信息。

Transact-SQL 语句如下。

```
--设置“teaching”为当前数据库
USE teaching
GO

--删除部分数据行
SELECT * FROM student_new
DELETE FROM student_new WHERE sex='男'
SELECT * FROM student_new

--删除所有数据行
DELETE student_new
SELECT * FROM student_new
```

技巧：删除“student_new”数据表中的所有数据行而只留下表格的定义，还可以使用 TRUNCATE TABLE student_new 语句。TRUNCATE TABLE 语句在功能上与没有 WHERE 子句的 DELETE 语句相同，但是 TRUNCATE TABLE 语句的速度更快，使用的系统资源和事务日志资源更少。

3.4.3　查看表中数据

在 SSMS 工具中，通过在“对象资源管理器”窗口中使用菜单命令，可以以只读方式或编辑方式打开“表数据”窗口来查看或编辑表中数据。

1. 以只读方式查看数据表中数据

通过在“对象资源管理器”窗口中使用菜单命令，以只读方式查看“student”数据表中数据的操作步骤如下。

（1）启动 SSMS，并连接到数据库服务器实例。

（2）在左侧的“对象资源管理器”窗口中，依次展开“数据库”→“teaching”→“表”节点。

（3）右击“student”表，在弹出的快捷菜单中单击“选择前 1000 行”菜单命令，以只读方式打开“结果”窗口，如图 3-36 所示。

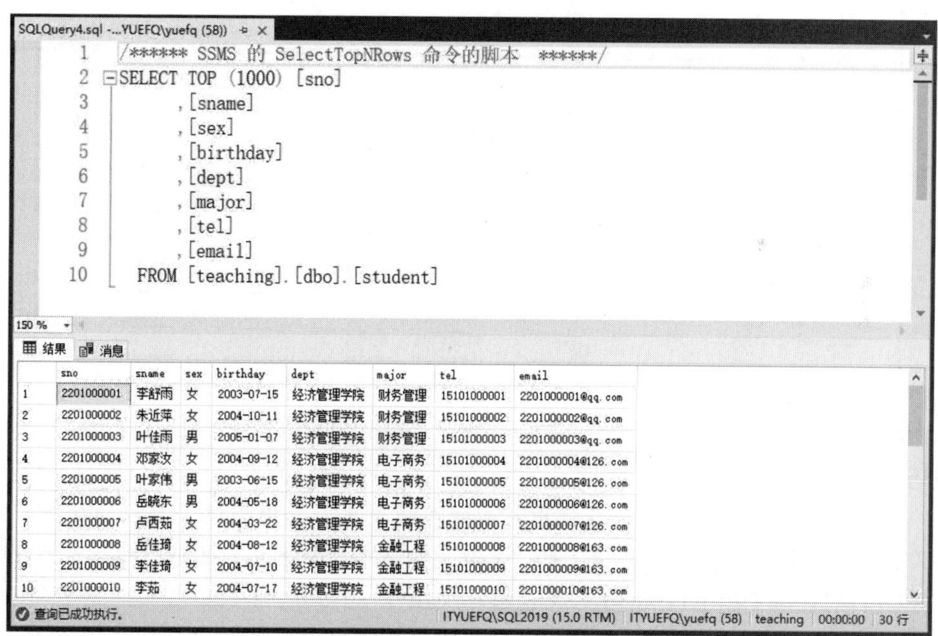

图 3-36　“结果”窗口

2. 以编辑方式查看数据表中数据

通过在“对象资源管理器”窗口中使用菜单命令，以编辑方式查看“student”数据表中数据的操作步骤如下。

（1）启动 SSMS，并连接到数据库服务器实例。

（2）在左侧的“对象资源管理器”窗口中，依次展开“数据库”→“teaching”→“表”节点。

（3）右击“student”表，在弹出的快捷菜单中单击“编辑前 200 行”菜单命令，以编辑方式打开“结果”窗口。此时，SSMS 的系统菜单中会出现“查询设计器”菜单以及“查询设计器”工具栏。如果没有显示“查询设计器”工具栏，可以依次单击“视图”→“工具栏”→“查询设计器”菜单命令打开。

（4）依次单击“查询设计器”工具栏上的“显示关系图窗格”“显示条件窗格”“显示 SQL 窗格”和“显示结果窗格”按钮，打开“查询设计器”视图，如图 3-37 所示。

1）“显示关系图”窗格：以可视化图形方式显示数据表、视图以及表间关系等数据对象。

2）“显示条件”窗格：对可以用的表、列、视图、别名、排序以及筛选等进行设置。

3）“显示 SQL”窗格：展示通过操作界面处理而自动生成的 Transact-SQL 语句，用户也可以直接在该窗格中编写 Transact-SQL 语句。

4）“显示结果”窗格：以表格的形式显示执行结果。

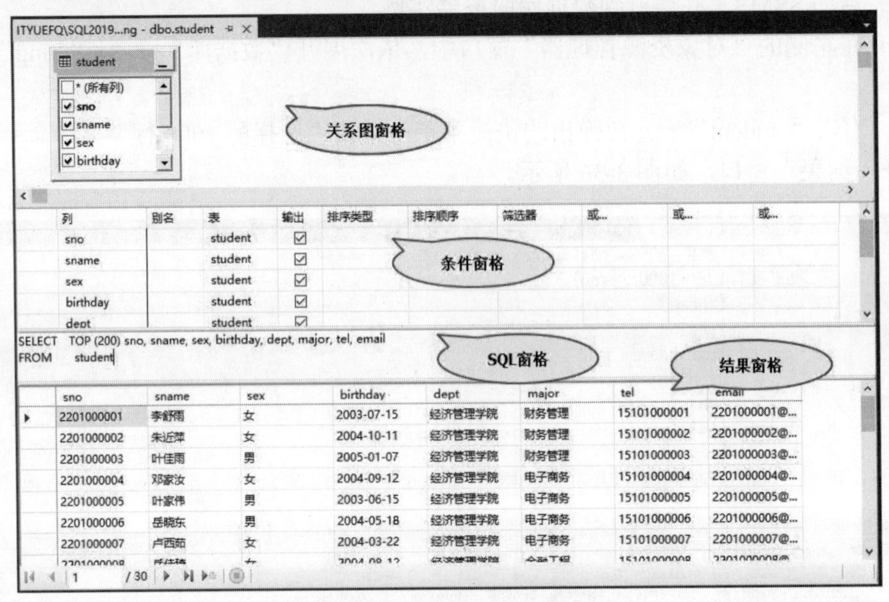

图 3-37 “查询设计器”视图

技巧：

- 右击每个窗格的空白处，会弹出相应的快捷菜单，其中提供了更多的功能。
- 通过“查询设计器”工具栏上的“更改类型”下拉列表框，还可以编辑生成 INSERT、UPDATE 和 DELETE 语句完成数据修改操作。

（5）完成输出信息、排序以及筛选条件等“查询设计器”相关操作后，单击工具栏上的按钮或者单击“查询设计器”→“执行 SQL”菜单命令即可查看或编辑表中数据。

3.4.4 导入/导出数据

数据的导入/导出是数据库系统与外部进行数据交换的过程，即将其他数据库（如 Access、Excel 或 Oracle 等）的数据转移到 SQL Server 中，或者将 SQL Server 中的数据转移到其他数据库中。

通过数据导入/导出操作可以完成在 SQL Server 数据库和其他类型数据库之间进行数据交

换，从而实现各种不同应用系统之间的数据移植和共享。利用数据的导入/导出操作还可以实现数据库的快速复制、备份和还原操作。

1. 导入数据

导入数据是从外部数据源（如 ASCII 文本文件）中检索数据，并将数据插入 SQL Server 数据表。“teaching”数据库和相关数据表已经新建完成，所有数据表中的数据已经存放到一个 Excel 表格中。将 Excel 表格数据导入该数据库的操作步骤如下。

（1）启动 SSMS，并连接到数据库服务器实例。

（2）在左侧的“对象资源管理器”窗口中，展开“数据库”节点。

（3）右击“teaching”数据库，在弹出的快捷菜单中依次单击“任务”→“导入数据”菜单命令，打开“SQL Server 导入和导出向导”对话框。

（4）单击“Next”按钮，进入“选择数据源”界面。在“数据源”下拉列表框中选择“Microsoft Excel”，单击“浏览”按钮找到对应的数据表格，如图 3-38 所示。

（5）单击“Next”按钮，进入“选择目标”界面。首先在“目标”下拉列表框中选择“SQL Server Native Client 11.0”，然后选择对应的服务器和身份验证方式，最后确保选择“teaching”数据库，如图 3-39 所示。

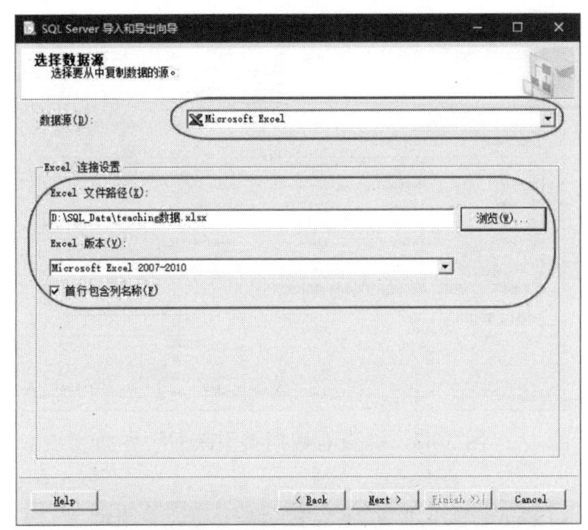

图 3-38　“选择数据源”界面

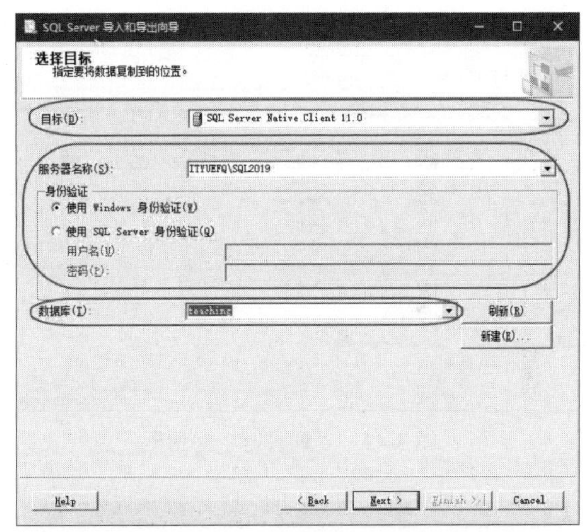

图 3-39　“选择目标”界面

（6）单击“Next”按钮，进入“指定表复制或查询”界面。默认选择“复制一个或多个表或视图的数据”选项，也可以根据实际情况选择“编写查询以指定要传输的数据”选项，如图 3-40 所示。

（7）单击“Next”按钮，进入“选择源表和源视图”界面。选中“源”下面的“course”“score”“student”和“teacher”4 个数据表，如图 3-41 所示。选中某个数据表后，还可以单击“编辑映射”按钮以编辑源数据和目标数据之间的映射关系，如图 3-42 所示。

（8）单击“Next”按钮，如果遇到需要进行类型转换警告，则向导进入“查看数据类型映射”界面。可以根据实际情况进行编辑转换，此处保持默认设置，如图 3-43 所示。

（9）单击“Next”按钮，进入“保存并运行包”界面，此处保持默认设置，如图 3-44 所示。

（10）单击“Next”按钮，进入“完成该向导”界面，如图 3-45 所示。

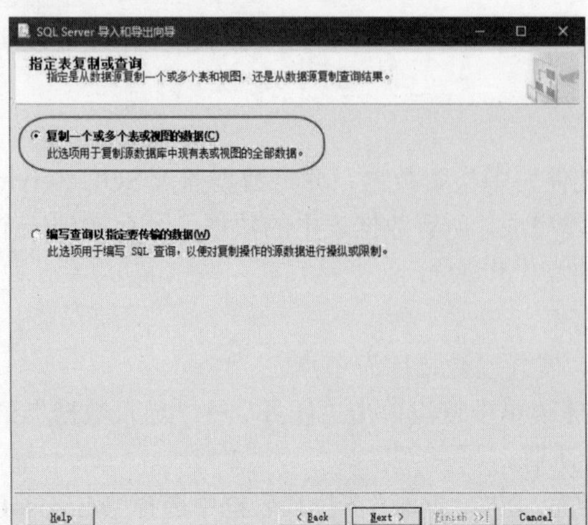

图 3-40 “指定表复制或查询”界面

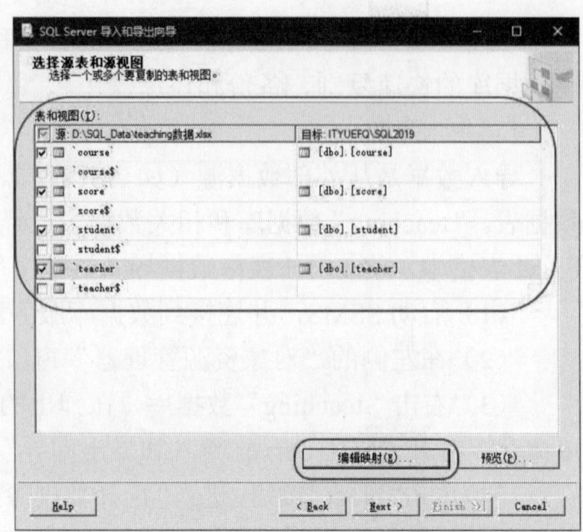

图 3-41 “选择源表和源视图”界面

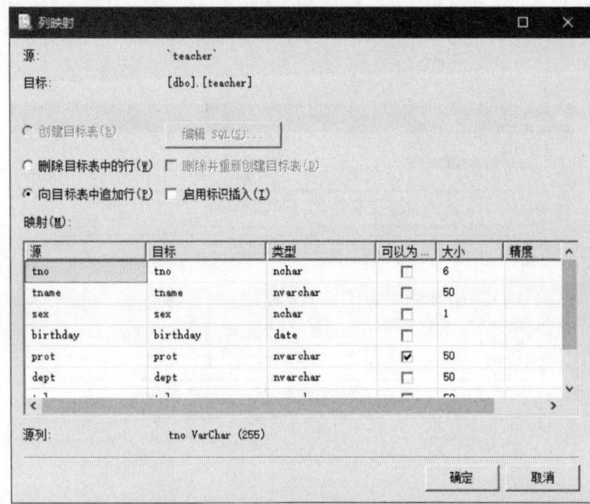

图 3-42 “列映射”对话框

图 3-43 “查看数据类型映射”界面

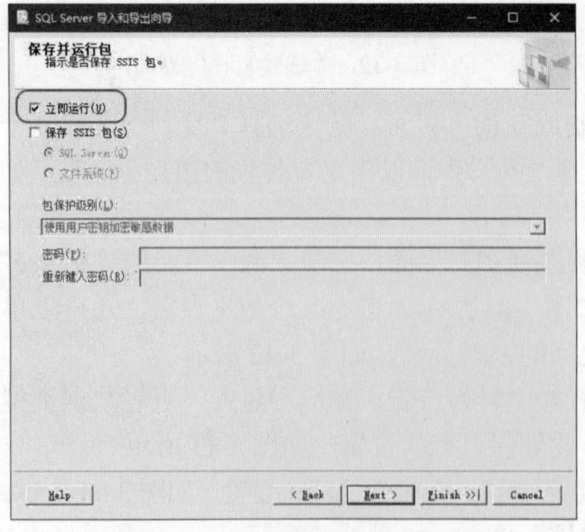

图 3-44 “保存并运行包”界面

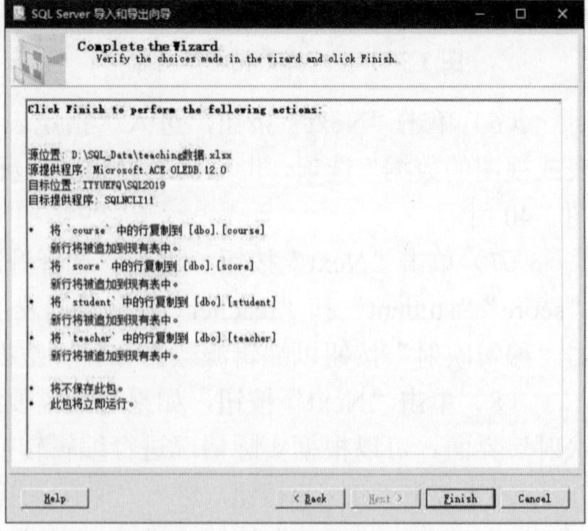

图 3-45 “完成该向导”界面

（11）单击“Finish”按钮，进入“执行成功”界面，如图 3-46 所示。

图 3-46　“执行成功”界面

（12）单击“Close”按钮，关闭向导，即可完成导入数据操作。

2. 导出数据

导出数据是将 SQL Server 数据库中的数据转换为用户指定的格式。现要将“teaching”数据库中的所有数据导出到新数据库“teachingbak”中，以实现数据库的快速复制，“teachingbak”数据库在导出数据的过程中创建，操作步骤如下。

（1）启动 SSMS，并连接到数据库服务器实例。

（2）在左侧的“对象资源管理器”界面中，展开“数据库”节点。

（3）右击“teaching”数据库，在弹出的快捷菜单中依次选择“任务”→“导出数据”菜单命令，打开“SQL Server 导入和导出向导”对话框。

（4）单击“Next”按钮，进入“选择数据源”界面。首先在“数据源”下拉列表框中选择“SQL Server Native Client 11.0”，然后选择对应的服务器和身份验证方式，最后确保选择“teaching”数据库，如图 3-47 所示。

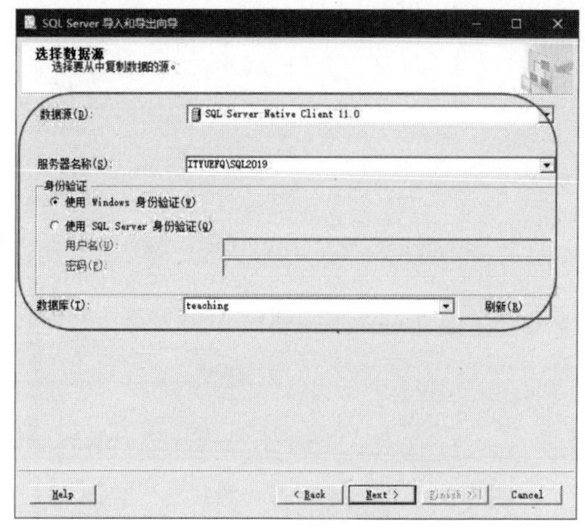

图 3-47　“选择数据源”界面

（5）单击“Next”按钮，进入“选择目标”界面。首先在“目标”下拉列表框中选择“SQL Server Native Client 11.0”；然后选择对应的服务器和身份验证方式；最后，单击右下角的“新建”按钮，打开“创建数据库”对话框，在“名称”文本框中输入数据库名称“teachingbak”，其他参数保持默认设置，如图 3-48 所示，单击“确定”按钮返回“选择目标”界面，如图 3-49 所示。

图 3-48 “创建数据库”对话框

图 3-49 “选择目标”界面

（6）单击“Next”按钮，进入“指定表复制或查询”界面。默认选择“复制一个或多个表或视图的数据”选项，也可以根据实际情况选择“编写查询以指定要传输的数据”选项。

（7）单击“Next”按钮，进入“选择源表和源视图”界面。选中“源”下面的“course”“score”“student”和“teacher”4 个数据表，如图 3-50 所示。同样可以选中某个数据表，单击“编辑映射”按钮以编辑源数据和目标数据之间的映射关系。

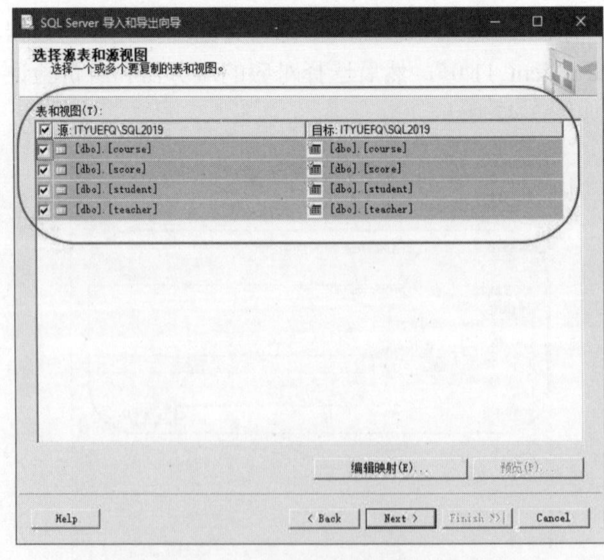

图 3-50 “选择源表和源视图”界面

（8）依次单击“Next”按钮，直至完成导出数据操作。

3.5 实战训练

任务描述：

在开发“销售管理系统”中，现在已经完成数据库“sale”的新建工作。数据库系统工程师通过前期的数据库需求分析，经过概念结构设计、逻辑结构设计和物理结构设计后，已经设计出“sale”数据库的表结构，具体请参见附录 B。现阶段需要在“sale”数据库中完成新建数据表、设置相关完整性约束、录入样本数据以及导出数据操作，以便于软件工程师进行数据测试。

解决思路：

（1）通过在“对象资源管理器”窗口中使用菜单命令或者在“查询编辑器”窗口中使用 Transact-SQL 语句来完成 6 个数据表的定义操作，包括各种表约束。完成之后通过新建数据库关系图来检查数据表的定义和各种表约束设置是否正确。

（2）通过在“对象资源管理器”窗口中使用菜单命令，打开“表数据”窗口或者在“查询编辑器”窗口中使用 Transact-SQL 中的 INSERT 语句来完成表中样本数据的录入操作。

（3）将“sale”数据库中的所有数据导出到新数据库“salebackup”中，以实现数据库的快速复制。其中，“salebackup”数据库在导出数据的过程中创建。软件工程师可以在“salebackup”数据库中进行数据的测试操作，这样就不会损坏“sale”数据库的真实数据。

（4）在“salebackup”数据库中，使用 Transact-SQL 语句完成下列操作。

1）将“products”表中单价大于 5000 的数据行生成一个新表“test1”。

2）删除“test1”表的全部记录。

3）在“customers”表中，将所有联系电话统一修改为“010-12345678”。

4）在“products”表中，将“平板 5”的单价增长 10%，库存数量（stocks）减少 100。

5）在“orderitems”表中，将订单编号为 1 里购买“00001”产品的数量（quantity）修改为 5。

6）在“vendors”表中，删除供应商“OPPO”的记录。

7）在“orderitems”表中，删除产品编号为“00002”的所有购买记录。

第4章　数据查询

数据查询是数据库管理系统最常见的核心操作。数据查询不是简单返回数据库中存储的数据，而是根据需要对数据进行筛选，以及确定数据以什么格式显示，SQL Server 提供了功能强大、灵活的语句来实现这些操作。本章要求读者能够使用 SELECT 语句的各种形式完成数据查询操作。

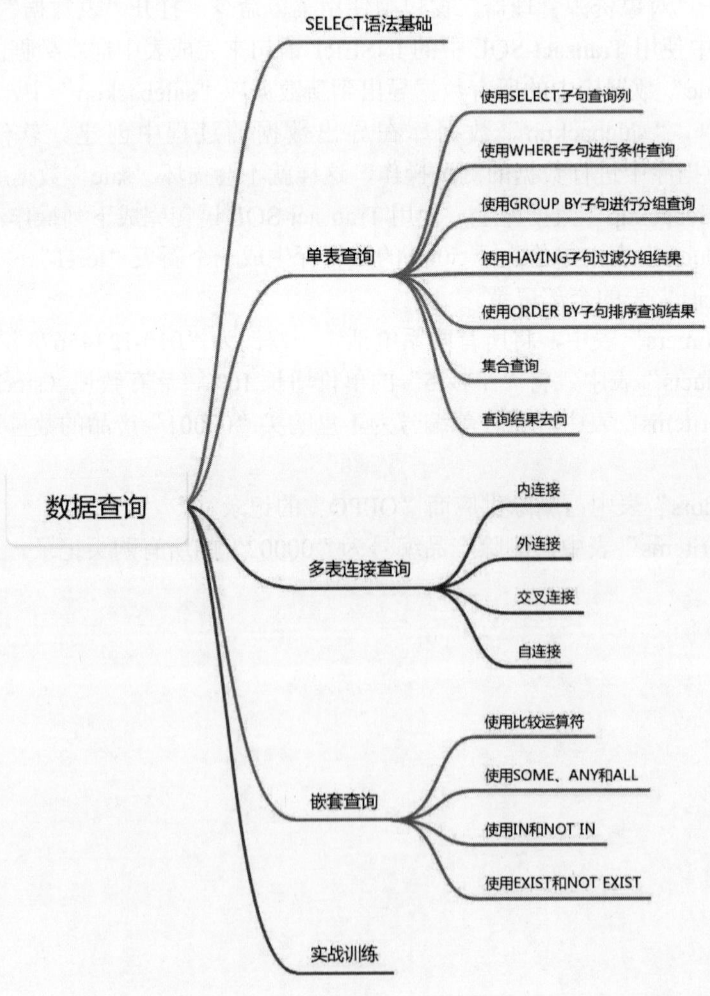

4.1 SELECT 语法基础

SQL Server 从数据表中查询数据的基本语句为 SELECT 语句。SELECT 语句从数据库中检索行，并允许从一个或多个数据表中选择一个或多个行或列。SELECT 语句的完整语法很复杂，简化语后的语法格式如下。

```
SELECT select_list
[ INTO new_table ]
[ FROM table_source [ ,...n ] ]
[ WHERE search_condition ]
[ GROUP BY group_by_expression ]
[ HAVING search_condition ]
[ ORDER BY order_by_expression [ ASC | DESC ] ]
```

说明：

- select_list：用于指定要查询的字段列表，即查询结果中的字段名列表。
- INTO 子句：用于创建一个新表，并将查询结果保存到这个新表中。
- FROM 子句：用于指定查询的数据来源，即表或视图的名称。
- WHERE 子句：用于指定查询条件，筛选满足条件的行。
- GROUP BY 子句：用于指定分组表达式，并对查询结果进行分组。
- HAVING 子句：用于指定分组统计条件，但必须配合 GROUP BY 子句使用。
- ORDER BY 子句：用于指定排序表达式和顺序，对查询结果进行排序。ASC | DESC 表示按升序或按降序排列，ASC 为默认值，可以省略。

SELECT 语句中子句的顺序很重要。任何一个可选子句都可以省略，但是当使用可选子句时，它们必须以适当的顺序出现。SELECT 语句的一般逻辑处理顺序或绑定顺序为①FROM、②ON、③JOIN、④WHERE、⑤GROUP BY、⑥WITH CUBE or WITH ROLLUP、⑦HAVING、⑧SELECT、⑨DISTINCT、⑩ORDER BY、⑪TOP。

4.2 单 表 查 询

单表查询是指 FROM 子句指定的数据来源是单一的表或视图，是 SELECT 语句最常用的语法形式。

4.2.1 使用 SELECT 子句查询列

SELECT 子句用于指定查询要返回的列，是 SELECT 语句中必须有的部分，语法格式如下。

```
SELECT [ ALL | DISTINCT ] [ TOP ( expression ) [ PERCENT ] [ WITH TIES ] ]
    [ table_name | view_name | table_alias .]*
    | [ table_name | view_name | table_alias .] column_name | $IDENTITY | $ROWGUID | expression [ [ AS ]
column_alias ] | column_alias = expression [ ,...n ]
```

说明：

- ALL | DISTINCT：指定在结果集中是否可以包含重复行。ALL 表示全部显示，DISTINCT 表示结果有重复的，只取一条。ALL 为默认值，可以省略。

- TOP (expression) [PERCENT] [WITH TIES]：指定只能从查询结果集中返回指定数量或指定百分比的行。expression 可以是行数，也可以是行的百分比数值。WITH TIES 指定可以包含末尾并列的行，这可能会突破 expression 数值的限制，其必须配合 ORDER BY 子句使用。
- table_name | view_name | table_alias.：将作用域限制为指定的表或视图。
- *：表示所有列。
- column_name：指定要返回的列名。
- $IDENTITY：返回标识列。
- $ROWGUID：返回行 GUID 列。
- expression：是列名、常量、函数以及由运算符连接的列名、常量和函数的任意组合，或者是子查询。在 expression 中还可以使用行聚合函数（又称为统计函数）。
- column_alias：指定列的别名。

1. 选取表中指定的列

使用 SELECT 语句，可以获取多个字段下的数据，只需要在关键字 SELECT 后面指定要查找的字段名称，不同字段名称之间用英文逗号（,）分隔开，最后一个字段后面不需要加逗号，使用这种查询方式可以获得有针对性的查询结果，语法格式如下。

```
SELECT 字段名 1,字段名 2,…,字段名 n   FROM 表名
```

【例 4-1】在“teaching”数据库中，从“student”学生表中查询学生的学号（sno）、姓名（sname）、院系（dept）、专业（major）信息。

Transact-SQL 语句如下。

```
--设置“teaching”为当前数据库
USE teaching
GO

--从“student”学生表中查询学生的学号（sno）、姓名（sname）、院系（dept）、专业（major）信息
SELECT sno, sname, dept, major FROM student
GO
```

执行结果如图 4-1 所示。

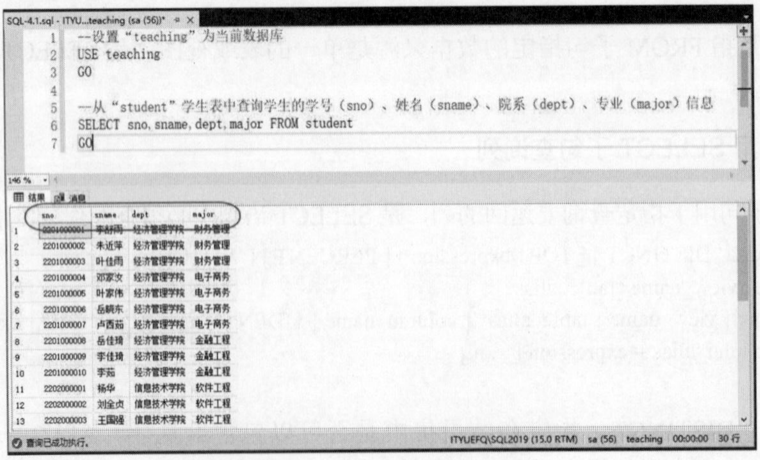

图 4-1 例 4-1 执行结果

提示：SQL Server 中的 SQL 语句是不区分字母大小写的，因此 SELECT 和 select 作用是相同的。但是，许多开发人员习惯将关键字使用大写字母，而字段名和表名使用小写字母，这样编写出来的程序代码更容易阅读和维护。

2. 选取表中所有的列

使用 SELECT 语句查询表中所有列有以下 2 种方法。

（1）使用通配符（*）。

（2）指定表中所有字段名称。

【例 4-2】 在“teaching”数据库中，查询“course”课程表中所有列。

Transact-SQL 语句如下。

```
--设置“teaching”为当前数据库
USE teaching
GO

--使用通配符（*）
SELECT * FROM course
GO

--指定所有字段名称
SELECT cno, cname, credit, type FROM course
GO
```

执行结果如图 4-2 所示。

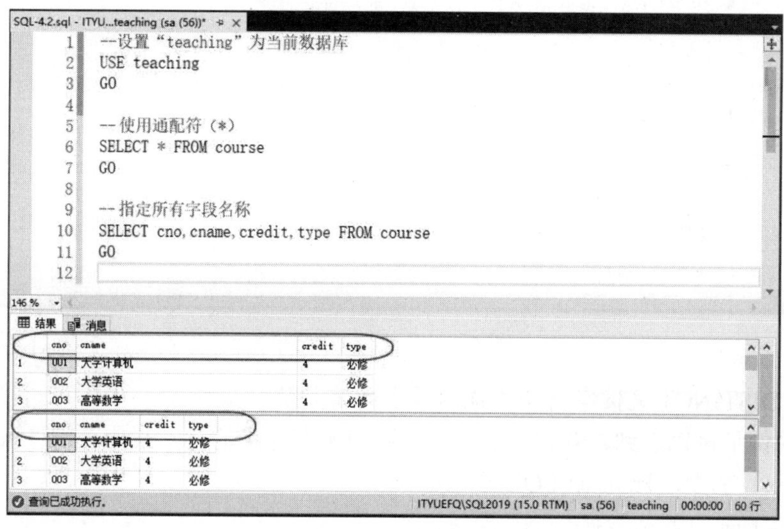

图 4-2　例 4-2 执行结果

3. 修改查询结果中的列标题

在查询数据时，经常会遇到如下的一些问题。

（1）查询的数据表中有些字段名是英文，不易理解。

（2）对多个表同时进行查询时，可能会出现名称相同的字段，这会引起混淆或者不能引用这些字段。

（3）SELECT 查询语句的选择字段为表达式时，在查询结果中没有明确的字段名。

当出现上述问题时，为了突出数据处理后所代表的意义，可以为字段取一个有意义的别名。修改查询结果中的列标题有以下 3 种方法。

（1）列名 AS 列别名。

（2）列名 列别名。

（3）列别名=列名。

【例 4-3】在“teaching”数据库中，从“teacher”教师表中查询教师的 tno、tname、sex 和 prot 共 4 个列，并显示后 3 个字段的中文意义。

Transact-SQL 语句如下。

```
--设置“teaching”为当前数据库
USE teaching
GO

--查询教师的 tno、tname、sex 和 prot 共 4 个列，并显示后 3 个字段的中文意义
SELECT tno, tname as 姓名, sex 性别, 职称=prot FROM teacher
GO
```

执行结果如图 4-3 所示。

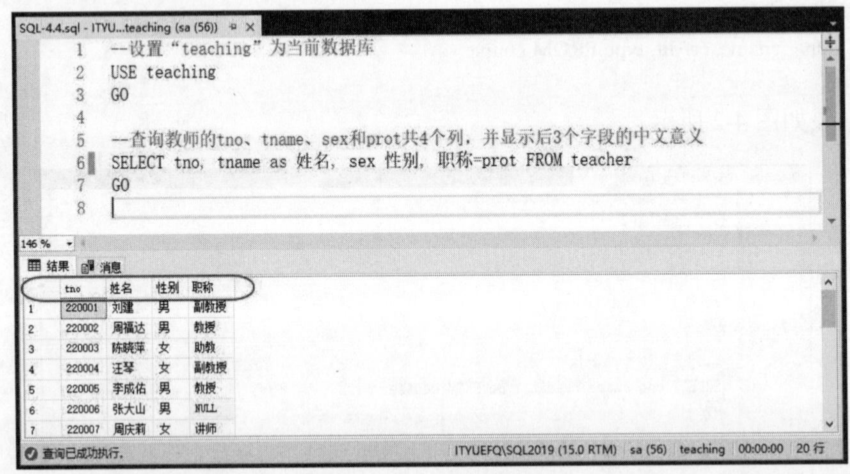

图 4-3 例 4-3 执行结果

4. 使用 DISTINCT 关键字消除查询结果中的重复值

从前面的例子可以看到，SELECT 语句会返回所有匹配的行，假如查询“student”学生表中的性别（sex）字段，Transact-SQL 语句如下。

```
--设置“teaching”为当前数据库
USE teaching
GO

--查询“student”学生表中的性别（sex）字段
SELECT sex FROM student          --或者 SELECT ALL sex FROM student
GO
```

执行结果如图 4-4 所示。

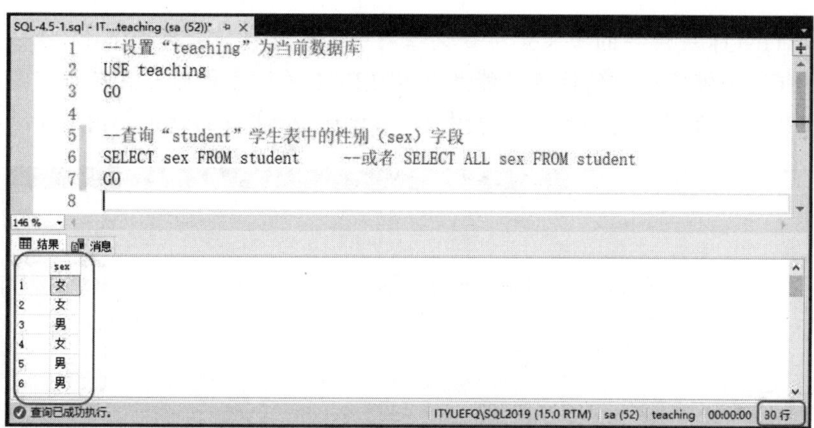

图 4-4　查询“student”学生表中的性别（sex）字段

从执行结果可以看到，查询结果中返回了 30 条记录，绝大部分都是重复的性别值。有时，出于对数据分析的要求，需要消除重复的记录值。在 SELECT 语句中可以使用 DISTINCT 关键字指示 SQL Server 消除重复的记录值，语法格式如下。

```
SELECT DISTINCT 字段名 FROM 表名
```

【例 4-4】在“teaching”数据库中，查询“student”学生表中的性别（sex）字段并消除查询结果中的重复值。

Transact-SQL 语句如下。

```
--设置“teaching”为当前数据库
USE teaching
GO

--查询“student”学生表中的性别（sex）字段并消除查询结果中的重复值
SELECT DISTINCT sex FROM student
GO
```

执行结果如图 4-5 所示。

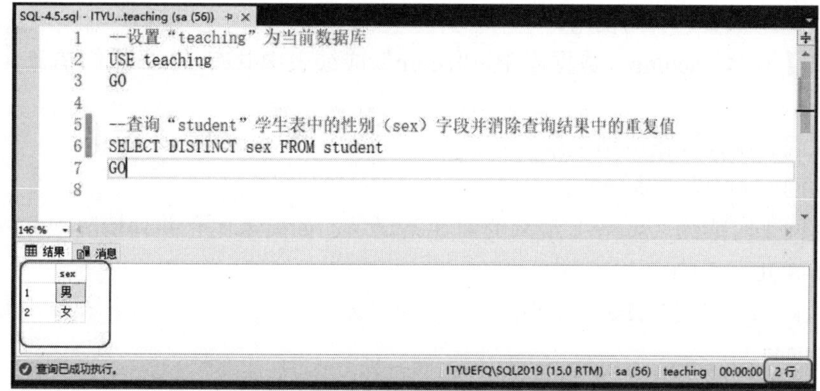

图 4-5　例 4-4 执行结果

从执行结果可以看到，这次查询结果只返回了 2 条记录的性别值，不再有重复值。SELECT DISTINCT sex 语句指示 SQL Server 只返回不同的性别值。

注意：DISTINCT 关键字的含义是对查询结果中的重复行只选择一个，以保证行的唯一性。所以，DISTINCT 关键字出现的位置只能是在 SELECT 关键字之后，且在所有字段列表之前。例如，使用 DISTINCT 关键字查询学生表中的 sex 和 dept 字段的结果如图 4-6 所示。

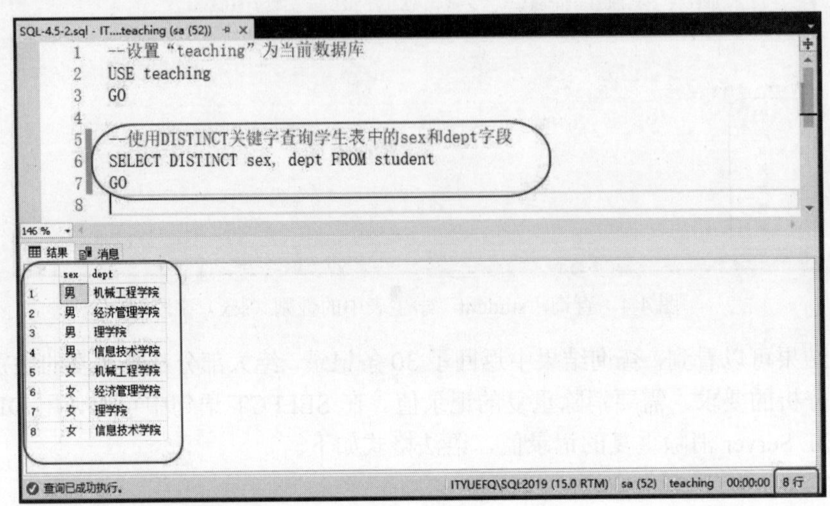

图 4-6 使用 DISTINCT 关键字查询学生表中的 sex 和 dept 字段

5. 使用 TOP 关键字限制返回的行数

SELECT 语句将返回所有匹配的行或者是数据表中所有的行，如果仅仅需要返回查询结果中前面的部分行，可以使用 TOP 关键字限制返回的行数，语法格式如下。

```
TOP ( n ) [ PERCENT ] [ WITH TIES ] ]
```

说明：

- n：指定限制返回行数的数值。
- PERCENT：指定查询返回结果集中的前 n%的行（此时结果如果为小数，则向上取整，结果会多取一行数据）。
- WITH TIES：指定可以包含末尾并列的行，可能会突破 n 或 n%数值的限制，必须配合 ORDER BY 子句使用。

【例 4-5】在“teaching”数据库中，“score”成绩表中共有 60 条成绩信息，根据以下要求完成查询。

（1）返回表中前 3 条成绩记录。

（2）返回前 6%的成绩记录。

（3）返回平时成绩（score）最高的前 3 条记录，如果末尾有并列情况一并取出。

Transact-SQL 语句如下。

```
--设置“teaching”为当前数据库
USE teaching
GO

--返回表中前 3 条成绩记录
SELECT TOP 3 * FROM score
GO
```

```
--返回前 6%的成绩记录
SELECT TOP 6 PERCENT * FROM score
GO

--返回平时成绩（score1）最高的前 3 条记录，如果末尾有并列情况一并取出
SELECT TOP 3 WITH TIES * FROM score ORDER BY score1 DESC
GO
```

执行结果如图 4-7 所示，分别返回了“score”成绩表中的 3 行、4 行（3.6 行向上取整为 4 行）和 4 行（第 4 行并列，一并取出）成绩记录数据。

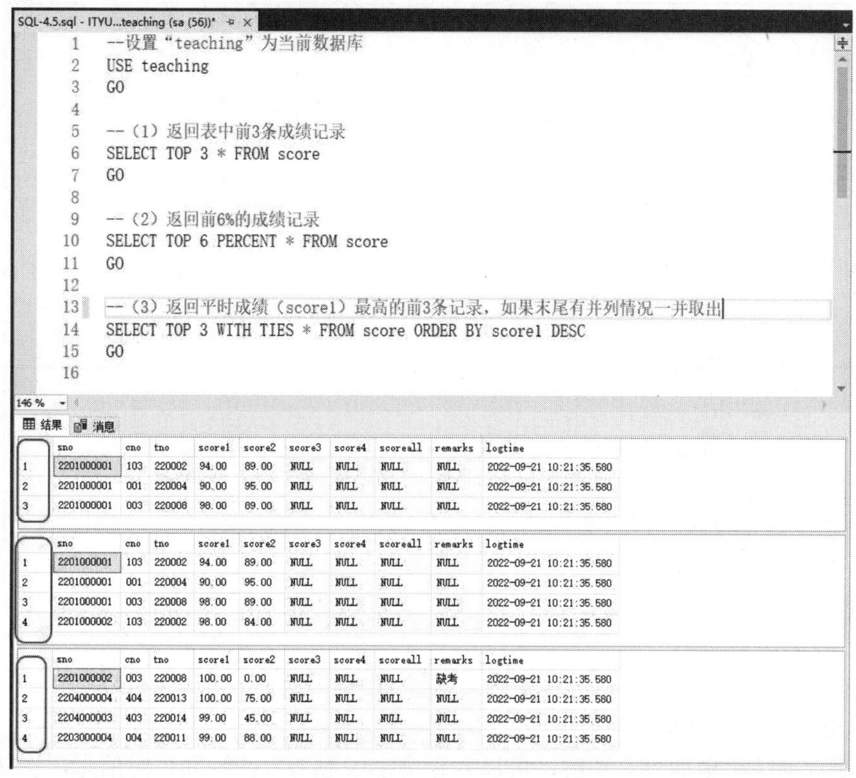

图 4-7　例 4-5 执行结果

6. 返回计算列值

使用 SELECT 语句对列进行查询时，可以根据需要输出对列进行算术运算或逻辑运算后的值，即 SELECT 语句可以使用表达式作为查询结果，语法格式如下。

```
SELECT expression [ ,expression ]
```

【例 4-6】在“teaching”数据库中，根据以下要求完成查询。

（1）查询每个学生的年龄。

（2）按平时成绩占比 40%和期末成绩占比 60%的方式查看课程总评成绩。

Transact-SQL 语句如下。

```
--设置“teaching”为当前数据库
USE teaching
```

```
GO

--查询每个学生的年龄
SELECT sno,sname,year(getdate())-year(birthday) as  年龄  FROM student
GO

--按平时成绩占比 40%和期末成绩占比 60%的方式查看课程总评成绩
SELECT sno, cno, score1, score2, score1*0.4+score2*0.6 as  总评成绩  FROM score
GO
```

执行结果如图 4-8 所示。

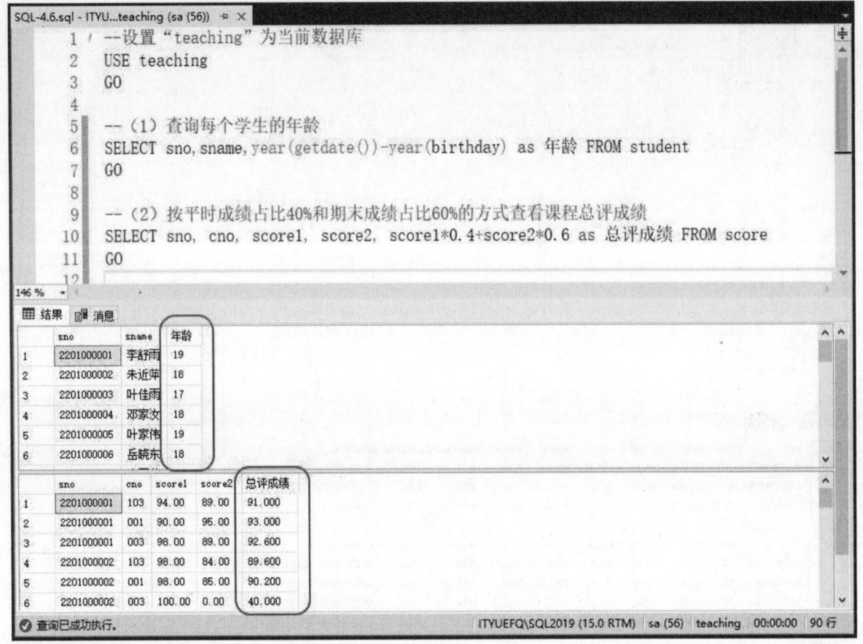

图 4-8　例 4-6 执行结果

7. *在查询结果集中显示辅助信息*

为了使查询结果更加容易理解，可以为查询字段添加一些辅助说明信息。例如，可以在SELECT 语句查询的字段列表中，使用单引号为结果集加入字符串或常量，从而为特定的字段添加注释。

【例 4-7】在“teaching”数据库中，从“student”学生表中查询 sno 和 sname 列信息，并给出该查询的执行时间以及学号和姓名的辅助说明信息。

Transact-SQL 语句如下。

```
--设置“teaching”为当前数据库
USE teaching
GO

--添加辅助说明信息
SELECT getdate() as  查询日期, '学号：', sno, '姓名：', sname FROM student
GO
```

执行结果如图 4-9 所示。

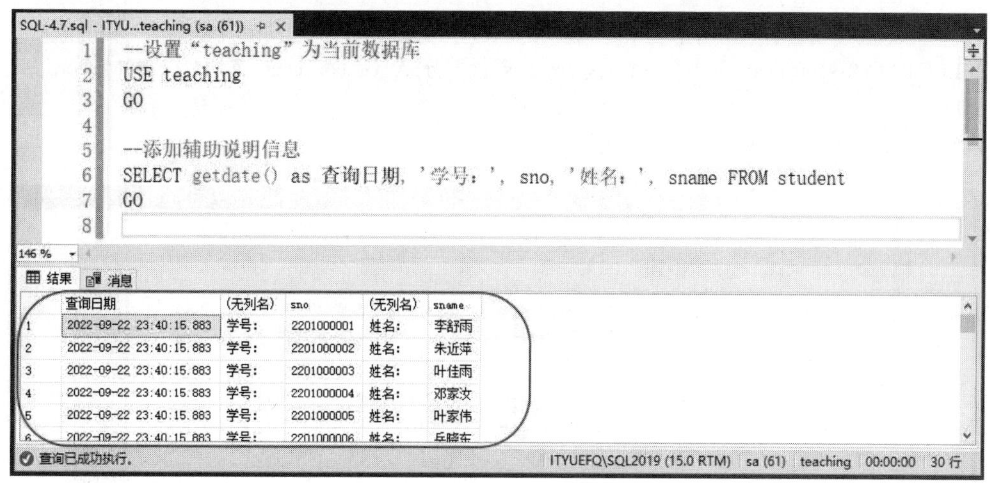

图 4-9　例 4-7 执行结果

8. 使用聚合函数进行统计汇总

有时候并不需要 SELECT 语句返回实际数据表中的数据，而只是对数据进行汇总计算。SQL Server 提供一些聚合函数来完成这些计算，聚合函数的格式和功能说明见表 4-1。

表 4-1　聚合函数的格式和功能说明

聚合函数格式	功能说明
COUNT([DISTINCT|ALL]*)	计算记录的个数
COUNT([DISTINCT|ALL]<列名>)	计算某列值的个数，忽略字段值为 NULL 的行
AVG([DISTINCT|ALL]*)	计算某列值的平均值，忽略字段值为 NULL 的行
MAX([DISTINCT|ALL]<列名>)	计算某列值的最大值，忽略字段值为 NULL 的行
MIN([DISTINCT|ALL]<列名>)	计算某列值的最小值，忽略字段值为 NULL 的行
SUM([DISTINCT|ALL]<列名>)	计算某列值的和，忽略字段值为 NULL 的行

注意：DISTINCT 表示在计算时去掉列中的重复值。如果不指定 DISTINCT 或指定 ALL（默认），则计算所有值。

【例 4-8】在"teaching"数据库中，完成下列统计查询。

（1）统计"student"学生表中学生的总人数和登记邮箱地址的总人数。

（2）统计"score"成绩表中所有学生平时成绩（score1）的最高分、最低分和平均分。

Transact-SQL 语句如下。

```
--设置"teaching"为当前数据库
USE teaching
GO

--统计"student"学生表中学生的总人数和登记邮箱地址的总人数
SELECT COUNT(*) as 学生总人数,COUNT(all email) as 登记有邮箱地址的总人数 FROM student
```

```
GO

--统计“score”成绩表中所有学生平时成绩（score1）的最高分、最低分和平均分
SELECT MAX(score1) as 最高分, MIN(score1) as 最低分, AVG(score1) as 平均分 FROM score
GO
```

执行结果如图 4-10 所示。

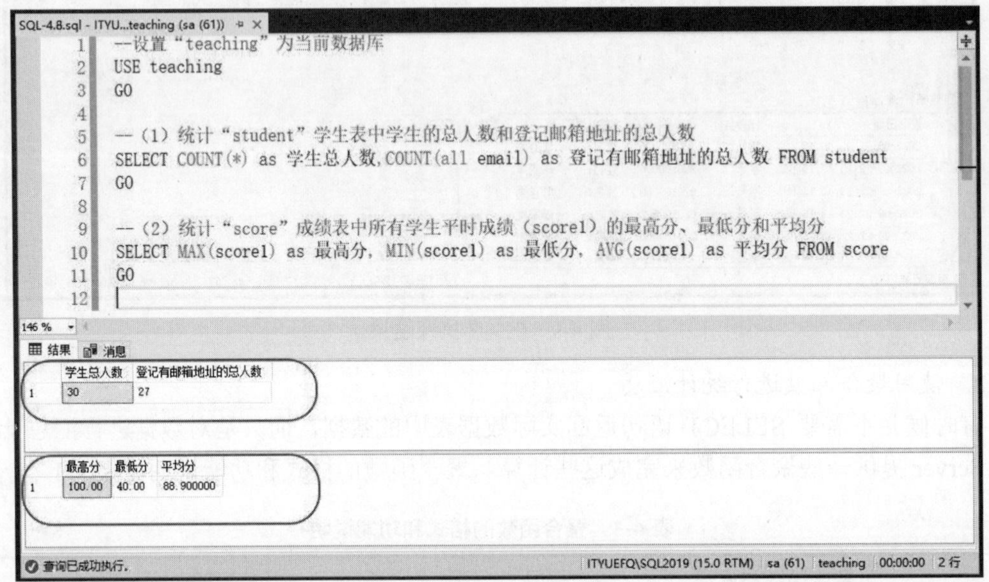

图 4-10 例 4-8 执行结果

4.2.2 使用 WHERE 子句进行条件查询

WHERE 子句是对数据表中的行进行选择查询，即在 SELECT 语句中使用 WHERE 子句可以从数据表中筛选出符合指定条件的记录，从而实现行选择查询。WHERE 子句必须紧跟在 FROM 子句之后，语法格式如下。

```
[ WHERE <search_condition> ]
```

说明：search_condition：查询条件，是一个逻辑表达式。查询条件中常用的运算符见表 4-2。

表 4-2 查询条件中常用的运算符

运算符	用途
=，<，<=，>，>=，!=，<>，!<，!>	比较大小
AND，OR，NOT	设置多重条件
BETWEEN AND，NOT BETWEEN AND	确定范围
IN，NOT IN，ANY | SOME，ALL	确定集合或表示子查询
LIKE，NOT LIKE	字符匹配，用于模糊查询
IS NULL，IS NOT NULL	测试是否为空

1. 比较表达式作为查询条件

使用比较表达式作为查询条件的语法格式如下。

```
expression 比较运算符 expression
```

说明：

- expression：可以是列名、常量、函数、变量、标量子查询，或者是由运算符或子查询连接的列名、常量和函数的任意组合，还可以包含 CASE 表达式。
- 当两个表达式的值均不为空（NULL）时，比较表达式返回逻辑值 TRUE 或 FALSE；当两个表达式中有一个的值为空或都为空时，比较表达式将返回 UNKNOWN。

【例 4-9】 在“teaching”数据库中，完成下列查询。

（1）从“course”课程表中，查询学分为 2 的课程所有信息。

（2）从“teacher”教师表中，查询职称为“教授”的教师的所有信息。

Transact-SQL 语句如下。

```
--设置“teaching”为当前数据库
USE teaching
GO

--从“course”课程表中，查询学分为 2 的课程所有信息
SELECT * FROM course WHERE credit=2
GO

--从“teacher”教师表中，查询职称为“教授”的教师的所有信息
SELECT * FROM teacher WHERE prot='教授'
GO
```

执行结果如图 4-11 所示。

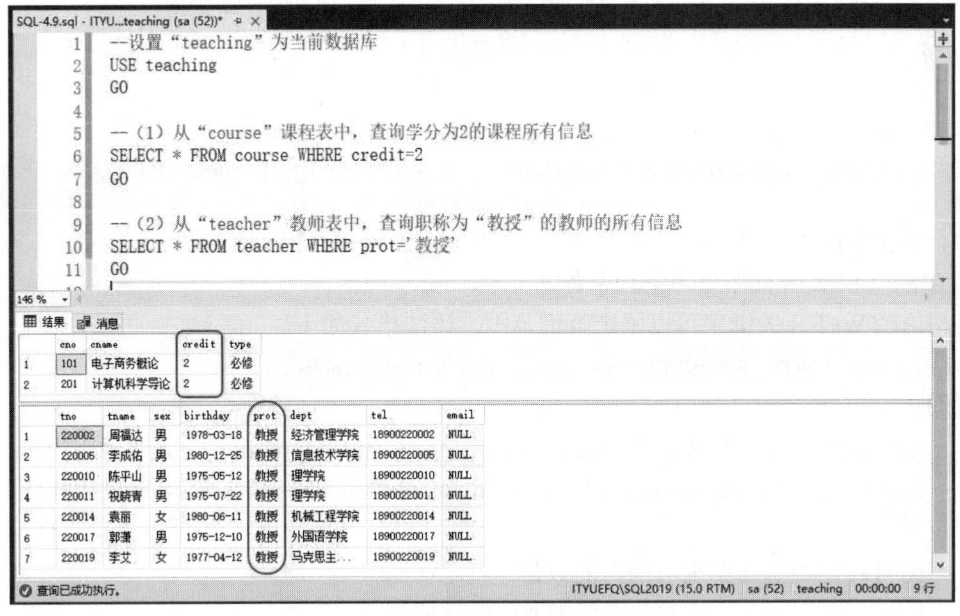

图 4-11　例 4-9 执行结果

2. 逻辑表达式作为查询条件

使用逻辑表达式作为查询条件的语法格式如下。

```
expression AND expression 或 expression OR expression 或 NOT expression
```

说明：

- AND：逻辑与，只有当两个条件都是 TRUE 时，表达式的值才为 TRUE。
- OR：逻辑或，当两个条件中任何一个条件是 TRUE 时，表达式的值为 TRUE。
- NOT：逻辑反，对指定的表达式求反运算。

在 3 个逻辑运算符中，NOT 的优先级最高，AND 次之，OR 最低。逻辑表达式有 3 种可能的结果：TRUE、FALSE、UNKOWN。其中，UNKOWN 是当有值为 NULL 的数据参与逻辑运算时得到的结果。

【例 4-10】在“teaching”数据库中，完成下列查询。

（1）从“student”学生表中，查询信息技术学院的女生的所有信息。

（2）从“teacher”教师表中，查询具有高级职称（职称为“教授”或“副教授”）的教师的所有信息。

（3）从“score”成绩表中，查询期末成绩（score2）在 95 分及以上的所有信息。

Transact-SQL 语句如下。

```
--设置“teaching”为当前数据库
USE teaching
GO

--从“student”学生表中，查询信息技术学院的女生的所有信息
SELECT * FROM student WHERE dept='信息技术学院' AND sex='女'
GO

--从“teacher”教师表中，查询具有高级职称（职称为“教授”或“副教授”）的教师的所有信息
SELECT * FROM teacher WHERE prot='教授' OR prot='副教授'
GO

--从“score”成绩表中，查询期末成绩（score2）在 95 分及以上的所有信息
SELECT * FROM score WHERE NOT score2<95            --等价于 WHERE score2>=95
GO
```

执行结果如图 4-12 所示。

3. BETWEEN 关键字作为查询条件

使用 BETWEEN 关键字可以限定查询范围，语法格式如下。

```
test_expression [ NOT ] BETWEEN begin_expression AND end_expression
```

说明：

- test_expression：用来在由 begin_expression 和 end_expression 定义的范围内进行测试的表达式。test_expression 必须与 begin_expression 和 end_expression 使用相同的数据类型。
- NOT：查询不在指定范围内的数据。
- begin_expression：指定数据范围取值的开始值。
- end_expression：指定数据范围取值的结束值。

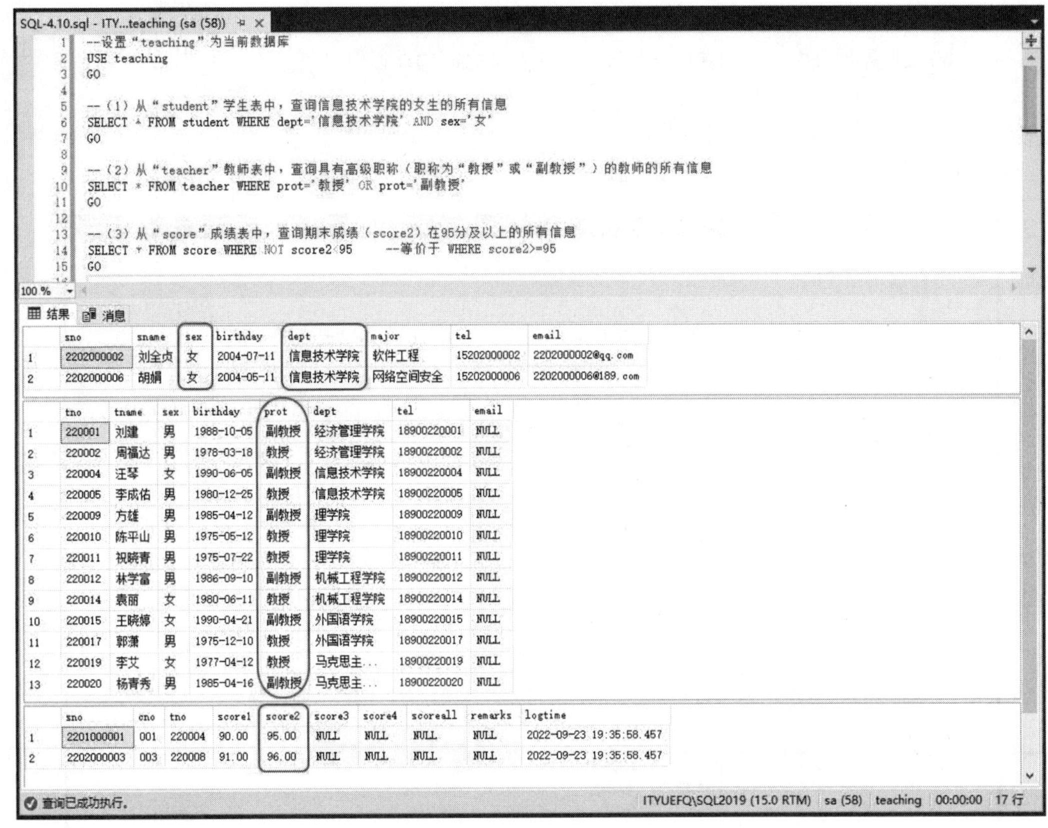

图 4-12　例 4-10 执行结果

注意：begin_expression 的值不能大于 end_expression 的值。不使用 NOT 时，如果 test_expression 的值在 begin_expression 和 end_expression 之间(包括这两个值)，就返回 TRUE，否则返回 FALSE；使用 NOT 时，返回值刚好相反。

【例 4-11】 在“teaching”数据库中，完成下列查询。

（1）从“score”成绩表中，查询期末成绩（score2）在 90～95 分之间的选课信息。

（2）从“student”学生表中，查询出生于 2004 年 5 月的所有学生的信息。

（3）从“course”课程表中，查询课程学分数不在 3 和 4 之间的课程信息。

Transact-SQL 语句如下。

```
--设置“teaching”为当前数据库
USE teaching
GO

--从“score”成绩表中，查询期末成绩（score2）在 90～95 分之间的选课信息
SELECT * FROM score WHERE score2 BETWEEN 90 AND 95
GO

--从“student”学生表中，查询出生于 2004 年 5 月的所有学生的信息
SELECT * FROM student WHERE birthday BETWEEN '2004-5-1' AND '2004-5-31'
GO
```

```
--从“course”课程表中，查询课程学分数不在 3 和 4 之间的课程信息
SELECT * FROM course WHERE credit NOT BETWEEN 3 AND 4
GO
```

执行结果如图 4-13 所示。

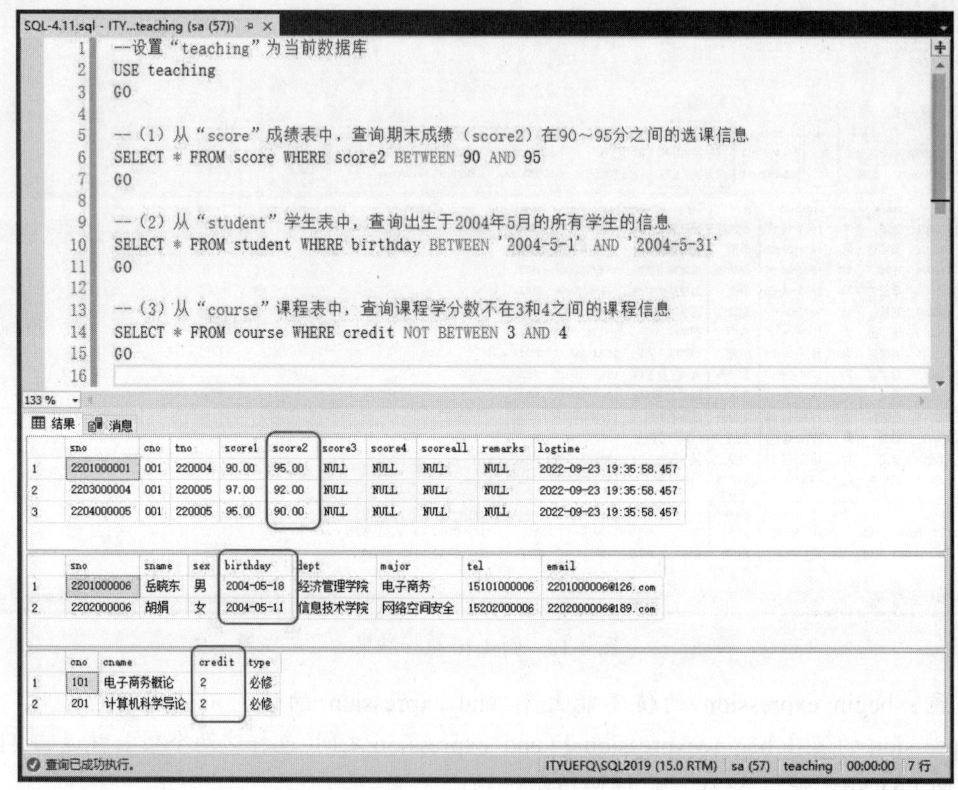

图 4-13 例 4-11 执行结果

4. IN 关键字作为查询条件

使用 IN 关键字可以确定给定的值是否与子查询或列表中的值相匹配，语法格式如下。

```
test_expression [ NOT ] IN ( subquery | expression [ , ...n ] )
```

说明：

- test_expression：任何有效的 SQL Server 表达式。
- subquery：包含某列结果集的子查询。子查询返回的列必须与 test_expression 使用相同的数据类型。
- expression[,...n]：一个表达式列表，用来测试是否匹配。其中所用表达式必须和 test_expression 使用相同的数据类型。

如果 test_expression 与 subquery 返回的任何值相等，或与表达式列表中的任何表达式相等，那么返回 TRUE；否则，FALSE。使用 NOT 时，返回值刚好相反。

注意：如果 test_expression 字段的值为 NULL 时，该行不参与 IN 或 NOT IN 的运算。

【例 4-12】在“teaching”数据库中，完成下列查询。

（1）从“course”课程表中，查询课程性质为“任选”或“限选”的课程信息。

（2）从“teacher”教师表中，查询有职称但不具有高级职称（即除“教授”和“副教授”以外）的教师的所有信息。

Transact-SQL 语句如下。

```
--设置“teaching”为当前数据库
USE teaching
GO

--从“course”课程表中，查询课程性质为“任选”或“限选”的课程信息
SELECT * FROM course WHERE type in ('任选','限选')  --等价于 type='任选' OR type='限选'
GO

--从“teacher”教师表中，查询有职称但不具有高级职称（即除“教授”和“副教授”以外）的教师的所有信息
SELECT * FROM teacher WHERE prot NOT in ('教授','副教授')        --prot NOT in（'教授','副教授'）等价于 prot ='助教' OR prot='讲师'
GO
```

执行结果如图 4-14 所示。

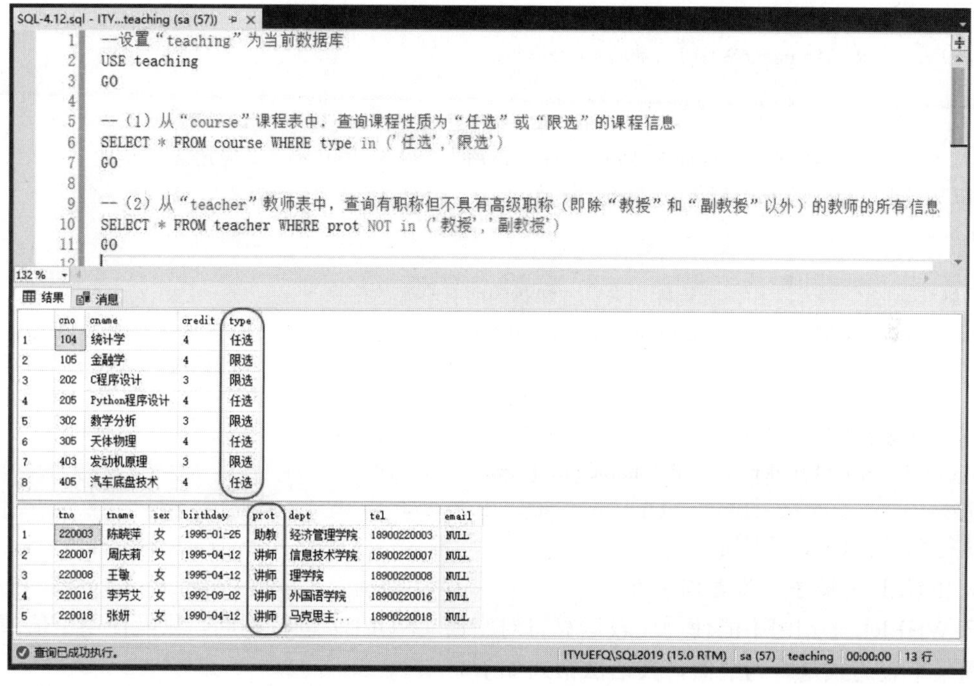

图 4-14　例 4-12 执行结果

5. LIKE 关键字作为查询条件

使用 LIKE 关键字可以确定给定字符串是否与指定的模式相匹配。模式可以包含常规字符和通配符。通过模式的匹配，可以达到模糊查询的效果，语法格式如下。

```
match_expression [ NOT ] LIKE pattern [ ESCAPE escape_character ]
```

说明：

- match_expression：任何字符串数据类型的有效 SQL Server 表达式。

- pattern：指定 match_expression 中的搜索模式，可以包括下列有效通配符的特定字符串。
  ①%：任意长度的字符串，即可表示 0 个或多个任意字符。
  ②_（下划线）：任意单个字符。
  ③[ ]：指定范围或集合中的任意单个字符。
  ④[^]：不属于指定范围或集合的任意单个字符。
- escape_character：允许在字符串中搜索通配符，而不是将其作为通配符使用。

【例 4-13】在“teaching”数据库中，完成下列查询。

（1）从“student”学生表中，查询姓刘的所有学生的信息。

（2）从“student”学生表中，查询姓名为三个字且最后一个字为东的所有学生的信息。

（3）从“student”学生表中，查询姓为朱、方和黄的所有学生的信息。

（4）从“student”学生表中，查询姓为朱、方和黄以外的所有学生的信息。

Transact-SQL 语句如下。

```
--设置“teaching”为当前数据库
USE teaching
GO

--从“student”学生表中，查询姓刘的所有学生的信息
SELECT * FROM student WHERE sname like '刘%'
GO

--从“student”学生表中，查询姓名为三个字且最后一个字为东的所有学生的信息
SELECT * FROM student WHERE sname like '__东'
GO

--从“student”学生表中，查询姓为朱、方和黄的所有学生的信息
SELECT * FROM student WHERE sname like '[朱方黄]%'
GO

--从“student”学生表中，查询姓为朱、方和黄以外的所有学生的信息
SELECT * FROM student WHERE sname like '[^朱方黄]%'
GO
```

执行结果如图 4-15 所示。

6. NULL 关键字作为查询条件

在 WHERE 子句中不能使用比较运算符对空值（NULL）进行判断，只能使用空值表达式来判断某个表达式是否为空值，其语法格式如下。

```
expression IS [ NOT ] NULL
```

说明：不使用 NOT 时，如果表达式 expression 的值为 NULL，就返回 TRUE，否则返回 FALSE；使用 NOT 时，返回的值刚好相反。

【例 4-14】在“teaching”数据库中，完成下列查询。

（1）从“teacher”教师表中，查询暂时还未进行职称评定的教师的所有信息。

（2）从“student”学生表中，查询登记有邮箱地址的学生的所有信息。

图 4-15　例 4-13 执行结果

Transact-SQL 语句如下。

```
--设置“teaching”为当前数据库
USE teaching
GO

--从“teacher”教师表中，查询暂时还未进行职称评定的教师的所有信息
SELECT * FROM teacher WHERE prot IS NULL
GO

--从“student”学生表中，查询登记有邮箱地址的学生的所有信息
SELECT * FROM student WHERE email IS NOT NULL
GO
```

执行结果如图 4-16 所示。

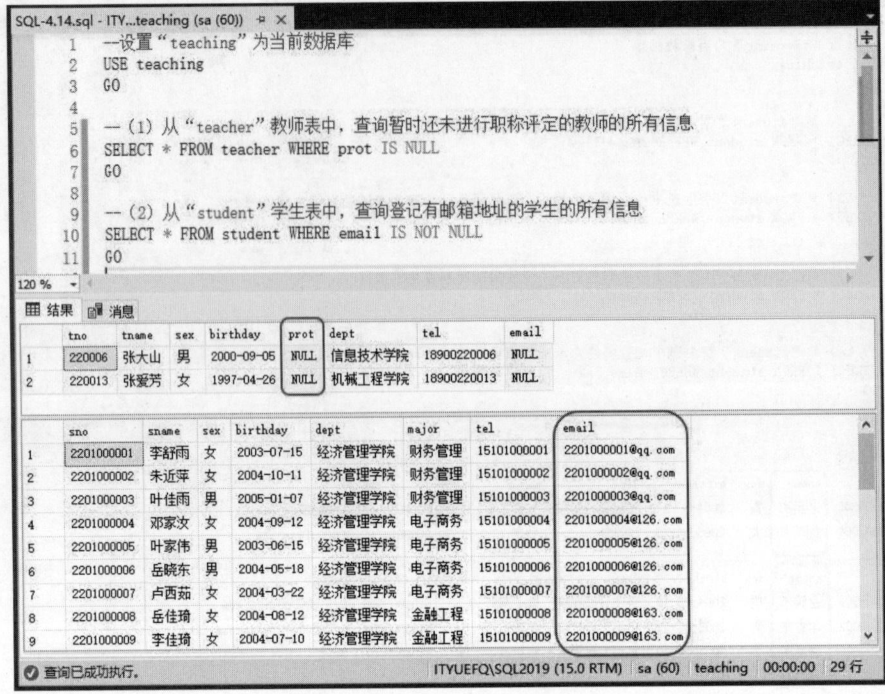

图 4-16 例 4-14 执行结果

4.2.3 使用 GROUP BY 子句进行分组查询

分组是按某一列数据的值或某个列组合的值将查询出的行分成若干组，每组在指定列或列组合上具有相同的值。分组可通过使用 GROUP BY 子句来实现，其语法格式如下。

```
[ GROUP BY [ ALL ] group_by_expression [,...n ] [ WITH CUBE | ROLLUP ] ]
```

说明：

- ALL：包含所有的组和结果，甚至包含那些不满足 WHERE 子句指定搜索条件的组和结果。如果指定了 ALL，组中不满足搜索条件的空值也将作为一个组。
- group_by_expression：执行分组的表达式，可以是列或引用由 FROM 子句返回的列的非聚合表达式。其中，text、ntext 和 image 类型的列不能用于 group_by_expression。在选择列表内定义列的别名不能用于指定分组列。此外，SELECT 后面的每一列除出现在统计函数中的外，其他列都必须出现在 GROUP BY 子句中。
- CUBE：指定在查询结果集内不仅包含由 GROUP BY 提供的正常行，还包含汇总行。在查询结果内返回每个可能的组和子组组合的 GROUP BY 汇总行。
- ROLLUP：指定在查询结果集内不仅包含由 GROUP BY 提供的正常行，还包含汇总行。按层次结构顺序，从组内的最低级别到最高级别汇总组。组的层次结构取决于指定分组列时所使用的顺序。更改分组列的顺序会影响在结果集内生成的行数。

注意：在 GROUP BY 子句中，不能同时指定 ALL、CUBE 或 ROLLUP。

【例 4-15】在“teaching”数据库中，完成下列查询。

（1）在“student”学生表中，统计查询男生和女生的人数，并汇总人数。

（2）在“student”学生表中，统计查询每个学院的各个专业的人数，并分层汇总人数。

Transact-SQL 语句如下。

```
--设置“teaching”为当前数据库
USE teaching
GO

--在“student”学生表中，统计查询男生和女生的人数，并汇总人数
SELECT sex, COUNT(*) AS 人数 FROM student GROUP BY sex WITH CUBE
GO

--在“student”学生表中，统计查询每个学院的各个专业的人数，并分层汇总人数
SELECT dept, major, COUNT(*) AS 人数 FROM student GROUP BY dept, major WITH ROLLUP
GO
```

执行结果如图 4-17 所示。

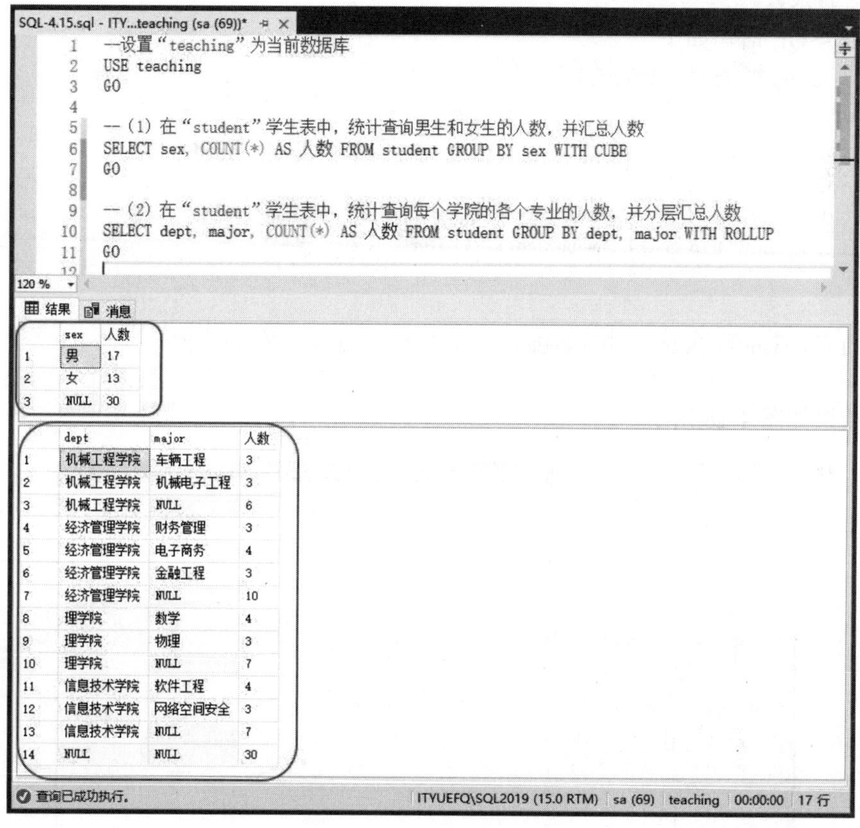

图 4-17　例 4-15 执行结果

4.2.4　使用 HAVING 子句过滤分组结果

使用 GROUP BY 子句和聚合函数对数据进行分组后，还可以使用 HAVING 子句对分组后的数据做进一步筛选。HAVING 子句用于指定组或聚合的搜索条件，其语法格式如下。

```
[ HAVING <search_condition> ]
```

说明： search_condition 用来指定组或聚合应满足的搜索条件。

注意：

- 当 HAVING 子句与 GROUP BY ALL 一起使用时，HAVING 子句优于 ALL。
- HAVING 子句通常在 GROUP BY 子句中使用。如果不使用 GROUP BY 子句，则 HAVING 子句的行为与 WHERE 子句一样。
- 在 HAVING 子句中不能使用 text、image 和 ntext 数据类型。
- 在 SELECT 语句中同时使用 WHERE、GROUP BY 和 HAVING 子句时，要注意他们的作用和执行顺序。WHERE 子句用于筛选 FROM 子句指定的数据对象，即从 FROM 子句指定的基表或视图中检索满足条件的记录；GROUP BY 子句用于对 WHERE 子句的筛选结果进行分组；HAVING 子句则用于对 GROUP BY 子句分组以后的数据进行再次筛选。

【例 4-16】在“teaching”数据库中，从“student”学生表中按性别进行分组统计，然后只输出女生的人数。

Transact-SQL 语句如下。

```
--设置“teaching”为当前数据库
USE teaching
GO

--从“student”学生表中按性别进行分组统计，然后只输出女生的人数
SELECT sex,count(*)  人数  FROM student GROUP BY sex
GO

SELECT sex,count(*)  人数  FROM student GROUP BY sex HAVING sex='女'
GO
```

执行结果如图 4-18 所示。

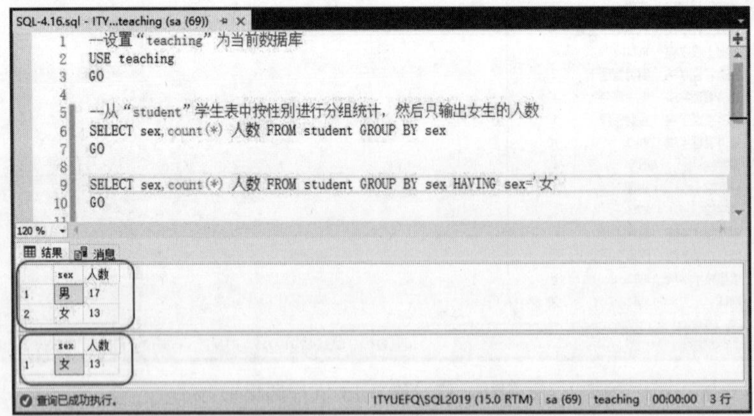

图 4-18　例 4-16 执行结果

4.2.5　使用 ORDER BY 子句排序查询结果

在实际应用中经常需要对查询的结果进行排序输出。在 SELECT 语句中，使用 ORDER BY 子句对查询结果进行排序，其语法格式如下。

```
[ ORDER BY order_by_expression [ ASC | DESC ] [ ,...n ] ]
```

说明：

- order_by_expression：指定要排序的列，可以是一个或多个列。在 ORDER BY 子句中不能使用 ntext、text 和 image 数据类型的列。
- ASC：指定按递增顺序，从最低值到最高值对指定列中的值进行排序。ASC 为默认值。
- DESC：指定按递减顺序，从最高值到最低值对指定列中的值进行排序。
- 空值（NULL）被视为最低的值。

【例 4-17】 在“teaching”数据库中，完成下列查询。

（1）在“student”学生表中，先按性别再按姓名显示“信息技术学院”学生的所有信息。

（2）在“teacher”教师表中，先按职称降序再按出生日期显示“信息技术学院”教师的所有信息。

Transact-SQL 语句如下。

```
--设置“teaching”为当前数据库
USE teaching
GO

--在“student”学生表中，先按性别再按姓名显示“信息技术学院”学生的所有信息
SELECT * FROM student WHERE dept='信息技术学院' ORDER BY sex, sname
GO

--在“teacher”教师表中，先按职称降序再按出生日期显示“信息技术学院”教师的所有信息
SELECT * FROM teacher WHERE dept='信息技术学院' ORDER BY prot DESC, birthday
GO
```

执行结果如图 4-19 所示。

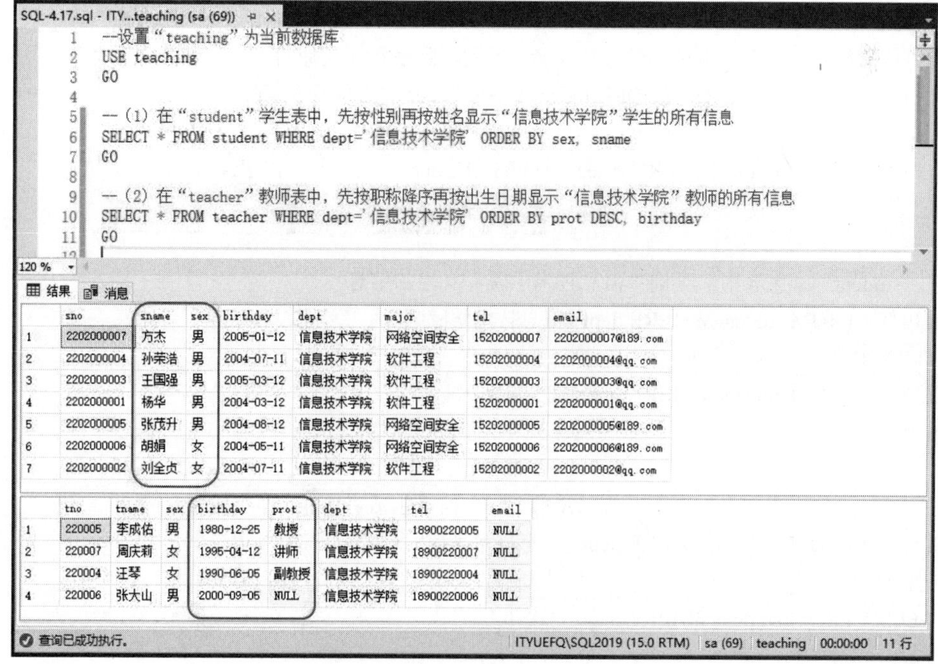

图 4-19　例 4-17 执行结果

技巧：除能使用列名给出排序顺序外，ORDER BY 子句还支持按查询结果的相对列位置进行排序。例如本例中的 ORDER BY sex, sname 等价于 ORDER BY 3, 2; ORDER BY prot DESC, birthday 等价于 ORDER BY 5 DESC, 4。这里出现的数字是指排序依据字段在查询结果中的列位置号。

4.2.6 集合查询

SELECT 语句的查询结果是元组的集合，所以可以对多个 SELECT 语句的查询结果进行集合操作，集合操作主要包括并操作（UNION）、交操作（INTERSECT）、差操作（EXCEPT）。这三种操作能够进行的前提是，每个 SELECT 语句必须拥有相同数量的列且类型兼容。请注意并操作有 UNION 和 UNION ALL 两种用法：

（1）UNION：将多个查询结果合并起来时，系统自动去除重复元组。

（2）UNION ALL：将多个查询结果合并起来时，系统会保留重复元组。

【例 4-18】在“teaching”数据库中，完成下列查询。

（1）将“信息技术学院”女学生的学号、姓名、性别、院系和女教师的工号、姓名、性别和院系合并显示。

（2）在“student”学生表中，查询“信息技术学院”女生的信息。

（3）在“student”学生表中，查询“信息技术学院”但不包括“软件工程”专业的学生信息。

Transact-SQL 语句如下。

```
--设置“teaching”为当前数据库
USE teaching
GO

--将“信息技术学院”女学生的学号、姓名、性别、院系和女教师的工号、姓名、性别和院系合并显示
SELECT sno, sname, sex, dept FROM student WHERE dept='信息技术学院' AND sex='女'
UNION
SELECT tno, tname, sex, dept FROM teacher WHERE dept='信息技术学院' AND sex='女'
GO

--在“student”学生表中，查询“信息技术学院”女生的信息
SELECT * FROM student WHERE dept='信息技术学院'
INTERSECT
SELECT * FROM student WHERE sex='女'
GO

--在“student”学生表中，查询“信息技术学院”但不包括“软件工程”专业的学生信息
SELECT * FROM student WHERE dept='信息技术学院'
EXCEPT
SELECT * FROM student WHERE major='软件工程'
GO
```

执行结果如图 4-20 所示。

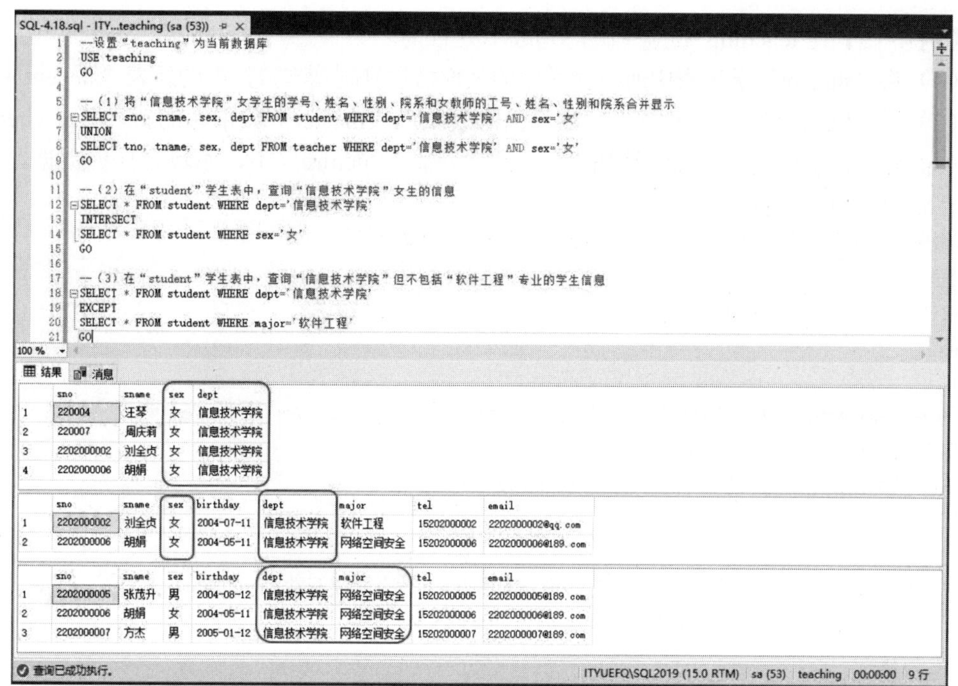

图 4-20　例 4-18 执行结果

4.2.7　查询结果去向

默认情况下，查询的结果是以网格格式显示的。在查询窗口的工具栏中，提供了 3 种不同的查询结果的显示方式，如图 4-21 所示。

图 4-21　查询结果显示格式图标

图 4-21 所示的 3 个图标依次为：

（1）以文本格式显示结果：这种显示方式使查询到的结果以文本页面的方式显示。

（2）以网格格式显示结果：默认使用这种显示方式，它将返回结果的列和行以网格的形式排列。其显示方式的特点包括：

1）可以更改列的宽度，鼠标指针悬停到该列标题的边界处，单击拖动该列右边界，即可自定义列宽度，双击右边界使得该列可自动调整该列大小。

2）可以任意选择几个单元格，然后将其单独复制到其他网格。

3）可以选择一列、多列或连续的多行。

（3）将结果保存到文件：这种方式与“以文本格式显示结果”相似，不过它是将查询结果输出到报表文件（*.rpt）中而不是屏幕。使用这种方式可以直接将查询结果导出到外部文件中。

技巧：此外，在 SSMS 管理工具中，也可以通过选择“查询”→“将结果保存到”子菜单下的菜单命令来选择查询结果的显示方式；还可以通过单击“工具”→“选项”菜单命令，打开“选项”对话框，在“查询结果”选项页的“显示结果的默认方式”下拉列表框中选择设置。

在 SELECT 查询语句中，还可以通过 INTO 子句将查询的结果保存到一个新建的数据表中。

【例 4-19】在 teaching 数据库中，完成下列查询。

（1）将“student”学生表中所有女学生的全部信息复制到本数据库的新表“student_f”中。

（2）将“teacher”教师表中所有教师信息复制到“master”数据库的新表“teacher”中。

（3）将“course”课程表的结构复制到“course_structure”中，不包含任何数据。

Transact-SQL 语句如下。

```
--如果在“master”数据库中存在“teacher”数据表，则先删除
USE master
DROP TABLE IF EXIST teacher
GO

--设置“teaching”为当前数据库，如果存在“student_f”和“ course_structure”数据表，则先删除
USE teaching
DROP TABLE IF EXISTS student_f, course_structure
GO

--将“student”学生表中所有女学生的所有信息复制到本数据库的新表“student_f”中
SELECT * INTO student_f FROM student WHERE sex='女'
GO

--将“teacher”教师表中所有教师信息复制到“master”数据库的新表“teacher”中
SELECT * INTO master.dbo.teacher FROM teacher
GO

--将“course”课程表的结构复制到“course_structure”中，不包含任何数据
SELECT * INTO course_structure FROM course WHERE 0=1
GO
```

执行结果如图 4-22 所示。

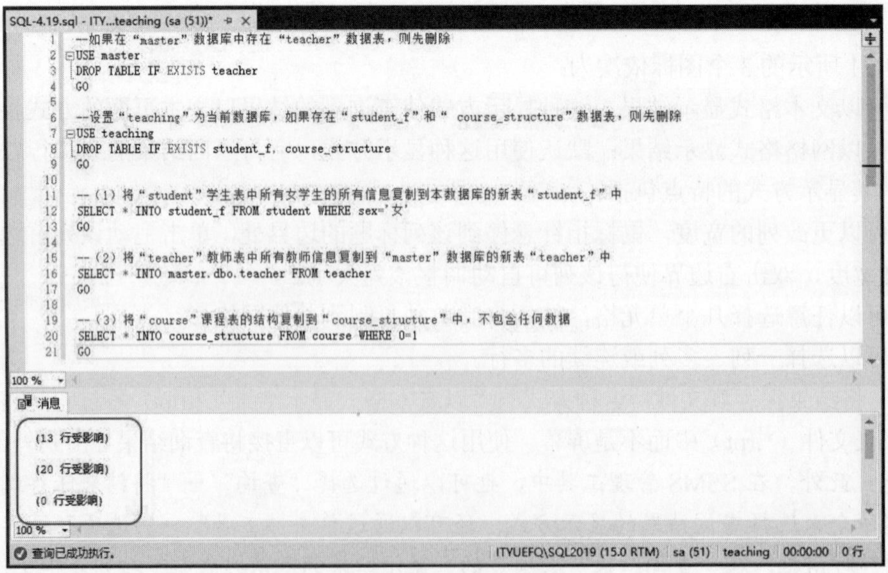

图 4-22　例 4-19 执行结果

4.3　多表连接查询

前面所有的查询都是针对一个数据表进行的（即单表查询）。在实际应用中，查询的内容往往涉及多个数据表，这时就需要对多个表进行连接查询。连接查询是关系数据库中最主要的查询方式，连接查询的目的是通过连接字段条件将多个表连接起来，以便从多个表中检索用户需要的数据。

在 SQL Server 中，连接查询主要分为内连接、外连接、交叉连接和自连接。

4.3.1　内连接

内连接是将两个或两个以上表中满足连接条件的行组合起来，并返回满足条件的行，其语法格式如下。

```
FROM < table_source > [ INNER ] JOIN < table_source > ON < search_condition >
```

说明：

- < table_source >：需要连接的表。
- ON：指定连接条件。
- < search_condition >：连接条件。
- INNER：内连接，可以省略。

根据比较方式的不同，内连接可以分为以下 3 种类型。

（1）等值连接：使用等于运算符比较被连接的列，是最常见的一种。

（2）不等值连接：使用除等于运算符以外的其他运算符比较被连接的列。

（3）自然连接：等值连接的一种特殊情况，用于去除查询结果中重复的属性。

【例 4-20】在“teaching”数据库中，完成下列查询。

（1）查询姓名为“李舒雨”的学生信息及成绩信息。

（2）查询姓名为“李舒雨”的学生信息及成绩信息，并去除重复的学号列。

（3）查询不属于“李舒雨”的成绩信息。

Transact-SQL 语句如下。

```
--设置“teaching”为当前数据库
USE teaching
GO

--查询姓名为“李舒雨”的学生信息及成绩信息（等值连接）
SELECT * FROM student inner join score ON student.sno=score.sno
WHERE sname='李舒雨'
GO

--查询姓名为“李舒雨”的学生信息及成绩信息，并去除重复的学号列（自然连接）
SELECT student.*, cno, tno, score1, score2, score3, score4, scoreall, remarks, logtime
FROM student inner join score ON student.sno=score.sno
WHERE sname='李舒雨'
GO
```

```
--查询不属于“李舒雨”的成绩信息（不等值连接）
SELECT * FROM student inner join score ON student.sno <> score.sno
WHERE sname='李舒雨'
GO
```

执行结果如图 4-23 所示。

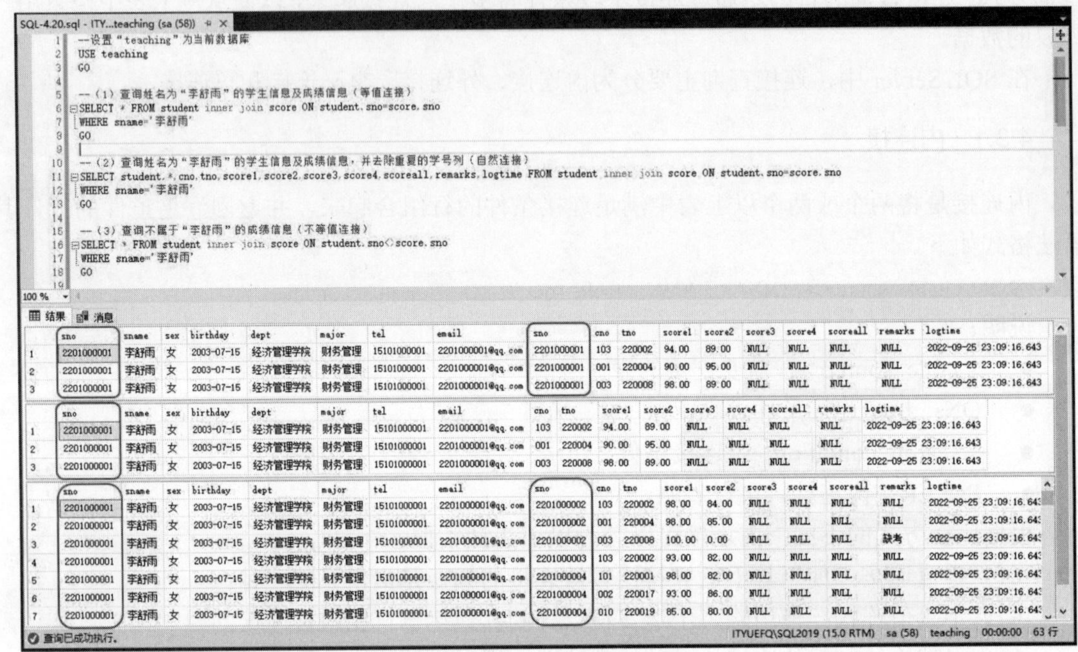

图 4-23　例 4-20 执行结果

内连接还可以使用以下形式来实现，其执行结果相同。

```
SELECT * FROM student, score
WHERE student.sno=score.sno AND sname='李舒雨'
```

有时用户需要查询的字段来自两个以上的数据表，这时就需要对两个以上的数据表进行连接，称为多表连接查询。

【例 4-21】在“teaching”数据库中，查询选修了“数据库原理与应用”课程的所有学生的学号（sno）、姓名（sname）以及成绩信息（score1 和 score2）。

Transact-SQL 语句如下。

```
--设置“teaching”为当前数据库
USE teaching
GO

--方法 1：
SELECT a.sno, sname, cname, score1, score2
FROM student a JOIN score b ON a.sno=b.sno JOIN course c ON b.cno=c.cno
WHERE cname='数据库原理与应用'
GO
```

```
--方法 2:
SELECT a.sno, sname,cname,score1,score2
FROM student a, score b, course c
WHERE a.sno=b.sno AND b.cno=c.cno AND cname='数据库原理与应用'
GO
```

执行结果如图 4-24 所示。

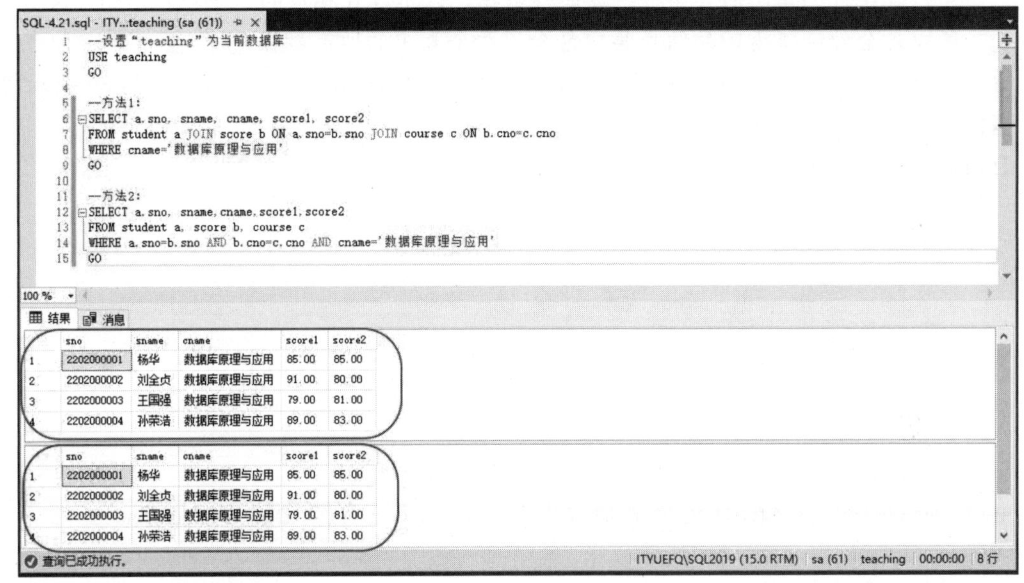

图 4-24　例 4-21 执行结果

注意：

- 在多表连接查询中，如果 SELECT 子句中使用的字段名在各个数据表中是唯一的，则可以省略字段名前的表名；否则不能省略，因为系统会报“列名不明确”的错误。
- 为了书写简单，可以给 FROM 子句后数据来源表取别名。但是要注意，一旦取了别名，其他任何地方都需要使用表的别名，而不能再使用原来的表名。

4.3.2　外连接

内连接时返回的仅是符合查询条件和连接条件的行。但有时候查询结果需要包含没有关联的行中数据，即返回的查询结果集合中不仅包含符合连接条件的行，而且还包含左表（左外连接或左连接）、右表（右外连接或右连接）或两个连接的数据表（全外连接）中所有的数据行。此时，就需要使用外连接，其语法格式如下。

```
FROM < table_source > LEFT | RIGTH | FULL [ OUTER ] JOIN < table_source > ON < search_condition >
```

注意：

- 在外连接语句中，JOIN 关键字左边的表为左表，右边的表为右表。
- 根据保存行的不同，外连接分为左外连接、右外连接和全外连接。
- 左外连接（LEFT JOIN）：返回的查询结果中包括 LEFT OUTER JOIN 关键字左边连接表的所有行，而不仅仅是连接字段所匹配的行。此时，如果左表的某行在右表中没有匹配行，则在相关联的结果集行中，右表的所有选择字段均为空值（NULL）。

- 右外连接（RIGHT JOIN）：右外连接是左外连接的反向连接，返回 RIGHT OUTER JOIN 关键字右边的表中的所有行。如果右表的某行在左表中没有匹配的行，左表将返回空值（NULL）。
- 全外连接（FULL JOIN）：全外连接又称完全外连接，该连接查询方式返回两个连接表中所有的记录数据。如果满足匹配条件时，则返回数据；如果左表和右表中没有满足匹配条件的信息时，同样也返回该数据，只不过在相应的列中填入空值（NULL）。所以，全外连接返回的结果集中包含了两个表中的所有数据。

【例 4-22】在 teaching 数据库中，查询所有学生的信息以及他们的选课信息，要求包含从未选修过任何课程的学生。

Transact-SQL 语句如下。

```
--设置“teaching”为当前数据库
USE teaching
GO

--方法 1：左外连接
SELECT * FROM student LEFT JOIN score ON student.sno=score.sno ORDER BY score.sno
GO

--方法 2：右外连接
SELECT * FROM score RIGHT JOIN student ON score.sno=student.sno ORDER BY score.sno
GO
```

执行结果如图 4-25 所示。

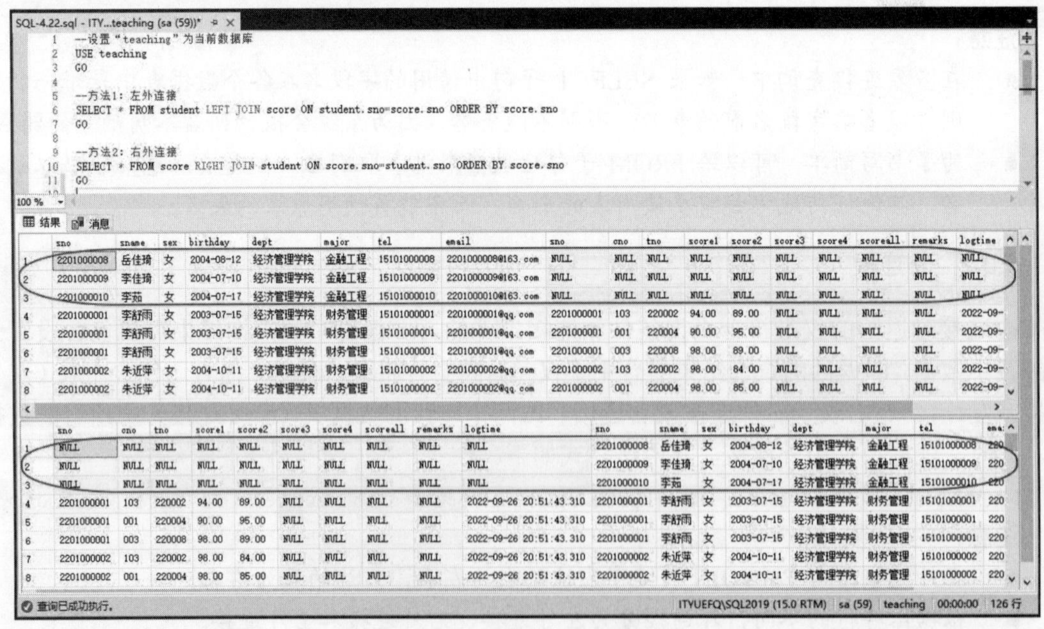

	sno	sname	sex	birthday	dept	major	tel	email	sno	cno	tno	score1	score2	score3	score4	scoreall	remarks	logtime
1	2201000008	岳佳琦	女	2004-08-12	经济管理学院	金融工程	15101000008	2201000008@163.com	NULL	NULL	NULL	NULL	NULL	NULL	NULL	NULL	NULL	NULL
2	2201000009	李佳琦	女	2004-07-10	经济管理学院	金融工程	15101000009	2201000009@163.com	NULL	NULL	NULL	NULL	NULL	NULL	NULL	NULL	NULL	NULL
3	2201000010	李茹	女	2004-07-17	经济管理学院	金融工程	15101000010	2201000010@163.com	NULL	NULL	NULL	NULL	NULL	NULL	NULL	NULL	NULL	NULL
4	2201000001	李舒雨	女	2003-07-15	经济管理学院	财务管理	15101000001	2201000001@qq.com	2201000001	103	220002	94.00	89.00	NULL	NULL	NULL	NULL	2022-09-
5	2201000001	李舒雨	女	2003-07-15	经济管理学院	财务管理	15101000001	2201000001@qq.com	2201000001	001	220004	90.00	95.00	NULL	NULL	NULL	NULL	2022-09-
6	2201000001	李舒雨	女	2003-07-15	经济管理学院	财务管理	15101000001	2201000001@qq.com	2201000001	003	220008	98.00	89.00	NULL	NULL	NULL	NULL	2022-09-
7	2201000002	朱近萍	女	2004-10-11	经济管理学院	财务管理	15101000002	2201000002@qq.com	2201000002	103	220002	98.00	84.00	NULL	NULL	NULL	NULL	2022-09-
8	2201000002	朱近萍	女	2004-10-11	经济管理学院	财务管理	15101000002	2201000002@qq.com	2201000002	001	220004	98.00	85.00	NULL	NULL	NULL	NULL	2022-09-

	sno	cno	tno	score1	score2	score3	score4	scoreall	remarks	logtime	sno	sname	sex	birthday	dept	major	tel	ema:
1	NULL	NULL	NULL	NULL	NULL	NULL	NULL	NULL	NULL	NULL	2201000008	岳佳琦	女	2004-08-12	经济管理学院	金融工程	15101000008	220
2	NULL	NULL	NULL	NULL	NULL	NULL	NULL	NULL	NULL	NULL	2201000009	李佳琦	女	2004-07-10	经济管理学院	金融工程	15101000009	220
3	NULL	NULL	NULL	NULL	NULL	NULL	NULL	NULL	NULL	NULL	2201000010	李茹	女	2004-07-17	经济管理学院	金融工程	15101000010	220
4	2201000001	103	220002	94.00	89.00	NULL	NULL	NULL	NULL	2022-09-26 20:51:43.310	2201000001	李舒雨	女	2003-07-15	经济管理学院	财务管理	15101000001	220
5	2201000001	001	220004	90.00	95.00	NULL	NULL	NULL	NULL	2022-09-26 20:51:43.310	2201000001	李舒雨	女	2003-07-15	经济管理学院	财务管理	15101000001	220
6	2201000001	003	220008	98.00	89.00	NULL	NULL	NULL	NULL	2022-09-26 20:51:43.310	2201000001	李舒雨	女	2003-07-15	经济管理学院	财务管理	15101000001	220
7	2201000002	103	220002	98.00	84.00	NULL	NULL	NULL	NULL	2022-09-26 20:51:43.310	2201000002	朱近萍	女	2004-10-11	经济管理学院	财务管理	15101000002	220
8	2201000002	001	220004	98.00	85.00	NULL	NULL	NULL	NULL	2022-09-26 20:51:43.310	2201000002	朱近萍	女	2004-10-11	经济管理学院	财务管理	15101000002	220

图 4-25　例 4-22 执行结果

注意：从图 4-25 可以看出，除有选课信息的学生外，那些从未选修过任何课程的学生也被包含进来了，他们的成绩信息全部自动填充为 NULL。

4.3.3　交叉连接

交叉连接实际上是将两个表进行笛卡儿积运算，结果表是由第一个表的每一行与第二个表的每一行拼接后形成的表，因此结果表的行数等于两个表的行数之积，其语法格式如下。

```
FROM <table_source> CROSS JOIN <table_source>
```

【例 4-23】在“teaching”数据库中，查询所有学生所有可能的选课情况。

Transact-SQL 语句如下。

```
--设置“teaching”为当前数据库
USE teaching
GO

--方法 1：
SELECT sno, sname, cno, cname FROM student CROSS JOIN course
GO

--方法 2：
SELECT sno, sname, cno, cname FROM student, course
GO
```

执行结果如图 4-26 所示。

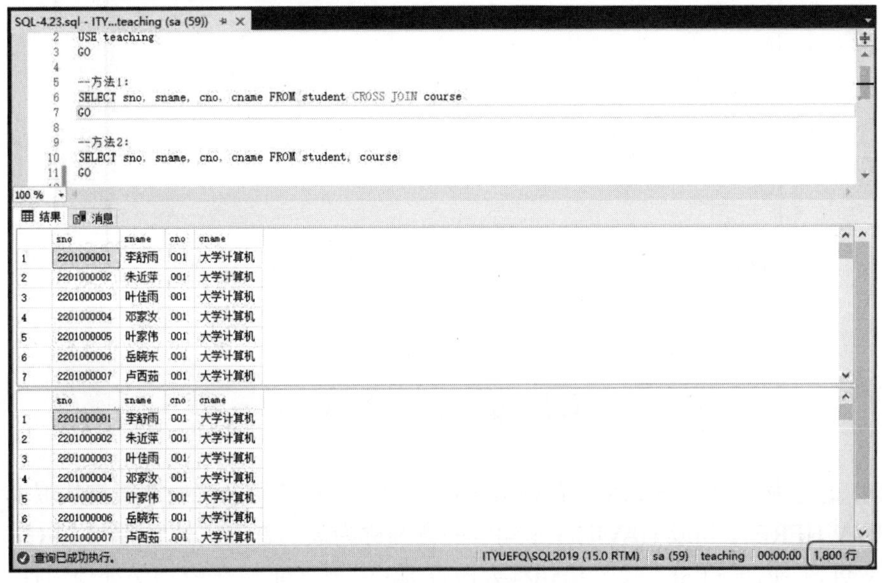

图 4-26　例 4-23 执行结果

注意：

- 交叉连接不能有连接条件，且不能带 WHERR 子句。
- 不带 WHERE 子句的内连接相当于交叉连接。

4.3.4　自连接

连接操作不仅可以在不同的表上进行，也可以在同一张表内进行自身连接，即将同一个表的不同行连接起来。自连接可以看作一张表的两个副本之间的连接。如果要在一张表中查找具有相同列值的行，就可以使用自连接。使用自连接时需要为表指定两个别名，使之在逻辑上成为两张表，且对所有列的引用均要用别名来限定。

【例 4-24】在“teaching”数据库的“student”学生表中，查找同名同姓学生的学号和姓名。

Transact-SQL 语句如下。

```
--设置“teaching”为当前数据库
USE teaching
GO

--在“student”学生表中查找同名同姓学生的学号和姓名
SELECT s1.sno,s1.sname
FROM student s1 JOIN student s2 ON s1.sname=s2.sname
WHERE s1.sno<>s2.sno
GO
```

执行结果如图 4-27 所示。

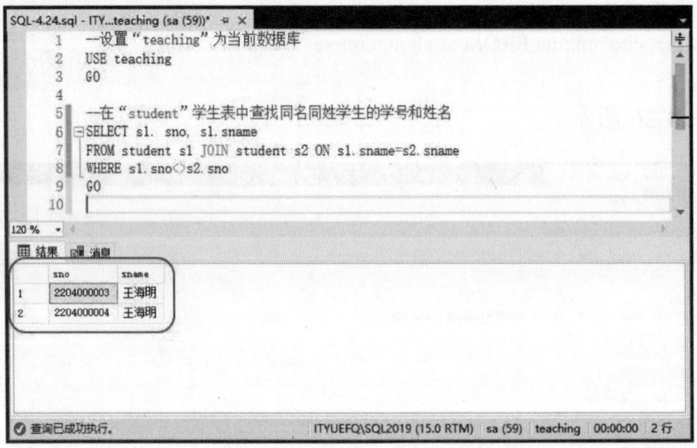

图 4-27 例 4-24 执行结果

4.4 嵌套查询

在 SQL 语句中，一条 SELECT 查询语句被称为一个查询块。将一个查询块嵌套在另一个查询块中的 WHERE 子句或 HAVING 子句中的查询称为嵌套查询。外层的 SELECT 语句称为外查询或父查询，内层的 SELECT 语句称为内查询（或子查询）。子查询必须使用括号括起来，通常还会结合比较运算符、SOME/ANY/ALL、[NOT] IN、[NOT] EXIST 等关键字一起使用。

嵌套子查询的求解方法为由里向外，即每个子查询在其上一级查询处理之前求解，且子查询的结果不显示出来，而是作为其父查询的条件。

4.4.1 使用比较运算符

在 SQL Server 中，通过比较运算符将父查询和子查询进行连接，当子查询返回的是单值时，就可以使用=、>、<、>=、<=、<>、!=等比较运算符。

【例 4-25】在“teaching”数据库的“student”学生表中，查找与“李舒雨”同专业的所有学生信息。

Transact-SQL 语句如下。

```
--设置“teaching”为当前数据库
USE teaching
GO

--在“student”学生表中查找与“李舒雨”同专业的所有学生信息
SELECT *
FROM student
WHERE major=( SELECT major FROM student WHERE sname='李舒雨' )
GO
```

执行结果如图 4-28 所示。

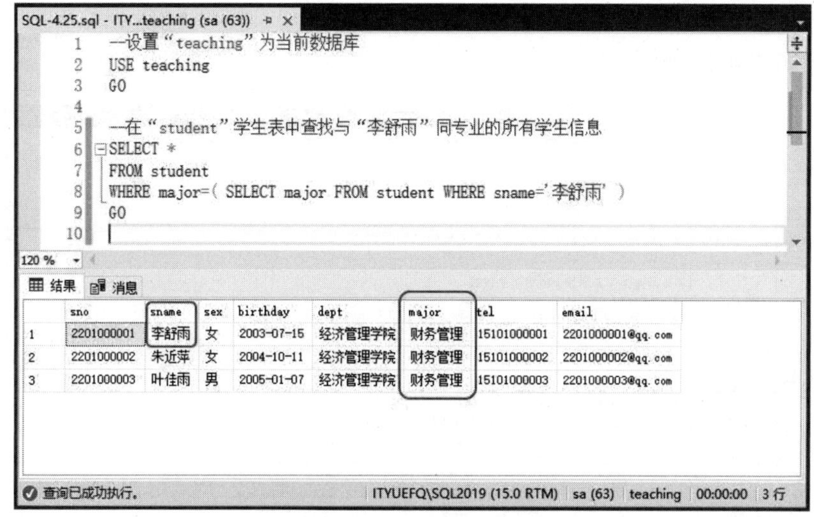

图 4-28　例 4-25 执行结果

4.4.2　使用 SOME、ANY 和 ALL

如果子查询返回多个值，则可以使用 SOME、ANY 和 ALL 关键字，它们将父查询中 WHERE 子句指定的列值与子查询的结果进行比较，并返回满足条件的行，其语法格式如下：

```
expression { < | <= | = | > | >= | != | <> | !< | !> } { ALL | SOME | ANY } ( subquery )
```

说明：

- SOME 和 ANY 意义相同，可以互相替换，注重子查询是否有返回值能满足搜索条件。若是在与多值序列的比较中，只需要与多值序列中的一个值满足比较关系就返回 TRUE，则用 SOME 或 ANY。
- ALL 要求子查询的所有查询结果列都要满足搜索条件。若是在与多值序列的比较中，需要与多值序列中的全部值满足比较关系才返回 TRUE，则用 ALL。

【例 4-26】在“teaching”数据库中，完成如下查询。

（1）查询比所有女生年龄都大的男生的信息。

（2）查询不比所有女生年龄都大的男生的信息。

Transact-SQL 语句如下。

```
--设置“teaching”为当前数据库
USE teaching
GO

--查询比所有女生年龄都大的男生的信息
SELECT * FROM student
WHERE birthday < ALL (SELECT birthday FROM student WHERE sex='女' )
GO

--查询不比所有女生年龄都大的男生的信息
SELECT * FROM student
WHERE birthday > ANY (SELECT birthday FROM student WHERE sex='女' ) AND sex='男'
GO
```

执行结果如图 4-29 所示。

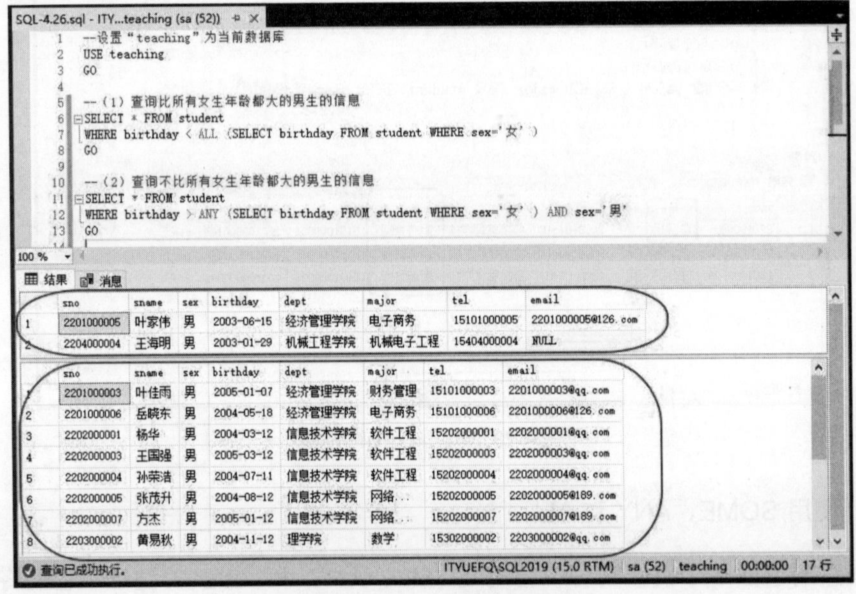

图 4-29　例 4-26 执行结果

4.4.3　使用 IN 和 NOT IN

在嵌套查询中，子查询的结果往往是一个集合，所以 IN 和 NOT IN 是嵌套查询中经常使用的关键字。这里子查询的查询条件依赖父查询，此种查询也叫作不相关子查询。

【例 4-27】在“teaching”数据库中，查询还没有上过课的教师的信息。

Transact-SQL 语句如下。

```
--设置“teaching”为当前数据库
USE teaching
GO
```

```
--查询还没有上过课的教师的信息
SELECT *
FROM teacher
WHERE tno NOT IN( SELECT tno FROM score )
GO
```

执行结果如图 4-30 所示。

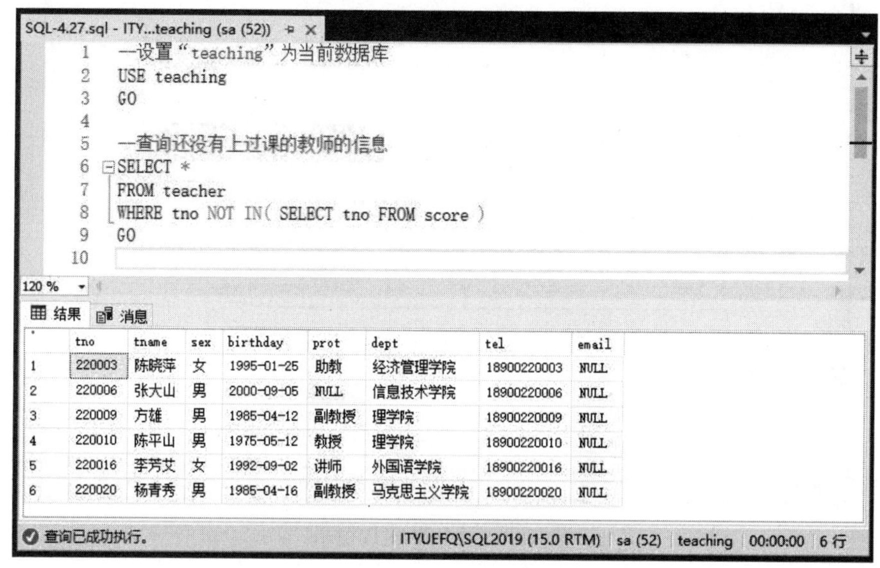

图 4-30　例 4-27 执行结果

4.4.4　使用 EXIST 和 NOT EXIST

EXIST 代表存在量词，带有 EXIST 的子查询不返回任何数据，只返回逻辑真值 TRUE 或逻辑假值 FALSE。使用 EXIST 的嵌套查询，若子查询结果不为空，则返回 TRUE，否则返回 FALSE。使用 EXIST 引出的子查询，其目标表达式列都使用“*”，因为其查询结果只返回逻辑值，给出列名无实际含义。

它与 IN 子查询的区别为带 IN 的子查询会遍历子查询表中所有记录并进行筛选；带 EXIST 的子查询找到一条记录就返回，不会遍历整个表。所以带 EXIST 的子查询是一个优质查询。

【例 4-28】 在“teaching”数据库中，查询“Python 程序设计”课程的选课情况。

Transact-SQL 语句如下。

```
--设置“teaching”为当前数据库
USE teaching
GO

--方法 1：
SELECT * FROM score
WHERE EXISTS(SELECT * FROM course WHERE score.cno=course.cno and cname='Python 程序设计')
GO
```

```
--方法 2:
SELECT * FROM score
WHERE cno = ( SELECT cno FROM course WHERE cname='Python 程序设计'  )
GO
```

执行结果如图 4-31 所示。

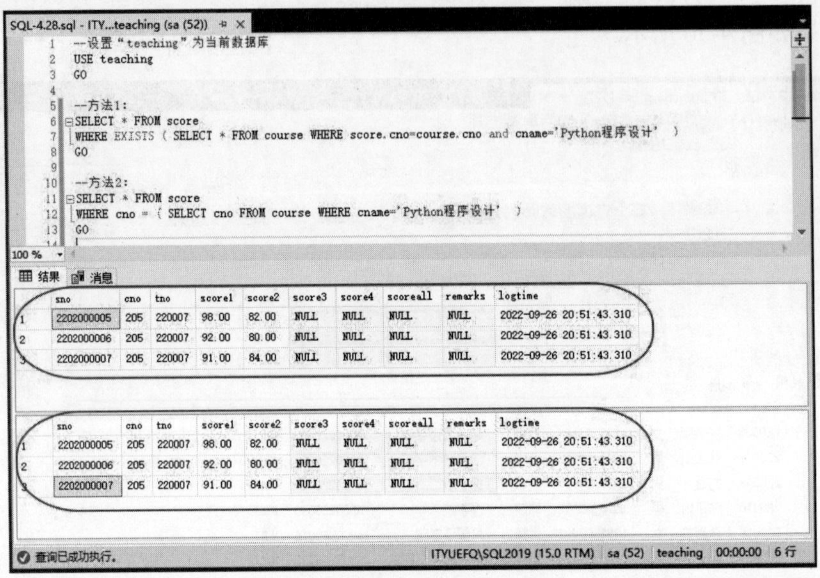

图 4-31　例 4-28 执行结果

4.5　实 战 训 练

任务描述：

在销售管理系统数据库“sale”中，已经保存了大量有用的数据。在开发软件系统时，需要设计完成各种应用功能。作为一名数据库系统工程师，需要为软件设计工程师提供相应的查询语句。

解决思路：

在“查询编辑器”窗口中编写 Transact-SQL 语句来测试完成如下查询。

（1）在“customers”表中，查询显示收货地址（address）是“山东威海”的客户姓名（cusname）和联系电话（tel），并将查询结果按客户姓名降序排列。

（2）在“products”表中，查询商品介绍（description）未定的商品编号（prono）和商品名称（proname）。

（3）在“customers”表中，查询姓“张”或“王”的客户所有信息。

（4）在“products”表中，查询单价（price）在 2000～5000 之间的商品的所有信息。

（5）在“products”表中，查询商品名称（proname）为“Xiaomi Civi 2”“小米平板 5”和“小米笔记本 Pro X 15”的商品编号（prono）、单价（price）以及库存数量（stocks）信息。

（6）在“proins”表中，查询入库数量（quantity）大于等于 300，并且入库日期（inputdate）为“2022-08-01”的商品编号（prono）信息。

（7）在“orderitems”表中，统计查询每种商品的销售数量（quantity）的总和，并显示商品编号（prono）及销售总量信息。

（8）在“orders”和“orderitems”表中，统计查询日平均销售数量大于 10 的销售日期（saledate）及日平均销售数量信息。

（9）查询客户姓名（cusname）、商品名称（proname）、购买日期（saledate）以及购买金额（price×quantity）信息。

（10）查询客户“岳晓东”的购买记录，包括商品编号（prono）及每次购买数量（quantity）信息。

（11）查询客户“岳晓东”历次购买的商品的商品编号（prono）及购买总量（quantity）信息。

（12）查询被客户“岳晓东”所购买过的商品的商品编号（prono）及销售总量（quantity）信息。

第 5 章　索引与视图

用户对数据库进行的最频繁的操作是数据查询。一般情况下，在进行查询操作时，SQL Server 需要对整个数据表进行数据搜索，如果数据表中的数据非常多，搜索就需要花费比较长的时间，从而影响了数据库的整体性能，善用索引能有效提高搜索数据的速度。同时，SQL Server 2019 还提供了视图这一类数据库对象。视图是关系型数据库系统提供给用户以多种角度观察数据库中数据的重要机制。用户通过视图可以多角度地查询数据库中的数据，还可以通过视图修改、删除原基本表中的数据。本章主要介绍有关索引和视图的基础知识以及相关操作。

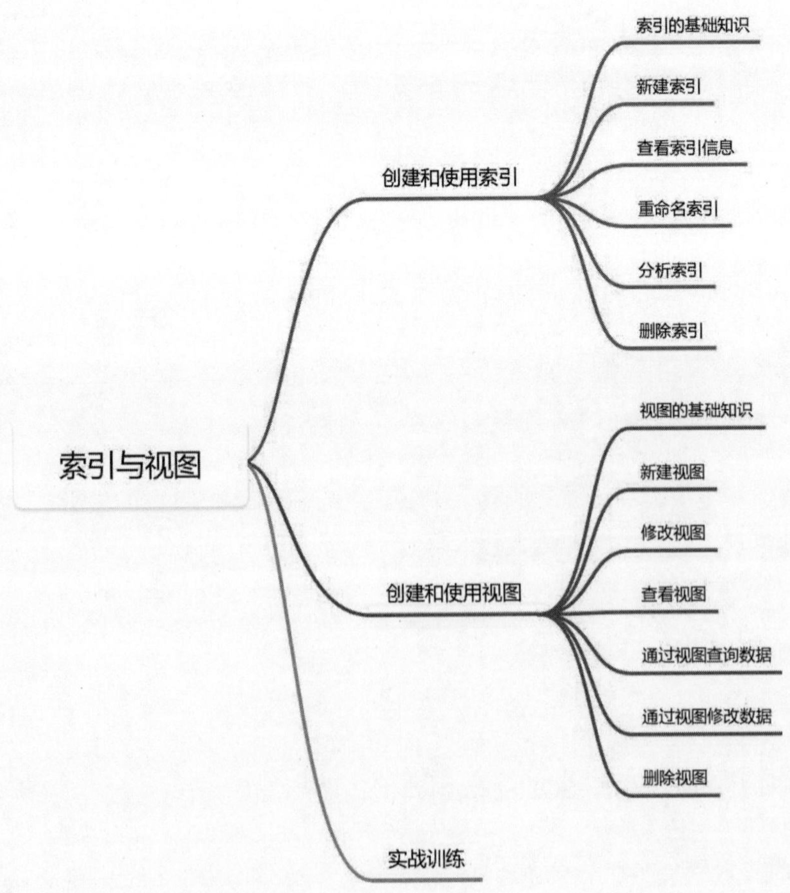

5.1　创建和使用索引

索引用于快速找出在某个字段中有某一特定值的行。如果不使用索引，SQL Server 必须从第 1 条记录开始搜索整个数据表，直到找到需要的数据行为止。数据表数据越多，查询所花费的时间越久。如果在数据表中查询的字段上创建索引，SQL Server 就能快速定位到某个位置去查找数据，而不必查找所有数据。

5.1.1　索引的基础知识

索引是一个单独的、存储在磁盘上的数据库结构，它们包含着对数据表里所有记录的引用指针。通过索引可以快速找出在某个字段或多个字段中具有某一特定值的行，对相关字段使用索引是缩短查询操作时间的最佳途径。索引包含由数据表或视图中的一个字段或多个字段生成的键。

例如：数据库中有 10 万条记录，现在要执行查询 SELECT * FROM table WHERE ID=50000，如果没有索引，SQL Server 必须遍历整个数据表，直到 ID 等于 50000 的这一行被找到；如果在 ID 字段上创建索引，SQL Server 直接在索引里面查找 50000，就可以得到这一行的位置。可见，使用索引可以加快数据的查询速度。

1. 索引的特点

索引的优点主要有以下几点。

（1）可以保证数据表中每一行数据的唯一性。

（2）可以大大加快数据的查询速度。

（3）实现数据的引用完整性，可以加速数据表和数据表之间的连接。

（4）在使用分组和排序子句进行数据查询时，也可以减少查询中分组和排序的时间。

增加索引也有许多不利的方面，主要表现如下。

（1）创建索引和维护索引需要耗费时间，并且随着数据量的增加所耗费的时间也会增加。

（2）索引会占用磁盘空间，除数据表占用存储空间之外，每一个索引都要占用一定的物理存储空间，如果有大量的索引，那么索引文件可能比数据文件更快达到最大文件尺寸。

（3）当对数据表中的数据进行插入、删除或修改操作时，索引也要动态地维护，这样就降低了数据的维护速度。

2. 索引的类型

不同的数据库系统提供了不同的索引类型。SQL Server 2019 中的索引主要有两种：聚集索引和非聚集索引，它们的区别在于物理数据的存储方式上。

（1）聚集索引。聚集索引根据数据行的键值对行进行存储和排序。数据行本身只能按一种顺序存储，所以每个数据表只能有一个聚集索引。创建聚集索引时应该考虑以下几个因素。

1）每个数据表只能有一个聚集索引。

2）数据表中的物理顺序和索引中行的物理顺序是相同的。

3）关键值的唯一性是使用 UNIQUE 关键字或由内部的唯一标识符维护。

4）在索引的创建过程中，SQL Server 临时使用当前数据库的磁盘空间，所以要保证有充足的磁盘空间。

（2）非聚集索引。非聚集索引具有完全独立于数据行的结构，使用非聚集索引不用将物理数据页中的数据按字段排序。非聚集索引包含索引键值和指向数据表中数据存储位置的行定位器。所以可以对数据表或索引视图创建多个非聚集索引。

通常，设计非聚集索引是为了改善经常使用的、没有建立聚集索引的查询性能。查询优化器在搜索数据时，先搜索非聚集索引以找到数据在数据表中的位置，然后直接从该位置检索数据。这使得非聚集索引成为完全匹配查询的最佳选择，因为索引包含说明查询所搜索的数据在数据表中的精确位置的项。

具有以下特点的查询可以考虑使用非聚集索引。

1）使用 JOIN 或 GROUP BY 子句的查询。应为连接或分组操作中所涉及的字段创建多个非聚集索引，为任何外键字段创建一个聚集索引。

2）包含大量唯一值的字段。

3）不返回大型结果集的查询。

4）创建筛选索引以覆盖从大型数据表中返回定义完善的行子集的查询。

5）经常包含在查询的搜索条件（如返回完全匹配的 WHERE 子句）中的字段。

（3）其他索引。除了聚集索引和非聚集索引，SQL Server 2019 还提供了其他的索引类型。

1）唯一索引。确保索引键不包含重复的值，因此，数据表或视图中的每一行在某种程度上是唯一的。聚集索引和非聚集索引都可以是唯一索引。这种唯一性与主键约束是相关联的，在某种程度上，主键约束等于唯一性的聚集索引。

2）包含字段索引。一种非聚集索引，它扩展后不仅包含键字段，还包含非键字段。

3）索引视图。在视图上添加索引能提高其查询效率。视图索引将具体化视图，并将结果集永久存储在唯一的聚集索引中，而且其存储方法与带聚集索引的数据表的存储方法相同。创建聚集索引后，可以为视图创建非聚集索引。

4）全文索引。一种特殊类型的基于标记的功能性索引，由 Microsoft SQL Server 全文引擎创建和维护，用于帮助在字符串数据中搜索复杂的词。这种索引的结构与数据库引擎使用的聚集索引或非聚集索引的 B 树结构是不同的。

5）空间索引。一种针对 geometry 数据类型的字段创建的索引，可以更高效地对字段中的空间对象执行某些操作。空间索引可以减少需要应用开销相对较大的空间操作的对象数。

6）筛选索引。一种经过优化的非聚集索引，尤其适用于涵盖从定义完善的数据子集中选择数据的查询。筛选索引使用筛选谓词对数据表中的部分行进行索引。与全表索引相比，设计良好的筛选索引可以提高查询性能、减少索引维护开销并可降低索引存储开销。

7）XML 索引。XML 索引是与 XML 数据关联的索引形式，是 XML 二进制大对象（BLOB）的已拆分和持久的表示形式。XML 索引又可以分为主索引和辅助索引。

3. 索引的设计原则

索引设计不合理或者缺少索引都会对数据库和应用程序的性能造成影响。高效的索引对于获得良好的性能非常重要。设计索引时，应该考虑以下准则。

（1）索引并非越多越好，一个数据表中如果有大量的索引，不仅会占用大量的磁盘空间，而且会影响 INSERT、DELETE、UPDATE 等语句的性能。

（2）避免对经常更新的数据表创建过多的索引，并且索引中的字段要尽可能少。而对经常用于查询的字段应该创建索引，但要避免添加不必要的字段。

（3）数据量小的数据表最好不要使用索引。由于数据较少，查询花费的时间可能比遍历索引花费的时间还要短，因此索引可能不会产生优化效果。

（4）在条件表达式中经常用到的、不同值较多的字段上创建索引，而在不同值少的字段上不要创建索引。比如在学生表的“性别”字段上只有“男”与“女”两个不同值，因此就无须创建索引。如果创建索引，不但不会提高查询效率，反而会严重降低更新速度。

（5）当唯一性是某种数据本身的特征时，指定为唯一索引。使用唯一索引能够确保定义字段的数据完整性，提高查询速度。

（6）在频繁进行排序或分组（即进行 GROUP BY 或 ORDER BY 操作）的字段上创建索引，如果待排序的字段有多个，可以在这些字段上创建组合索引。

5.1.2　新建索引

SQL Server 2019 提供两种新建索引的方法：在“对象资源管理器”窗口中使用菜单命令和在“查询编辑器”窗口使用 CREATE IDEX 语句。

1. 使用对象资源管理器新建索引

在“对象资源管理器”窗口中使用菜单命令，为“teaching”数据库中的“student”数据表的“sname”列建立非唯一、非聚集索引的操作步骤如下。

（1）启动 SSMS，并连接到数据库服务器实例。

（2）在左侧的“对象资源管理器”窗口中，依次展开“数据库”→“teaching”→“表”→“student”节点。

（3）右击“索引”节点，在弹出的快捷菜单中依次单击“新建索引”→“非聚集索引”菜单命令，如图 5-1 所示。

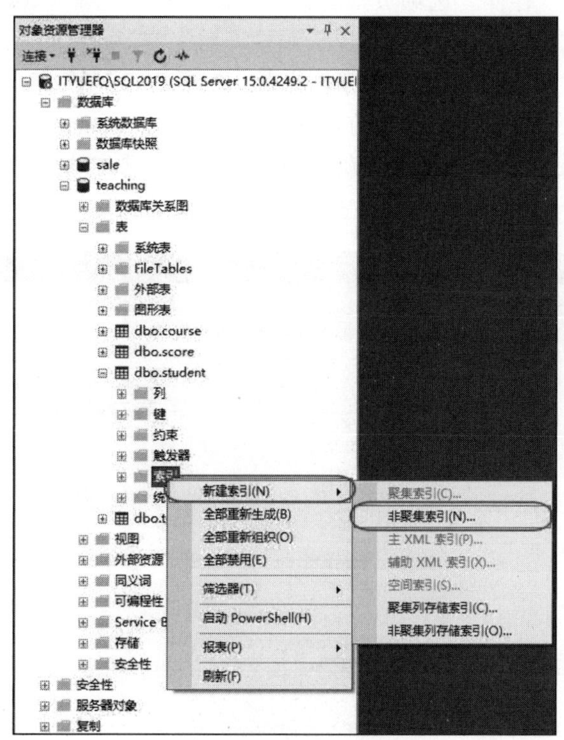

图 5-1　“非聚集索引”菜单命令

（4）打开“新建索引”对话框。首先在“常规”选项页中，设置索引的名称为“IX_sname”，保持默认不勾选“唯一”复选框；然后单击右侧的“添加”按钮，打开“选择添加索引的列”窗口，从中选择要添加索引的数据表中的“sname”列（即学生姓名字段）后，单击“确定”按钮，返回“新建索引”对话框，如图 5-2 所示。

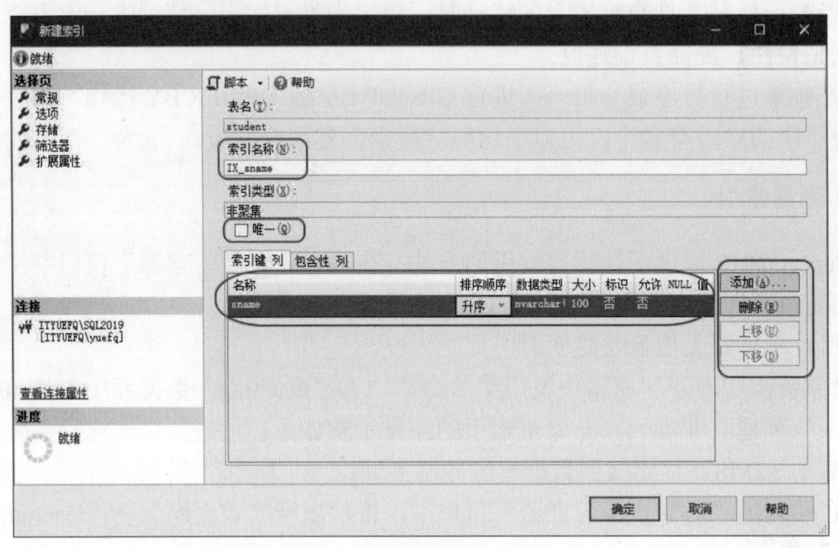

图 5-2 “新建索引”对话框

此外，还可以通过“包含性 列”选项卡来为索引添加非键值辅助列；通过“选项”页来设置索引的参数；通过“存储”选项页来选择索引存储文件组等参数。

（5）单击“确定”按钮，返回“对象资源管理器”窗口，即可在“索引”节点下看到名为“IX_sname”的新索引，说明该索引新建成功。

技巧： 也可以在“student”数据表的表设计器中，右击“sname”字段，在弹出的快捷菜单中单击“索引/键”菜单命令，打开“索引/键”对话框，再单击“添加”按钮来完成索引的新建操作，如图 5-3 所示。

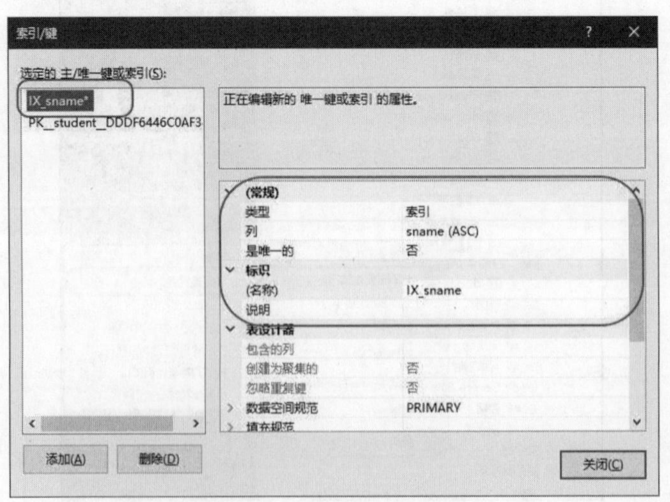

图 5-3 “索引/键”对话框

2. 使用 Transact-SQL 语句新建索引

在“查询编辑器”窗口中，使用 CREATE INDEX 语句既可以创建可改变数据表的物理顺序的聚集索引，也可以创建提高查询性能的非聚集索引，其简化后的语法格式如下。

```
CREATE [ UNIQUE ] [ CLUSTERED | NONCLUSTERED ] INDEX index_name
ON database_name.schema_name.table_or_view_name | schema_name.table_or_view_name | table_or_view_name( column [ ASC | DESC ] [ , ...n ] )
[ INCLUDE ( column_name [ , ...n ] ) ]
```

说明：

- UNIQUE：为表或视图创建唯一索引。唯一索引不允许两行具有相同的索引键值。视图的聚集索引必须唯一。
- CLUSTERED：创建聚集索引。如果没有指定 CLUSTERED，则创建非聚集索引。
- NONCLUSTERED：创建非聚集索引，即创建指定数据表的逻辑排序的索引。非聚集索引数据行的物理排序独立于索引排序。每个数据表最多可包含 999 个非聚集索引。NONCLUSTERED 是 CREATE INDEX 语句的默认值。
- ON：指定索引所属的数据表或视图。
- column：指定索引基于的一个或多个字段（即一列或多列）。指定两个或多个列名，可为指定字段的组合值创建组合（或复合）索引。在 table_or_view_name 后的括号中，按排序优先级列出组合索引中要包含的字段。一个组合索引键中最多可组合 32 列。组合索引键中的所有列必须在同一个数据表或视图中。
- INCLUDE (column_name [,...n])：指定要添加到非聚集索引的叶级别的非键列。非聚集索引可以唯一，也可以不唯一。在 INCLUDE 列表中列名不能重复，且不能同时用于键列和非键列。如果对数据表定义了聚集索引，则非聚集索引始终包含聚集索引列。

【例 5-1】在“查询编辑器”窗口中，使用 CREATE INDEX 语句为“teaching”数据库中的数据表建立相应索引，要求如下。

（1）为“course”课程表的“cname”课程名称字段，建立一个名为“IX_cname”的唯一非聚集索引，并要求按降序排列。

（2）为“score”成绩表的“sno”学号字段、“cno”课程号字段和“tno”教师编号字段，建立一个名为“IX_sctno”的非聚集复合索引，并要求依次按学号降序、课程号升序和教师号降序排列。

Transact-SQL 语句如下。

```
--设置“teaching”为当前数据库
USE teaching
GO

--为“course”课程表的“cname”课程名称字段，建立一个名为“IX_cname”的唯一非聚集索引，并要求按降序排列
CREATE UNIQUE NONCLUSTERED INDEX IX_cname ON course(cname DESC)
GO

--为“score”成绩表的“sno”学号字段、“cno”课程号字段和“tno”教师编号字段，建立一个名为“IX_sctno”的非聚集复合索引，并要求依次按学号降序、课程号升序和教师号降序排列
```

```
CREATE INDEX IX_sctno ON score(sno DESC,cno ASC,Tno DESC)
GO
```

提示：语句执行成功后，在“对象资源管理器”窗口中，可以在“course”课程表和“score”成绩表“索引”节点下看到名为“IX_cname”和“IX_sctno”的新索引，说明该索引新建成功。

5.1.3 查看索引信息

索引建立后，可以通过各种方式查看索引信息。

1. 在对象资源管理器中查看索引信息

在对象资源管理器中，展开指定数据库节点，右击相应表中的索引（如“student”数据表下的“IX_sname”），在弹出的快捷菜单中单击“属性”菜单命令，打开“索引属性”对话框，如图 5-4 所示。在该对话框中可以查看建立索引的相关信息，也可以修改索引的信息。

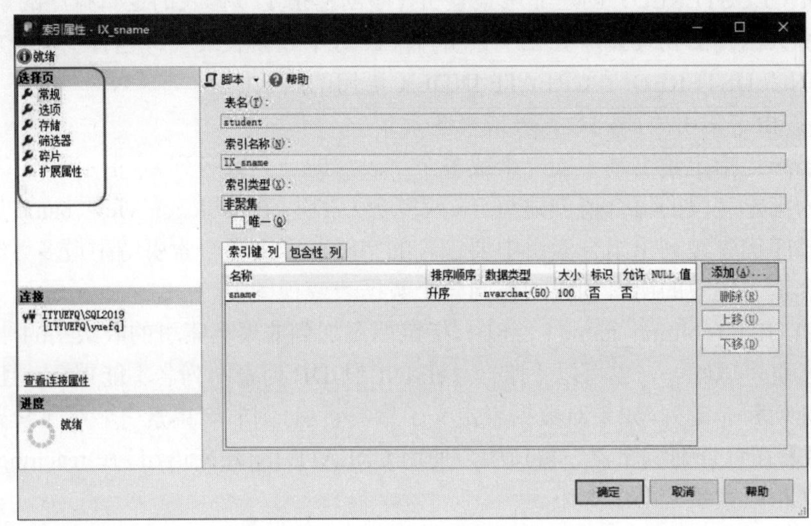

图 5-4 “索引属性”对话框

2. 使用系统存储过程查看索引信息

系统存储过程 sp_helpindex 可以返回某个数据表或视图中的索引信息，语法格式如下。

```
sp_helpindex [ @objname = ] 'name'
```

说明：[@objname =] 'name'是用户自定义的数据表或视图的限定/非限定名称。仅当指定限定的数据表或视图名称时，才需要使用引号。如果提供的是完全限定名称（包括数据库名称），则数据库名称必须是当前数据库的名称。

【例 5-2】使用系统存储过程查看“teaching”数据库中“score”数据表中建立的索引信息。

Transact-SQL 语句如下。

```
--设置“teaching”为当前数据库
USE teaching
GO

--使用系统存储过程查看“teaching”数据库中“score”数据表中建立的索引信息
sp_helpindex 'score'
GO
```

执行结果如图 5-5 所示。

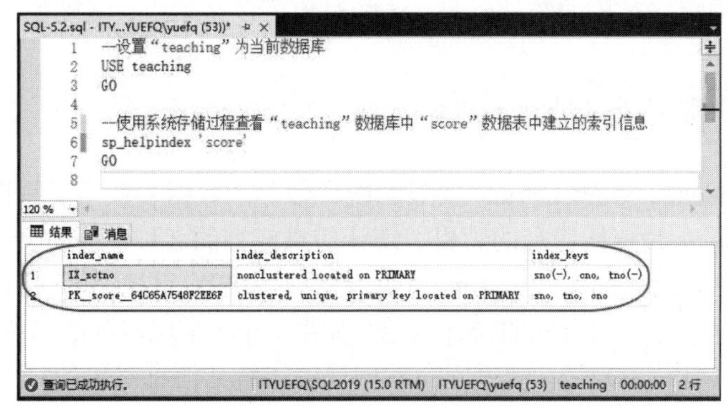

图 5-5　例 5-2 执行结果

从图 5-5 可以看到，“结果”处显示了“score”数据表中的索引信息。

（1）index_name。指定索引名称，这里创建了 2 个不同名称的索引。

（2）index_description。包含索引的描述信息，例如唯一性索引、聚集索引或非聚集索引等。

（3）index_keys。包含了索引所在的数据表中的字段。

3. 查看索引的统计信息

索引信息还包括统计信息，这些信息可以用来分析索引性能，更好地维护索引。索引统计信息是查询优化器用来分析和评估查询、制定最优查询方式的基础数据，用户可以使用图形界面化工具来查看索引的统计信息，也可以使用 DBCC SHOW_STATISTICS 语句来查看指定索引的统计信息。

在“对象资源管理器”窗口中，展开“score”数据表中“统计信息”节点，右击要查看统计信息的索引（如 IX_sname），在弹出的快捷菜单中单击“属性”菜单命令，打开“统计信息属性”对话框，选择“选择页”中的“详细信息”选项，可以在右侧的窗格中看到当前索引的统计信息，如图 5-6 所示。

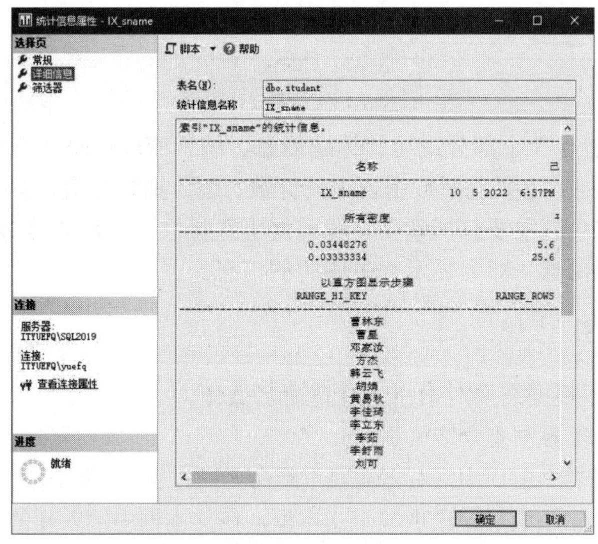

图 5-6　“统计信息属性”对话框

除了使用图形界面化工具查看，用户还可以使用 DBCC SHOW_STATISTICS 语句来返回指定数据表或视图中特定对象的统计信息，这些对象可以是索引、字段等，其简化后的语法格式如下。

```
DBCC SHOW_STATISTICS ( table_or_indexed_view_name , target )
```

说明：

- table_or_indexed_view_name：要显示统计信息的数据表或索引视图的名称。
- target：要显示其统计信息的索引、统计信息或列的名称。target 要放在括号、单引号或双引号内，或不加引号。如果 target 是数据表或索引视图的现有索引或统计信息的名称，则返回有关此目标的统计信息。如果 target 是现有列的名称，且此列中存在自动创建的统计信息对象，则返回自动创建的该统计信息对象的相关信息。如果列目标中不存在自动创建的统计信息，则返回错误消息。

【例 5-3】 使用 DBCC SHOW_STATISTICS 语句查看“teaching”数据库中“course”数据表中“IX_cname”索引的统计信息。

Transact-SQL 语句如下。

```
DBCC SHOW_STATISTICS ('teaching.dbo.course','IX_cname')
GO
```

执行结果如图 5-7 所示。

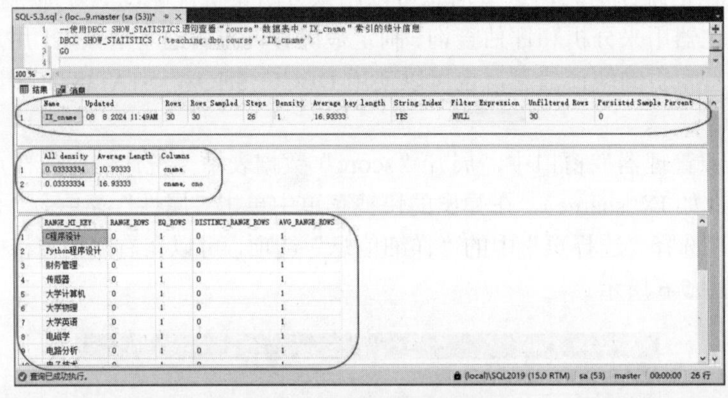

图 5-7　例 5-3 执行结果

返回的统计信息包含 3 个部分：统计标题信息、统计密度信息和统计直方图信息。

（1）统计标题信息。主要包括数据表中的行数、统计抽样行数、索引字段的平均长度等。

（2）统计密度信息。主要包括索引字段前缀集选择性、平均长度等信息。

（3）统计直方图信息。即为显示直方图时的信息。

5.1.4　重命名索引

索引建立后，可以根据需要对索引进行重命名操作。

1．在对象资源管理器中重命名索引

在“对象资源管理器”窗口中，右击需要重新命名的索引，在弹出的快捷菜单中单击“重命名”菜单命令或连续单击该索引，出现一个文本框，在文本框中输入新的索引名称，按 Enter 键或在“对象资源管理器”窗口的空白处单击，即可完成索引的重命名操作。

2. 使用系统存储过程重命名索引

系统存储过程 sp_rename 可以用于更改索引的名称，其语法格式如下。

```
sp_rename 'object_name', 'new_name', 'object_type'
```

说明：

- object_name：表示用户对象或数据类型的当前限定或非限定名称。此对象可以是数据表、索引、字段、别名数据类型或用户自定义数据类型。
- new_name：指定对象的新名称。
- object_type：指定修改的对象类型，表 5-1 中列出了对象类型可以取的值。

表 5-1　sp_rename 可重命名的对象

值	说明
COLUMN	要重命名的列（即字段）
DATABASE	用户自定义数据库。重命名数据库时需要此对象类型
INDEX	用户自定义索引。重命名带统计信息的索引时，也会自动重命名统计信息
OBJECT	在 sys.objects 中跟踪的类型项。例如，OBJECT 可用于重命名包含约束（CHECK、FOREIGN KEY、PRIMARY/UNIQUE KEY）、用户表和规则等的对象
STATISTICS	由用户显式创建的统计信息或使用索引隐式创建的统计信息。重命名索引的统计信息时，也会自动重命名索引。适用于 SQL Server 2012 (11.x) 及更高版本
USERDATATYPE	通过执行 CREATE TYPE 或 sp_addtype 添加 CLR 用户自定义类型

【例 5-4】 在“teaching”数据库中，将“score”成绩表中的“IX_sctno”索引重命名为“multi_Index”。

Transact-SQL 语句如下。

```
--设置“teaching”为当前数据库
USE teaching
GO

--将“score”成绩表中的“IX_sctno”索引重命名为“multi_Index”
sp_rename 'score.IX_sctno', 'multi_Index', 'index'
GO
```

代码执行成功之后，刷新索引节点下的索引列表，即可看到修改名称后的效果。

5.1.5　分析索引

建立索引的目的是提高查询速度，如何才能检测到查询究竟使用了哪个索引？SQL Server 提供了多种分析索引和查询性能的方法。显示查询计划就是 SQL Server 显示在查询过程中连接表时执行的每个步骤，是否选择索引以及选择了哪个索引，从而帮助用户分析有哪些索引被系统所采用。

1. 指明引用索引

在使用 SELECTC 语句查询时，可以指明引用索引，其语法格式如下。

```
SELECT 字段列表
FROM 表名
WITH (INDEX(索引名))
WHERE 查询条件
```

注意：SELECT 语句如果不用 WITH 子句指明引用哪个具体的索引，则使用唯一的聚集索引查询数据。

2. 使用 SHOWPLAN_ALL 子句分析索引

在查询语句中设置 SHOWPLAN_ALL 子句，可以选择是否让 SQL Server 显示查询计划。其语法格式如下。

```
SET SHOWPLAN_ALL ON | OFF
```

或

```
SET SHOWPLAN_TEXT ON | OFF
```

【例 5-5】在“teaching”数据库中，使用“IX_sname”索引查询姓刘的学生的所有信息，并分析哪些索引被系统采用。

Transact-SQL 语句如下。

```
--设置“teaching”为当前数据库
USE teaching
GO

--使用“IX_sname”索引查询姓“刘”的学生的所有信息，并分析哪些索引被系统采用
SET SHOWPLAN_ALL ON
GO

SELECT *
FROM student
WITH (INDEX(IX_sname))
WHERE sname LIKE '刘%'
GO

SET SHOWPLAN_ALL OFF
GO
```

执行结果如图 5-8 所示。

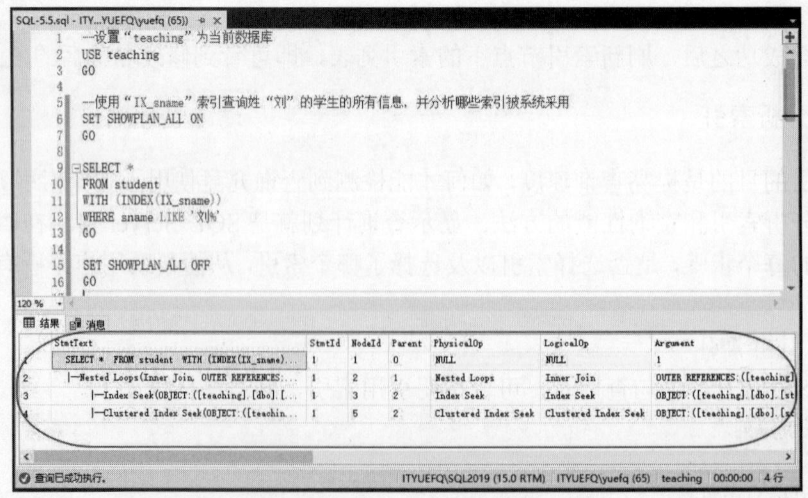

图 5-8 例 5-5 执行结果 1

注意：本例中如果没有使用 WITH (INDEX(IX_sname))子句，则系统会使用 PK_course 聚集索引进行查询，如图 5-9 所示。

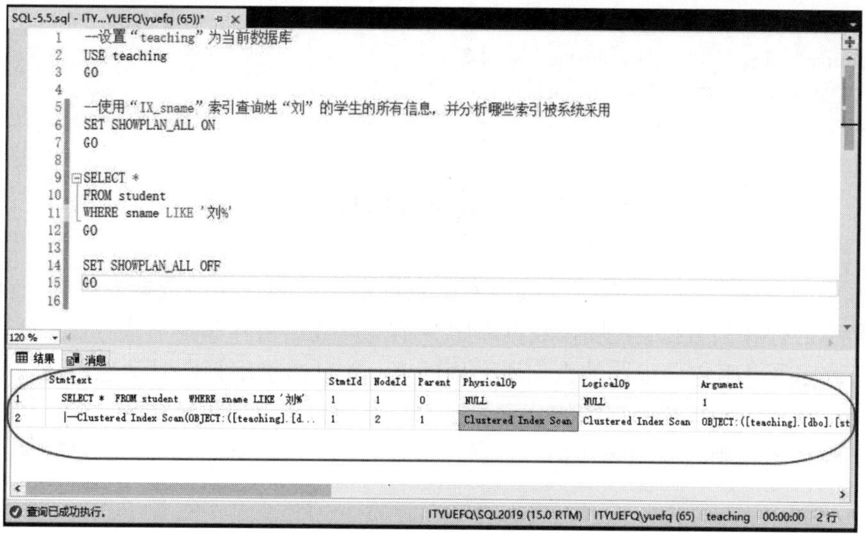

图 5-9　例 5-5 执行结果 2

5.1.6　删除索引

当不再需要某个索引时，可以将其从数据库中删除，以回收索引当前占用的存储空间，便于数据库中的其他对象使用此存储空间。除在“对象资源管理器”窗口中使用“删除”菜单命令删除索引，还可以使用 DROP INDEX 语句删除一个或者多个当前数据库中的索引，其语法格式如下。

```
DROP INDEX [ IF EXISTS ] table | view.index [, ...n]
```

或

```
DROP INDEX [ IF EXISTS ] index ON table | view
```

说明：

- table|view：用于指定索引字段所在的数据表或视图。
- index：用于指定要删除的索引名称。

注意：DROP INDEX 命令不能删除由 CREATE TABLE 语句或者 ALTER TABLE 语句创建的主键约束或者唯一性约束索引，也不能删除系统表中的索引。

【例 5-6】 在“teaching”数据库中，完成下列操作。

（1）将“score”表中的“multi_Index”索引和“student”表中的“IX_sname”索引一并删除。

（2）将“course”课程表中的“IX_cname”索引删除。

Transact-SQL 语句如下。

```
--设置“teaching”为当前数据库
USE teaching
GO
```

```
--将“score”表中的“multi_Index”索引和“student”表中的“IX_sname”索引一并删除
DROP INDEX IF EXISTS score.multi_Index, student.IX_sname
GO

--将“course”课程表中的“IX_cname”索引删除
DROP INDEX IF EXISTS IX_cname ON course
GO
```

5.2 创建和使用视图

数据库中的视图是一个虚拟表，其内容由查询定义。同真实的数据表一样，视图包含一系列带有名称的行和列数据。视图在数据库中并不是以数据值存储集形式存在，除非是索引视图。行和列数据来自由定义视图的查询所引用的表，并且在引用视图时动态生成。下面将结合一些实例来讲解视图的概念、视图的分类、视图的优点和作用、创建视图、查看视图信息、修改视图、更新视图和删除视图等知识。

5.2.1 视图的基础知识

1. 视图的概念

视图是从一个或者多个数据表中导出的，它的行为与表非常相似，但视图是一个虚拟表。在视图中用户可以使用 SELECT 语句查询数据，以及使用 INSERT、UPDATE 和 DELETE 语句修改记录。视图不仅可以方便用户操作，而且可以保障数据库系统的安全。

视图一经定义便存储在数据库中，与其相对应的数据并没有像数据表那样在数据库中再存储一份，通过视图看到的数据只是存放在基本数据表中的数据。对视图的操作与对数据表的操作一样，可以对其进行查询、修改和删除。当对通过视图看到的数据进行修改时，相应基本表的数据也会发生变化，同时，若基本表的数据发生变化，则这种变化也会反映到视图中。

例如，在“teaching”数据库中，如果需要查看学生的选课情况以及期末成绩信息，且只需要包括学号（sno）、姓名（sname）、课程名称（cname）和期末成绩（score2）4 个字段的信息，这该如何解决呢？视图是一个很好的解决方法。创建一个视图，仅选取需要的信息，这样既能满足要求也不会破坏表原来的结构。

2. 视图的分类

除了用户自定义的标准视图，SQL Server 2019 还提供了索引视图、分区视图和系统视图，这些视图在数据库中起着特殊的作用。

（1）标准视图。标准视图组合了一个或多个表中的数据，可以获得使用视图的大多数好处，包括将重点放在特定数据上及简化数据操作。

（2）索引视图。索引视图是被具体化了的视图，即它已经对视图定义进行了计算并且生成的数据像表一样存储。可以为该类视图创建索引，即对视图创建一个唯一的聚集索引。索引视图可以显著提高某些类型查询的性能。索引视图尤其适用于聚合许多行的查询，但它不太适用于经常更新的基本数据集。

（3）分区视图。分区视图在一台或多台服务器间水平连接一组成员表中的分区数据。这样，数据看上去如同来自一个数据表。连接同一个 SQL Server 实例中的成员表的视图是一个本地分区视图。

（4）系统视图。系统视图公开目录元数据。可以使用系统视图返回与 SQL Server 实例或在该实例中定义的对象有关的信息。例如，可以查询“sys.databases”目录视图以返回与实例中提供的用户自定义数据库有关的信息。

3. 视图的优点和作用

与直接从数据表中读取数据相比，从视图中读取数据有以下优点。

（1）简单化。视图不仅可以简化用户对数据的理解，也可以简化用户操作。可以将那些被经常使用的查询定义为视图，从而使得用户不必为以后的每次操作指定全部的条件。

（2）安全性。通过视图用户只能查询和修改能见到的数据，数据库中的其他数据用户既看不见也取不到。数据库授权命令可以使每个用户对数据库的检索限制到特定的数据库对象上，但不能限制到数据库特定行和特定的列上。通过视图，则用户可以被限制在数据的不同子集上。

（3）数据逻辑独立性。视图可帮助用户屏蔽真实数据表结构变化带来的影响。

5.2.2 新建视图

视图包含了 SELECT 语句查询的结果，因此视图的创建基于 SELECT 语句和已存在的数据表，视图可以建立在一个数据表上，也可以建立在多个数据表上。可以使用 SSMS 工具中的“视图设计器”或者使用 CREATE VIEW 语句在 SQL Server 中新建视图。

1. 使用视图设计器新建视图

在“对象资源管理器”窗口中使用菜单命令，打开“视图设计器”窗口，为“teaching”数据库新建学生成绩视图（View_student_score）的操作步骤如下。

（1）启动 SSMS，并连接到数据库服务器实例。

（2）在左侧的“对象资源管理器”窗口中，依次展开“数据库”→“teaching”节点。

（3）右击“视图”节点，在弹出的快捷菜单中单击“新建视图”菜单命令，如图 5-10 所示。

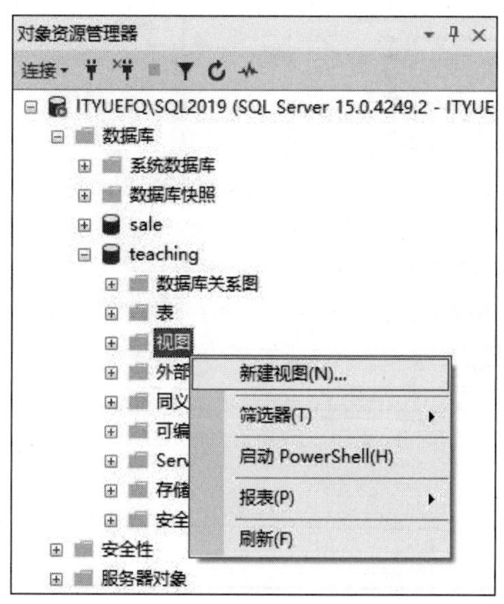

图 5-10　“新建视图”菜单命令

（4）打开“视图设计器”窗口并弹出“添加表”对话框，从“表”“视图”“函数”和“同义词”选项卡中选择要在新视图中包含的元素，如图 5-11 所示。这里依次选择“student”“course”“score”3 个数据表并单击“添加”按钮添加数据表（也可先按住 Ctrl 键，然后依次选择要添加的数据表，最后单击“添加”按钮，一次性完成添加所有表的操作）。

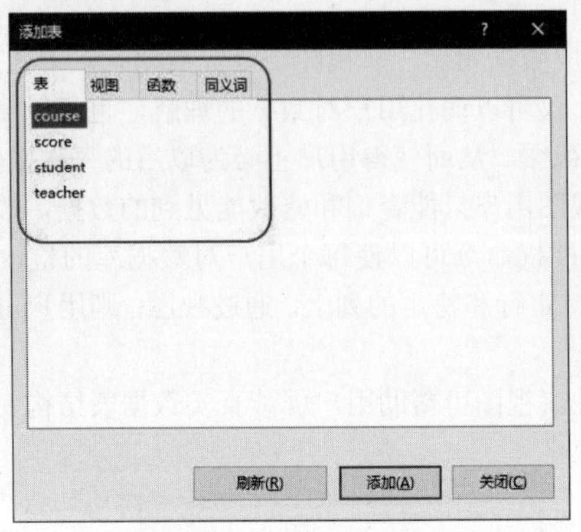

图 5-11　“添加表”对话框

（5）单击“关闭”按钮，进入“视图设计器”窗口。该窗口跟“查询设计器”窗口一样，包含了 4 块区域，从上往下依次是“关系图”窗格、“条件”窗格、“SQL”窗格和“结果”窗格。这里在“关系图”窗格区域中依次勾选“student”表中的“sno”和“sname”字段、“course”表中的“cname”字段以及“score”表中的“score2”字段。在任一窗格空白处右击，在弹出的快捷菜单中单击“执行 SQL”菜单命令，即可在“结果”窗口中看到学生的选课情况以及期末成绩信息，如图 5-12 所示。

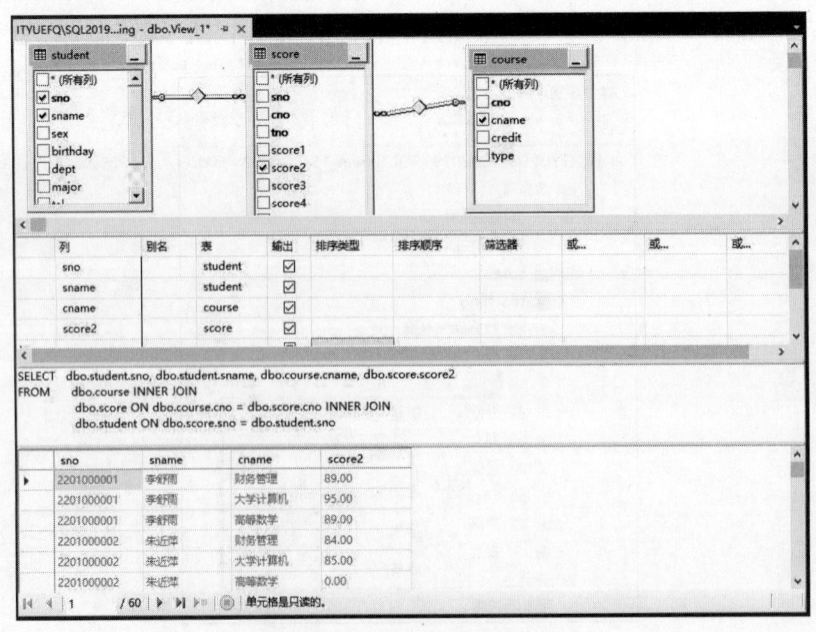

图 5-12　“视图设计器”窗口

在“SQL”窗格中，还可以进行以下操作。

- 直接通过输入 SQL 语句创建新查询。
- 根据在“关系图”窗格和“条件”窗格中的设置，对“查询设计器”和“视图设计器”创建的 SQL 语句进行修改。
- 输入语句可以使用所使用的数据库的特有功能。

技巧：

- 可以在某一窗格空白处右击，使用弹出的快捷菜单完成更多操作。
- 用户也可以单击“查询设计器”窗口工具栏中对应的按钮，选择打开或关闭这些窗格。

（6）单击工具栏上的“保存”按钮或者在“文件”菜单中单击“保存”菜单命令，打开“选择名称”对话框，在文本框中输入视图的名称（View_student_score）后，单击“确定”按钮即可完成视图的创建。

技巧：可以在“查询编辑器”窗口中执行 SELECT * FROM View_student_score 语句来验证视图功能。

2. 使用 Transact-SQL 语句新建视图

在“查询编辑器”窗口中，可以使用 CREATE VIEW 语句新建视图，其简化后的语法格式如下。

```
CREATE VIEW [ schema_name . ] view_name [ (column [ , ...n ] ) ]
[ WITH ENCRYPTION | SCHEMABINDING | VIEW_METADATA ] [ , ...n ] ]
AS select_statement
[ WITH CHECK OPTION ]
```

说明：

- schema_name：视图所属架构的名称。
- view_name：视图的名称。视图名称必须符合有关标识符的命名规则。可以选择是否指定视图所有者名称。
- column：视图中列使用的名称。需要列名的情况包括列是从算术表达式、函数或常量派生的；两个或更多的列可能会具有相同的名称（通常是由于连接的原因）；视图中的某个列的指定名称不同于其派生来源列的名称。如果未指定 column，则视图中的列将获得与 SELECT 语句中的列相同的名称。
- ENCRYPTION：对“sys.syscomments”表中包含 CREATE VIEW 语句文本的项进行加密。 使用 WITH ENCRYPTION 可防止在 SQL Server 复制过程中发布视图。
- SCHEMABINDING：将视图绑定到基础表的架构中。如果指定了 SCHEMABINDING，则不能按照将影响视图定义的方式修改基表或表。必须首先修改或删除视图定义本身，才能删除将要修改的表的依赖关系。使用 SCHEMABINDING 时，select_statement 必须包含所引用的表、视图或用户自定义函数的两部分名称（schema.object），且所有被引用对象都必须在同一个数据库内。不能删除参与使用了 SCHEMABINDING 子句创建的视图或表，除非该视图已被删除或更改而不再具有架构绑定，否则，数据库引擎将引发错误。另外，如果对参与具有架构绑定的视图的表执行 ALTER TABLE 语句，而这些语句又会影响视图定义，则这些语句将会执行失败。

- VIEW_METADATA：指定为引用视图的查询请求浏览模式的元数据时，SQL Server 实例将向 DB-Library、ODBC 和 OLE DB API 返回有关视图的元数据信息，而不返回基表的元数据信息。浏览模式的元数据是 SQL Server 实例向这些客户端 API 返回的附加元数据。如果使用此模式的元数据，客户端 API 将可以实现可更新客户端游标。浏览模式的元数据包含结果集中的列所属的基表的相关信息。对于使用 VIEW_METADATA 创建的视图，浏览模式的元数据在描述结果集内视图中的列时，将返回视图名，而不返回基表名。当使用 WITH VIEW_METADATA 创建视图时，如果该视图具有 INSTEAD OF INSERT 或 INSTEAD OF UPDATE 触发器，则视图的所有列（timestamp 列除外）都可更新。
- AS：指定视图要执行的操作。
- select_statement：定义视图的 SELECT 语句，可以使用多个数据表和其他视图。
- WITH CHECK OPTION：强制针对视图执行的所有数据修改语句，必须符合在 select_statement 中设置的条件。通过视图修改行时，WITH CHECK OPTION 可确保提交修改请求后，仍可通过视图看到数据。CHECK OPTION 仅适用于通过视图进行的更新，它不适用于直接对视图的基表进行的任何更新。

注意：

- 视图不局限于某个具体表的行和列的简单子集，还可以使用多个表或带任意复杂性的 SELECT 语句的其他视图来创建视图。在定义索引视图中，SELECT 语句必须是单个表的语句或带有可选聚合的多表 JOIN。视图定义中的 SELECT 语句不能包括下列内容。

  ①COMPUTE 子句或 COMPUTE BY 子句。

  ②ORDER BY 子句，除非在 SELECT 语句的选择列表中也有 TOP 子句。

  ③INTO 关键字。

  ④OPTION 子句。

  ⑤引用临时表或表变量。
- UNION 或 UNION ALL 分隔的函数和多个 SELECT 语句也可在 select_statement 中使用。
- 只能在当前数据库中创建视图。CREATE VIEW 必须是查询批处理中的第一条语句。视图最多可以包含 1024 列。
- 通过视图进行查询时，数据库引擎将进行检查以确保语句中任何位置被引用的所有数据库对象都存在，这些对象在语句的上下文中有效，以及数据修改语句没有违反任何数据完整性规则。如果检查失败，将返回错误消息。如果检查成功，则将操作转换为对基表的操作。
- 如果某个视图依赖已删除的表或视图，则当有人试图使用该视图时，数据库引擎将返回错误消息。如果创建了新表或视图（该表的结构与以前的基表没有不同之处）以替换删除的表或视图，则视图将再次可用。如果新表或视图的结构发生改变，则必须删除并重新创建该视图。

【例 5-7】在“teaching”数据库中，使用 CREATE VIEW 语句，新建下列视图。

（1）创建视图 View_1，统计各个学院男生和女生的人数。

（2）创建视图 View_2，统计每个学生平时成绩（score1）的平均成绩。

Transact-SQL 语句如下。

```
--设置"teaching"为当前数据库
USE teaching
GO

--统计"student"学生表中各个学院男生和女生的人数
DROP VIEW IF EXISTS View_1
GO

CREATE VIEW View_1
AS
      SELECT dept, sex, COUNT(*) AS 人数
      FROM student
      GROUP BY dept, sex
GO

SELECT * FROM View_1    --验证视图
GO

--统计每个学生平时成绩（score1）的平均成绩
DROP VIEW IF EXISTS View_2
GO

CREATE VIEW View_2
AS
      SELECT student.sno, AVG(score1) AS 平时成绩之平均成绩
      FROM student JOIN score ON student.sno=score.sno
      GROUP BY student.sno
GO

SELECT * FROM View_2    --验证视图
GO
```

执行结果如图 5-13 所示。

注意：下面是一个不能成功新建视图的例子，请思考原因及如何修改？

```
CREATE VIEW View_3
AS
      SELECT dept, sex, COUNT(*) AS 人数
      FROM student
      GROUP BY dept, sex
      ORDER BY dept
GO
```

提示：除非另外还指定了 TOP、OFFSET 或 FOR XML，否则，ORDER BY 子句在视图、内联函数、派生表、子查询和公用表表达式中无效。

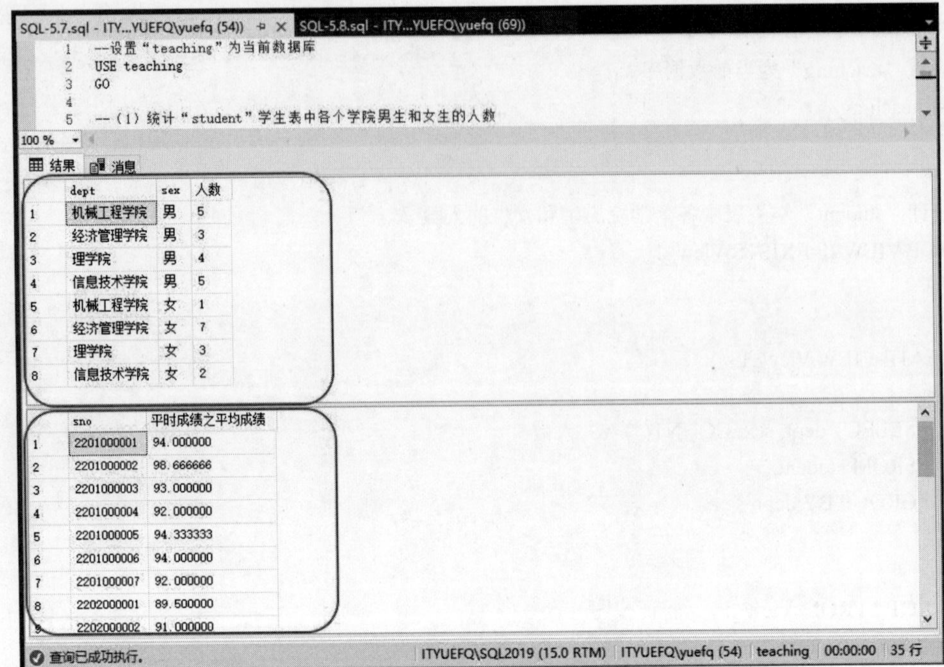

图 5-13 例 5-7 执行结果

5.2.3 修改视图

视图作为数据库的重要对象，可以从两个方面对其进行修改：一是视图的名称；二是视图的定义。

视图的名称可以通过在“对象资源管理器”窗口中使用“重命名”菜单命令来修改，也可以通过系统存储过程 sp_rename 来修改。下面主要讨论对视图定义的修改。

1. 在对象资源管理器中修改视图

在“对象资源管理器”窗口中，展开某个数据库下的“视图”节点，右击要修改的视图（例如 View_student_score），从弹出的快捷菜单中单击“设计”菜单命令，重新打开“视图设计器”窗口，该窗口与创建视图的窗口界面相同，按照创建视图的方法修改视图即可。

2. 使用 Transact-SQL 语句修改视图

也可以使用 ALTER VIEW 语句修改视图，但首先必须先拥有使用视图的权限，然后才能使用 ALTER VIEW 语句。除关键字不同外，ALTER VIEW 语句的语法格式与 CREATE VIEW 语句的语法格式基本相同。下面用例子来介绍如何使用 ALTER VIEW 语句修改视图。

【例 5-8】在“teaching”数据库中，使用 ALTER VIEW 语句修改“View_student_score”视图。

Transact-SQL 语句如下。

```
--设置“teaching”为当前数据库
USE teaching
GO

--修改视图定义
```

```
ALTER VIEW View_student_score
AS
	SELECT student.sno, sname, cname, score2
	FROM course, score, student
	WHERE course.cno = dbo.score.cno AND score.sno = student.sno
GO

--验证视图功能
SELECT * FROM View_student_score
GO
```

执行结果如图 5-14 所示。

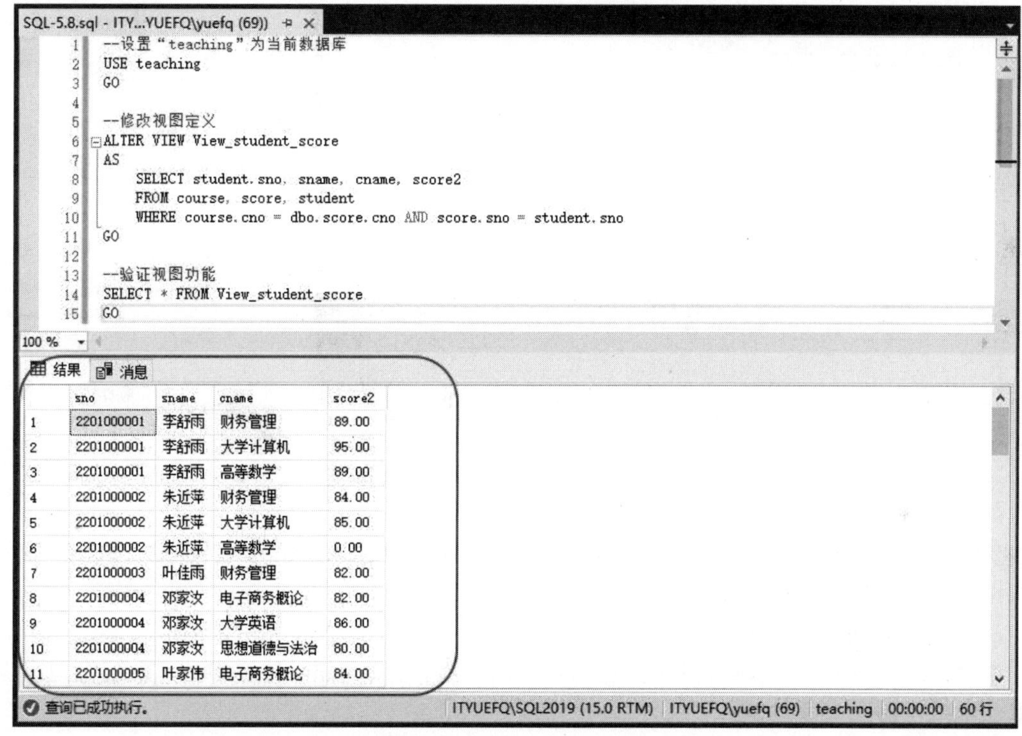

图 5-14　例 5-8 执行结果

与图 5-12 相比，可以看到，这里虽然定义发生了变化，但视图中包含的数据不变。因为视图所包含的 SELECT 语句的功能一样。

5.2.4　查看视图

视图定义好后，用户可以随时查看视图的信息，不仅可以直接在“对象资源管理器”窗口中查看，也可以使用系统存储过程查看。

1. 在对象资源管理器中查看视图信息

在“对象资源管理器”窗口中，展开某数据库下的“视图”节点，右击要查看的视图（例如 View_student_score），从弹出的快捷菜单中单击“属性”菜单命令，打开“视图属性”对话框，即可查看视图的信息，如图 5-15 所示。

图 5-15 “视图属性”对话框

2. 使用系统存储过程查看视图信息

系统存储过程 sp_help 是报告有关数据库对象、用户自定义数据类型或 SQL Server 所提供的数据类型的信息，其语法格式如下。

```
sp_help view_name
```

说明：view_name 表示要查看的视图名，如果不给 view_name 传递参数，系统将列出当前数据库中每个视图对象的信息。

系统存储过程 sp_helptext 用于显示规则、默认值、未加密的存储过程、用户自定义函数、触发器或视图，其语法格式如下。

```
sp_helptext view_name
```

说明：view_name 表示要查看的视图名，不能省略。

【例 5-9】在“teaching”数据库中，使用系统存储过程查看视图信息，要求如下。

（1）使用 sp_help 系统存储过程查看 View_1 的信息。

（2）使用 sp_helptext 系统存储过程查看 View_1 的信息。

Transact-SQL 语句如下。

```
--设置“teaching”为当前数据库
USE teaching
GO
```

```
--使用 sp_help 系统存储过程查看 View_1 的信息
sp_help View_1
GO

--使用 sp_helptext 系统存储过程查看 View_1 的信息
sp_helptext View_1
GO
```

执行结果如图 5-16 所示。

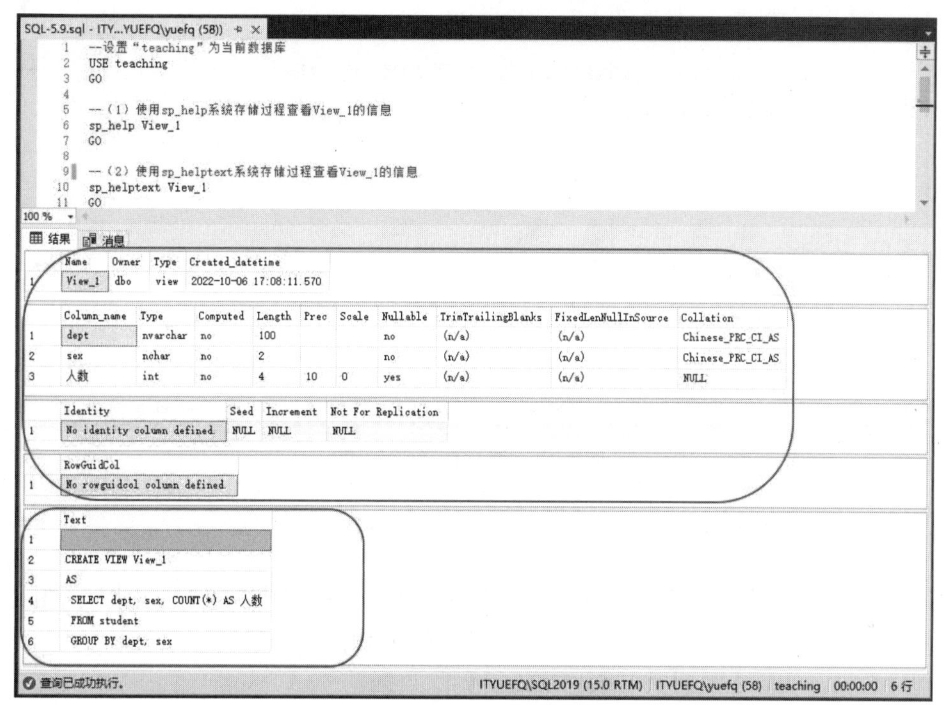

图 5-16　例 5-9 执行结果

5.2.5　通过视图查询数据

视图的一个重要作用就是简化查询。为复杂的查询建立一个视图，用户不必键入复杂的查询语句，只需针对此视图做简单的查询即可。查询视图的操作与查询基本表的操作一样。

可以在“对象资源管理器”窗口中，右击视图（例如 View_1），在弹出的快捷菜单中单击“选择前 1000 行”或“编辑前 200 行”菜单命令，查询数据。也可以在“查询编辑器”窗口中，编写并执行 SELECT 语句查询数据，注意 FROM 子句后的数据来源是视图。

【例 5-10】在“teaching”数据库中，使用“View_2”视图查询平时成绩的平均成绩在 95 分及以上的信息，并按平均成绩降序排列。

Transact-SQL 语句如下。

```
--设置“teaching”为当前数据库
USE teaching
GO
```

```
--查询平时成绩的平均成绩在 95 分及以上的信息，并按平均成绩降序排列
SELECT * FROM View_2
WHERE 平时成绩之平均成绩>=95
ORDER BY 2 DESC
GO
```

执行结果如图 5-17 所示。

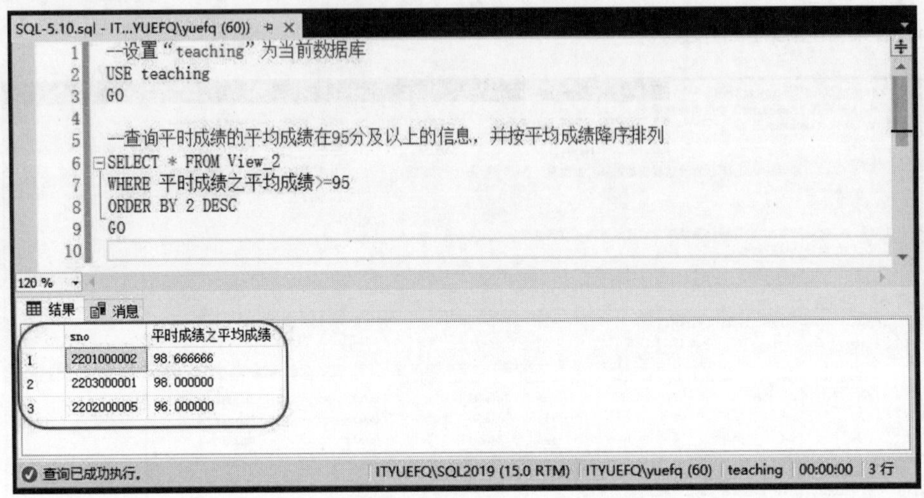

图 5-17　例 5-10 查询结果

5.2.6　通过视图修改数据

通过视图修改数据是指通过视图插入、更新、删除数据表中的数据。因为视图是一个虚拟表，其中没有数据。所以通过视图修改数据的时候都是转到基表上进行更新的，如果对视图增加或删除数据，实际上是对其基表增加或者删除数据。

通过视图修改数据时，需要注意以下几点。

（1）修改视图中的数据时，不能同时修改两个或多个基表。

（2）不能修改视图中通过计算得到的字段，例如包含算术表达式或者聚合函数的字段。

（3）执行 UPDATE 或 DELETE 命令时，无法用 DELETE 命令删除数据，若使用 UPDATE 命令则应当与使用 INSERT 命令一样，被更新的列（即数据表中的字段）必须属于同一个数据表。

1. *在对象资源管理器中通过视图修改数据*

在“对象资源管理器”窗口中，通过视图（例如 View_student_score）修改数据的操作步骤如下。

（1）启动 SSMS，并连接到数据库服务器实例。

（2）在左侧的“对象资源管理器”窗口中，依次展开“数据库”→“teaching”→“视图”节点。

（3）右击“View_student_score”视图，在弹出的快捷菜单中单击“编辑前 200 行”菜单命令。

（4）在“结果”窗口中，根据需要修改数据。若要删除行，则右击该行，在弹出的快捷菜单中单击“删除”菜单命令；若要修改一个或多个列中的数据，则直接修改列中的数据；若要插入行，则向下滚动鼠标到行的结尾处并插入新值。

技巧：打开“SQL”窗格，并修改其中的 SELECT 语句以返回要修改的行。

注意：由于本视图引用了多个基表，故不能删除行，也不能插入行，且每次只能更新属于单个基表的列。

2. 使用 Transact-SQL 通过视图修改数据

同样也可以在“查询编辑器”窗口中，使用 INSERT、UPDATE 和 DELETE 语句来完成通过视图修改数据的操作。

【例 5-11】在“teaching”数据库中，编写 Transact-SQL 语句完成下列操作。

（1）建立一个名为“View_4”的视图，包含所有男生的信息。

（2）通过视图“View_4”，向“student”学生表中插入一行数据。

（3）通过视图“View_4”，修改“student”学生表中的数据。

（4）通过视图“View_4”，删除“student”学生表中的数据。

Transact-SQL 语句如下。

```
--设置“teaching”为当前数据库
USE teaching
GO

--建立一个名为“View_4”的视图，包含所有男生的信息
DROP VIEW IF EXISTS View_4
GO

CREATE VIEW View_4
AS
SELECT * FROM student WHERE sex='男'
GO

SELECT * FROM student WHERE sex='男'          --初始数据
GO

--通过视图“View_4”，向“student”学生表中插入一行数据
INSERT INTO View_4 VALUES
    ('2204000007','曹林东','男','2004-03-20','机械工程学院','机械电子工程','15404000007',NULL)
SELECT * FROM student WHERE sex='男'          --验证数据
GO

--通过视图“View_4”，修改“student”学生表中的数据
UPDATE View_4 SET birthday='2005-01-07' WHERE sno='2204000007'
SELECT * FROM student WHERE sex='男'          --验证数据
GO

--通过视图“View_4”，删除“student”学生表中的数据
DELETE FROM View_4 WHERE sno='2204000007'
SELECT * FROM student WHERE sex='男'          --验证数据
GO
```

5.2.7 删除视图

当一个视图所基于的基表或视图不存在时，这个视图不再可用，但其还存在于数据库中。删除视图是指将视图从数据库中去除，令数据库中不再存储这个对象，除非再重新创建它。当一个视图不再被需要或不再可用时，应该将它删除。删除视图既可以使用对象资源管理器，也可以使用 Transact-SQL。

1. 在对象资源管理器中删除视图

在“对象资源管理器”窗口中，删除学生成绩视图（View_student_score）的操作步骤如下。

（1）启动 SSMS，并连接到数据库服务器实例。

（2）在左侧的“对象资源管理器”窗口中，依次展开“数据库”→“teaching”→“视图”节点。

（3）右击“View_student_score”视图，在弹出的快捷菜单中单击“删除”菜单命令，或者按 Delete 键。

（4）在弹出的“删除对象”对话框中，单击“确定”按钮，即可完成视图的删除操作，如图 5-18 所示。

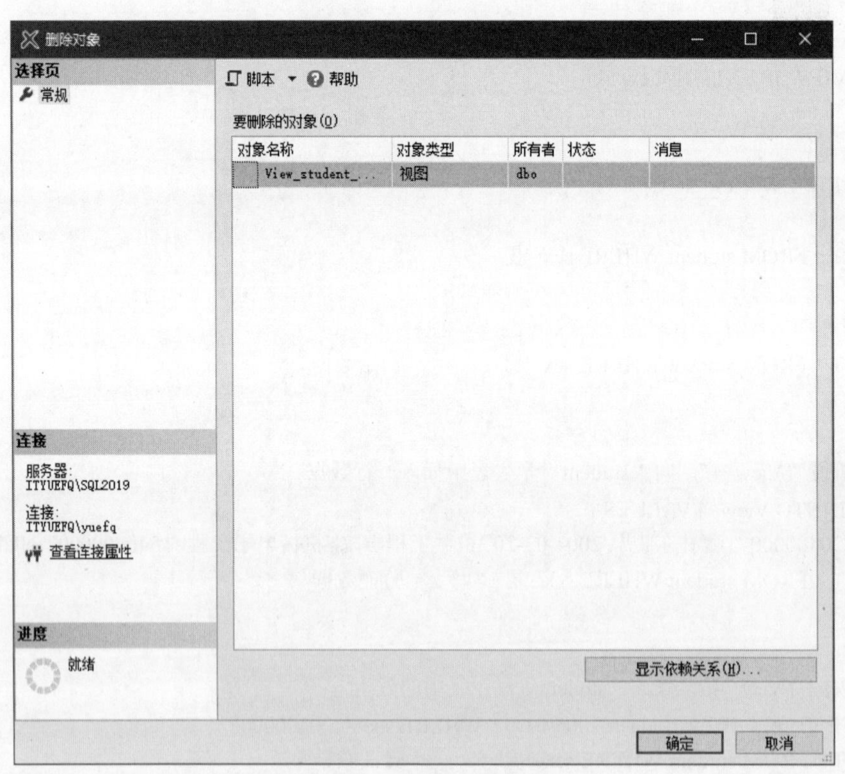

图 5-18 “删除对象”对话框

2. 使用 Transact-SQL 语句删除视图

可以使用 DROP VIEW 语句删除视图，其语法格式如下。

```
DROP VIEW [ IF EXISTS ] [ schema. ] view_name [, ...n]
```

该语句可以同时删除多个视图，只需要用逗号（,）分隔视图的名称即可。

【例 5-12】在“teaching”数据库中，使用 DROP VIEW 语句一并删除“View_1”“View_2”和“View_4”3 个视图。

Transact-SQL 语句如下。

```
--设置“teaching”为当前数据库
USE teaching
GO

--使用 DROP VIEW 语句一并删除“View_1”“View_2”和“View_4”3 个视图
DROP VIEW IF EXISTS View_1, View_2, View_4
GO
```

5.3 实 战 训 练

任务描述：

在销售管理系统数据库“sale”中，已经保存了大量有用的数据。在开发软件系统时，作为一名数据库系统工程师，需要为软件设计工程师提供相应的视图，以简化查询语句的编写。同时为了提高网页的反应速度，还需要建立相应的索引。

解决思路：

在“对象资源管理器”窗口中使用菜单命令或者在“查询编辑器”窗口中编写 Transact-SQL 语句来完成如下要求。

（1）新建视图“v_sale1”，显示销售日期、客户编号、客户姓名、商品编号、商品名称、单价、销售数量以及销售金额。

（2）新建视图“v_sale2”，显示每种商品的商品编号、商品名称、单价、销售量和销售金额。

（3）新建视图“v_sale3”，显示销售金额在 1 万元以下的商品清单。

（4）用户需要按照“cusname”（客户姓名）查询客户信息，以提高其查询速度。

（5）用户需要按照“proname”（商品名称）查询商品信息，以提高其查询速度。

（6）用户需要按照“saledate”（销售日期）查询销售信息，以提高其查询速度。

第 6 章　Transact-SQL 编程

Transact-SQL 是 SQL Server 的核心，它在支持标准 SQL 的同时，还对其进行了扩充，引入了变量定义、流程控制和自定义存储过程等语句，极大地扩展了 SQL Server 的功能。本章主要介绍 Transact-SQL 编程知识。

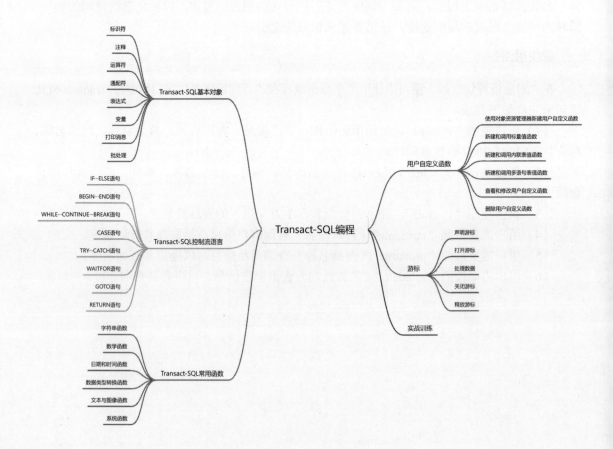

- Transact-SQL编程
  - Transact-SQL基本对象
    - 标识符
    - 注释
    - 运算符
    - 通配符
    - 表达式
    - 变量
    - 打印消息
    - 批处理
  - Transact-SQL控制流语言
    - IF…ELSE语句
    - BEGIN…END语句
    - WHILE…CONTINUE…BREAK语句
    - CASE语句
    - TRY…CATCH语句
    - WAITFOR语句
    - GOTO语句
    - RETURN语句
  - Transact-SQL常用函数
    - 字符串函数
    - 数学函数
    - 日期和时间函数
    - 数据类型转换函数
    - 文本与图像函数
    - 系统函数
  - 用户自定义函数
    - 使用对象资源管理器新建用户自定义函数
    - 新建和调用标量值函数
    - 新建和调用内联表值函数
    - 新建和调用多语句表值函数
    - 查看和修改用户自定义函数
    - 删除用户自定义函数
  - 游标
    - 声明游标
    - 打开游标
    - 处理数据
    - 关闭游标
    - 释放游标
  - 实战训练

6.1　Transact–SQL 基本对象

Transact-SQL 是微软公司在关系型数据库管理系统 SQL Server 中 SQL3 标准的实现，是微软公司对 SQL 的扩展。在 SQL Server 中，与服务器实例的通信都是通过发送 Transact-SQL 语句到服务器中实现的。Transact-SQL 的基本对象主要包括标识符、注释、运算符、通配符、表达式、变量、打印消息及批处理等。

6.1.1　标识符

SQL Server 的所有对象包括服务器、数据库及数据对象，如表、视图、列、索引、触发器、存储过程、规则、默认值和约束等的名称都被看为该对象的标识符。

标识符应符合如下命名规则。

（1）第一个字符必须是下列字符之一：ASCII 字符、Unicode 字符、下划线“_”“@”或数字符号“#”。在 SQL Server 中，某些处于标识符开始位置的符号具有特殊意义，例如，以“@”开始的标识符表示局部变量或参数，以一个数字符号“#”开始的标识符表示临时表或过程，以双数字符号“##”开始的标识符表示全局临时对象。

（2）后续字符可以是 ASCII 字符、Unicode 字符、下划线“_”“@”、美元符号$或数字符号“#”。

（3）标识符不能是 Transact-SQL 的保留关键字。Transact-SQL 不区分字母大小写，所以无论是保留关键字的大写字母还是小写字母都不允许使用。

（4）不允许嵌入空格或其他特殊字符。某些以特殊符号开头的标识符在 SQL Server 中具有特定的含义。Transact-SQL 的全局变量以标识符“@@”开头，为避免同这些全局变量混淆，建议不要使用“@@”作为标识符的开始。

注意：

- 标识符都最多容纳 128 个字符，对于本地的临时表最多可以有 116 个字符。
- SQL Server 数据库管理系统中的数据库对象名称由 1 ~ 128 个字符组成，不区分字母大小写。在一个数据库中创建了一个数据库对象后，数据库对象的完整名称应该由服务器名、数据库名、包含对象的架构名和对象名 4 部分组成。
- 在 SQL Server 数据库管理系统中，默认实例的名字采用计算机名，实例的名字一般由计算机名和实例名 2 部分组成。

6.1.2　注释

注释是为 Transact-SQL 语句添加解释和说明，说明该代码的含义，提高可读性，从而帮助用户理解代码。

在 Transact-SQL 中，可以使用以下两类注释。

（1）单行注释：以“--”（两个连字符）开始，由换行符终止。

（2）多行注释：包含在“/*”和“*/”中，其规则是，第一行用“/*”开始，之后是注释内容，最后用“*/”结束注释。

【例 6-1】以下是两类注释的一般用法。

```
--设置“teaching”为当前数据库
USE teaching
GO

/*
查询所有学生的 sno（学号）、sname（姓名）
和 birthday（出生日期）字段
*/
SELECT sno, sname, birthday FROM student
GO
```

注意：注释不会被解释器执行，且没有最大长度限制。

6.1.3 运算符

Transact-SQL 提供的运算符主要包括算术运算符、比较运算符、逻辑运算符、位运算符和字符串连接运算符。

（1）算术运算符：包括+（加）、-（减）、*（乘）、/（除）、%（取模）。

（2）比较运算符：包括>（大于）、<（小于）、=（等于）、>=（大于等于）、<=（小于等于）、<>（不等于）、!=（不等于）、!>（不大于）、!<（不小于）。其中，!=、!>和!<不是 ANSI 标准的运算符。

（3）逻辑运算符：包括 AND（如果两个逻辑表达式都为 TRUE，那么结果为 TRUE）、OR（如果两个逻辑表达式中的一个为 TRUE，那么结果为 TRUE）、NOT（对任何其他逻辑运算符的值取反）、ALL（如果一组的比较都为 TRUE，那么结果为 TRUE）、ANY（如果一组的比较中任何一个为 TRUE，那么结果为 TRUE）、BETWEEN（如果操作数在某个范围之内，那么结果为 TRUE）、EXISTS（如果子查询包含一些行，那么结果为 TRUE）、IN（如果操作数等于表达式列表中的一个，那么结果为 TRUE）、LIKE（如果操作数与一种模式相匹配，那么结果为 TRUE）、SOME（如果在一组比较中有些为 TRUE，那么结果为 TRUE）。其中，ANY、SOME、ALL 一般用于比较子查询，这种查询可认为是 IN 子查询的扩展，它使表达式的值与子查询的结果进行比较运算。

（4）位运算符：包括&（按位与）、|（按位或）、～（按位非）和^（按位异或）。

（5）字符串连接运算符：“+”将两个或多个字符串或二进制字符串、列或字符串和列名的组合串联到一个表达式中（字符串运算符），其语法格式如下。

```
expression1 + expression2
```

在 Transact-SQL 中，运算符的处理顺序为括号“()”→位运算符“～”→算术运算符（“*”“/”“%”）→算术运算符（“+”“-”）→位运算符“^”→位运算符“&”→位运算符“|”→逻辑运算符“NOT”→逻辑运算符“AND”→逻辑运算符“OR”。如果相同层次的运算符出现在一起时，则按从左到右的顺序处理。

6.1.4 通配符

在 SQL Server 中，可以使用以下通配符。

（1）%：匹配包含零个或多个字符的任意字符串。该通配符既可以用作前缀也可以用作后缀。

（2）_：匹配涉及模式匹配的字符串比较操作（如 LIKE 和 PATINDEX）中的任何单个字符。

（3）[]：匹配指定范围内或所指定集合中的任意单个字符，可以在涉及模式匹配的字符串比较（例如，LIKE 和 PATINDEX）中使用此通配符。

（4）[^]：匹配不在指定的范围或集合内的任何字符。

6.1.5 表达式

表达式是指用运算符和圆括号把变量、常量和函数等运算成分连接起来的具有意义的运算式，即使是单个的常量、变量和函数也可以看为一个表达式。表达式有多方面的用途，如执行计算、提供查询记录条件等。

根据连接表达式的运算符进行分类，可分为算术表达式、比较表达式、逻辑表达式、按位运算表达式和混合表达式等；根据表达式的作用进行分类，可分为字段名表达式、目标表达式和条件表达式。

（1）字段名表达式：字段名表达式可以是单个字段或几个字段的组合，还可以是由字段、作用于字段的集合函数和常量的任意算术运算（+、-、*、/）组成的运算表达式。主要包括数值表达式、字符表达式、逻辑表达式和日期表达式 4 种。

（2）目标表达式：目标表达式有以下 4 种构成方式。

1）*：表示选择相应基表和视图的所有字段。

2）<表名>.*：表示选择指定的基表和视图的所有字段。

3）集函数()：表示在相应的表中按集函数操作和运算。

4）[<表名>.]字段名表达式 [, ...n]：表示按字段名表达式在多个指定的数据表中选择。

（3）条件表达式：常用的条件表达式有以下 6 种。

1）比较大小：应用比较运算符构成表达式，主要的比较运算符有=、>、>=、<、<=、!=、<>、!>、!<、NOT。

2）指定范围：（NOT）BETWEEN…AND…运算符查找字段值在或者不在指定范围内的记录。BETWEEN 后面指定范围的最小值，AND 后面指定范围的最大值。

3）集合：（NOT）IN 查询字段值属于或者不属于指定集合内的记录。

4）字符匹配：（NOT）LIKE '<匹配字符串>' [ESCAPE '<换码字符>']查找字段值满足<匹配字符串>中指定匹配条件的记录。<匹配字符串>可以是一个完整的字符串，也可以包含通配符“_”和“%”。

5）空值：IS（NOT）NULL 查找字段值为空（不为空）的记录。NULL 不能用来表示无形值、默认值、不可用值，以及取最低值或取最高值。SQL 规定，在含有运算符+、-、*、/的算术表达式中，若有一个值是空值，则该算术表达式的值也是空值；任何一个含有 NULL 比较操作结果的取值都为 FALSE。

6）多重条件：AND 和 OR，AND 表达式用来找出字段值同时满足 AND 连接的查询条件的记录；OR 表达式用来找出字段值满足 OR 连接的查询条件的记录。AND 运算符的优先级高于 OR 运算符。

6.1.6 变量

变量是指在程序运行过程中值可以改变的量。变量有名称和数据类型两个属性，变量的名称用于标识该变量，变量名必须是合法的标识符；变量的数据类型确定了该变量存放值的格式及允许的运算。

在 Transact-SQL 中，可以使用两种变量：局部变量和全局变量。

1. 局部变量

局部变量是用户自定义的变量，用于保存单个数据值。局部变量常用作计数器，计算循环执行的次数或控制循环执行的次数，保存数据值供控制流语句测试，以及保存由存储过程代码返回的数据值或者函数的返回值。

（1）局部变量的声明：局部变量必须先用 DECLARE 语句声明后才可以使用，所有局部变量在被声明后均初始化为 NULL，其语法格式如下。

```
DECLARE @local_variable data_type [ , ...n ]
```

说明：

- @local_variable：变量的名称，必须以“@”符号开头，且必须符合命名规则。
- data_type：可以是 SQL Server 2019 支持的所有数据类型，也可以是任何系统提供的公共语言运行时（CLR）用户令定义类型或别名数据类型，但不能是 text、ntext 或 image 数据类型。
- [, ...n]：表示可以定义多个变量，各变量间用英文逗号“,”隔开。

注意：局部变量的作用范围从声明该局部变量的地方开始，到声明的批处理或存储过程的结尾。批处理或存储过程结束后，存储在局部变量中的信息将丢失。

（2）局部变量的赋值：局部变量声明之后，可用 SET 语句或 SELECT 语句给其赋值，其语法格式如下。

```
SET @local_variable=expression
SELECT @local_variable=expression
```

注意：

- 局部变量被引用时，要在其名称前加上符号“@”。
- 一条 SET 语句一次只能给一个局部变量赋值。

【例 6-2】在“teaching”数据库中的“student”学生表中，统计并输出姓“张”的学生人数。

Transact-SQL 语句如下。

```
--设置“teaching”为当前数据库
USE teaching
GO

--声明局部变量
DECLARE @find varchar(30), @RS int

--给局部变量赋值
SET @find = '张%'
```

```
SELECT @RS= COUNT(*)
FROM student
WHERE sname LIKE @find

--输出统计结果
SELECT '姓张的学生人数为：', @RS
GO
```

执行结果如图 6-1 所示。

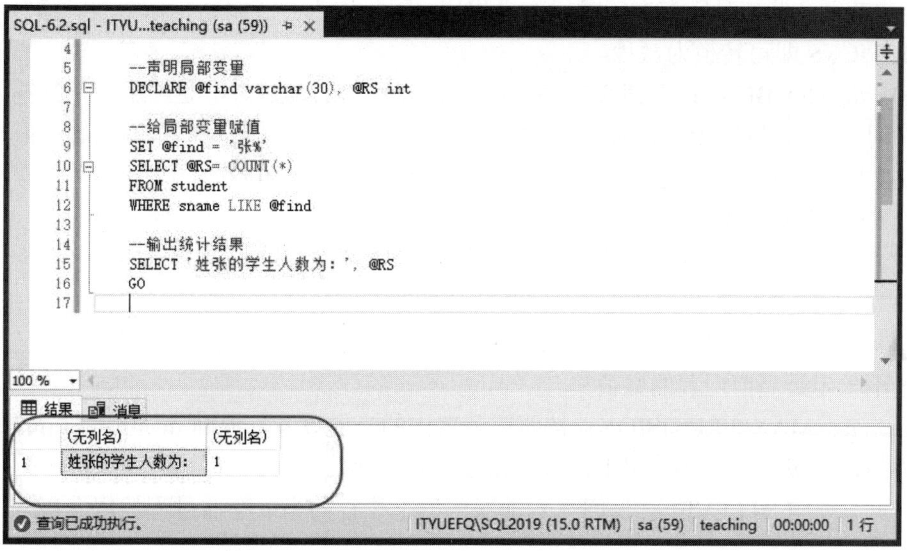

```
SQL-6.2.sql - ITYU...teaching (sa (59))
--声明局部变量
DECLARE @find varchar(30), @RS int

--给局部变量赋值
SET @find = '张%'
SELECT @RS= COUNT(*)
FROM student
WHERE sname LIKE @find

--输出统计结果
SELECT '姓张的学生人数为：', @RS
GO
```

	(无列名)	(无列名)
1	姓张的学生人数为：	1

查询已成功执行。　ITYUEFQ\SQL2019 (15.0 RTM)　sa (59)　teaching　00:00:00　1 行

图 6-1　例 6-2 执行结果

2. 全局变量

全局变量是 SQL Server 系统中使用的变量，其作用范围并不仅仅局限于某一程序，而是任何程序均可以随时调用。全局变量通常存储一些 SQL Server 的配置设定值和统计数据。用户可以在程序中使用全局变量来测试系统的设定值或者是查看 Transact-SQL 语句执行后的状态值。

全局变量不是由用户在程序中定义的，它们是在服务器级定义的。用户只能使用预先定义好的全局变量，而不能修改全局变量。引用全局变量时，必须以标记符“@@”开头。

SQL Server 2019 中常用的全局变量及其含义如下。

（1）@@CONNECTIONS：返回 SQL Server 自上次启动以来尝试的连接数，无论连接是成功还是失败。

（2）@@CPU_BUSY：返回 SQL Server 自上次启动后的工作时间，其结果以 CPU 时间增量或“滴答数”来表示，此值为 CPU 工作时间的累积值，因此，可能会超出实际占用 CPU 的时间。用它乘以@@TIMETICKS 即可转换为微秒。

（3）@@CURSOR_ROWS：返回连接的数据库打开的上一个游标中当前限定行的数目。为了提高性能，SQL Server 可异步填充大型键集和静态游标。可调用@@CURSOR_ROWS 以确定当其被调用时检索的游标符合条件的行数。

（4）@@DATEFIRST：针对会话返回 SET DATEFIRST 的当前值。

（5）@@DBTS：返回当前数据库的当前 timestamp 数据类型的值，这一值在数据库中必须是唯一的。

（6）@@ERROR：返回执行的上一条 Transact-SQL 语句出现错误时对应的错误编号。

（7）@@FETCH_STATUS：返回针对连接的数据库当前打开的任何游标发出的上一条游标 FETCH 语句的状态。

（8）@@IDENTITY：返回插入数据表 IDENTITY 列的最后一个值。

（9）@@IDLE：返回 SQL Server 自上次启动后的空闲时间。结果以 CPU 时间增量或“时钟周期”来表示，此值是所有空闲时间的累积值，因此该值可能超过实际空闲时间。用它乘以@@TIMETICKS 即可转换为微秒。

（10）@@IO_BUSY：返回 SQL Server 自最近一次启动以来，已经用于执行输入和输出操作的时间。其结果是 CPU 时间增量（时钟周期），是 CPU 执行操作时间的累积值，这个值可能超过实际消逝时间。用它乘以@@TIMETICKS 即可转换为微秒。

（11）@@LANGID：返回当前所用语言对应的本地语言标识符。

（12）@@LANGUAGE：返回当前所用语言的名称。

（13）@@LOCK_TIMEOUT：返回当前会话的锁定超时的设置值（单位为毫秒）。

（14）@@MAX_CONNECTIONS：返回 SQL Server 允许同时进行的最大用户连接数，返回的数值不一定是当前配置的数值。

（15）@@MAX_PRECISION：按照服务器中的当前设置，返回 decimal 和 numeric 数据类型所用的精度级别。默认情况下，最大精度级别为 38。

（16）@@NESTLEVEL：返回在本地服务器上执行的当前存储过程的嵌套级别（初始值为 0）。

（17）@@OPTIONS：返回有关当前 SET 选项的信息。

（18）@@PACK_RECEIVED：返回 SQL Server 自上次启动后从网络读取的输入数据包个数。

（19）@@PACK_SENT：返回 SQL Server 自上次启动后写入网络的输出数据包个数。

（20）@@PACKET_ERRORS：返回 SQL Server 自上次启动后，在 SQL Server 连接上发生的网络数据包错误个数。

（21）@@ROWCOUNT：返回上一条执行语句影响的数据行的行数。

（22）@@PROCID：返回 Transact-SQL 当前模块的对象标识符。Transact-SQL 模块可以是存储过程、用户自定义函数或触发器。不能在 CLR 模块或进程内的数据访问接口中指定@@PROCID。

（23）@@SERVERNAME：返回运行 SQL Server 的本地服务器名称。

（24）@@SERVICENAME：返回 SQL Server 正在运行的注册表项的名称。若当前实例为默认实例，返回 MSSQLSERVER；若当前实例为命名实例，则返回该实例名。

（25）@@SPID：返回当前用户进程的会话 ID。

（26）@@TEXTSIZE：返回 SET 语句 TEXTSIZE 选项的当前值，它指定 SELECT 语句返回的 text 数据类型或 image 数据类型的最大长度，其单位为字节。

（27）@@TIMETICKS：返回每个时钟周期的微秒数。

（28）@@TOTAL_ERRORS：返回 SQL Server 自上次启动后，所遇到的磁盘写入错误数。

（29）@@TOTAL_READ：返回 SQL Server 自上次启动后，由 SQL Server 读取（非缓存读取）的磁盘的数目。

（30）@@TOTAL_WRITE：返回 SQL Server 自上次启动后，所执行的磁盘写入数。

（31）@@TRANCOUNT：返回当前连接的活动事务数。

（32）@@VERSION：返回当前安装的日期、版本和处理器类型。

【例 6-3】查看当前 SQL Server 的版本信息、服务器名称和使用的语言。

Transact-SQL 语句如下。

```
--查看当前 SQL Server 的版本信息、服务器名称和使用的语言
SELECT @@VERSION AS 版本, @@SERVERNAME AS 服务器名称, @@LANGUAGE AS 语言
GO
```

执行结果如图 6-2 所示。

图 6-2　例 6-3 执行结果

6.1.7　打印消息

使用 PRINT 语句向客户端返回用户的定义的信息，其语法格式如下。

```
PRINT msg_str | @local_variable | string_express
```

说明：

- msg_str：字符串或 Unicode 字符串常量。
- @local_variable：任何有效的字符数据类型的局部变量，其数据类型必须是 char 或 varchar，或者必须能够隐式转换为这些数据类型。
- string_express：返回字符串的表达式，可包括串联的文字值、函数和变量。

6.1.8　批处理

批处理由一条或多条 Transact-SQL 语句组成，应用程序将这些语句作为一个单元，一次性地发送到 SQL Server 服务器同时执行。

批处理中的语句如果在编译时出现错误，则不能产生执行计划，那么批处理中的任何一条语句都不会被执行。批处理运行时出现错误将有如下影响。

（1）大多数运行时错误将停止执行批处理中当前语句和它之后的语句。

（2）某些运行时错误（如违反约束）仅停止执行当前语句，而继续执行批处理中其他所有语句。

（3）在遇到运行时错误的语句之前执行的语句不受影响。唯一例外的情况是批处理位于事务中且该错误导致事务回滚。在这种情况下，所有在运行时错误之前执行的未提交数据修改都将回滚。

使用批处理时应遵守以下规则。

（1）CREATE DEFAULT、CREATE PROCEDURE、CREATE RULE、CREATE TRIGGER 和 CREATE VIEW 语句不能在批处理中与其他语句组合使用。批处理必须以 CREATE 语句开始，所有跟在 CREATE 语句后的语句将被解释为第一个 CREATE 语句定义的一部分。

（2）不能把规则和默认值绑定到表字段或用户的定义数据类型之后，在同一个批处理中使用它们。

（3）不能在给表字段定义了一个 CHECK 约束后，在同一个批处理中使用该约束。

（4）在同一个批处理中不能删除一个数据库对象后又重建它。

（5）不能在修改表的字段名后，在同一个批处理中引用该新字段名。

（6）调用存储过程时，若它不是批处理中的第一条语句，那么在它前面必须加上关键字 EXECUTE（或 EXEC）。

脚本是存储在文件中的一系列 Transact-SQL 语句。Transact-SQL 脚本可以包含一个或多个批处理。批处理结束的标志是 GO 语句，如果 Transact-SQL 脚本中没有 GO 语句，那么它将被作为单个批处理来执行。Transact-SQL 脚本主要有以下用途。

（1）在服务器上保存用来创建和填充数据库的程序的永久副本，作为一种备份机制。

（2）必要时将语句从一台计算机传输到另一台计算机。

（3）通过让新员工发现代码中的问题、了解代码或更改代码从而快速对其进行培训。

脚本可以看作一个单元，以文本文件的形式存储在系统中，在脚本中可以使用系统函数和局部变量。

6.2 Transact-SQL 控制流语言

控制流语言控制批处理、存储过程、触发器和事务中的 Transact-SQL 语句的执行流程。当语句必须有条件地或者重复地执行时，一般就会用到控制流语言。Transact-SQL 的控制流语言把标准的 SQL 语句转换成编程语言。

6.2.1 IF…ELSE 语句

IF…ELSE 语句用于指定 Transact-SQL 语句的执行条件。如果满足条件，则在 IF 关键字及其条件之后执行 Transact-SQL 语句，布尔表达式返回 TRUE。可选的 ELSE 关键字引入另一个 Transact-SQL 语句，当不满足 IF 条件时就执行该语句，布尔表达式返回 FALSE。其语法格式如下。

```
IF Boolean_expression
        { sql_statement | statement_block }
[ ELSE
        { sql_statement | statement_block } ]
```

说明：

- Boolean_expression：返回 TRUE 或 FALSE 的布尔表达式。如果布尔表达式中含有 SELECT 语句，则必须用括号将 SELECT 语句括起来。
- { sql_statement | statement_block }：任何 Transact-SQL 语句或用语句块定义的语句分组。除非使用语句块，否则 IF 或 ELSE 条件只能影响一条 Transact-SQL 语句的性能。若要定义语句块，请使用控制流关键字 BEGIN 和 END。

注意：IF…ELSE 语句可用于批处理、存储过程和即席查询。当此语句用于存储过程时，通常用于测试某个参数是否存在。可以在其他 IF 之后或在 ELSE 下面，嵌套另一个 IF 语句。而嵌套级数的限制取决于可用内存。

【例 6-4】在“teaching”数据库中的“student”学生表中，统计并判断男、女生人数是否相等。

Transact-SQL 语句如下。

```
--设置“teaching”为当前数据库
USE teaching
GO

--声明局部变量@C_M（男生人数）和@C_F（女生人数）
DECLARE @C_M int, @C_F int

--统计男生人数
SELECT @C_M= COUNT(*)
FROM student
WHERE sex='男'

--统计女生人数
SELECT @C_F= COUNT(*)
FROM student
WHERE sex='女'

--比较结果
IF @C_M=@C_F
    BEGIN
      PRINT'男女生人数相等。均为：'
      PRINT @C_M
    END
ELSE
    BEGIN
       PRINT'男女生人数不相等。男生和女生分别为：'
       PRINT @C_M
       PRINT @C_F
    END
GO
```

执行结果如图 6-3 所示。

```
消息
男女生人数不相等。男生和女生分别为:
17
13

完成时间: 2022-10-11T10:11:28.4188722+08:00

150 %
查询已成功执行。  ITYUEFQ\SQL2019 (15.0 RTM) | sa (58) | teaching | 00:00:00 | 0 行
```

图 6-3 例 6-4 执行结果

6.2.2 BEGIN…END 语句

一个 IF 命令只能控制一条语句的执行与否，这显然缺乏实用性。而 BEGIN…END 语句可以包括一系列的 Transact-SQL 语句，从而可以执行一组 Transact-SQL 语句。其语法格式如下。

```
BEGIN
    {
        sql_statement | statement_block
    }
END
```

说明：{sql_statement|statement_block}是使用语句块定义的任何有效的 Transact-SQL 语句或语句组。

技巧：BEGIN…END 语句块允许嵌套使用。

6.2.3 WHILE…CONTINUE…BREAK 语句

WHILE 语句用于设置重复执行 Transact-SQL 语句或语句块的条件。只要指定的条件为真，就重复执行语句。可以使用 BREAK 和 CONTINUE 关键字在循环内部控制 WHILE 循环中语句的执行。其语法格式如下。

```
WHILE Boolean_expression
    { sql_statement | statement_block }
    [ BREAK ]
    { sql_statement | statement_block }
    [ CONTINUE ]
    { sql_statement | statement_block }
```

说明：

- Boolean_expression：返回 TRUE 或 FALSE 的布尔表达式。如果布尔表达式中含有 SELECT 语句，则必须用括号将 SELECT 语句括起来。
- {sql_statement | statement_block}：Transact-SQL 语句或用语句块定义的语句分组。若要定义语句块，请使用控制流关键字 BEGIN 和 END。
- BREAK：从最内层的 WHILE 循环中退出，将执行出现在 END 关键字（循环结束的标记）后面的任何语句。

● CONTINUE：使 WHILE 循环重新开始执行，忽略 CONTINUE 关键字后面的任何语句。

注意：如果嵌套了两个或多个 WHILE 循环，通过内层的 BREAK 关键字退出到下一个外层 WHLLE 循环。将首先运行内层 WHLLE 循环结束之后的所有语句，然后重新开始下一个外层 WHLLE 循环。

【例 6-5】计算 20～50 之间所有整数之和。

Transact-SQL 语句如下。

```
--声明变量并赋初值
DECLARE @I int,@SUM int
SET @I=20
SET @SUM=0

--循环求和
WHILE @I<=100
        BEGIN
            SET @SUM=@SUM+@I
            SET @I=@I+1
            IF @I>50
                BREAK
            ELSE
                CONTINUE
        END

--输出结果
PRINT '（1）20～50 之间的整数和为：'
PRINT '@SUM='+STR(@SUM)
PRINT'（2）循环结束时的循环变量的值为：'
PRINT'@I='+STR(@I)
GO
```

执行结果如图 6-4 所示。

```
消息
 （1）20～50之间的整数和为:
@SUM=        1085
 （2）循环结束时的循环变量的值为:
@I=          51

完成时间: 2022-10-11T10:33:00.2657192+08:00

150 %
查询已成功执行。    ITYUEFQ\SQL2019 (15.0 RTM) | sa (58) | teaching | 00:00:00 | 0 行
```

图 6-4　例 6-5 执行结果

注意：本例中，设置 WHILE 语句@I 变量的终值是 100，而循环结束时@I 变量的终值是 51。这是因为在 WHILE 语句中使用了关键字 BREAK，提前结束了循环。

6.2.4 CASE 语句

CASE 语句用于计算条件列表并返回多个可能的结果表达式之一，具有以下两种格式。

（1）简单 CASE 函数：将某个表达式与一组简单表达式进行比较以确定结果。

（2）CASE 搜索函数：计算一组布尔表达式以确定结果。

两种格式都支持可选的 ELSE 参数。CASE 语句的语法格式如下。

```
--简单 CASE 函数
CASE input_expression
     WHEN when_expression THEN result_expression
     [ ...n ]
     [ ELSE else_result_expression ]
END

--CASE 搜索函数
CASE
     WHEN Boolean_expression THEN result_expression
     [ ...n ]
     [ ELSE else_result_expression ]
END
```

说明：

- input_expression：使用简单 CASE 函数时所计算的表达式，可以为任意有效的表达式。
- WHEN when_expression：使用简单 CASE 函数时要与 input_expression 进行比较的简单表达式。when_expression 是任意有效的表达式。input_expression 及每个 when_expression 的数据类型必须相同或必须是隐式转换的数据类型。
- THEN result_expression：当 input_expression=when_expression 计算结果为 TRUE 或者 Boolean_expression 计算结果为 TRUE 时，返回的表达式。result expression 是任意有效的表达式。
- n：占位符，表明可以使用多个 WHEN when_expression THEN result_expression 子句或多个 WHEN Boolean_expression THEN result_expression 子句。
- ELSE else_result_expression：比较运算结果不为 TRUE 时返回的表达式。如果忽略此参数且比较运算结果不为 TRUE，则 CASE 语句返回 NULL。else_result_expression 是任意有效的表达式。else_result_expression 及任何 result_expression 的数据类型必须相同或必须是隐式转换的数据类型。
- WHEN Boolean_expression：使用 CASE 搜索函数时所计算的布尔表达式。Boolean_expression 是任意有效的布尔表达式。

其中，CASE 语句的结果从 result_expressions 和可选 else_result_expression 的类型集中返回优先级最高的类型。

简单 CASE 函数的结果经过以下步骤产生。

（1）计算 input_expression，按指定顺序对每个 WHEN 子句的 input_expression=when_ expression 进行计算。

（2）返回 input_expression = when_expression 的第一个计算结果为 TRUE 的 result_expression。

（3）如果 input_expression = when_expression 计算结果不为 TRUE，则在指定 ELSE 子句的情况下，SQL Server 2019 数据库引擎将返回 else_result_expression；若没有指定 ELSE 子句，则返回 NULL。

CASE 搜索函数的结果经过以下步骤产生。

（1）按指定顺序对每个 WHEN 子句的 Boolean_expression 进行计算。

（2）返回 Boolean_expression 的第一个计算结果为 TRUE 的 result_expression。

（3）如果 Boolean_expression 计算结果不为 TRUE，则在指定 ELSE 子句的情况下，SQL Server 2019 数据库引擎将返回 else_result_expression；若没有指定 ELSE 子句，则返回 NULL。

【例 6-6】使用 CASE 语句根据学生姓名判断其在班级中的职务。

Transact-SQL 语句如下。

```
--设置“teaching”为当前数据库
USE teaching
GO

--方法 1：简单 CASE 函数
SELECT TOP 6 sno, sname,
CASE sname
    WHEN '朱近萍' THEN '班长'
    WHEN '邓家汝' THEN '团支书'
    WHEN '岳晓东' THEN '学习委员'
    ELSE '无'
END AS 职务
FROM student
GO

--方法 2：CASE 搜索函数
SELECT TOP 6 sno, sname,
CASE
    WHEN sname='朱近萍' THEN '班长'
    WHEN sname='邓家汝' THEN '团支书'
    WHEN sname='岳晓东' THEN '学习委员'
    ELSE '无'
END AS 职务
FROM student
GO
```

执行结果如图 6-5 所示。

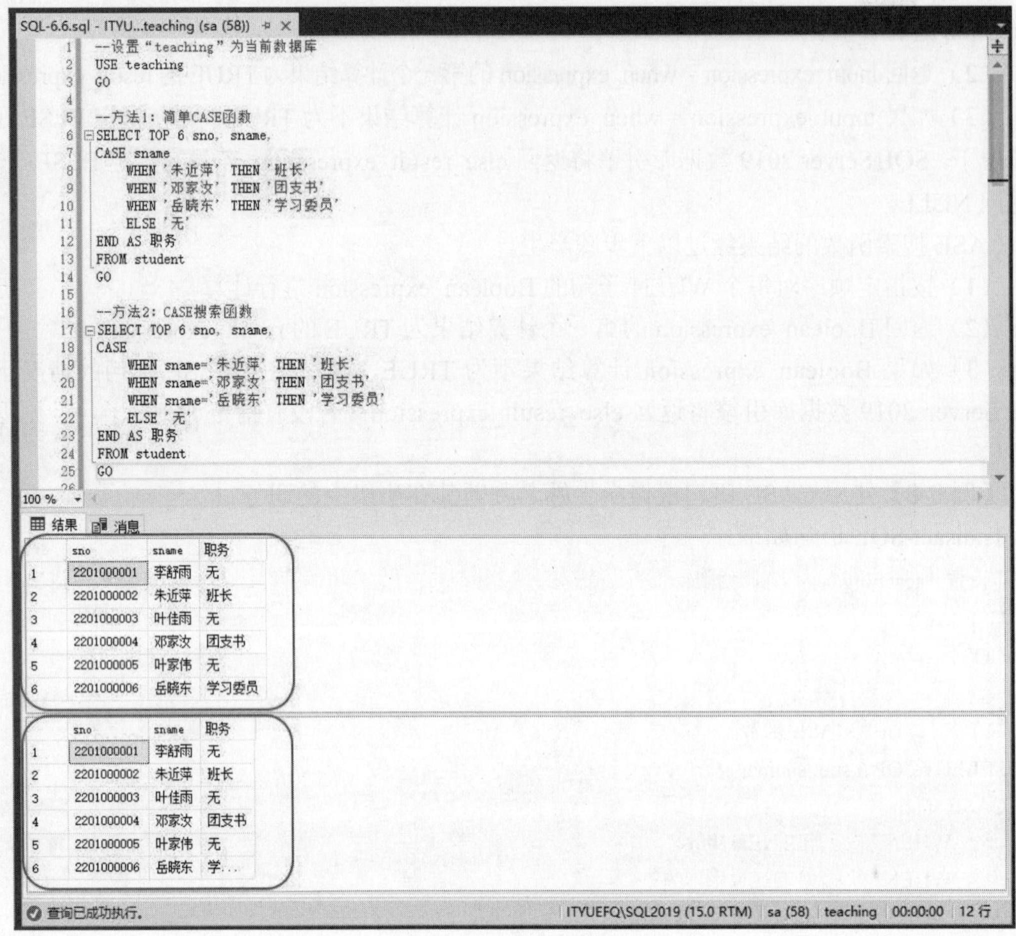

图 6-5　例 6-6 执行结果

6.2.5 TRY…CATCH 语句

TRY…CATCH 语句用于实现对 Transact-SQL 的错误处理，这与 C#和 C++语言中的异常处理类似。一组 Transact-SQL 语句可以包含在 TRY 块中，如果 TRY 块内部发生错误，则会将控制传递给 CATCH 块中包含的另一个语句组。其语法格式如下。

```
BEGIN TRY
    { sql_statement | statement_block }
END TRY
BEGIN CATCH
    [ { sql_statement | statement_block } ]
END CATCH
```

注意：

- TRY…CATCH 语句可对严重程度高于 10 但不关闭数据库连接的所有执行错误进行缓存。
- TRY 块后必须紧跟相关联的 CATCH 块。在 END TRY 和 BEGIN CATCH 语句之间放置任何其他语句都将生成语法错误。

- TRY…CATCH 语句不能跨越多个批处理和多个 Transact-SQL 语句块。例如，TRY…CATCH 语句不能跨越 Transact-SQL 语句的两个 BEGIN…END 块，且不能跨越 IF…ELSE 语句。
- 如果 TRY 块所包含的代码中没有错误，则当 TRY 块中最后一条语句执行完成时，会将控制传递给紧跟在相关联的 END CATCH 语句之后的语句。如果 TRY 块所包含的代码中有错误，则会将控制传递给相关联的 CATCH 块的第一条语句。如果 END CATCH 语句是存储过程或触发器的最后一条语句，控制将回到调用该存储过程或运行该触发器的语句。
- 当 CATCH 块中的代码执行完成时，会将控制传递给紧跟在 END CATCH 语句之后的语句。由 CATCH 块捕获的错误不会返回到调用应用程序。如果错误消息的任何部分都必须返回到应用程序，则 CATCH 块中的代码必须使用 SELECT 结果集、RAISERROR 或 PRINT 语句之类的机制执行此操作。
- TRY…CATCH 语句可以是嵌套式的。TRY 块或 CATCH 块均可包含嵌套的 TRY…CATCH 语句。例如，CATCH 块可以包含内嵌的 TRY…CATCH 语句，以处理 CATCH 代码所遇到的错误。
- 处理 CATCH 块中遇到的错误的方法与处理任何其他位置生成的错误的方法一样。如果 CATCH 块包含嵌套的 TRY…CATCH 语句，则嵌套的 TRY 块中的任何错误都会将控制传递给嵌套的 CATCH 块。如果没有嵌套的 TRY…CATCH 语句，则会将错误传递回调用方。
- TRY…CATCH 语句可以从存储过程或触发器（由 TRY 块中的代码执行）捕捉未处理的错误。或者，存储过程或触发器也可以包含其自身的 TRY…CATCH 语句，以处理由其代码生成的错误。例如，当 TRY 块执行存储过程且存储过程中发生错误时，可以使用以下方式处理错误。

  1）如果存储过程不包含自己的 TRY…CATCH 语句，错误会将控制返回到与包含 EXECUTE 语句的 TRY 块相关联的 CATCH 块。

  2）如果存储过程包含 TRY…CATCH 语句，则错误会将控制传递给存储过程中的 CATCH 块。当 CATCH 块代码完成时，控制会传递回调用存储过程的 EXECUTE 语句之后的语句。
- 不能使用 GOTO 语句输入 TRY 块或 CATCH 块，使用 GOTO 语句可以跳转至同一 TRY 块或 CATCH 块内的某个标签，或离开 TRY 块或 CATCH 块。
- 不能在用户自定义函数内使用 TRY…CATCH 语句。
- 可以在 CATCH 块内引入 THROW 语句引发异常。

【例 6-7】尝试删除正在使用的数据库，并给出提示信息。

Transact-SQL 语句如下。

```
--设置“teaching”为当前数据库
USE teaching
GO

--尝试删除“teaching”数据库
```

```
BEGIN TRY
      DROP DATABASE teaching
END TRY
BEGIN CATCH
      PRINT '错误的原因如下：';        --此处末尾的分号不能省略，否则报语法错误
      THROW          --可以去掉该语句对比执行结果
END CATCH
GO
```

执行结果如图 6-6 所示。

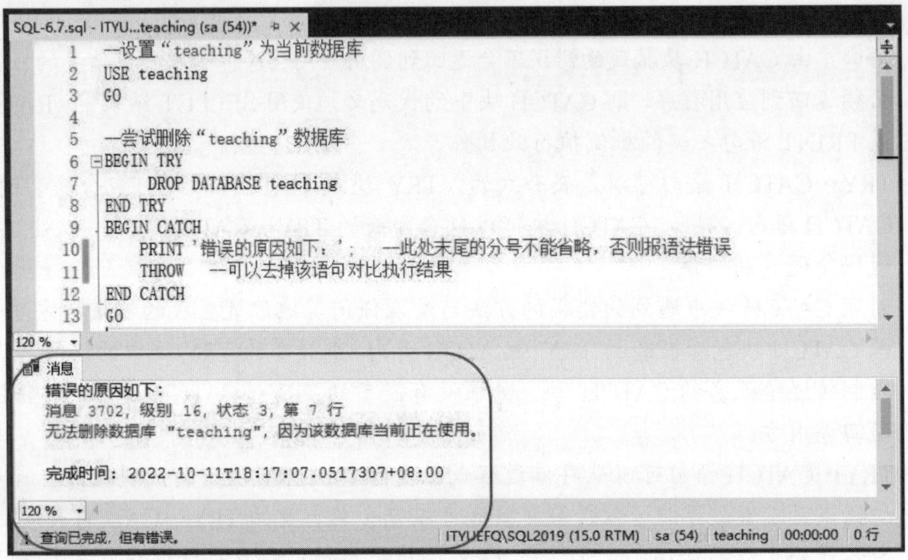

图 6-6　例 6-7 执行结果

6.2.6　WAITFOR 语句

WAITFOR 语句用于阻止执行批处理、存储过程或事务，直到已过指定时间或时间间隔，或者指定语句发生修改或至少返回一行。其语法格式如下。

```
WAITFOR
{
      DELAY 'time_to_pass'
      | TIME 'time_to_execute'
      | [ ( receive_statement ) | ( get_conversation_group_statement ) ]
     [, TIMEOUT timeout ]
}
```

说明：

- DELAY：继续执行批处理、存储过程或事务之前必须经过的指定时段，最长可为 24 小时。
- time_to_pass：等待的时段。time_to_pass 可以以“datetime”数据格式指定，也可以指定为局部变量，不能指定日期。因此，不允许指定“datetime”值的日期部分。time_to_pass 将被格式化为 hh:mm[[:ss].mss]。

- TIME：指定的运行批处理、存储过程或事务的时间。
- 'time_to_execute'：WAITFOR 语句完成的时间。可以使用“datetime”数据格式指定 time_to_execute，也可以将其指定为局部变量，不能指定日期。因此，不允许指定“datetime”值的日期部分。time_to_execute 将被格式化为 hh:mm[[:ss].mss]，并且可以选择包括 1900-01-01 的日期。
- receive_statement：有效的 RECEIVE 语句，仅适用于 Service Broker 消息。
- get_conversation_group_statement：有效的 GET CONVERSATION GROUP 语句，仅适用于 Service Broker 消息。
- TIMEOUT timeout：指定消息到达队列前等待的时间（以毫秒为单位）。

注意：

- 执行 WAITFOR 语句时，事务正在运行，并且其他请求不能在同一事务下运行。
- 实际的时间延迟可能与 time_to_pass、time_to_execute 或 timeout 指定的时间不同，它依赖服务器的活动级别。时间计数器在计划完与 WAITFOR 语句关联的线程后启动。如果服务器忙碌，则可能不会立即计划线程。因此，时间延迟可能比指定的时间长。
- WAITFOR 语句不更改查询的语义。如果查询不能返回任何行，WAITFOR 语句将一直等待，或等到满足 TIMEOUT 条件（如果已指定）。
- 不能对 WAITFOR 语句打开游标。
- 不能对 WAITFOR 语句定义视图。
- 如果查询超出了 query wait 选项的值，则 WAITFOR 语句的参数不运行即可完成。
- 每个 WAITFOR 语句都有与其关联的线程。如果对同一服务器指定了多个 WAITFOR 语句，可将多个线程关联起来。SQL Server 将监视与 WAITFOR 语句关联的线程数，并在服务器开始遇到线程不足的问题时，随机选择其中部分线程以退出。
- 在保留禁止更改 WAITFOR 语句所试图访问的行集的锁的事务中，可通过运行包含 WAITFOR 语句的查询来创建死锁。如果可能存在上述死锁，则 SQL Server 会标识相应情况并返回空结果集。

【例 6-8】编写 Transact-SQL 程序，按要求完成如下操作。

（1）在两小时的延迟后执行存储过程。

（2）在晚上 10:20（22:20）执行存储过程。

Transact-SQL 语句如下。

```
--在两小时的延迟后执行存储过程
BEGIN
    WAITFOR DELAY '02:00'
    EXECUTE sp_helpdb
END
GO

--在晚上 10:20（22:20）执行存储过程
BEGIN
    WAITFOR TIME '22:20'
```

```
    EXECUTE sp_helpdb
END
GO
```

执行结果如图 6-7 所示。

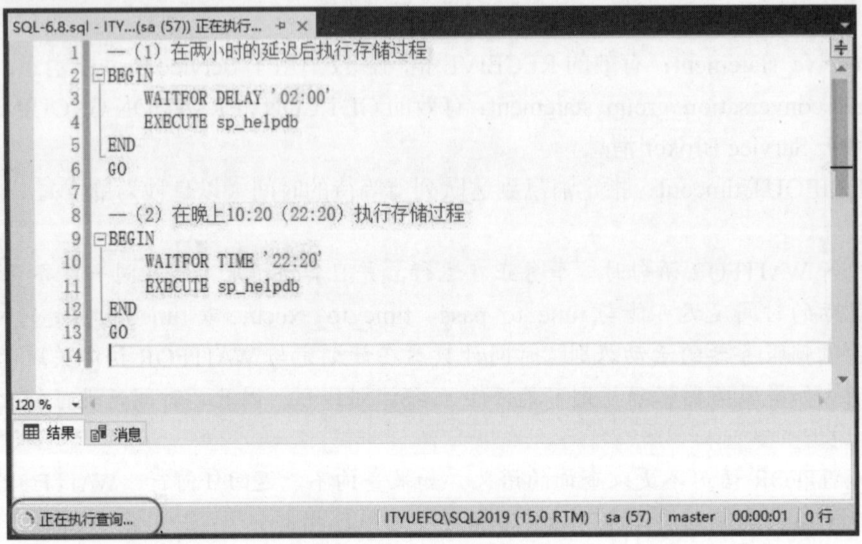

```
--（1）在两小时的延迟后执行存储过程
BEGIN
    WAITFOR DELAY '02:00'
    EXECUTE sp_helpdb
END
GO
--（2）在晚上10:20（22:20）执行存储过程
BEGIN
    WAITFOR TIME '22:20'
    EXECUTE sp_helpdb
END
GO
```

图 6-7　例 6-8 执行结果

从上图可以看出，该查询一直处在执行状态，但是并没有执行存储过程，因为 SQL Server 需要推迟 2 小时和在 22:20 才执行。

6.2.7　GOTO 语句

GOTO 语句将执行流更改到标签处，跳过 GOTO 语句后面的 Transact-SQL 语句，并从标签位置继续处理。GOTO 语句和标签可在过程、批处理或语句块中的任何位置使用。GOTO 语句可嵌套使用。其语法格式如下。

```
--定义标签名称，使用 GOTO 语句跳转时，要指定跳转标签名
label:
--使用 GOTO 语句跳转到标签处
GOTO label
```

如果 GOTO 语句指向 label 标签，则其为处理的起点。标签必须符合标识符命名规则。无论是否使用 GOTO 语句，标签均可作为注释方法使用。

注意：GOTO 可出现在条件控制流语句、语句块或过程中，但它不能跳转到该批以外的标签。GOTO 分支可跳转到定义在 GOTO 之前或之后的标签。

【例 6-9】编写并执行如下 Transact-SQL 代码，注意观察执行结果。

```
--设置“teaching”为当前数据库
USE teaching
GO

--GOTO 语句的使用
BEGIN
```

```
        SELECT sname FROM student
        GOTO jump
        SELECT tname FROM teacher
        jump:
        SELECT '第二条 SELECT 语句没有执行' AS 提示
    END
    GO
```

执行结果如图 6-8 所示。

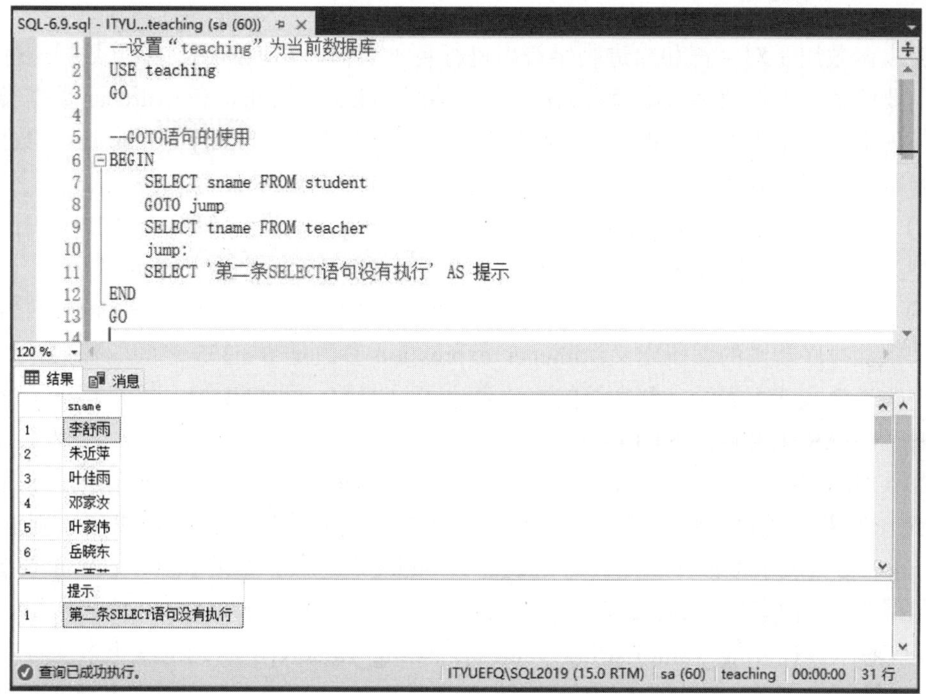

图 6-8　例 6-9 执行结果

6.2.8　RETURN 语句

RETURN 语句用于从查询或过程中无条件退出。RETURN 语句的执行是即时且完全的，可在任何时候用于从过程、批处理或语句块中退出，其语句将不被执行。RETURN 语句的语法格式如下。

```
RETURN [ integer_expression ]
```

说明：integer_expression 用于返回的整数值。存储过程可向执行调用的过程或应用程序返回一个整数值。

注意：

- 如果用于存储过程，RETURN 语句不能返回空值。如果某个过程试图返回空值（例如，使用 RETURN @status，而@status 为 NULL），则将生成警告消息并返回 0。
- 在执行当前过程的批处理或过程中，可以在后续的 Transact-SQL 语句中包含返回状态值，但必须以 EXECUTE @return_status = <procedure_name>格式输入。

6.3 Transact-SQL 常用函数

利用函数可对输入参数值返回一个具有特定关系的值，在进行数据库管理以及数据的查询和操作时将会经常用到各种函数。SQL Server 提供了大量丰富的函数，包括字符串函数、数学函数、日期和时间函数、数据类型转换函数、文本与图像函数、系统函数等。

6.3.1 字符串函数

字符串函数用于对字符和二进制字符串进行各种操作，它们返回对字符数据进行操作时通常所需要的值。大多数字符串函数只能用于 char、nchar、varchar 和 nvarchar 数据类型，或隐式转换为上述数据类型的数据类型。某些字符串函数还可用于 binary 和 varbinary 数据类型。字符串函数可以用在 SELECT 或 WHERE 语句中常用的字符串函数有：

（1）ASCII(character_expression)：返回字符表达式中最左侧字符的 ASCII 代码值，返回数据类型为 int。参数 character_expression 必须是 char 或 varchar 类型的表达式。

（2）CHAR(integer_expression)：返回具有指定整数代码的单字节字符，由当前数据库的字符集和默认排序规则的编码定义。integer_expression 参数是 0～255 之间的整数。对于此范围外的整数表达式或不表示完整字符的整数表达式，CHAR 返回 NULL。字符超出了返回类型的长度时，CHAR 也会返回 NULL。

（3）CHARINDEX(expressionToFind,expressionToSearch [,start_location])：返回第一个字符表达式（如果发现存在）在第二个字符表达式中的起始位置，如果未找到，则返回 0。start_location 参数表示搜索开始位置的 integer 或 bigint 表达式。如果 start_location 未指定、具有负数值或为 0，搜索将从 expressionToSearch 的第一个字符开始。

（4）CONCAT(string_value1,string_value2 [,...string_valueN])：将两个或更多字符串连接起来形成一个新的字符串。CONCAT 函数需要至少两个 string_value 自变量，并且不得超过 254 个 string_value 自变量。

（5）CONCAT_WS(separator,argument1,argument2 [,...argumentN])：将两个或更多字符串连接起来形成一个新的字符串，但它会用第一个函数参数中指定的分隔符分隔连接的各字符串值。

（6）DIFFERENCE(character_expression,character_expression)：度量两个不同字符串的 SOUNDEX 值，并返回一个整数值。该值范围为 0～4，值为 0 表示 SOUNDEX 值之间的相似性较弱或不相似；值为 4 表示 SOUNDEX 值非常相似，甚至完全相同。

（7）FORMAT(value,format [,culture])：返回以指定的格式和可选的区域性格式化的值。使用 FORMAT()函数将日期/时间和数字值格式化为识别区域设置的字符串。对于一般的数据类型转换，请使用 CAST 函数或 CONVERT 函数。

（8）LEFT(character_expression,integer_expression)：返回字符串中从左边开始指定个数的字符子串。

（9）LEN(string_expression)：返回指定字符串表达式的字符数，其中不包含末尾的空格。LEN()函数对相同的单字节和双字节字符串返回相同的值。

（10）LOWER(character_expression)：将大写字符数据转换为小写字符数据后返回字符表达式。

（11）LTRIM(character_expression)：删除所有字符串开头的空格字符或其他指定字符。

（12）NCHAR(integer_expression)：根据 Unicode 标准的定义，返回具有指定整数代码的 Unicode 字符。

（13）PATINDEX('%pattern%',expression)：返回模式在指定表达式中第一次出现的起始位置；如果在所有有效文本和字符数据类型中都找不到该模式，则返回 0。参数 pattern 包含要查找的序列的字符表达式，可以使用通配符，但其前后必须有“%”字符（搜索第一个或最后一个字符时除外）。参数 pattern 是字符串数据类型类别的表达式，最多包含 8000 个字符。

（14）QUOTENAME('character_string' [,'quote_character'])：返回带有分隔符的 Unicode 字符串，分隔符的加入可使输入的字符串成为有效的 SQL Server 分隔标识符。

（15）REPLACE(string_expression,string_pattern,string_replacement)：将出现的所有指定字符串值替换为另一个字符串值，即在第一个字符串中从头开始查找第二个字符串，找到后全部用第三个字符串替换。

（16）REPLICATE(string_expression,integer_expression)：以指定的次数重复字符串值。

（17）REVERSE(string_expression)：返回字符串值的逆序排序形式。

（18）RIGHT(character_expression,integer_expression)：返回字符串中从右边开始指定个数的字符子串。

（19）RTRIM(character_expression)：删除所有尾随空格后返回一个字符串。

（20）SOUNDEX(character_expression)：返回一个由 4 个字符组成的代码（SOUNDEX），用于评估两个字符串的相似性。

（21）SPACE(integer_expression)：返回由重复空格组成的字符串。integer_expression 参数表示空格的个数，如果其为负，则返回空字符串。

（22）STR(float_expression [,length[,decimal]])：返回由数字数据转换来的字符数据。字符数据右对齐，具有指定长度和十进制精度。其中，float_expression 参数是带小数点的近似数字（float）数据类型的表达式；length 参数表示总长度，包括小数点、符号、数字及空格，默认值为 10；decimal 参数表示小数点后的位数，必须小于或等于 16，如果 decimal 大于 16，则将结果截断为小数点右边的 16 位。

（23）STRING_AGG(expression,separator)：串联字符串表达式的值，并在其间放置分隔符值，但不能在字符串末尾添加分隔符。

（24）STRING_ESCAPE(text,type)：对文本中的特殊字符进行转义并返回含有转义字符的文本。

（25）STUFF(character_expression,start,length,replaceWith_expression)：从第一个字符串的开始位置删除指定长度的字符，然后在删除位置上插入第二个字符串，从而创建并返回一个新的字符串。

（26）SUBSTRING(expression,start,length)：返回 SQL Server 中的字符、二进制、文本或图像表达式的一部分。

（27）TRANSLATE(inputString,characters,translations)：将第二个参数中指定的某些字符转换为第三个参数中指定的字符后提供给第一个作为参数，返回一个新的字符串。

（28）TRIM([characters FROM]string)：删除字符串开头和结尾的空格字符或其他指定字符。

（29）UNICODE('ncharacter_expression')：按照 Unicode 标准的定义，返回输入表达式的第一个字符的整数值。

（30）UPPER(character_expression)：返回小写字符数据转换为大写字符数据的字符表达式。

【例 6-10】编写并执行如下 Transact-SQL 语句，注意观察执行结果。

```
SELECT ASCII('SQL'), ASCII('Server'), ASCII(0)
SELECT CHAR(83), CHAR(48)
SELECT LEFT('colleges and universities', 8)
SELECT RIGHT('colleges and universities', 12)
SELECT '(' + '    bus    ' + ')', '(' +    LTRIM ('    bus    ') + ')'
SELECT '(' + '    bus    ' + ')', '(' +    RTRIM ('    bus    ') + ')'
SELECT STR(3141.59,6,1), STR(123.45, 2, 2)
SELECT REVERSE('ABCDE')
SELECT LEN ('noN'), LEN('中国'), LEN(3.1415)
SELECT CHARINDEX('a','banana'), CHARINDEX('a','banana',4), CHARINDEX('na','banana',4)
SELECT SUBSTRING('breakfast',1,5), SUBSTRING('breakfast',LEN('breakfast')/2, LEN('breakfast'))
SELECT LOWER('GREAT'), LOWER('CHINA')
SELECT UPPER('Great'), UPPER ('china')
SELECT REPLACE('xxx.SQLServer2019.com.cn', 'x', 'w')
```

6.3.2 数学函数

数学函数主要用来处理数值数据，主要的数学函数有绝对值函数、三角函数（包括正弦函数、余弦函数、正切函数、余切函数等）、对数函数、随机数函数等。在错误产生时，数学函数将会返回空值 NULL。常用的数学函数有：

（1）ABS(numeric_expression)：返回指定数值表达式的绝对值（正值）。

（2）ACOS(float_expression)：返回以弧度表示的角，其正弦为指定的 float 表达式。也被称为反余弦。

（3）ASIN(float_expression)：返回以弧度表示的角，其正弦为指定的 float 表达式。也被称为反正弦。

（4）ATAN(float_expression)：返回以弧度表示的角，其正切为指定的 float 表达式。也被称为反正切。

（5）ATN2(float_expression,float_expression)：返回以弧度表示的角，该角位于正 x 轴和原点至点(x, y)的射线之间，其中 x 和 y 是两个指定的浮点表达式的值。

（6）CEILING(numeric_expression)：返回大于或等于指定数值表达式的最小整数。

（7）COS(float_expression)：返回指定表达式中以弧度测量的指定角的三角余弦。

（8）COT(float_expression)：返回指定的 float 表达式中所指定角度（以弧度为单位）的三角余切值。

（9）DEGREES(numeric_expression)：返回按弧度指定角的相应角度数。

（10）EXP(float_expression)：返回指定的 float 表达式的指数值。

（11）FLOOR(numeric_expression)：返回小于或等于指定数值表达式的最大整数。

（12）LOG(float_expression[,base])：返回指定 float 表达式的自然对数。

（13）LOG10(float_expression)：返回指定 float 表达式的以 10 为底的对数。

（14）PI()：返回 PI 的常量值。

（15）POWER(float_expression,y)：返回指定表达式的指定幂的值。

（16）RADIANS(numeric_expression)：返回输入的数值表达式（度）的弧度。

（17）RAND([seed])：返回一个介于 0～1（不包括 0 和 1）之间的伪随机 float 值。

（18）ROUND(numeric_expression,length[,function])：返回一个数值，舍入到指定的长度或精度。

（19）SIGN(numeric_expression)：返回指定表达式的正号（+）、0 或负号（-）。

（20）SIN(float_expression)：以近似数字（float）表达式返回指定角度（以弧度为单位）的三角正弦值。

（21）SQRT(float_expression)：返回指定浮点值的平方根。

（22）SQUARE(float_expression)：返回指定浮点值的平方。

（23）TAN(float_expression)：返回输入表达式的正切值。

【例 6-11】编写并执行如下 Transact-SQL 语句，注意观察执行结果。

```
SELECT ASCII('SQL'), ASCII('Server'), ASCII(0)
SELECT ABS(2), ABS(-3.3), ABS(-33), PI()
SELECT SQRT(90), SQRT(400)
SELECT RAND(), RAND(), RAND(10), RAND(10), RAND(11)
SELECT ROUND(13.58, 1), ROUND(13.58, 0), ROUND(2032.358, -1), ROUND(2032.358,-2)
SELECT SIGN(-2022),SIGN(0), SIGN(2022)
SELECT CEILING(-30.35),FLOOR(-30.35), CEILING(30.35), FLOOR(30.35)
SELECT POWER(2,2), POWER(2.00,-2), SQUARE (3), SQUARE (-3)
SELECT SQUARE (0), EXP(3), EXP(-3), EXP(0)
SELECT LOG(3), LOG(6), LOG10(1), LOG10(100), LOG10(1000)
SELECT RADIANS(45.0), RADIANS(180.0), DEGREES(PI()), DEGREES(PI()/4)
SELECT SIN(PI()/2), ROUND(SIN(PI()),0), ASIN(1), ASIN(0)
SELECT COS(0), COS(PI()), COS(1), ACOS(1), ACOS(0), ROUND(ACOS(0.5403023058681398),0)
SELECT TAN(0.3), ROUND(TAN(PI()/4),0), ATAN(0.3093362496096232), ATAN(1)
SELECT COT(0.3), 1/TAN(0.3), COT(PI()/4)
```

6.3.3　日期和时间函数

日期和时间函数主要用于处理日期值和时间值。一般的日期函数除使用 date 类型值的参数外，也可以使用 datetime 类型值的参数，但会忽略时间部分。相同的，以 time 类型值为参数的函数，可以接受 datetime 类型值的参数，但会忽略日期部分。常用的日期和时间函数有：

（1）@@DATEFIRST：返回每个星期的第一天对应的数值 n。SET DATEFIRST n 指定一周的第一天（星期日、星期一、星期二等）。n 的取值范围为 1～7。

（2）SYSDATETIME()：返回包含计算机的日期和时间的 datetime2(7)值。

（3）SYSDATETIMEOFFSET()：返回包含计算机的日期和时间的 datetimeoffset(7)值，包含时区偏移量。

（4）SYSUTCDATETIME()：返回包含计算机的日期和时间的 datetime2 值。日期和时间作为 UTC 时间（通用协调时间）返回，秒部分精度规范的范围为 1～7 位，默认精度为 7 位。

（5）GETDATE()：返回包含计算机的日期和时间的 datetime 值。

（6）CURRENT_TIMESTAMP：返回包含计算机的日期和时间的 datetime 值。

（7）GETUTCDATE()：返回包含计算机的日期和时间的 datetime 值。日期和时间作为 UTC 时间返回。

（8）YEAR(date)、MONTH(date)和 DAY(date)：返回表示指定 date 的年、月、日部分的整数。

（9）DATEPART(datepart,date)：返回表示指定 date 的指定 datepart 的整数。

（10）DATENAME(datepart,date)：返回表示指定 date 的指定 datepart 的字符串。

（11）DATEFROMPARTS(year,month,day)：返回映射到指定年、月、日值的 date 值。

（12）DATETIME2FROMPARTS(year,month,day,hour,minute,seconds,fractions,precision)：对指定的日期和时间返回 datetime2 值（具有指定精度）。

（13）DATETIMEFROMPARTS(year,month,day,hour,minute,seconds,milliseconds)：对指定的日期和时间返回 datetime 值。

（14）DATETIMEOFFSETFROMPARTS(year,month,day,hour,minute,seconds,fractions,hour_offset,minute_offset,precision)：对指定的日期和时间返回 datetimeoffset 值（具有指定的偏移量和精度）。

（15）SMALLDATETIMEFROMPARTS(year,month,day,hour,minute)：对指定的日期和时间返回 smalldatetime 值。

（16）TIMEFROMPARTS(hour,minute,seconds,fractions,precision)：对指定的时间返回 time 值（具有指定精度）。

（17）DATEDIFF(datepart,startdate,enddate)：返回指定的 startdate 和 enddate 之间所跨的指定 datepart 边界的计数（为带符号整数值）。

（18）DATEDIFF_BIG(datepart,startdate,enddate)：返回指定的 startdate 和 enddate 之间所跨的指定 datepart 边界的计数（为带符号大整数值）。

（19）DATEADD(datepart,number,date)：通过将一个时间间隔与指定 date 的指定 datepart 相加，返回一个新的 datetime 值。

（20）EOMONTH(start_date[,month_to_add])：返回包含指定日期的月份的最后一天（具有可选偏移量）。

（21）ISDATE(expression)：确定输入表达式是否为有效的日期或时间值。如果表达式是有效的 datetime 值，则返回 1；否则返回 0。如果表达式为 datetime2 值，则 ISDATE 返回 0。其中，expression 为字符串或者可以转换为字符串的表达式。

（22）FORMAT(value,format[,culture])：返回以指定格式和可选的区域性格式化的值。

说明：datepart 参数的名称和缩写见表 6-1。

表 6-1　datepart 的名称和缩写

序号	名称	缩写	序号	名称	缩写
1	year	yy、yyyy	9	minute	mi、n
2	quarter	qq、q	10	second	ss、s
3	month	mm、m	11	millisecond	ms
4	dayofyear	dy、y	12	microsecond	mcs
5	day	dd、d	13	nanosecond	ns
6	week	wk、ww	14	tzoffset	tz
7	weekday	dw	15	iso_week	isowk、isoww
8	hour	hh			

【例 6-12】编写并执行如下 Transact-SQL 语句，注意观察执行结果。

```
SELECT @@DATEFIRST
SELECT SYSDATETIME( ),SYSDATETIMEOFFSET( ),SYSUTCDATETIME ( )
SELECT GETDATE( ), CURRENT_TIMESTAMP, GETUTCDATE( )
SELECT YEAR(GETDATE( )), MONTH(GETDATE( )), DAY(GETDATE( ))
SELECT DATEPART(WEEKDAY,GETDATE( )), DATEPART(WEEK,GETDATE( ))
SELECT DATENAME(WEEKDAY,GETDATE( )), DATENAME(WEEK,GETDATE( ))
SELECT DATEFROMPARTS(2022, 10, 12) AS Result
SELECT DATEDIFF(year, '2021-12-31 23:59:59.9999999', '2022-01-01 00:00:00.0000000')
SELECT DATEDIFF(quarter, '2021-12-31 23:59:59.9999999', '2022-01-01 00:00:00.0000000')
SELECT DATEADD(month, 1, '20221012'),DATEADD(month, 1, '2022-10-12')
```

6.3.4　数据类型转换函数

在同时处理不同数据类型的值时，SQL Server 一般会自动进行隐式类型转换。这种隐式类型转换对于数据类型相近的数值是有效的，比如整数类型和浮点数据类型，但是对于其他数据类型，例如整数类型和字符数据类型，就无法实现了，此时必须使用显式转换。为了实现显式转换，Transact-SQL 提供了两个转换的函数：CAST()函数和 CONVERT()函数，其语法格式如下。

```
-- CAST 函数
CAST (expression AS data_type [(length)])

-- CONVERT 函数
CONVERT(data_type [(length)], expression [, style])
```

【例 6-13】使用 CAST()函数和 CONVERT()函数进行数据类型的转换。

Transact-SQL 语句如下。

```
SELECT CAST('20221012' AS DATE), CAST(100 AS CHAR(3)), CONVERT(TIME,'2022-10-12 18:41:10')
DECLARE @myval DECIMAL(5, 2)
SET @myval=193.57
SELECT CAST(CAST(@myval AS VARBINARY(20)) AS DECIMAL(10,5))
SELECT CONVERT(DECIMAL(10,5), CONVERT(VARBINARY(20), @myval))
```

执行结果如图 6-9 所示。

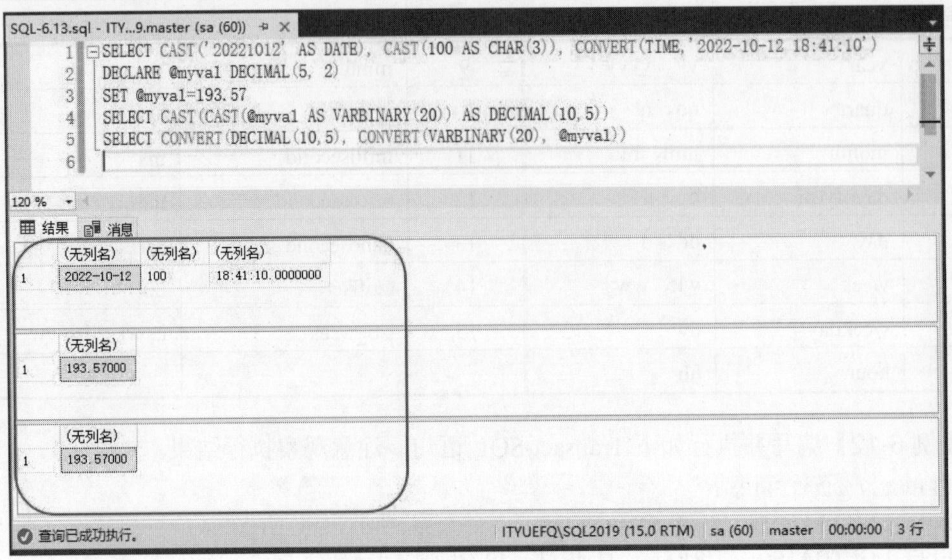

图 6-9　例 6-13 执行结果

6.3.5　文本与图像函数

文本函数和图像函数用于对文本或图像输入值或字段进行操作，并提供该值的基本信息。Transact-SQL 中常用的文本函数有两个：TEXTPTR()函数和 TEXTVALID()函数。

（1）TEXTPTR(column)：用于返回对应 varbinary 格式的“text”“ntext”或者“image”字段的文本指针值。查找到的文本指针值可应用于 READTEXT、WRITETEXT 和 UPDATETEXT 语句。其中参数 column 是一个数据类型为 text、ntext 或者 image 的字段。

（2）TEXTVALID('table.column', text_ptr)：用于检查特定文本指针是否为有效的 text、ntext 或 image 数据类型。参数 table.column 为指定的数据表和字段，参数 text_ptr 为要检查的文本指针。

【例 6-14】编写 Transact-SQL 程序，完成如下操作。

（1）查询“test”数据表中“c2”字段十六字节文本指针。

（2）检查是否存在用于“test”数据表的“c2”字段中各个值的有效文本指针。

Transact-SQL 语句如下。

```
--设置“teaching”为当前数据库
USE teaching
--创建“test”数据表并插入测试数据
CREATE TABLE test (c1 int, c2 text)
INSERT test VALUES ('1', 'This is text1.'),('2', 'This is text2.')
GO

--查询“test”数据表中“c2”字段十六字节文本指针
SELECT c1,c2,TEXTPTR(c2) FROM test
--查询“test”数据表中“c2”字段十六字节文本指针
```

```
SELECT c1, TEXTVALID('test.c2', TEXTPTR(c2)) 'This is text' FROM test
--删除 test 数据表
DROP TABLE test
GO
```

执行结果如图 6-10 所示。

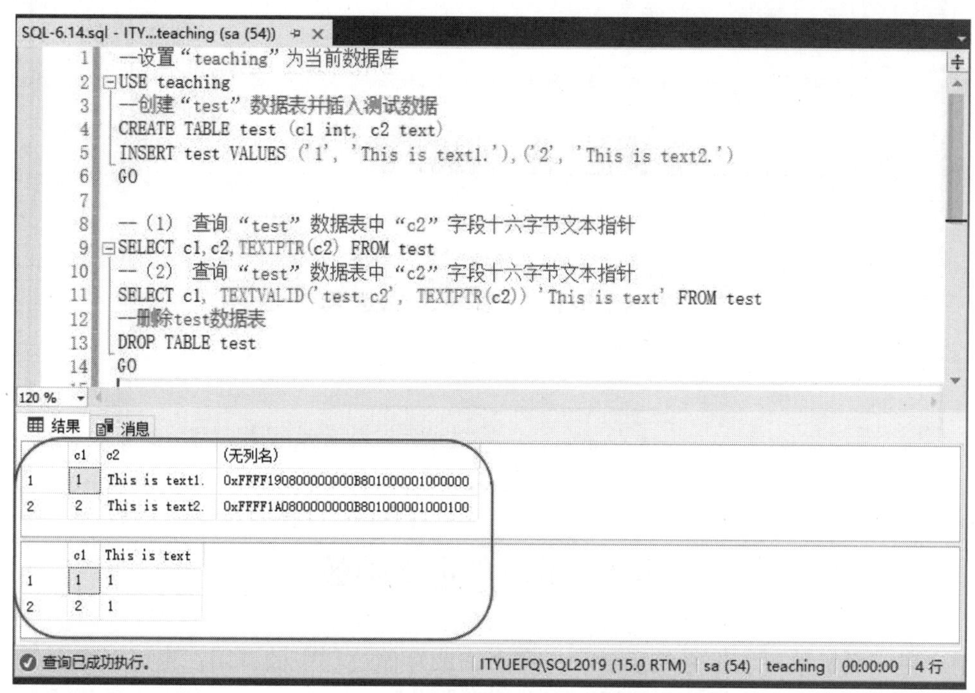

图 6-10 例 6-14 执行结果

6.3.6 系统函数

系统信息包括当前使用的数据库名称、主机名、系统错误信息以及用户名称等内容。使用 SQL Server 中的系统函数可以在需要的时候获取这些信息。

【例 6-15】使用 SQL Server 提供的系统函数查询 SQL Server 数据库的一些基本信息。

Transact-SQL 语句如下。

```
--设置“teaching”为当前数据库
USE teaching

--数据库实例信息
SELECT HOST_ID(), HOST_NAME()

--数据库信息
SELECT DB_ID(), DB_NAME()

--用户信息
SELECT SUSER_ID(), SUSER_NAME(),SUSER_SID(), SUSER_SNAME(), USER_SID(), USER_NAME()
```

执行结果如图 6-11 所示。

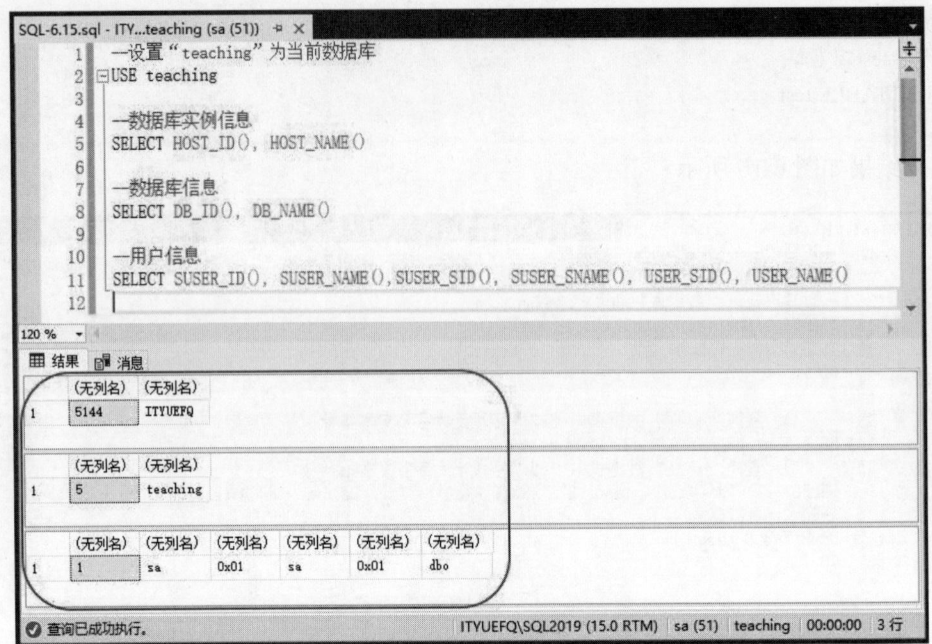

图 6-11 例 6-15 执行结果

6.4 用户自定义函数

用户自定义函数可以像系统函数一样在查询或存储过程中被调用，也可以像存储过程一样使用 EXECUTE 命令执行。与编程语言中的函数类似，SQL Server 2019 中的用户自定义函数可以接收参数、执行操作（例如复杂计算）并将操作结果以值的形式返回，返回值可以是单个标量值或结果集。

根据用户自定义函数返回值的类型，分为标量值函数、内联表值函数和多语句表值函数 3 种类型。

6.4.1 使用对象资源管理器新建用户自定义函数

在“对象资源管理器”窗口中，使用菜单命令新建用户自定义函数的操作步骤如下。

（1）启动 SSMS，并连接到数据库服务器实例。

（2）在左侧的“对象资源管理器”窗口中，依次展开“数据库”→“teaching”→“可编程性”节点。

（3）右击“函数”节点，在弹出的快捷菜单中单击相应命令（例如标量值函数），如图 6-12 所示。

（4）打开的通用模板给出了创建标量函数所需语句的基本格式，如图 6-13 所示。

（5）根据需要修改其中的语句后，单击“分析”按钮，检查语法是否正确。

（6）最后单击工具栏上的“执行”按钮，即可完成用户自定义函数的新建操作。

技巧： 也可展开“可编程性”→“函数”节点，直接右击“标量值函数”节点或“表值函数”节点，在弹出的快捷菜单中单击对应的菜单命令进入“函数编辑”窗口。

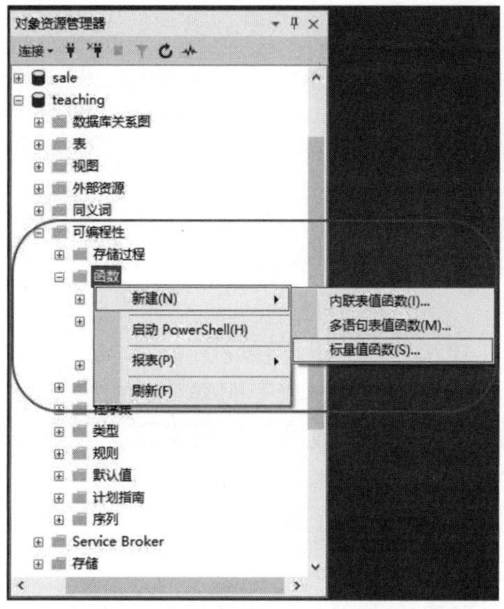

图 6-12　“标量值函数”菜单命令

```
-- =============================================
-- Author:       <Author,,Name>
-- Create date: <Create Date, ,>
-- Description: <Description, ,>
-- =============================================
CREATE FUNCTION <Scalar_Function_Name, sysname, FunctionName>
(
    -- Add the parameters for the function here
    <@Param1, sysname, @p1> <Data_Type_For_Param1, , int>
)
RETURNS <Function_Data_Type, ,int>
AS
BEGIN
    -- Declare the return variable here
    DECLARE <@ResultVar, sysname, @Result> <Function_Data_Type, ,int>

    -- Add the T-SQL statements to compute the return value here
    SELECT <@ResultVar, sysname, @Result> = <@Param1, sysname, @p1>

    -- Return the result of the function
    RETURN <@ResultVar, sysname, @Result>

END
GO
```

图 6-13　“标量值函数”通用模板

6.4.2　新建和调用标量值函数

标量函数返回一个确定类型的标量值，对于多语句标量函数，定义在 BEGIN…END 块中的函数体包含一系列返回单个值的 Transact-SQL 语句。返回值数据类型可以是除 text、ntext、image、cursor 和 timestamp 外的任何数据类型。新建标量值函数的语法格式如下。

```
CREATE FUNCTION [ schema_name. ] function_name
(
    [ { @parameter_name [ AS ] parameter_data_type [ = default ] [ READONLY ] }
    [ ,...n ]
    ]
)
```

```
RETURNS return_data_type
    [ WITH ENCRYPTION [ , ...n ] ]
    [ AS ]
    BEGIN
        function_body
        RETURN scalar_expression
    END
```

说明：

- function_name：用户自定义函数的名称。
- @parameter_name：用户自定义函数中的参数，可声明一个或多个参数（一个函数最多可以有 2100 个参数。执行函数时，如果未定义参数的默认值，则用户必须提供每个已声明参数的值）。
- parameter_data_type：参数的数据类型。
- [=default]：参数的默认值。
- return_data_type：标量用户自定义函数的返回值类型。
- function_body：指定一系列定义函数值的 Transact-SQL 语句，其仅用于标量值函数和多语句表值函数。
- RETURN scalar_expression：指定标量函数返回的标量值。

调用标量值函数的语法格式如下。

```
SELECT 所有者名.函数名 (实参 1,…,实参 n )
```

或

```
EXECUTE 所有者名.函数名 实参 1,…,实参 n
```

或

```
EXECUTE 所有者名.函数名 形参名 1=实参 1,…,形参名 n=实参 n
```

【例 6-16】新建标量值函数 GetStuNameBysno，根据指定学生的学号（sno）值，返回该学生的姓名。

Transact-SQL 语句如下。

```
--设置“teaching”为当前数据库
USE teaching
GO

--若标量值函数 GetStuNameBysno 存在，则先删除
DROP FUNCTION IF EXISTS GetStuNameBysno
GO

--新建标量值函数 GetStuNameBysno，根据指定学生的学号（sno）值，返回该学生的姓名
CREATE FUNCTION GetStuNameBysno
(
    @sno NCHAR(10)
)
RETURNS NVARCHAR(50)
AS
```

```
    BEGIN
        DECLARE @sname NVARCHAR(50)
        SET @sname=( SELECT sname FROM student WHERE sno=@sno )
        RETURN @sname
    END
GO

--调用标量值函数方法 1
SELECT dbo.GetStuNameBysno('2201000009') AS '学号为 2201000009 学生的姓名'
GO

--调用标量值函数方法 2
DECLARE @sname NVARCHAR(50)
EXECUTE @sname=dbo.GetStuNameBysno '2203000003'
SELECT @sname AS '学号为 2203000003 学生的姓名'
GO

--调用标量值函数方法 3
DECLARE @sname NVARCHAR(50)
EXECUTE @sname=dbo.GetStuNameBysno @sno='2204000005'
SELECT @sname AS '学号为 2204000005 学生的姓名'
GO
```

执行结果如图 6-14 所示。

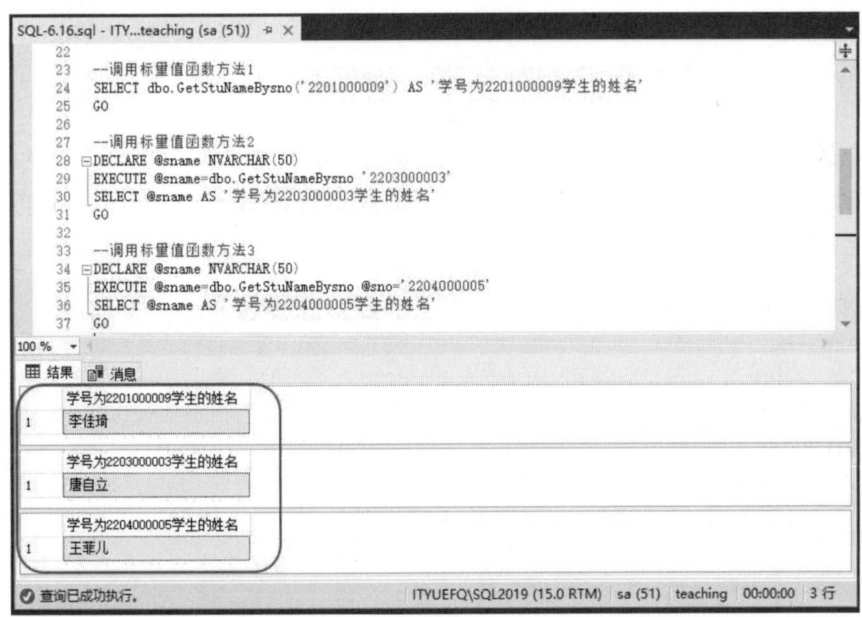

图 6-14　例 6-16 执行结果

6.4.3　新建和调用内联表值函数

内联表值函数是返回值数据类型为 table 的函数，内联表值函数没有由 BEGIN…END 语句括起来的函数体，返回值是单个 SELECT 语句查询的结果。内联表值函数相当于一个参数化的视图。新建内联表值函数的语法格式如下。

```
CREATE FUNCTION [ schema_name. ] function_name
(
    [ { @parameter_name [ AS ] parameter_data_type [ = default ] [ READONLY ] }
    [ ,...n ]
    ]
)
RETURNS TABLE
[ WITH ENCRYPTION [ , ...n ] ]
[ AS ]
RETURN [ ( ] select_stmt [ ) ]
```

说明：

- RETURNS 语句仅包含关键字 TABLE，表示此函数返回一个表。
- 内联表值函数的函数体仅有一条 RETURN 语句，并通过 SELECT 语句返回内联表值。
- 内联表值函数只能通过 SELECT 语句调用，调用时，可以仅使用函数名。

【例 6-17】 新建内联表值函数 GetTeacherBydept，根据指定教师所在院系（dept）的值，返回该学院的所有教师信息。

Transact-SQL 语句如下。

```
--设置“teaching”为当前数据库
USE teaching
GO

--若内联表值函数 GetTeacherBydept 存在，则先删除
DROP FUNCTION IF EXISTS GetTeacherBydept
GO

--新建内联表值函数 GetTeacherBydept，根据指定教师所在院系（dept）的值，返回该学院的所有教师信息
CREATE FUNCTION GetTeacherBydept
(
    @dept NVARCHAR(50)
)
RETURNS TABLE
AS
    RETURN
    (
        SELECT * FROM teacher WHERE dept=@dept
    )
GO

--调用内联表值函数
SELECT * FROM GetTeacherBydept('信息技术学院')
SELECT * FROM GetTeacherBydept('理学院')
GO
```

执行结果如图 6-15 所示。

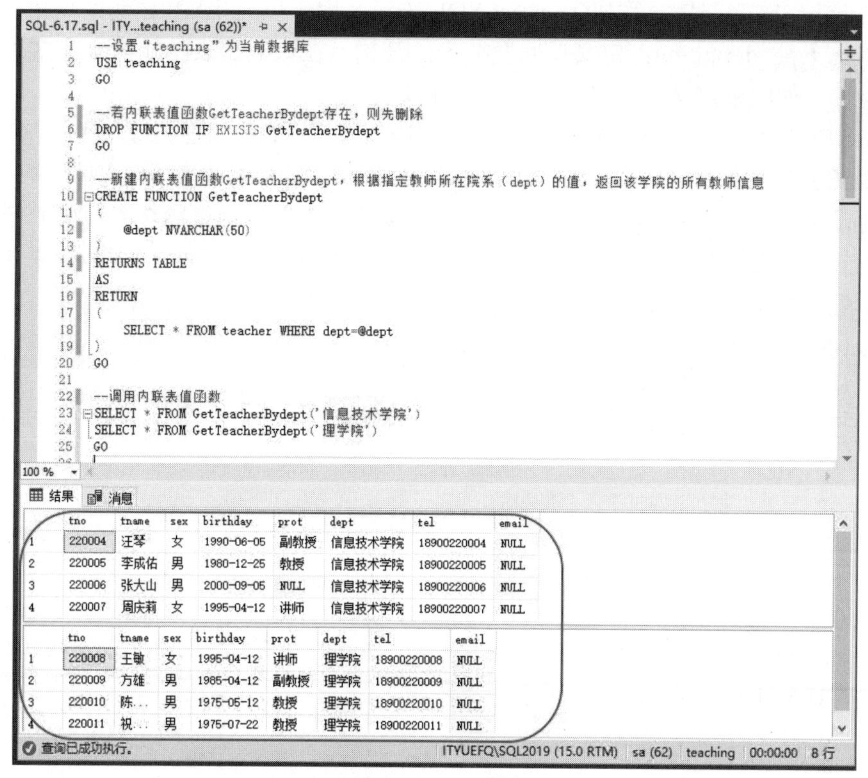

图 6-15 例 6-17 执行结果

6.4.4 新建和调用多语句表值函数

多语句表值函数可以看作标量值函数和内联表值函数的结合体。该函数的返回值是一个数据表，但它和标量值函数一样，有一个用 BEGIN…END 语句包含起来的函数体，返回值数据表中的数据是由函数体中语句插入的。由此可见，它可以进行多次查询，对数据进行多次筛选与合并，弥补了内联表值函数的不足。新建多语句表值函数的语法格式如下。

```
CREATE FUNCTION [ schema_name. ] function_name
(
    [ { @parameter_name [ AS ] parameter_data_type [ = default ] [ READONLY ] }
    [ ,...n ]
    ]
)
RETURNS @return_variable TABLE <table_type_definition>
   [ WITH ENCRYPTION [ , ...n ] ]
   [ AS ]
   BEGIN
       function_body
       RETURN
   END
```

说明：

- function_body：是一系列 Transact-SQL 语句，用于填充 TABLE 返回变量。
- table_type_definition：定义返回数据表的结构，在该数据表结构的定义中可以包含列定义、列约束定义、计算列和表约束定义。
- 在 SELECT 语句的 FROM 子句中使用多语句表值函数（同视图），可以仅使用函数名。

【例 6-18】 定义查询指定学院的学生的姓名、性别和年龄类型的多语句表值函数 f_StuType，其中年龄的设置规则如下：如果该学生的年龄超过该学院学生平均年龄 2 岁，则为“年龄偏大”；如果该学生的年龄在该学院学生平均年龄-1～+2 范围内，则为“年龄正常”；如果该学生的年龄小于该学院学生平均年龄 1 岁，则为“年龄偏小”。

Transact-SQL 语句如下。

```
--设置“teaching”为当前数据库
USE teaching
GO

--若内联表值函数 f_StuType 存在，则先删除
DROP FUNCTION IF EXISTS f_StuType
GO

--新建“f_StuType”多语句表值函数
CREATE FUNCTION f_StuType
(
    @dept NVARCHAR(50)
)
RETURNS @retStuType TABLE
    ( 学号  NCHAR(10),性别  NCHAR(1),年龄  NCHAR(4) )
    AS
    BEGIN
        DECLARE @avgage int
        SET @avgage=( SELECT AVG(YEAR(GETDATE())-YEAR(birthday))
                      FROM student
                      WHERE dept=@dept )
        INSERT INTO @retStuType
        SELECT sno, sex, CASE
            WHEN (YEAR(GETDATE())-YEAR(birthday))>@avgage+2 THEN '年龄偏大'
            WHEN (YEAR(GETDATE())-YEAR(birthday))BETWEEN @avgage-1 AND @avgage+2
                THEN '年龄正常'
            ELSE '年龄偏小'
            END
        FROM student WHERE dept=@dept
    RETURN
    END
GO

--调用多语句表值函数
```

```
SELECT * FROM f_StuType('信息技术学院')
GO
```

执行结果如图 6-16 所示。

结果 消息

	学号	性别	年龄
1	2202000001	男	年龄正常
2	2202000002	女	年龄正常
3	2202000003	男	年龄正常
4	2202000004	男	年龄正常
5	2202000005	男	年龄正常
6	2202000006	女	年龄正常
7	2202000007	男	年龄正常

查询已成功执行。 ITYUEFQ\SQL2019 (15.0 RTM) | sa (65) | teaching | 00:00:00 | 7 行

图 6-16 例 6-18 执行结果

6.4.5 查看和修改用户自定义函数

新建好用户自定义函数后，可以通过对象资源管理器窗口的菜单命令或使用 Transact-SQL 语句来查看和修改已存在的用户自定义函数。

1. 使用对象资源管理器查看和修改用户自定义函数

在对象资源管理器窗口中，查看和修改用户自定义标量值函数 GetStuNameBysno 的操作步骤如下。

（1）启动 SSMS，并连接到数据库服务器实例。

（2）在左侧的“对象资源管理器”窗口中，依次展开“数据库”→“teaching”→“可编程性”→“函数”→“标量值函数”节点。

（3）右击 GetStuNameBysno 自定义函数，在弹出的快捷菜单中单击“修改”菜单命令。

（4）系统重新打开“函数编辑”窗口，如图 6-17 所示。

SQLQuery4.sql - I...teaching (sa (58))

```
USE [teaching]
GO
/****** Object:  UserDefinedFunction [dbo].[GetStuNameBysno]    Script Date: 2022/10/13 23:44:46 ******/
SET ANSI_NULLS ON
GO
SET QUOTED_IDENTIFIER ON
GO

--新建标量函数GetStuNameBysno，根据指定学生的学号（sno）值，返回该学生的姓名
ALTER FUNCTION [dbo].[GetStuNameBysno]
(
    @sno NCHAR(10)
)
RETURNS NVARCHAR(50)
AS
    BEGIN
        DECLARE @sname NVARCHAR(50)
        SET @sname=( SELECT sname FROM student WHERE sno=@sno )
        RETURN @sname
    END

```

120 %

已连接。(1/1) ITYUEFQ\SQL2019 (15.0 RTM) | sa (58) | teaching | 00:00:00 | 0 行

图 6-17 “函数编辑”窗口

注意：

- 图 6-17 中显示为用户自定义标量值函数 GetStuNameBysno 时的代码，但是已由 CREATE FUNCTION 改变为 ALTER FUNCTION 语句。
- 代码完成修改之后，必须单击工具栏上的“执行”按钮，才能使修改生效。
- 如果需要查看和修改的是内联表值函数或多语句表值函数，则需展开“表值函数”节点。

2. 使用 Transact-SQL 语句查看和修改用户自定义函数

使用 Transact-SQL 中的 ALTER FUNCTION 语句可以直接修改函数定义，其语法格式如下。

```
ALTER FUNCTION 函数名
<新函数定义语句>
```

修改函数定义的语句与定义函数的语句基本一致，只是将 CREATE FUNCTION 改为 ALTER FUNCTION。

6.4.6 删除用户自定义函数

当用户自定义函数不再被需要时，可以将其删除。在 SQL Server 2019 中，可以在对象资源管理器中删除用户自定义函数，也可以使用 Transact-SQL 中的 DROP 语句进行删除。

1. 使用对象资源管理器删除用户自定义函数

删除自定义函数可以在对象资源管理器中完成，具体操作步骤如下。

（1）选择需要删除的用户自定义函数（如 GetStuNameBysno），右击并在弹出的快捷菜单中单击“删除”菜单命令。

（2）打开“删除对象”对话框，单击“确定”按钮，即可完成用户自定义函数的删除操作。

注意：该方法一次只能删除一个用户自定义函数。

2. 使用 Transact-SQL 语句删除用户自定义函数

使用 DROP FUNCTION 语句可以从当前数据库中删除一个或多个用户自定义函数，其语法格式如下。

```
DROP FUNCTION [ IF EXISTS ] { [ schema_name. ] function_name } [ ,...n ]
```

【例 6-19】使用 DROP FUNCTION 语句，一次性删除内联表值函数 GetTeacherBydept 和多语句表值函数 f_StuType。

Transact-SQL 语句如下。

```
--设置“teaching”为当前数据库
USE teaching
GO

--若内联表值函数 GetTeacherBydept 和多语句表值函数 f_StuType 存在，则删除
DROP FUNCTION IF EXISTS GetTeacherBydept, f_StuType
GO
```

6.5　游　　标

使用 SELECT 语句查询能返回所有满足条件的行，这一完整的行集被称为结果集。关系数据库中的操作会对整个结果集产生影响。但是在实际开发应用程序时，往往需要处理结果集中的一行或部分行。游标是提供这种机制的结果集扩展。

6.5.1　声明游标

声明游标实际上是定义服务器游标的特性，如游标的滚动行为和用于生成游标结果集的查询语句。声明游标使用 DECLARE CURSOR 语句，其语法格式如下。

```
DECLARE cursor_name CURSOR
[ LOCAL | GLOBAL ]                                          --游标作用域
[ FORWARD_ONLY | SCROLL ]                                   --游标移动方向
[ STATIC | KEYSET | DYNAMIC | FAST_FORWARD ]                --游标类型
[ READ_ONLY | SCROLL_LOCKS | OPTIMISTIC ]                   --访问属性
[ TYPE_WARNING ]                                            --类型转换警告信息
FOR select_statement                                        --SELECT 查询语句
[ FOR UPDATE [ OF column_name [ ,...n ] ] ]                 --可修改的列
```

说明：

- cursor_name：服务器游标的名称。
- LOCAL|GLOBAL：说明游标的作用域。LOCAL 说明所声明的游标是局部游标，其作用域为创建它的批处理、存储过程或触发器，该游标名称仅在这个作用域内有效。GLOBAL 说明所声明的游标是全局游标，它在由连接执行的任何存储过程或批处理中都可以使用，在连接释放时游标自动释放。若两者均未指定，则默认值由 default to local cursor 数据库选项的设置指定。
- FORWARD_ONLY|SCROLL：说明游标的移动方向。FORWARD_ONLY 表示游标只能从第一行滚动到最后一行，即该游标只能支持 FETCH 的 NEXT 提取选项。SCROLL 说明所声明的游标可以前滚、后滚，可使用所有的提取选项（FIRST，LAST，PRIOR，NEXT，RELATIVE，ABSOLUTE）。如果省略 SCROLL，则只能使用 NEXT 提取选项。
- STATIC|KEYSET|DYNAMIC|FAST_FORWARD：指定游标的类型。

1）STATIC：定义一个静态游标。静态游标的完整结果集在游标打开时建立在 tempdb 中，一旦打开后，就不再变化。数据库中所做的任何影响结果集成员的更改都不会反映到游标中，新的数据值不会显示在静态游标中。静态游标只能是只读的。

2）KEYSET：定义一个键集驱动游标。打开键集驱动游标时，游标中行的成员身份和顺序已经固定。对行进行唯一标识的键集内置在 tempdb 内 keyset 表中。可以通过键集驱动游标修改基表中的非关键字列的值，但不可插入数据。

3）DYNAMIC：定义一个动态游标。动态游标能够反映对结果集所做的更改。结果集中的行数据值、顺序和成员在每次提取时都会改变。所有用户编写的全部 UPDATE、INSERT 和 DELETE 语句均通过游标反映出来，并且如果使用 WHERE CURRENT OF 子句通过游标进行

更新，则会立即在游标中反映出来，而在游标外部所做的更新直到提交时才可见。动态游标不支持 ABSOLUTE 提取选项。

4）FAST_FORWARD：定义一个快速只向前游标。只进游标只支持游标从头到尾顺序提取数据。对所有由当前用户发出或由其他用户提交，并且，影响结果集中行的 INSERT、UPDATE、DELECT 语句对数据的修改，在从游标中提取时可立即反映出来。因只进游标不能向后滚动，所以在行提取后对行所做的更改对游标是不可见的。

- READ_ONLY|SCROLL_LOCKS|OPTIMISTIC：说明游标或基表的访问属性。READ_ONLY 说明所声明的游标是只读的，不能通过该游标更新数据。SCROLL_LOCKS 说明通过游标完成的定位更新或定位删除可以成功。如果声明中已指定了 FAST_FORWARD，则不能指定 SCROLL_LOCKS。OPTIMISTIC 说明如果行自从被读入游标以来已得到更新，则通过游标进行的定位更新或定位删除不成功。如果声明中已指定了 FAST_FORWARD，则不能指定 OPTIMISTIC。
- TYPE_WARNING：指定若游标从所请求的类型隐性转换为另一种类型，则给客户端发送警告消息。
- select_statement：SELECT 查询语句，由该查询产生与所声明的游标相关联的结果集。该 SELECT 语句中不能出现 COMPUTE、COMPUTE BY、INTO、FOR BROWSE 关键字。
- FOR UPDATE：指出游标中可以更新的列，若有参数 OF column_name[,…n]，则只能修改给出的这些列，若在 UPDATE 中未指出列，则可以修改所有列。

6.5.2 打开游标

在使用游标之前，必须打开游标，打开游标的语法格式如下。

```
OPEN [GLOBAL] cursor_name | cursor_variable_name
```

说明：

- GLOBAL：指定 cursor_name 是全局游标。
- cursor_name：已声明的游标的名称。如果全局游标和局部游标都使用 cursor_name 作为其名称，那么如果指定了 GLOBAL，则 cursor_name 指的是全局游标；否则 cursor_name 指的就是局部游标。
- cursor_variable_name：游标变量的名称，该变量引用一个游标。

打开游标时，通过执行在 DECLARE CURSOR(SET cursor_variable)语句中指定的 SELECT 查询语句填充游标（即生成与游标相关联的结果集）。

打开游标后，可以通过全局变量@@CURSOR_ROWS 来获取游标中的记录行数。@@CURSOR_ROWS 有以下 4 种取值（其中 m 为正整数）。

（1）-m：游标采用异步方式填充，m 为当前键集中已填充的行数。

（2）-1：游标为动态游标，游标中的行数是动态变化的，因此不能确定。

（3）0：指定的游标没有被打开，或是打开的游标已被关闭或释放。

（4）m：游标已被完全填充，m 为游标中的数据行数。

可见，如果需要知道游标中记录的行数，则游标类型一定要是 STATIC 或 KEYSET。

注意：只能打开已声明但还没有打开的游标。

6.5.3 处理数据

打开游标后，就可以对游标中的数据进行处理，从而从大量的数据中推导并提取出对某些特定场景有价值、有意义的数据。

1. 读取游标中的数据

声明并打开游标后，当前行指针指向结果集中的第一行，可以使用 FETCH 语句从结果集中读取数据。其语法格式如下。

```
FETCH [ [ NEXT | PRIOR | FIRST | LAST | ABSOLUTE { n | @nvar } | RELATIVE { n | @nvar } ]
FROM ] { { [ GLOBAL ] cursor_name } | @cursor_variable_name }
[ INTO @variable_name [ ,...n ] ]
```

说明：

- cursor_name：要从中读取数据的游标名。
- NEXT|PRIOR|FIRST|LAST|ABSOLUTE|RELATIVE：用于说明读取数据的位置。

1）NEXT：读取当前行的下一行，并且使其置为当前行。如果 FETCH NEXT 是对游标的第一次提取操作，则读取的是结果集的第一行。NEXT 为默认的游标提取选项。

2）PRIOR：读取当前行的前一行，并且使其置为当前行，如果 FETCH PRIOR 是对游标的第一次提取操作，则无值返回且游标置于第一行之前。

3）FIRST：读取游标中的第一行并将其作为当前行。

4）LAST：读取游标中的最后一行并将其作为当前行。

5）ABSOLUTE{n|@nvar}：若 n 或@nvar 为正数，则读取从游标头开始的第 n 行并将读取的行变成新的当前行；若 n 或@nvar 为负数，则读取游标尾之前的第 n 行并将读取的行变成新的当前行；若 n 或@nvar 为 0，则没有返回行。

6）RELATIVE{n|@nvar}：若 n 或@nvar 为正数，则读取当前行之后的第 n 行并将读取的行变成新的当前行；若 n 或@nvar 为负数，则读取当前行之前的第 n 行并将读取的行变成新的当前行；若 n 或@nvar 为 0，则读取当前行。如果对游标的第一次读取操作时将 FETCH RELATIVE 中的 n 或@nvar 指定为负数或 0，则没有返回行。

- INTO：说明将读取的游标数据存放到指定的变量中。
- GLOBAL：全局游标。

在对游标数据进行读取的过程中，可以使用@@FECHECH_STATUS 全局变量判断数据提取的状态。在对游标进行读取操作前，@@FECHECH_STATUS 的值未定义，读取后其返回 int 数据类型：0 表示 FECHECH 语句执行成功；-1 表示执行失败或此行不在结果集中；-2 表示要提取的行不存在。

技巧：

- 建议在每执行一条 FECHECH 语句后，都应测试一下@@FECHECH_STATUS 全局变量的值，以观察提取游标数据的当前语句的执行情况。
- 使用 FETCH 语句从结果集中读取单行数据，并将每列中的数据移至指定的变量中，以便其他 Transact-SQL 语句引用这些变量来访问读取的数据值。根据需要，可以对游标中当前位置的行执行修改操作（更新或删除）。

2. 使用游标修改数据

如果游标没有声明为只读游标，就可以使用游标修改游标基表中当前行的字段值。一条UPDATE 语句只能修改一行游标基表中的数据，其语法格式如下。

```
UPDATE table_name
SET column_name=expression
WHERE CURRENT OF cursor_name
```

3. 使用游标删除数据

如果游标没有声明为只读游标，就可以使用游标删除游标基表中的当前行。一条 DELETE 语句只能删除一个游标基表中的数据，其语法格式如下。

```
DELETE FROM table_name
WHERE CURRENT OF cursor_name
```

6.5.4 关闭游标

在 SQL Server 2019 中打开游标后，服务器会专门为游标开辟一定的内存空间存放游标操作的结果集，同时游标的使用也会根据具体情况对某些数据进行封锁。所以在不使用游标的时候，可以将其关闭，以释放游标所占用的服务器资源。关闭游标使用 CLOSE 语句，语法格式如下。

```
CLOSE [ GLOBAL ] cursor_name | cursor_variable_name
```

注意：

- CLOSE 语句关闭游标并释放当前结果集，解除定位于游标行上的游标锁定，从而关闭一个打开的游标。CLOSE 语句将保留数据结构以便重新打开，但在重新打开游标之前，不允许提取和定位更新。
- 只能对打开的游标执行 CLOSE 语句，不允许对仅声明或已关闭的游标执行 CLOSE 语句。

6.5.5 释放游标

使用 CLOSE 语句关闭游标后，系统并没有完全释放游标资源，也没有改变游标的定义，需要时可再使用 OPEN 语句打开此游标。如果确认游标不再需要，需要用 DEALLOCATE 语句释放其占用的系统空间，即释放游标，其语法格式如下。

```
DEALLOCATE [ GLOBAL ] cursor_name | @cursor_variable_name
```

注意：游标释放后，不可以再使用 OPEN 语句重新打开，必须使用 DECLARE 语句重建游标。

【例 6-20】编写 Transact-SQL 程序，完成如下操作。

（1）使用@@CURSOR_ROWS 变量统计课程类型为“限选”的课程门数。

（2）依次显示课程类型为“限选”的课程详细信息。

（3）将课程类型为“限选”的第 2 门课程的学分数修改为 5。

（4）将课程类型为“限选”的第 2 门课程信息删除。

Transact-SQL 语句如下。

```
--设置“teaching”为当前数据库
```

```
USE teaching
GO

--使用@@CURSOR_ROWS 变量统计课程类型为“限选”的课程门数
DECLARE c_cur1 CURSOR                                          --声明游标
      STATIC                                                   --静态游标
      FOR SELECT * FROM course WHERE type='限选'
OPEN c_cur1                                                    --打开游标
SELECT @@CURSOR_ROWS AS 限选课程的门数为                          --统计课程门数
CLOSE c_cur1                                                   --关闭游标
DEALLOCATE c_cur1                                              --释放游标
GO

--准备数据
DROP TABLE IF EXISTS course1
SELECT * INTO course1 FROM course
GO

--依次显示课程类型为“限选”的课程详细信息
DECLARE c_cur2 CURSOR                                          --声明游标
      DYNAMIC                                                  --动态游标
      FOR SELECT * FROM course1 WHERE type='限选'
      FOR UPDATE OF credit                                     --可对学分列进行修改
OPEN c_cur2                                                    --打开游标
FETCH FIRST FROM c_cur2                                        --提取第一行数据
WHILE @@FETCH_STATUS=0
      BEGIN
            FETCH NEXT FROM c_cur2                             --提取下一行数据
      END
CLOSE c_cur2                                                   --关闭游标
GO

--将课程类型为“限选”的第 2 门课程的学分数修改为 5
OPEN c_cur2                                                    --重新打开游标
FETCH NEXT FROM c_cur2                                         --提取第一行数据
FETCH NEXT FROM c_cur2                                         --提取第二行数据
UPDATE course1 SET credit=5 WHERE CURRENT OF c_cur2            --更新数据
SELECT * FROM course1 WHERE type='限选'                         --验证结果
CLOSE c_cur2                                                   --关闭游标
GO

--将课程类型为“限选”的第 2 门课程信息删除
OPEN c_cur2                                                    --重新打开游标
FETCH NEXT FROM c_cur2                                         --提取第一行数据
FETCH NEXT FROM c_cur2                                         --提取第二行数据
DELETE FROM course1 WHERE CURRENT OF c_cur2                    --删除数据
```

```
SELECT * FROM course1 WHERE type='限选'                    --验证结果
CLOSE c_cur2                                               --关闭游标
GO

--释放游标
DEALLOCATE c_cur2
GO
```

执行结果如图 6-18 所示。

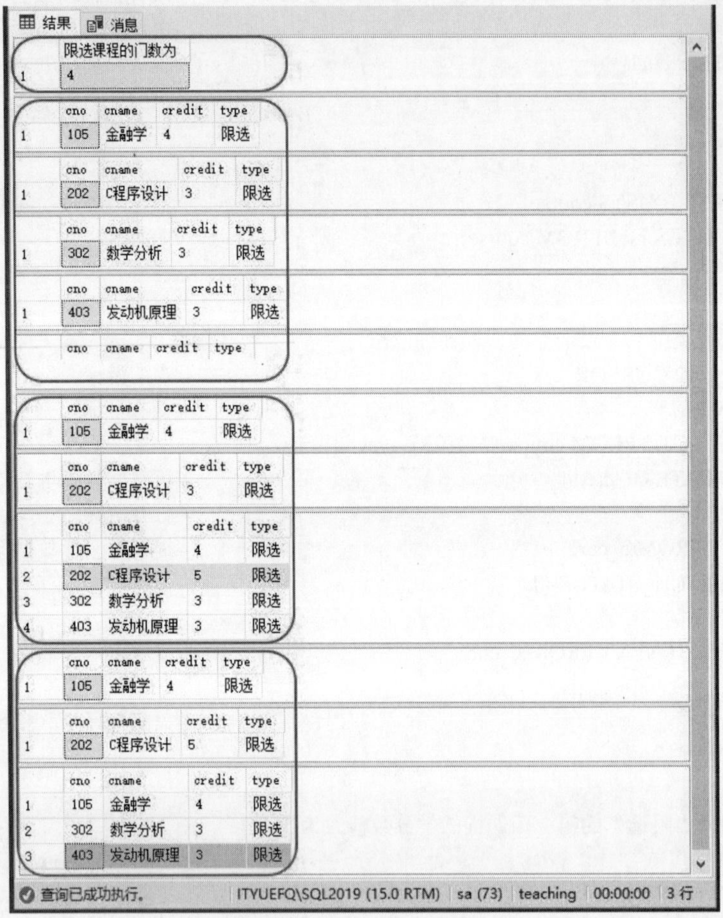

结果 消息

	限选课程的门数为
1	4

	cno	cname	credit	type
1	105	金融学	4	限选

	cno	cname	credit	type
1	202	C程序设计	3	限选

	cno	cname	credit	type
1	302	数学分析	3	限选

	cno	cname	credit	type
1	403	发动机原理	3	限选

cno	cname	credit	type

	cno	cname	credit	type
1	105	金融学	4	限选

	cno	cname	credit	type
1	202	C程序设计	3	限选

	cno	cname	credit	type
1	105	金融学	4	限选
2	202	C程序设计	5	限选
3	302	数学分析	3	限选
4	403	发动机原理	3	限选

	cno	cname	credit	type
1	105	金融学	4	限选

	cno	cname	credit	type
1	202	C程序设计	5	限选

	cno	cname	credit	type
1	105	金融学	4	限选
2	302	数学分析	3	限选
3	403	发动机原理	3	限选

查询已成功执行。 ITYUEFQ\SQL2019 (15.0 RTM) | sa (73) | teaching | 00:00:00 | 3 行

图 6-18 例 6-20 执行结果

6.6 实战训练

任务描述：

在销售管理系统开发过程中，软件设计工程师需要用到 SQL Server 数据库后台提供的各类函数、具有特定功能的自定义函数以及游标来处理数据。作为一名数据库系统工程师，需要为软件设计工程师提供有力支持。

解决思路：

在“查询编辑器”窗口中编写 Transact-SQL 语句完成如下要求。

（1）编写程序计算 n!（n=50），并打印输出计算结果。

（2）尝试使用 COUNT 聚合函数、@@@@ROWCOUNT 全局变量和@@CURSOR_ROWS 全局变量三种方法，统计系统的所有订单数量。

（3）编写程序给每位客户评级，其规则为累计购买金额在 10 万元以上的为“金牌会员”；累计购买金额在 5 万～10 万元之间的为“银牌会员”；累计购买金额在 5 万元以下的为“铜牌会员”。

（4）编写自定义函数，分别统计 2022 年 2 月和 2022 年 4 月的所有订单的订单编号（ordno）和订单日期（orddate），并按订单日期降序排序。

（5）使用游标打印输出销售金额（price×quantity）日报表。

第 7 章　存储过程与触发器

在数据处理中，经常需要用到存储过程和触发器。存储过程是预编译 SQL 语句的集合，这些语句作为一个单元来处理，存储过程中可以包含查询、插入、删除、更新等操作的一系列 SQL 语句。当存储过程被调用执行时，这些操作也会同时执行。触发器作为一种特殊的存储过程，其执行不是由程序调用，也不是手动启动，而是由事件触发。触发器经常用于加强数据的完整性约束和业务规则等。本章主要介绍存储过程和触发器的创建及管理方法。

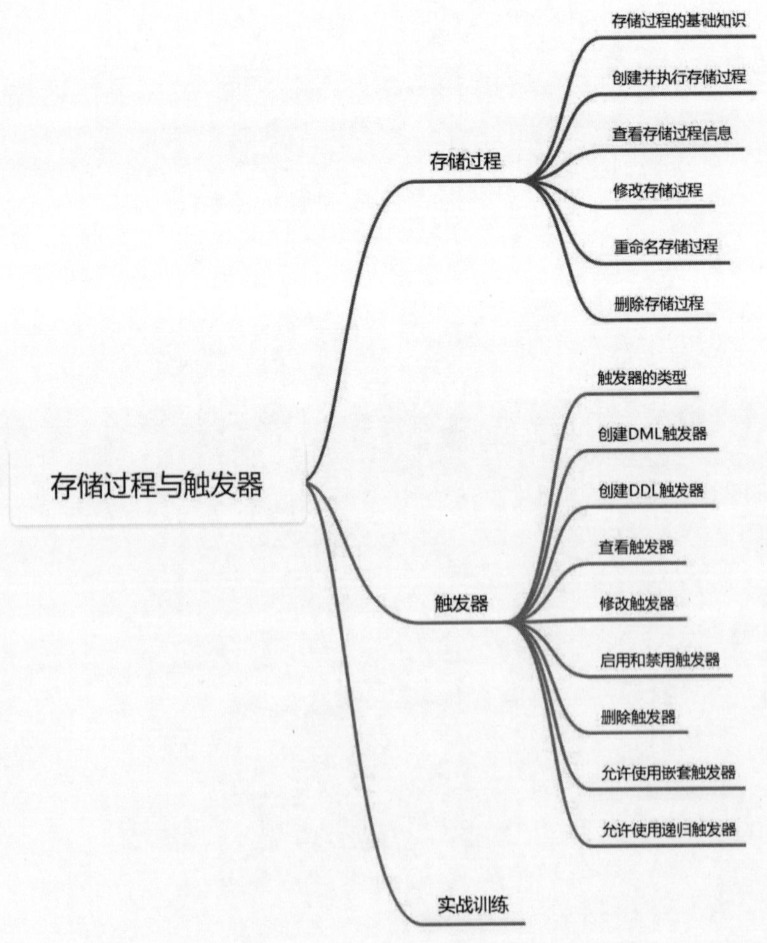

7.1　存 储 过 程

存储过程是数据库中的一个重要对象，使用 SQL Server 2019 提供的存储过程机制，开发人员和数据库管理人员可以高效地管理和开发数据库应用。

7.1.1　存储过程的基础知识

SQL Server 2019 中的存储过程是由一个或多个 Transact-SQL 语句或对 Microsoft.NET Framework 公共语言运行时（CLR）方法的引用构成的集合，经编译后存储在数据库中，可由应用程序通过某个调用执行。存储过程与其他编程语言中的构造相似，具有以下特点。

（1）接收输入参数并以输出参数的格式向调用程序返回多个值。

（2）包含用于在数据库中执行操作的编程语句，还可以调用其他存储过程。

（3）向调用程序返回状态值，以指明成功或失败以及失败的原因。

1. 存储过程的类型

SQL Server 2019 中的存储过程主要分为 3 类：系统存储过程、用户自定义存储过程和扩展存储过程。

（1）系统存储过程。系统存储过程是指 SQL Server 2019 系统自身提供的存储过程，可以作为命令执行各种操作。其主要用来从系统表中获取信息，完成数据库服务器的管理工作，为系统管理员提供帮助，为用户查看数据库对象提供便利。系统存储过程位于数据库服务器中，并以 sp_开头，系统存储过程定义在系统定义和用户自定义的数据库中，在调用时不必在存储过程前加数据库限定名。例如，前文介绍的 sp_rename 系统存储过程可以更改当前数据库中用户创建对象的名称，sp_helptext 存储过程可以显示规则、默认值或视图的文本信息。SQL Server 2019 服务器的许多管理工作都是通过执行系统存储过程来完成的，许多系统信息也可以通过执行系统存储过程获得。系统存储过程存放于系统数据库 master 中，有些系统存储过程只能由系统管理员使用，而有些系统存储过程通过授权可以被其他用户使用。

（2）用户自定义存储过程。用户自定义存储过程是指用户为了实现某一特定业务需求，在用户数据库中编写的 Transact-SQL 语句集合，它可以接收输入参数、向客户端返回结果和信息、返回输出参数等。创建用户自定义存储过程时，存储过程名前面加“##”表示创建了一个全局的临时存储过程；存储过程名前面加“#”表示创建局部临时存储过程。局部临时存储过程只能在创建它的会话中使用，会话结束时它将被删除。这两种存储过程都存储在“tempdb”数据库中。用户自定义存储过程可以分为 Transact-SQL 和 CLR 两类。

（3）扩展存储过程。扩展存储过程是以在 SQL Server 2019 环境外执行动态链接库（DLL 文件）来实现的，可以加载到 SQL Server 2019 实例运行的地址空间中执行，可以使用 SQL Server 2019 扩展存储过程 API 来编写。扩展存储过程以前缀 xp_来标识，对于用户来说，扩展存储过程和普通存储过程一样，可以用相同的方式来执行。

注意：扩展存储过程将在 SQL Server 的未来版本中删除，建议用户创建更为可靠和安全的 CLR 存储过程。

2. 使用存储过程的优点

用户使用存储过程具有以下优点。

（1）减少了服务器/客户端网络流量。存储过程中的命令作为代码的单个批处理执行，这可以显著减少服务器和客户端之间的网络流量，因为只有对执行过程的调用才会跨网络发送。如果没有过程提供的代码封装，每个单独的代码行都不得不跨网络发送。

（2）更强的安全性。

1）多个用户和客户端程序可以通过存储过程对基础数据库对象执行操作，即使用户和客户端程序对这些基础数据库对象没有直接权限。存储过程控制执行进程和活动，并且保护基础数据库对象。这取消了对单独的对象级别授予权限的要求，并且简化了安全层。

2）可在 CREATE PROCEDURE 语句中指定 EXECUTE AS 子句以便实现对其他用户的模拟，或者使用户或应用程序无须拥有针对基础数据库对象和命令的直接权限，即可执行某些数据库操作。

3）在通过网络调用过程时，只有对执行过程的调用是可见的。因此，恶意用户看不到表和数据库对象名称，不能嵌入自己的 Transact-SQL 语句或搜索关键数据。

4）使用存储过程参数有助于避免 SQL 注入攻击。由于参数输入被视为文本值而不是可执行代码，因此攻击者很难将命令插入 Transact-SQL 语句。

5）可以对过程进行加密，这有助于对源代码进行模糊处理。

（3）代码的重复使用。任何重复的数据库操作的代码都非常适合在存储过程中进行封装。这使用户不用重复编写相同的代码、降低了代码不一致性，并且允许拥有所需权限的任何用户或应用程序访问和执行代码。

（4）更容易维护。在客户端应用程序调用存储过程并且将数据库操作保持在数据层中时，对于基础数据库中所做的任何更改，只有程序过程是必须更新的。应用程序层保持独立，并且用户不必知道对数据库布局、关系或进程的任何更改的情况。

（5）提高了性能。默认情况下，在首次执行存储过程时将编译过程，并且创建一个执行计划，供以后的执行重复使用。因为查询处理器不必创建新计划，所以它通常用更短的时间来处理过程。如果过程引用的表或数据有显著变化，则预编译的过程可能实际上会导致执行速度减慢。在此情况下，重新编译过程和强制创建新的执行计划可提高性能。

3. 存储过程的缺点

存储过程除了众多优点外，也有以下缺点。

（1）可移植性差。由于存储过程将应用程序绑定到 SQL Server 上，因此使用存储过程封装业务逻辑将限制应用程序的可移植性。

（2）不支持面向对象的设计。无法采用面向对象的方式将逻辑业务进行封装，甚至无法形成通用的可支持服务的业务逻辑框架。

（3）代码可读性较差，影响维护。

（4）不支持集群。

7.1.2 创建并执行存储过程

在 SQL Server 2019 中，可以在对象资源管理器窗口中使用菜单命令，或者在“查询编辑器”窗口中使用 CREATE PROCEDURE 语句创建存储过程，再使用 EXEC 语句调用执行存储过程。在创建存储过程前，应注意以下事项。

（1）存储过程只能创建在当前数据库中。

（2）存储过程的名称必须遵循标识符命名规则。

（3）不要创建任何使用 sp_作为前缀的存储过程。

1. 使用对象资源管理器创建并执行存储过程

在“对象资源管理器”窗口中，使用菜单命令创建并执行存储过程“Proc_01”，要求根据输入的学号（默认为“2202000006”）来显示该学生的所有信息，具体操作步骤如下。

（1）启动 SSMS，并连接到数据库服务器实例。

（2）在左侧的“对象资源管理器”窗口中，依次展开“数据库”→“teaching”→“可编程性”节点。

（3）右击“存储过程”节点，在弹出的快捷菜单中依次单击“新建”→“存储过程”菜单命令，如图 7-1 所示。

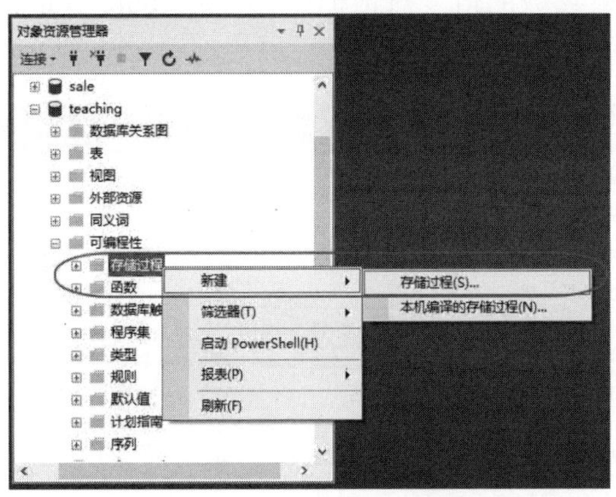

图 7-1　“存储过程”菜单命令

（4）打开创建存储过程的“代码模板”窗口。该窗口显示了 CREATE PROCEDURE 语句模板，在其中可以修改要创建的存储过程的名称，然后在存储过程的 BEGIN…END 代码块中添加需要的 SQL 语句，如图 7-2 所示。

```
SQL-7.1.sql - ITYU...teaching (sa (55))
-- ================================================
-- Template generated from Template Explorer using:
-- Create Procedure (New Menu).SQL
--
-- Use the Specify Values for Template Parameters
-- command (Ctrl-Shift-M) to fill in the parameter
-- values below.
--
-- This block of comments will not be included in
-- the definition of the procedure.
-- ================================================
SET ANSI_NULLS ON
GO
SET QUOTED_IDENTIFIER ON
GO
-- =============================================
-- Author:      <Author,,Name>
-- Create date: <Create Date,,>
-- Description: <Description,,>
-- =============================================
CREATE PROCEDURE <Procedure_Name, sysname, ProcedureName>
    -- Add the parameters for the stored procedure here
    <@Param1, sysname, @p1> <Datatype_For_Param1, , int> = <Default_Value_For_Param1, , 0>,
    <@Param2, sysname, @p2> <Datatype_For_Param2, , int> = <Default_Value_For_Param2, , 0>
AS
BEGIN
    -- SET NOCOUNT ON added to prevent extra result sets from
    -- interfering with SELECT statements.
    SET NOCOUNT ON;

    -- Insert statements for procedure here
    SELECT <@Param1, sysname, @p1>, <@Param2, sysname, @p2>
END
GO

100 %
已连接。(1/1)    ITYUEFQ\SQL2019 (15.0 RTM)  sa (55)  teaching  00:00:00  0 行
```

图 7-2　“代码模板”窗口

（5）单击“查询”菜单下的“指定模板参数的值”菜单命令，如图 7-3 所示。

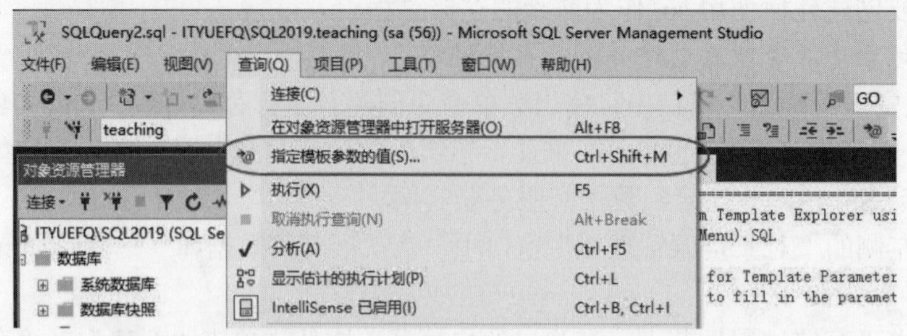

图 7-3 “指定模板参数的值”菜单命令

（6）打开“指定模板参数的值”对话框，将 Procedure_Name 参数对应的名称修改为“Proc_01”，如图 7-4 所示。

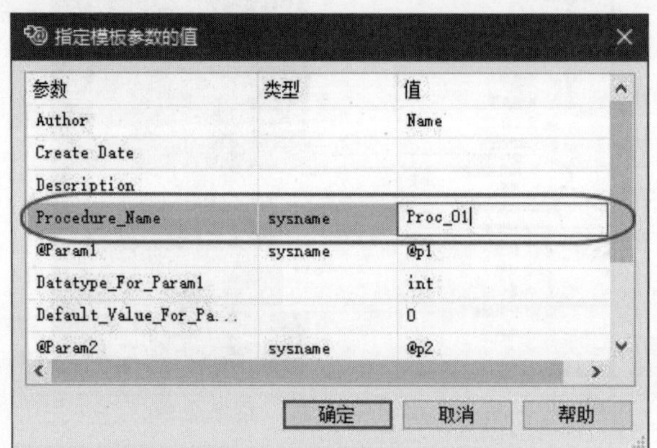

图 7-4 “指定模板参数的值”对话框

（7）单击“确定”按钮，关闭“指定模板参数的值”对话框。

（8）在编辑器窗口中，把一些暂时无需的代码删除，整理并编写如下 Transact-SQL 语句。

```
CREATE PROCEDURE Proc_01
    --声明参数
    @sno nchar(10) ='2202000006'
AS
BEGIN
    --根据输入的学号来显示该学生的所有信息
    SELECT * FROM student WHERE sno=@sno
END
GO
```

（9）单击工具栏“执行”按钮或直接按 F5 键，执行结果如图 7-5 所示。

（10）在“对象资源管理器”窗口中，刷新并展开“存储过程”节点，即可看到刚才新创建的存储过程“Proc_01”。右击该存储过程，在弹出快捷菜单中单击“执行存储过程”菜单命令，如图 7-6 所示。

（11）打开“执行存储过程”窗口，参数采用默认值，单击“确定”按钮，执行结果如图 7-7 所示。

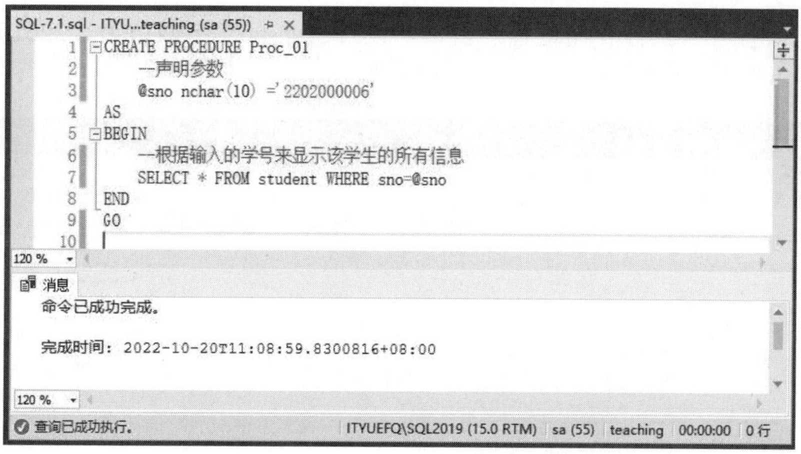

```
CREATE PROCEDURE Proc_01
    --声明参数
    @sno nchar(10) ='2202000006'
AS
BEGIN
    --根据输入的学号来显示该学生的所有信息
    SELECT * FROM student WHERE sno=@sno
END
GO
```

消息
命令已成功完成。

完成时间：2022-10-20T11:08:59.8300816+08:00

图 7-5　单击“执行”按钮创建存储过程

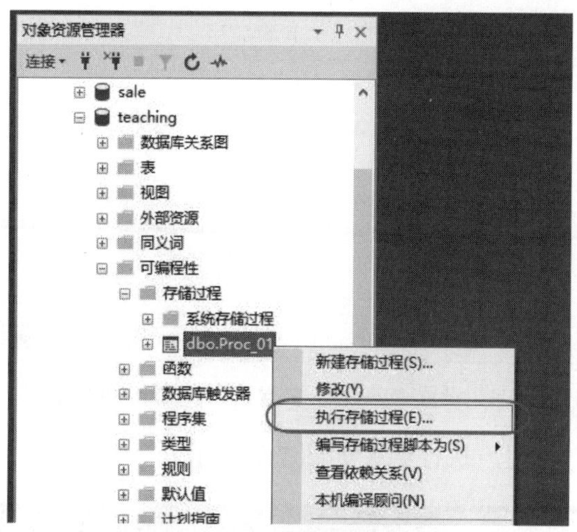

图 7-6　“执行存储过程”菜单命令

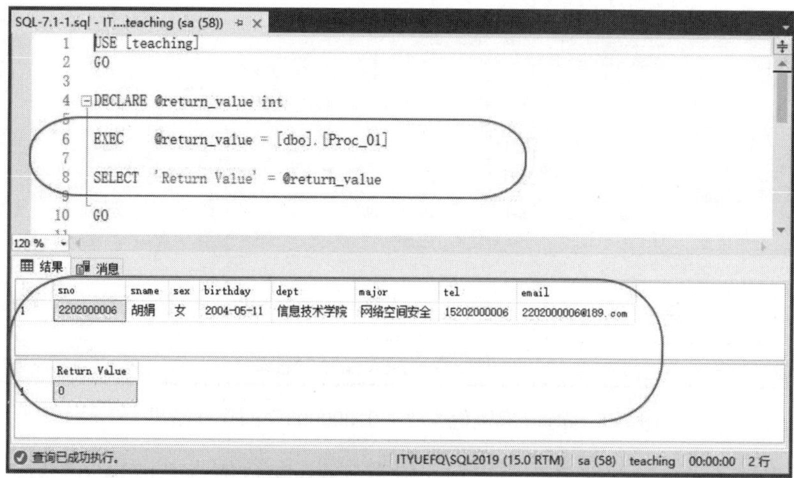

图 7-7　参数值采用默认值的执行结果

（12）再次打开“执行存储过程”窗口，设置“@sno”参数值为“2201000003”，如图 7-8 所示。

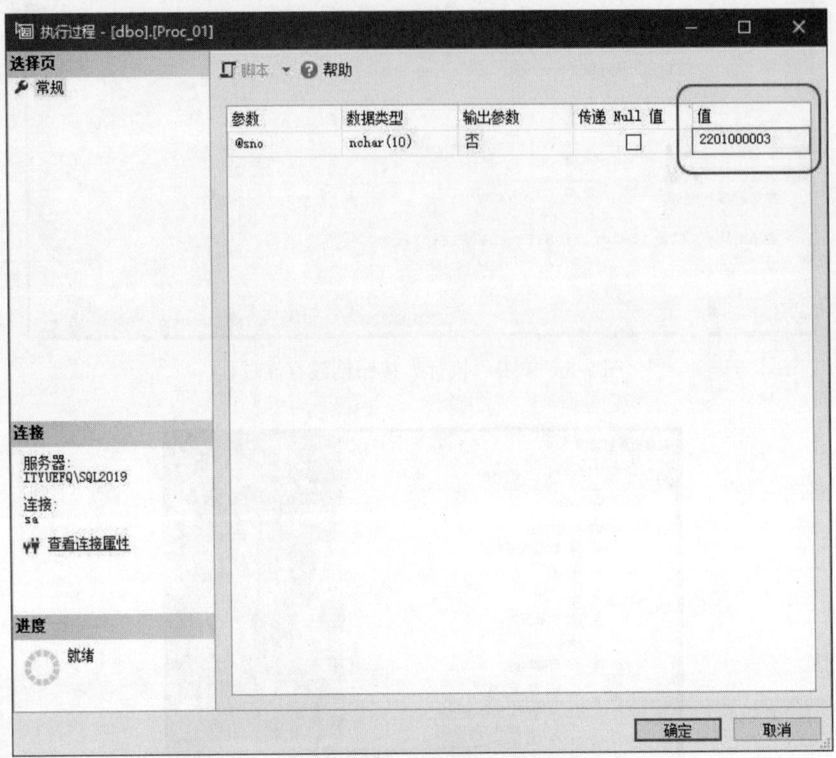

图 7-8　设置“@sno”参数值为“2201000003”

（13）单击“确定”按钮，执行结果如图 7-9 所示。

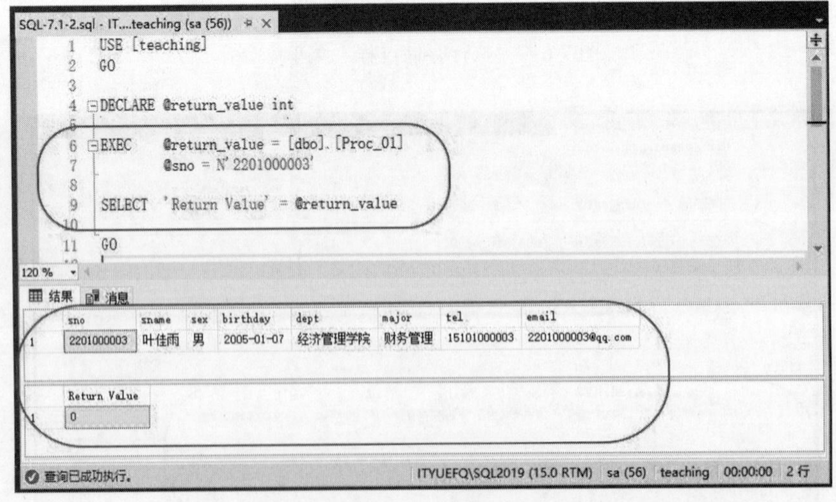

图 7-9　@sno 参数值为“2201000003”的执行结果

（14）再次打开“执行存储过程”窗口，设置@sno 参数值为“123456”后，单击“确定”按钮，执行结果如图 7-10 所示。

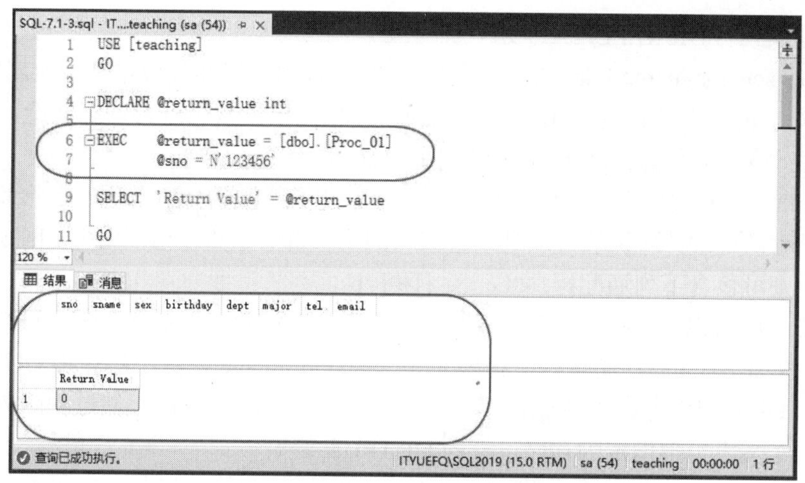

图 7-10　@sno 参数值为“123456”的执行结果

2. 使用 Transact-SQL 语句创建并执行存储过程

在“查询编辑器”窗口中，可以使用 CREATE PROCEDURE 语句创建存储过程，其语法格式如下。

```
CREATE PROC | PROCEDURE [schema_name.] procedure_name [ ; number ]
    [ @parameter_name [ type_schema_name. ] data_type [ VARYING ] [ = default ] [ OUT | OUTPUT | [READONLY] ] [ ,...n ]
[ WITH [ ENCRYPTION ] [ RECOMPILE ] [ EXECUTE AS Clause ] [ ,...n ] ]
[ FOR REPLICATION ]
AS
    sql_statement
```

说明：

- [schema_name.] procedure_name：指定存储过程的名称及该存储过程所属的架构。

1）存储过程是绑定到架构的。如果在创建存储过程时未指定架构名称，则自动分配正在创建过程的用户的默认架构。

2）过程名称必须遵循有关标识符的规则，并且在架构中必须唯一。

3）可在 procedure_name 前面使用一个数字符号（#，即#procedure_name）来创建局部临时存储过程，使用两个数字符号（##，即##procedure_name）来创建全局临时存储过程。

4）对于 CLR 存储过程，不能指定临时名称。

- number：是可选整数，用于对同名的过程分组。使用一条 DROP PROCEDURE 语句可将这些分组过程一起删除。后续版本的 SQL Server 将删除该功能，请避免在新的开发工作中使用该功能。
- @parameter_name：定义存储过程中的参数。

1）通过将@符号作为第一个字符来指定参数名称，存储过程可以声明一个或多个参数，最多可以有 2100 个参数。

2）除非定义了参数的默认值或者将参数设置为另一个参数，否则用户必须在调用存储过程时为每个声明的参数提供值。如果存储过程包含表值参数，并且该参数在调用中缺失，则传入空表。

3）如果指定了 FOR REPLICATION，则无法声明参数。

- [type_schema_name.] data_type：指定参数的数据类型及该数据类型所属的架构。
- VARYING：指定作为输出参数支持的结果集。该参数由过程动态构造，其内容可能发生改变。它仅适用于游标参数，对 CLR 存储过程无效。
- default：存储过程中参数的默认值。如果定义了默认值，则无须指定此参数的值即可执行存储过程。默认值必须是常量或 NULL。如果存储过程使用带 LIKE 关键字的参数，则可包含下列通配符：%、_、[]和[^]。
- OUT | OUTPUT：指定参数是输出参数。使用 OUTPUT 参数将值返回给过程的调用方。除非是 CLR 存储过程，否则 text、ntext 和 image 参数不能作为 OUTPUT 参数。使用 OUTPUT 关键字的输出参数可以是游标占位符，CLR 存储过程除外。不能将用户自定义表类型指定为存储过程的 OUTPUT 参数。
- READONLY：指定不能在存储过程的主体中更新或修改参数。如果参数类型为用户自定义的表类型，则必须指定 READONLY。
- RECOMPILE：指定 SQL Server 不保存该存储过程的执行计划，该存储过程每次执行都要重新编译。在使用非典型值或临时值而不希望覆盖保存在内存中的执行计划时，就可以使用 RECOMPILE 选项。
- ENCRYPTION: 指定 SQL Server 将 CREATE PROCEDURE 语句的原始文本转换为模糊格式。模糊代码的输出在 SQL Server 的任何目录视图中都不能直接显示。对系统表或数据库文件没有访问权限的用户不能检索模糊文本。但是，通过 DAC 端口访问系统表的特权用户或直接访问数据文件的特权用户可以使用此文本。此外，能够向服务器进程附加调试器的用户可在运行时从内存中检索已解密的存储过程。
- EXECUTE AS：指定在其中执行过程的安全上下文。从 SQL Server 2016（13.x）开始，对于本机编译存储过程，EXECUTE AS 子句没有任何限制。
- FOR REPLICATION：用于指定不能在订阅服务器上执行为复制创建的存储过程。使用此选项创建的存储过程可用作存储过程的筛选，且只能在复制过程中执行。注意本选项不能和 WITH RECOMPILE 选项一起使用。
- AS：用于指定该存储过程要执行的操作。
- sql_statement：存储过程中要包含的任意数目和类型的 Transact-SQL 语句。

在 SQL Server 2019 中执行存储过程时，需要使用 EXECUTE 语句，如果存储过程是批处理中的第一条语句，那么不使用 EXECUTE 关键字也可以执行该存储过程，其语法格式如下。

```
[ EXEC | EXECUTE ]
    [ @return_status = ]
    module_name [ ;number ] | @module_name_var
    [ [ @parameter = ] value | @variable [ OUTPUT ] | [ DEFAULT ] ]
   [ ,…n ]
   [ WITH RECOMPILE ]
```

说明：

- @return_status：可选的整数类型变量，存储模块的返回状态。这个变量用于 EXECUTE 语句之前，必须在批处理、存储过程或函数中声明过。在用于调用标量值用户自定义函数时，@return_status 变量可以是任意标量数据类型。

- module_name：模块名，是要调用的存储过程的完全限定或不完全限定名称。用户可以执行在另一数据库中创建的模块，只要运行模块的用户拥有此模块或拥有在该数据库中执行此模块的适当权限即可。
- number：可选整数，用于同名的过程分组。该参数不能用于扩展存储过程。
- @module_name_var：是局部定义的变量名，代表模块名称。
- @parameter：存储过程中使用的参数。与在模块中定义的相同，参数名称前必须加上“@”符号。在与@parameter_name=value 格式一起使用时，参数名和常量不必按它们在模块中定义的顺序提供。但是，如果对任何参数使用了@parameter_name=value 格式，则对后续所有参数都必须使用此格式。默认情况下，参数可为空值。
- value：传递给模块或传递命令的参数值。如果没有指定参数名称，参数值必须按在模块中定义的顺序提供。
- @variable：是用来存储参数或返回参数的变量。
- OUTPUT：指定模块或命令字符串返回一个参数。该模块或命令字符串中的匹配参数也必须使用关键字 OUTPUT。使用游标变量作为参数时使用该关键字。
- DEFAULT：根据模块的定义，提供参数的默认值。当模块需要的参数值没有定义默认值并且缺少参数或指定了 DEFAULT 关键字时，会出现错误。
- WITH RECOMPILE：执行模块后，强制编译、使用和放弃新计划。如果该模块存在现有查询计划，则该计划将保留在缓存中。如果所提供的参数为非典型参数或者数据有很大的改变，则使用该选项。该选项不能用于扩展存储过程。建议尽量少使用该选项，否则将消耗更多的系统资源。

注意：

- 当执行用户自定义的存储过程时，一般建议使用架构名称限定过程名称。这种做法使性能得到小幅提升，因为数据库引擎不必搜索多个架构。如果某个数据库在多个架构中具有同名存储过程，则可以防止执行错误的存储过程。
- EXECUTE 语句的执行是不需要任何权限的，但是操作 EXECUTE 语句内引用的对象需要相应的权限。例如，如果要使用 DELETE 语句执行删除操作，则调用 EXECUTE 语句执行存储过程的用户必须具有 DELETE 权限。
- 执行带输入参数的存储过程时，SQL Server 2019 提供了如下两种传递参数的方式。

  1）直接给出参数的值，当有多个参数时，给出的参数的顺序与创建存储过程的语句中定义的参数的顺序一致，即参数传递的顺序就是定义参数的顺序。

  2）使用“参数名=参数值”的形式给出参数值，这种传递参数方式的好处是，参数可以按任意的顺序给出。

【例 7-1】在“查询编辑器”窗口中，使用 Transact-SQL 语句创建并执行如下存储过程。

（1）创建并执行存储过程“Proc_02”，统计女教师的人数（不带参数的存储过程）。

（2）创建并执行存储过程“Proc_03”，根据输入的课程类别（type，默认为“必修”）统计该类课程的门数（带输入参数的存储过程）。

（3）创建并执行存储过程“Proc_04”，根据输入的学号（sno）显示该学生的姓名和专业信息，若输入的学号不存在，则显示该学生“不是本校的学生”（带输出参数的存储过程）。

Transact-SQL 语句如下。

```
--设置“teaching”为当前数据库
USE teaching
GO

--创建并执行存储过程“Proc_02”，统计女教师的人数（不带参数的存储过程）
DROP PROCEDURE IF EXISTS Proc_02            --若“Proc_02”存储过程已经存在，则先删除
GO

CREATE PROCEDURE Proc_02                    --创建“Proc_02”存储过程
AS
    SELECT COUNT(*) AS 女教师的人数 FROM teacher WHERE sex='女'
GO

EXECUTE dbo.Proc_02                         --执行“Proc_02”存储过程
GO

--创建并执行存储过程“Proc_03”，根据输入的课程类别（type，默认为“必修”）统计该类课程的门数（带输入参数的存储过程）
DROP PROCEDURE IF EXISTS Proc_03            --若“Proc_03”存储过程已经存在，则先删除
GO

CREATE PROCEDURE Proc_03                    --创建“Proc_03”存储过程
    @type nvarchar(50) ='必修'
AS
    SELECT COUNT(*) AS 必修类课程的开课门数 FROM course WHERE type=@type
GO

EXECUTE dbo.Proc_03 @type=DEFAULT           --执行“Proc_03”存储过程，采用默认值
EXECUTE dbo.Proc_03 @type='必修'            --执行“Proc_03”存储过程，指定课程类型
EXECUTE dbo.Proc_03 '必修'                  --执行“Proc_03”存储过程，省略参数名
GO

--创建并执行存储过程“Proc_04”，根据输入的学号（sno）显示该学生的姓名和专业信息，若输入的学号不存在，则显示该学生“不是本校的学生”（带输出参数的存储过程）
DROP PROCEDURE IF EXISTS Proc_04            --若“Proc_04”存储过程已经存在，则先删除
GO

CREATE PROCEDURE Proc_04                    --创建“Proc_04”存储过程
    @sno nchar(10), @sname nvarchar(50) OUTPUT, @major nvarchar(50) OUTPUT
AS
    SELECT @sname=sname, @major=major FROM student WHERE sno=@sno
GO

--第一次执行“Proc_04”存储过程
DECLARE @sno nvarchar(10), @sname nvarchar(50), @major nvarchar(50)
SET @sno='2202000002'
```

```
EXECUTE dbo.Proc_04 @sno, @sname OUTPUT, @major OUTPUT
IF @sname IS NULL
      SELECT @sno+'不是本校的学生'
ELSE
      SELECT '学号'+@sno+'的姓名是'+@sname+'，专业是'+@major AS  查询结果
GO

--第二次执行“Proc_04”存储过程
DECLARE @sno nvarchar(10), @sname nvarchar(50), @major nvarchar(50)
SET @sno='123456'
EXECUTE dbo.Proc_04 @sno, @sname OUTPUT, @major OUTPUT
IF @sname IS NULL
      SELECT @sno+'不是本校的学生' AS  查询结果
ELSE
      SELECT '学号'+@sno+'的姓名是'+@sname+'，专业是'+@major AS  查询结果
GO
```

执行结果如图 7-11 所示。

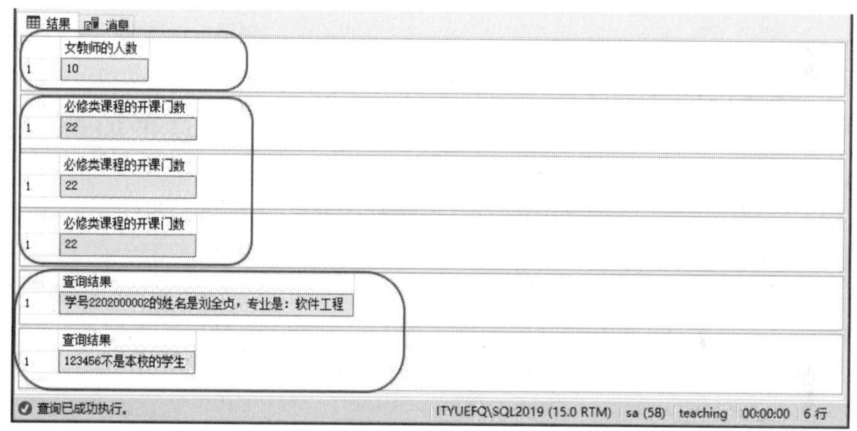

图 7-11　例 7-1 的执行结果

7.1.3　查看存储过程信息

创建完存储过程之后，可以根据需要查看存储过程的信息。

1. 使用对象资源管理器查看存储过程

在“对象资源管理器”窗口中，使用菜单命令查看存储过程（如“Proc_01”）的操作步骤如下。

（1）启动 SSMS，连接到数据库服务器实例。

（2）在左侧的“对象资源管理器”窗口中，依次展开“数据库”→“teaching”→“可编程性”→“存储过程”节点。

（3）右击“Proc_01”存储过程，在弹出的快捷菜单中单击“属性”菜单命令，如图 7-12 所示。

（4）打开“存储过程属性”对话框，用户通过左侧的各选项页即可查看存储过程的具体属性，如图 7-13 所示。

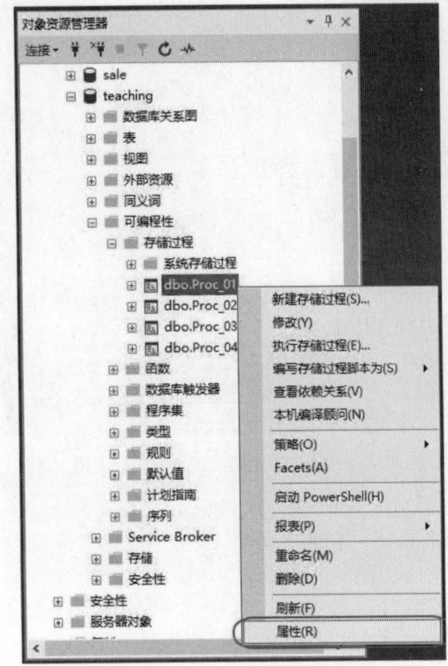

图 7-12 “属性”菜单命令

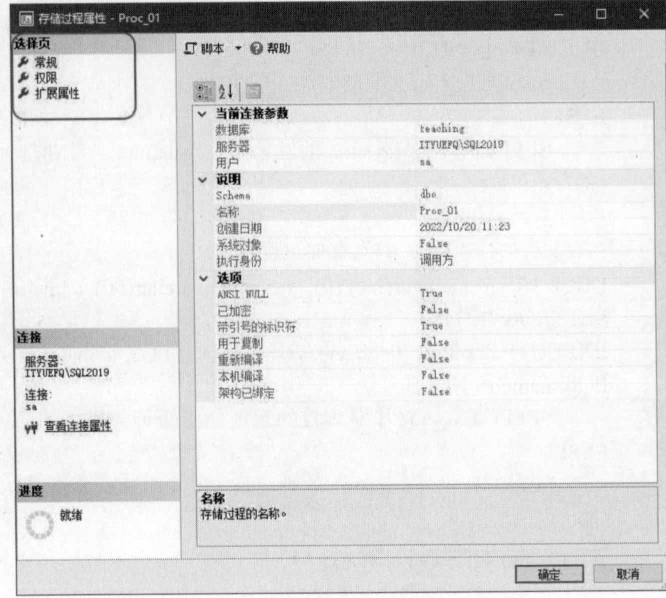

图 7-13 “存储过程属性”对话框

2. 使用 Transact-SQL 语句查看存储过程

在“查询编辑器”窗口中，可以使用系统函数 OBJECT_DEFINITION、目标目录视图 sys.sql_modules、系统存储过程 sp_help、系统存储过程 sp_helptext 查看存储过程的信息。

【例 7-2】分别使用系统函数 OBJECT_DEFINITION、系统目录视图 sys.sql_modules、系统存储过程 sp_help、系统存储过程 sp_helptext 查看存储过程“Proc_02”的相关信息。

Transact-SQL 语句如下。

```
--设置“teaching”为当前数据库
USE teaching
GO

--方法 1：使用 OBJECT_DEFINITION 系统函数
SELECT OBJECT_DEFINITION(OBJECT_ID('dbo.Proc_02'))
GO

--方法 2：使用 sys.sql_modules 目标目录视图
SELECT [definition]
FROM sys.sql_modules
WHERE object_id = (OBJECT_ID('dbo.Proc_02'))
GO

--方法 3：使用 sp_help 系统存储过程
EXEC sp_help 'dbo.Proc_02'
GO

--方法 4：使用 sp_helptext 系统存储过程
EXEC sp_helptext 'dbo.Proc_02'
GO
```

执行结果如图 7-14 所示。

图 7-14　例 7-2 执行结果

7.1.4　修改存储过程

使用 ALTER PROCEDURE 语句修改存储过程时，SQL Server 2019 会覆盖以前定义的存储过程，其基本语法格式如下。

```
ALTER PROC | PROCEDURE [schema_name.] procedure_name [ ; number ]
    [ @parameter_name [ type_schema_name. ] data_type [ VARYING ] [ = default ] [ OUT | OUTPUT |
[READONLY] ] [ ,...n ]
[ WITH [ ENCRYPTION ] [ RECOMPILE ] [ EXECUTE AS Clause ] [ ,...n ] ]
[ FOR REPLICATION ]
AS
    sql_statement
```

说明：除 ALTER 关键字之外，这里其他的参数与 CREATE PROCEDURE 语句中参数的作用完全相同。

在"对象资源管理器"窗口中，使用菜单命令修改存储过程（如"Proc_02"）的操作步骤如下。

（1）启动 SSMS，并连接到数据库服务器实例。

（2）在左侧的"对象资源管理器"窗口中，依次展开"数据库"→"teaching"→"可编程性"→"存储过程"节点。

（3）右击“Proc_02”存储过程，在弹出的快捷菜单中单击“修改”菜单命令，打开“修改存储过程”窗口，如图 7-15 所示。

```
SQLQuery2.sql - I...teaching (sa (57))
USE [teaching]
GO
/****** Object:  StoredProcedure [dbo].[Proc_02]    Script Date: 2022/10/20 23:41:37 ******/
SET ANSI_NULLS ON
GO
SET QUOTED_IDENTIFIER ON
GO

ALTER PROCEDURE [dbo].[Proc_02] --创建“Proc_02”存储过程
AS
    SELECT COUNT(*) AS 女教师的人数 FROM teacher WHERE sex='女'

120 %
已连接。(1/1)    ITYUEFQ\SQL2019 (15.0 RTM) | sa (57) | teaching | 00:00:00 | 0 行
```

图 7-15 “修改存储过程”窗口

（4）将 ALTER PROCEDURE 语句修改为统计男学生的人数，Transact-SQL 语句如下。

```
--修改“Proc_02”存储过程
ALTER PROCEDURE [dbo].[Proc_02]
AS
    SELECT COUNT(*) AS 男生人数 FROM student WHERE sex='男'
```

（5）单击工具栏上的“执行”按钮或直接按 F5 键，即可完成该存储过程的修改操作。执行结果如图 7-16 所示。

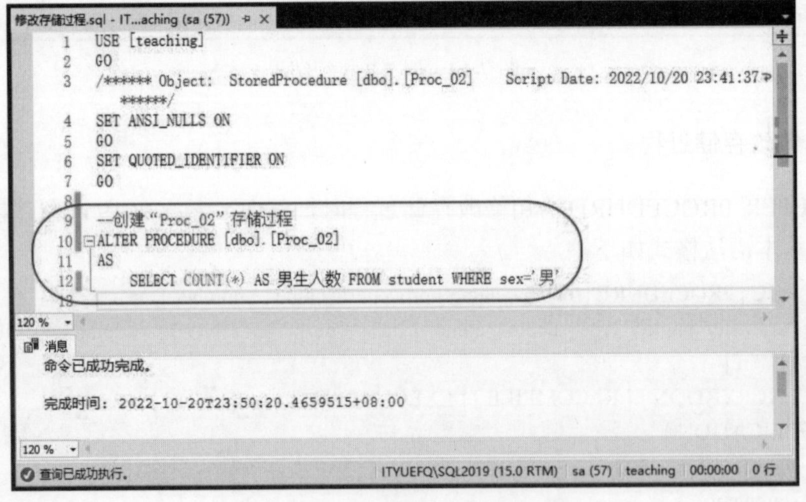

图 7-16 修改存储过程的执行结果

这里还可以根据需要修改存储过程的参数列表，例如增加输入参数、输出参数等。如果需要执行修改之后的存储过程，同样可以使用 EXECUTE 语句来执行修改后的存储过程。

注意：ALTER PROCEDURE 语句只能修改一个单一的存储过程，如果存储过程调用了其他存储过程，嵌套的存储过程不受影响。

技巧：修改存储过程的本质是执行 ALTER PROCEDURE 语句，所以也可以在“查询编辑器”窗口中，直接输入并执行完整的 ALTER PROCEDURE 语句来修改存储过程。

7.1.5　重命名存储过程

重命名存储过程可以通过修改存储过程的名称实现，这样可以根据统一的命名规则将不符合的存储过程名称进行修改。重命名存储过程可以在对象资源管理器中完成，例如将“Proc_01”存储过程重命名为“Proc_Bysno”的操作步骤如下。

（1）启动 SSMS，并连接到数据库服务器实例。

（2）在左侧的“对象资源管理器”窗口中，依次展开“数据库”→“teaching”→“可编程性”→“存储过程”节点。

（3）右击“Proc_01”存储过程，在弹出的快捷菜单中单击“重命名”菜单命令。

（4）在显示的文本框中输入存储过程的新名称“Proc_Bysno”后，在对象资源管理器窗口中的空白处单击，或者直接按 Enter 键确认，即可完成修改操作。

技巧：在选择一个存储过程之后，间隔一小段时间，再次单击该存储过程，或者选择存储过程之后，直接按 F2 键，都可以快速完成存储过程名称的修改操作。

还可以使用系统存储过程 sp_rename 重命名存储过程，其语法格式如下。

```
sp_rename oldObjectName, newObjectName
```

【例 7-3】使用 sp_rename 系统存储过程将“Proc_02”存储过程重命名为“Proc_CountBysex”。

Transact-SQL 语句如下。

```
--设置“teaching”为当前数据库
USE teaching
GO

--调用 sp_rename 系统存储过程
sp_rename 'dbo.Proc_02', 'Proc_CountBysex'
GO
```

执行结果如图 7-17 所示。

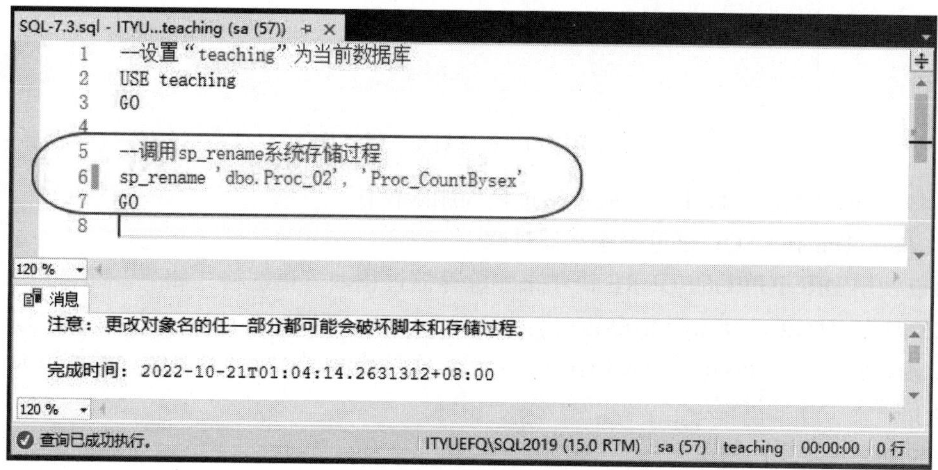

图 7-17　例 7-3 执行结果

7.1.6 删除存储过程

可以删除不需要的存储过程，删除存储过程依然有两种方法：使用对象资源管理器和使用 Transact-SQL 语句。

1. 使用对象资源管理器删除存储过程

可以在“对象资源管理器”窗口中使用菜单命令完成删除存储过程。例如将“Proc_Bysno”存储过程删除的操作步骤如下。

（1）启动 SSMS，并连接到数据库服务器实例。

（2）在左侧的“对象资源管理器”窗口中，依次展开“数据库”→“teaching”→“可编程性”→“存储过程”节点。

（3）右击“Proc_Bysno”存储过程，在弹出的快捷菜单中单击“删除”菜单命令，打开“删除对象”对话框，如图 7-18 所示。

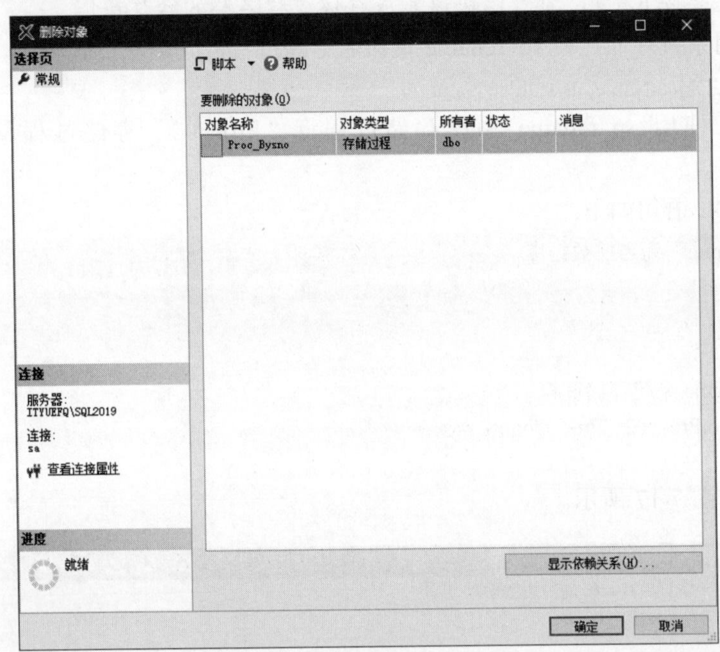

图 7-18 “删除对象”对话框

（4）单击“确定”按钮，完成存储过程的删除操作。

2. 使用 Transact-SQL 语句删除存储过程

可以使用 DROP PROCEDURE 语句来删除存储过程，其语法格式如下。

```
DROP PROC | PROCEDURE [ IF EXISTS ] [ schema_name. ] procedure [ ,...n ]
```

【例 7-4】使用 DROP PROCEDURE 语句一次性删除“Proc_CountBysex”“Proc_03”和“Proc_04”3 个存储过程。

Transact-SQL 语句如下。

```
--设置“teaching”为当前数据库
USE teaching
GO
```

```
--一次性删除“Proc_CountBysex”“Proc_03”和“Proc_04”3 个存储过程
DROP PROCEDURE IF EXISTS Proc_CountBysex, Proc_03, Proc_04
GO
```

执行结果如图 7-19 所示。

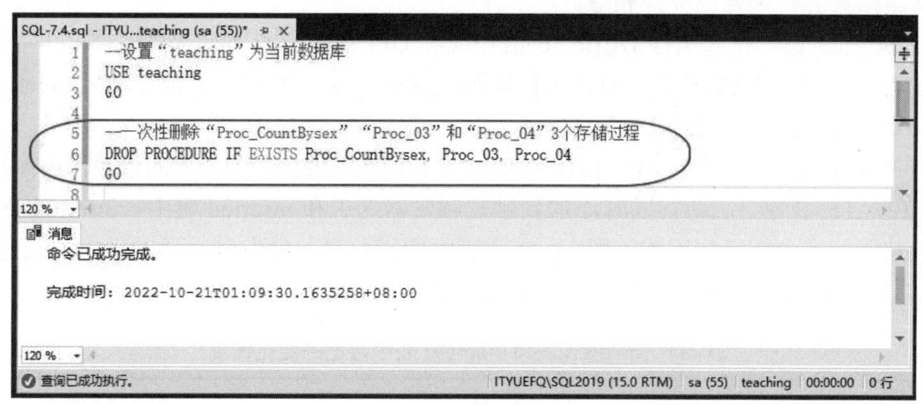

图 7-19　例 7-4 执行结果

技巧：删除存储过程之后，可以在“对象资源管理器”窗口中，刷新“存储过程”节点，查看删除结果。

7.2　触　发　器

触发器是一种特殊的存储过程，与存储过程的主要区别在于运行方式。存储过程需要用户、应用程序或者触发器来显式地调用并执行，而触发器是当特定事件出现的时候，便自动执行。为了确保数据库的安全，拒绝用户非法操作，强制实现复杂的数据完整性，可以使用触发器。

7.2.1　触发器的类型

在 SQL Server 2019 数据库中，触发器主要分为两类：数据操作语言（Data Manipulation Language，DML）触发器和数据定义语言（Data Definition Language，DDL）触发器。

1. DML 触发器

DML 触发器是一些附加在特定表或视图上的操作代码，当数据库服务器中发生数据操作语言（DML）事件时自动调用 DML 解发器，从而影响触发器中定义的表或视图。DML 事件包括 INSERT、UPDATE 或 DELETE 语句。DML 触发器可以强制实施业务规则和数据完整性、查询其他表以及复杂的 Transact-SQL 语句。当遇到下面的情形时，考虑使用 DML 触发器。

（1）通过数据库中的相关表实现级联更改。

（2）防止恶意或错误的 INSERT、UPDATE 和 DELETE 操作，并强制执行比 CHECK 约束定义更为复杂的其他限制。

（3）评估数据修改前后表的状态，并根据差异采取措施。

如果按激活 DML 触发器操作语句的不同，DML 触发器可以分为 INSERT 触发器、UPDATE 触发器或 DELETE 触发器。如果按 DML 触发器的操作时机的不同，触发器可以分为 AFTER

触发器和 INSTEAD OF 触发器。AFTER 触发器在对表或视图操作完成后激发，INSTEAD OF 触发器在表或视图执行 DML 操作时，替代这些操作而执行一些其他操作。

在 SQL Server 2019 中，针对 DML 触发器定义了两张特殊的表：deleted 表和 inserted 表。这两张表在内存中存放，由系统来创建和维护，用户不能对它们进行修改。触发器执行完成后与该触发器相关的两张表也会被删除。

（1）deleted 表。存放执行 DELETE 语句或者 UPDATE 语句时要从表中删除的行。在执行 DELETE 语句或 UPDATE 语句时，被删除的行从触发触发器的表中被移动到 deleted 表中，即 deleted 表和触发触发器表有公共的行。

（2）inserted 表。存放执行 INSERT 或 UPDATE 语句时要向表中插入的行，在执行 INSERT 事务或 UPDATE 事务中，新行同时添加到触发触发器的表和 inserted 表中。inserted 表的内容是触发触发器的表中新行的副本，即 inserted 表中的行总是与触发触发器的表中的新行相同。

deleted 表和 inserted 表中数据的变化情况见表 7-1。

表 7-1 deleted 表和 inserted 表中数据的变化情况

操作类型	deleted 表	inserted 表
INSERT	空	新插入的记录
DELETE	被删除的记录	空
UPDATE	修改前的记录	修改后的记录

2. DDL 触发器

DDL 触发器在当服务器或数据库中发生 DDL 事件时被激发，这些事件主要对应以关键字 CREATE、ALTER、DROP、GRANT、DENY、REVOKE 或 UPDATE STATISTICS 开头的 Transact-SQL 语句。使用 DDL 触发器可以防止对数据库架构进行某些未授权的更改。执行 DDL 操作的系统存储过程也可以激发 DDL 触发器。如果要执行以下操作，可以使用 DDL 触发器。

（1）防止对数据库架构进行某些未授权的更改。

（2）希望数据库中发生某种情况以响应数据库架构的更改。

（3）记录数据库架构的更改或事件。

7.2.2 创建 DML 触发器

DML 触发器是指当数据库服务器中发生 DML 事件时要执行的操作，DML 事件包括对数据表或视图发出的 INSERT、DELETE、UPDATE 语句。

1. 使用对象资源管理器创建 DML 触发器

在“对象资源管理器”窗口中，使用菜单命令在“teachingbak”数据库中为“score”成绩表创建触发器“Trig_01”，要求当更新或录入成绩时，自动计算总评成绩字段值（scoreall=score1×40%+score2×60%），具体操作步骤如下。

（1）启动 SSMS，并连接到数据库服务器实例。

（2）在左侧的“对象资源管理器”窗口中，依次展开“数据库”→“teachingbak”→“表”→“score”表节点。

（3）右击“触发器”节点，在弹出的快捷菜单中单击“新建触发器”菜单命令。

（4）打开“代码模板”窗口。该窗口显示了 CREATE TRIGGER 语句模板，可以在其中修改要创建的触发器的架构（Schema_Name）、名称（Trigger_Name）、数据表名称（Table_Name）以及触发事件（INSERT,DELETE,UPDATE）参数，然后在触发器中的 BEGIN…END 代码块中添加需要的 SQL 语句，如图 7-20 所示。

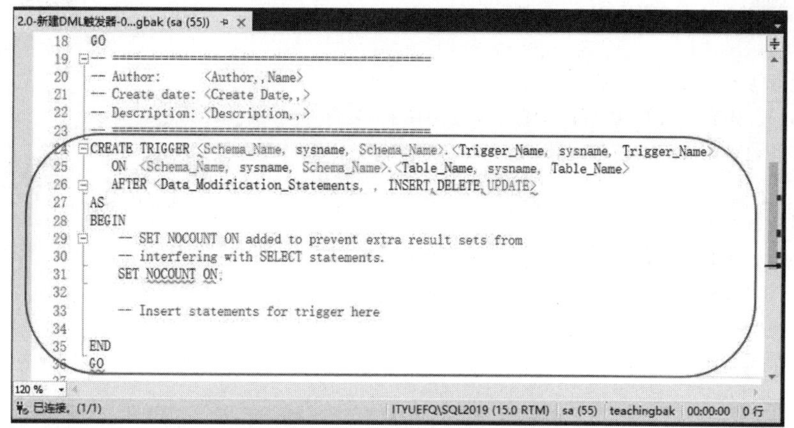

图 7-20　“代码模板”窗口

（5）单击“查询”菜单下的“指定模板参数的值”菜单命令。

（6）打开“指定模板参数的值”对话框，将 Schema_Name 参数设置为“dbo”，Trigger_Name 参数设置为“Trig_01”，Table_Name 参数设置为“score”，Data_Modification_Statement 参数设置为“INSERT,UPDATE”，如图 7-21 所示。

（7）单击“确定”按钮，关闭“指定模板参数的值”对话框。

（8）在“查询编辑器”窗口中，将对应的 SQL 语句修改为如下语句。

```
BEGIN
    UPDATE score SET scoreall=score1*0.4+score2*0.6 WHERE sno IN (SELECT sno FROM inserted)
END
```

（9）单击工具栏的“执行”按钮或直接按 F5 键，执行结果如图 7-22 所示。

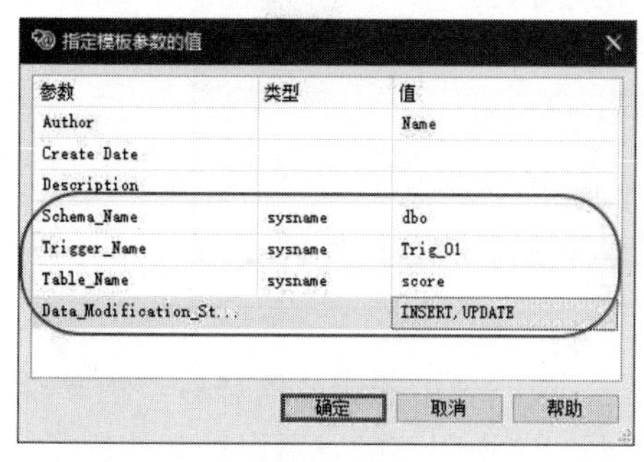

图 7-21　“指定模板参数的值”对话框

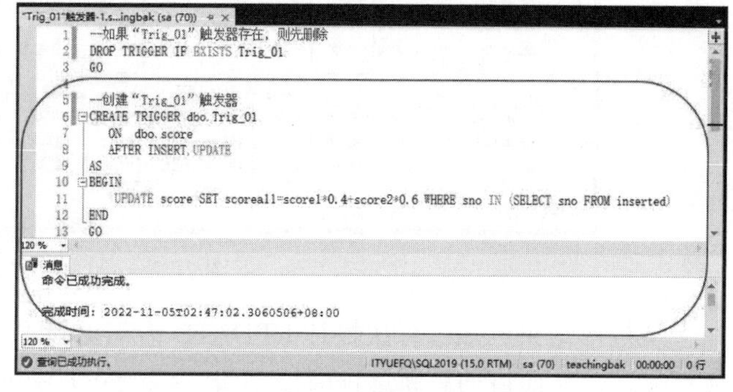

图 7-22　创建触发器执行结果

技巧：若要在“对象资源管理器”窗口中查看新创建的 DML 触发器，则需在“score”节点下，右击“触发器”节点，然后单击“刷新”菜单命令。

（10）验证触发器。在“查询编辑器”窗口中输入如下 Transact-SQL 语句。

```
--设置“teachingbak”为当前数据库
USE teachingbak
GO

--初始数据
SELECT * FROM score WHERE sno='2201000002'

--第一次验证触发器
UPDATE score SET score1=95 WHERE sno='2201000002'
SELECT * FROM score WHERE sno='2201000002'

--第二次验证触发器
UPDATE score SET score2=90 WHERE sno='2201000002'
SELECT * FROM score WHERE sno='2201000002'
GO
```

执行结果如图 7-23 所示。

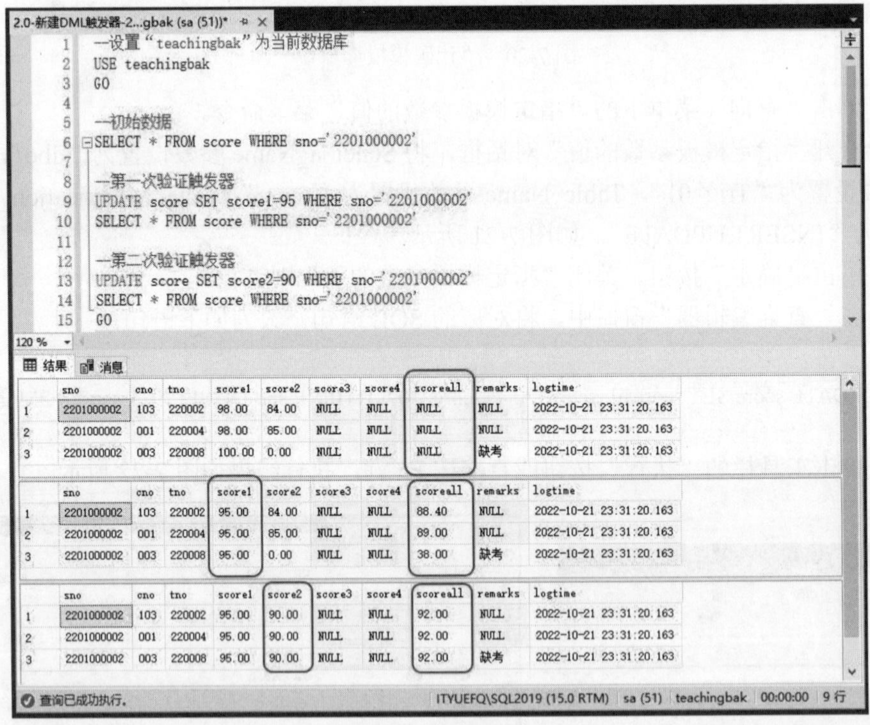

图 7-23　验证触发器

从执行结果可知，每次执行 UPDATE 语句更新“score”成绩表中的成绩信息后，触发器会被激发，从而自动更新总评成绩字段（scoreall）中的数据。这说明该触发器已经起作用了。

2. 使用 Transact-SQL 语句创建 DML 触发器

在“查询编辑器”窗口中，可以使用 CREATE TRIGGER 语句创 DML 触发器，其语法格式如下。

```
CREATE TRIGGER [ schema_name.] trigger_name
ON table | view
[ WITH ENCRYPTION ]
FOR | AFTER | INSTEAD OF
[ INSERT ] [ , UPDATE ] [ , DELETE ]
AS
sql_statement [ ,...n ]
```

说明：

- [schema_name.]trigger_name：触发器的名称及该触发器所属的架构。

  1）DML 触发器的范围限定为对其创建此类触发器的表或视图的架构。不能为 DDL 触发器指定 schema_name。

  2）trigger_name 在当前数据库中必须是唯一的，但 trigger_name 不得以“#”或“##”开头。
- table | view：指定在其上执行触发器的表或视图，有时称为触发器表或触发器视图。可以根据需要指定表或视图的完全限定名称。只有 INSTEAD OF 触发器才能引用视图。无法对本地临时表或全局临时表定义 DML 触发器。
- WITH ENCRYPTION：用于加密“syscomments”表中包含 CREATE TRIGGER 语句文本的条目。使用此选项可以防止将触发器作为系统复制的部分。
- FOR | AFTER：用于指定触发器只有在触发 SQL 语句指定的所有操作都已成功执行后才执行。所有的引用级联操作和约束检查也必须成功完成后，才能执行此触发器。无法对视图定义 AFTER 触发器。
- INSTEAD OF：用于指定执行的是触发器而不是触发语句，从而用触发器替代触发语句的操作。在表或视图上，每条 INSERT、UPDATE 或 DELETE 语句最多可以定义一个 INSTEAD OF 触发器。然而，可以在每个具有 INSTEAD OF 触发器的视图上定义视图。INSTEAD OF 触发器不能在 WITH CHECK OPTION 的可更新视图上定义。如果向指定的 WITH CHECK OPTION 选项的可更新视图添加 INSTEAD OF 触发器，系统将产生错误。用户必须用 ALTER VIEW 语句删除该选项后才能定义 INSTEAD OF 触发器。
- [INSERT] [, UPDATE] [, DELETE]：用于指定在表或视图上执行哪些数据修改语句时，将激活触发器的关键字，必须至少指定一个选项。在触发器定义中允许以任何顺序组合这些关键字。如果指定的选项多于一个，需要用逗号分隔。
- AS：触发器要执行的操作。
- sql_statement：触发器的条件和操作。触发器条件指定其他准则，以确定 DELETE、INSERT 或 UPDATE 语句是否会执行触发器操作。

【例 7-5】在“teachingbak”数据库中，使用 Transact-SQL 语句创建如下 INSERT 触发器。

（1）创建并测试触发器“Trig_02A”，当向“student”学生表中插入数据时，自动更新“stu_total”统计表中的学生人数（若“stu_total”统计表不存在，则需先创建）。

（2）创建并测试触发器“Trig_02B”，禁止向“stu_total”统计表插入数据。

Transact-SQL 语句如下。

```
--设置“teachingbak”为当前数据库
```

```
USE teachingbak
GO

--创建并测试触发器“Trig_02A”，当向“student”学生表中插入数据时，自动更新“stu_total”统计表中的学生人数（若“stu_total”统计表不存在，则需先创建）
--如果“Trig_02A”触发器存在，则先删除
DROP TRIGGER IF EXISTS Trig_02A
GO

--创建“Trig_02A”触发器
CREATE TRIGGER Trig_02A
ON student
AFTER INSERT
AS
BEGIN
    IF OBJECT_ID('stu_total','U') IS NULL
        CREATE TABLE stu_total(s_total int DEFAULT(0))
    DECLARE @s_total int
    SELECT @s_total=COUNT(*) FROM student
    IF NOT EXISTS (SELECT * FROM stu_total)
        INSERT INTO stu_total VALUES (0)
    UPDATE stu_total SET s_total=@s_total
END
GO

--测试触发器
SELECT COUNT(*) AS student 表中学生总人数  FROM student
INSERT INTO student VALUES ('2204000007','曹林西','男','2004-03-20','机械工程学院','机械电子工程','15404000006',NULL)
SELECT COUNT(*) AS student 表中学生总人数  FROM student
SELECT s_total AS stu_total 表中学生总人数  FROM stu_total
GO

--创建并测试触发器“Trig_02B”，禁止向“stu_total”统计表插入数据
--如果“Trig_02B”触发器存在，则先删除
DROP TRIGGER IF EXISTS Trig_02B
GO

--创建“Trig_02B”触发器
CREATE TRIGGER Trig_02B
ON stu_total
AFTER INSERT
AS
BEGIN
    SELECT '禁止向 stu_total 统计表插入数据！' AS 测试结果
    ROLLBACK TRANSACTION
END
```

```
GO

--测试触发器
INSERT INTO stu_total VALUES (10)
GO
```

执行结果如图 7-24 所示。

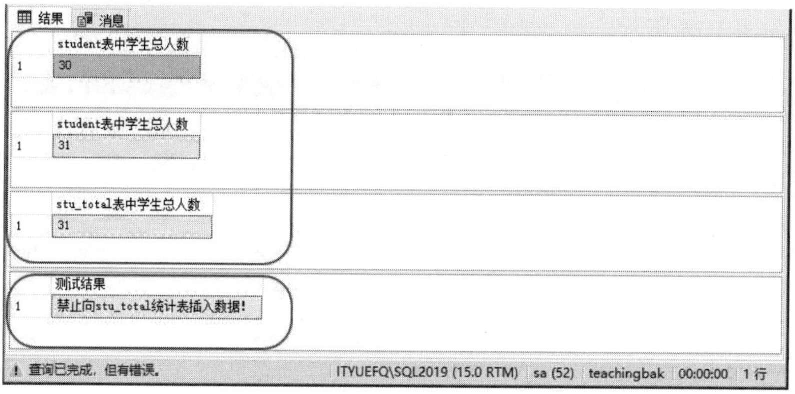

结果　消息

	student表中学生总人数
1	30

	student表中学生总人数
1	31

	stu_total表中学生总人数
1	31

	测试结果
1	禁止向stu_total统计表插入数据!

查询已完成，但有错误。　ITYUEFQ\SQL2019 (15.0 RTM)　sa (52)　teachingbak　00:00:00　1 行

图 7-24　例 7-5 执行结果

从“Trig_02A”触发器的测试结果可以看到，测试语句中的第 2 行执行了一条 INSERT 语句，向“student”学生表中插入一条记录后，结果显示插入前后“student”学生表中总的记录数；第 4 行语句查看触发器执行之后“stu_total”统计表的结果。可以看到，成功地将“student”学生表中计算的总的学生人数插入“stu_total”统计表，实现了表的级联操作。

在某些情况下，根据数据库设计的需要，可能会禁止用户对某些表中数据的操作，可以在表上指定拒绝执行插入、更新或删除操作来实现。例如前面创建的“stu_total”统计表，其中插入的数据是根据“student”学生表中计算而得到的，用户不能随便插入数据。

【例 7-6】在“teachingbak”数据库中，使用 Transact-SQL 语句创建 DELETE 触发器“Trig_03”，当用户删除“student”学生表中的数据后，输出被删除的学生的详细信息。

Transact-SQL 语句如下。

```
--设置“teachingbak”为当前数据库
USE teachingbak
GO

--如果“Trig_03”触发器存在，则先删除
DROP TRIGGER IF EXISTS Trig_03
GO

--创建“Trig_03”触发器
CREATE TRIGGER Trig_03
ON student
FOR DELETE          --或者 AFTER DELETE 语句
AS
BEGIN
```

```
    SELECT * FROM deleted
END
GO

--测试触发器
DELETE FROM student WHERE major='机械电子工程'
GO
```

执行结果如图 7-25 所示。

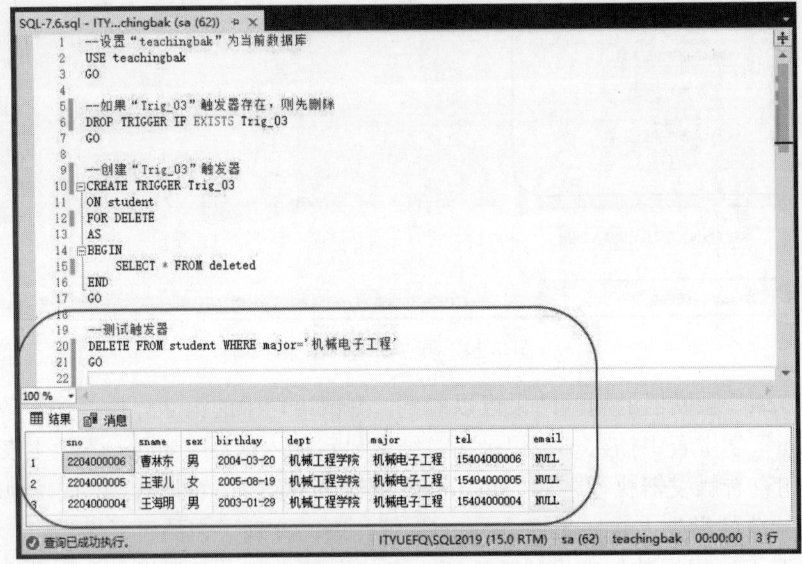

图 7-25　例 7-6 执行结果

注意：

- 与创建 INSERT 触发器过程相同，这里 FOR 关键字（等价于 AFTER）后面指定 DELETE 关键字，表示这是一个用户执行 DELETE 删除操作触发的触发器。
- 这里返回的结果记录是从 Deleted 表中查询到的数据。

【例 7-7】在“teachingbak”数据库中，使用 Transact-SQL 语句创建 UPDATE 触发器“Trig_04”，当用户更新“student”学生表中的数据后，输出更新前后学生的对比信息。

Transact-SQL 语句如下。

```
--设置“teachingbak”为当前数据库
USE teachingbak
GO

--如果“Trig_04”触发器存在，则先删除
DROP TRIGGER IF EXISTS Trig_04
GO

--创建“Trig_04”触发器
CREATE TRIGGER Trig_04
ON student
```

```
FOR UPDATE    --或者 AFTER UPDATE
AS
BEGIN
      SELECT * FROM deleted           --修改前的数据
      SELECT * FROM inserted          --修改后的数据
END
GO

--测试触发器
UPDATE student SET sname='岳睿希' WHERE sno='2201000001'
GO
```

执行结果如图 7-26 所示。

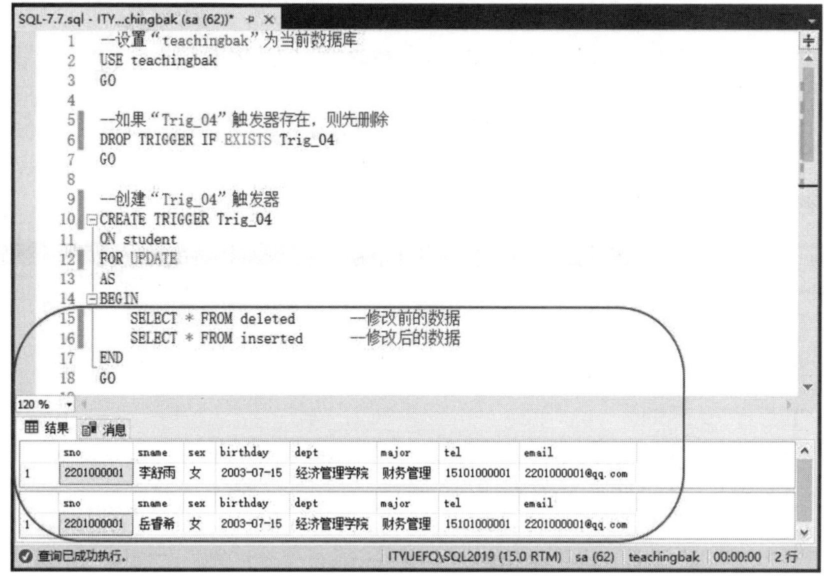

图 7-26　例 7-7 执行结果

从测试结果可以看到，UPDATE 语句同时执行了两种操作：更新前的记录存储到 deleted 表；更新后的记录存储到 inserted 表。

【例 7-8】在“teachingbak”数据库中，使用 Transact-SQL 语句创建代替（INSTEAD OF）触发器“Trig_05”。当用户向“student”学生表中插入性别为“男”或“女”以外的非法数据时，拒绝插入该行数据，并给出提示信息“请勿插入非法数据，性别必须是男或女!”。

Transact-SQL 语句如下。

```
--设置“teachingbak”为当前数据库
USE teachingbak
GO

--如果“Trig_05”触发器存在，则先删除
DROP TRIGGER IF EXISTS Trig_05
GO
```

```
--创建“Trig_05”触发器
CREATE TRIGGER Trig_05
ON student
INSTEAD OF INSERT
AS
BEGIN
    DECLARE @sex NCHAR(1)
    SELECT @sex=sex FROM inserted
    IF @sex NOT IN ('男','女')
        SELECT '请勿插入非法数据，性别必须是男或女！' AS 失败原因
END
GO

--测试触发器
INSERT INTO student VALUES ('2204000008','曹林西','F','2004-03-20','机械工程学院','机械电子工程',
'15404000006',NULL)
SELECT * FROM student WHERE sno='2204000008'
GO
```

执行结果如图 7-27 所示。

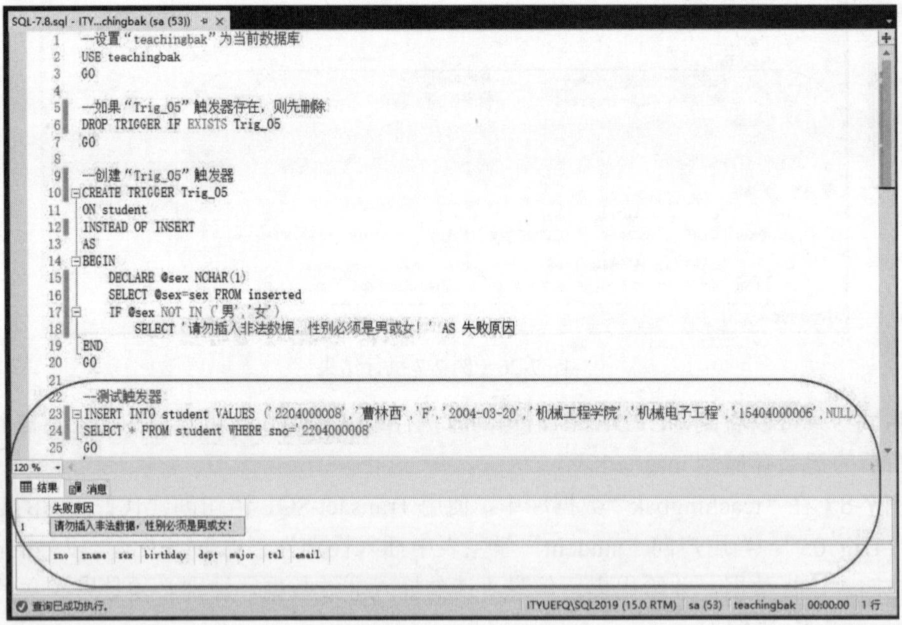

图 7-27　例 7-8 执行结果

注意：

- SQL Server 服务器在执行触发 FOR 或 AFTER 触发器的 SQL 代码时，先建立临时的 inserted 表和 deleted 表，然后执行 SQL 代码中对数据的操作，最后才触发触发器。而对于 INSTEAD OF 触发器，SQL Server 服务器在执行触发 INSTEAD OF 触发器的代码时，先建立临时的 inserted 表和 deleted 表，然后直接触发 INSTEAD OF 触发器，而拒绝执行用户输入的 DML 操作语句。

- 基于多个基本表的视图必须使用 INSTEAD OF 触发器来对多个基本表中的数据进行插入、更新和删除操作。

7.2.3　创建 DDL 触发器

与 DML 触发器一样，DDL 触发器通过用户的操作而解发，即当用户创建（CREATE）、修改（ALTER）或删除（DROP）数据库对象时触发，一般用于管理和记录数据库对象的结构变化。

1. 使用对象资源管理器创建 DDL 触发器

在“对象资源管理器”窗口中，使用菜单命令在“teachingbak”数据库中，创建数据库触发器“Trig_06”，拒绝用户对数据库中的表进行删除和修改操作，具体操作步骤如下。

（1）启动 SSMS，并连接到数据库服务器实例。

（2）在左侧的“对象资源管理器”窗口中，依次展开“数据库”→“teachingbak”→“可编程性”节点。

（3）右击“数据库触发器”节点，在弹出的快捷菜单中单击“新建数据库触发器”菜单命令。

（4）打开“代码模板”窗口，如图 7-28 所示。

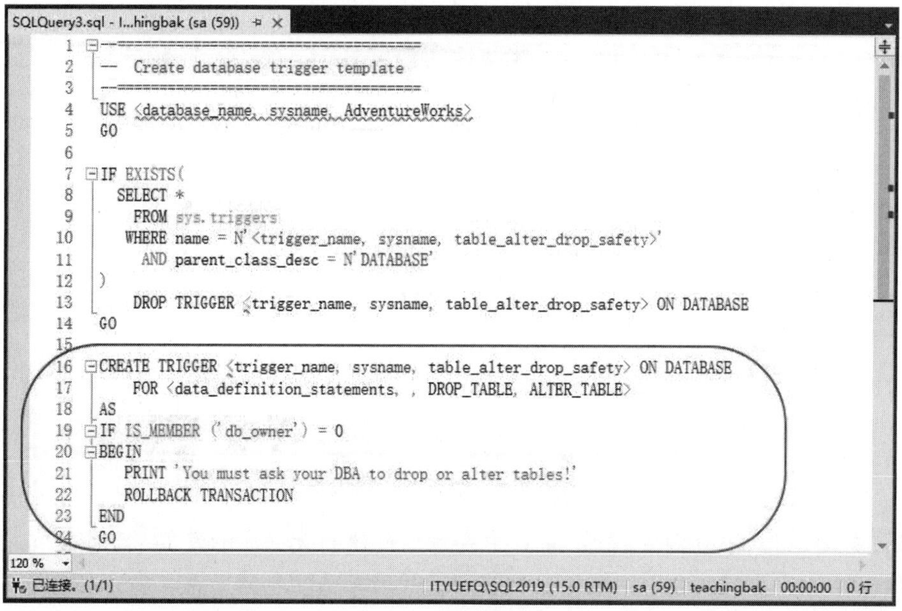

```
SQLQuery3.sql - I...hingbak (sa (59))
--=====================================
-- Create database trigger template
--=====================================
USE <database_name, sysname, AdventureWorks>
GO

IF EXISTS(
  SELECT *
    FROM sys.triggers
   WHERE name = N'<trigger_name, sysname, table_alter_drop_safety>'
     AND parent_class_desc = N'DATABASE'
)
    DROP TRIGGER <trigger_name, sysname, table_alter_drop_safety> ON DATABASE
GO

CREATE TRIGGER <trigger_name, sysname, table_alter_drop_safety> ON DATABASE
    FOR <data_definition_statements, , DROP_TABLE, ALTER_TABLE>
AS
IF IS_MEMBER ('db_owner') = 0
BEGIN
   PRINT 'You must ask your DBA to drop or alter tables!'
   ROLLBACK TRANSACTION
END
GO
120 %
已连接。(1/1)    ITYUEFQ\SQL2019 (15.0 RTM)  sa (59)  teachingbak  00:00:00  0 行
```

图 7-28　“代码模板”窗口

技巧：因为 DDL 触发器不在架构范围内，所以不会在 sys.objects 目录视图中出现，也就无法使用 OBJECT_ID 函数查询数据库中是否存在 DDL 触发器。必须使用相应的目录视图查询架构范围以外的对象。对于 DDL 触发器，可使用 sys.triggers 查询。

（5）单击“查询”菜单下的“指定模板参数的值”菜单命令。

（6）打开“指定模板参数的值”对话框，设置数据库名、触发器名和触发事件参数，如图 7-29 所示。

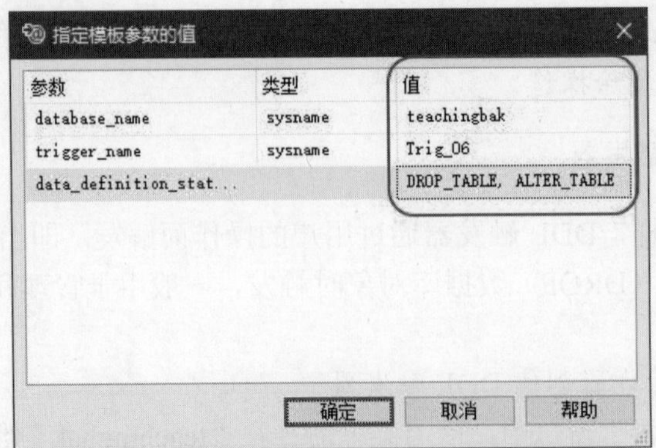

图 7-29　“指定模板参数的值”对话框

（7）单击“确定”按钮，关闭“指定模板参数的值”对话框。

（8）在“查询编辑器”窗口中，将 AS 后对应的 SQL 语句修改为如下语句。

```
BEGIN
   PRINT '用户无权进行修改和删除数据表的操作！'
   ROLLBACK TRANSACTION                    --事务回滚
END
```

（9）单击工具栏“执行”按钮或直接按 F5 键，执行结果如图 7-30 所示。

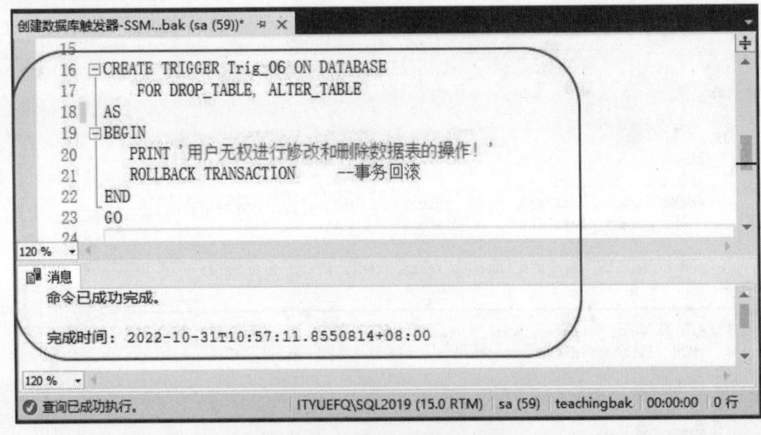

图 7-30　创建数据库触发器

技巧：若要在“对象资源管理器”窗口中查看刚创建的数据库触发器，只需在“teachingbak”→“可编程性”节点下，右击“触发器”节点，然后单击“刷新”菜单命令即可。

（10）验证数据库触发器。在“查询编辑”器窗口中输入如下 Transact-SQL 语句。

```
--设置“teachingbak”为当前数据库
USE teachingbak
GO

--尝试删除“score”成绩表
DROP TABLE score
GO
```

执行结果如图 7-31 所示。

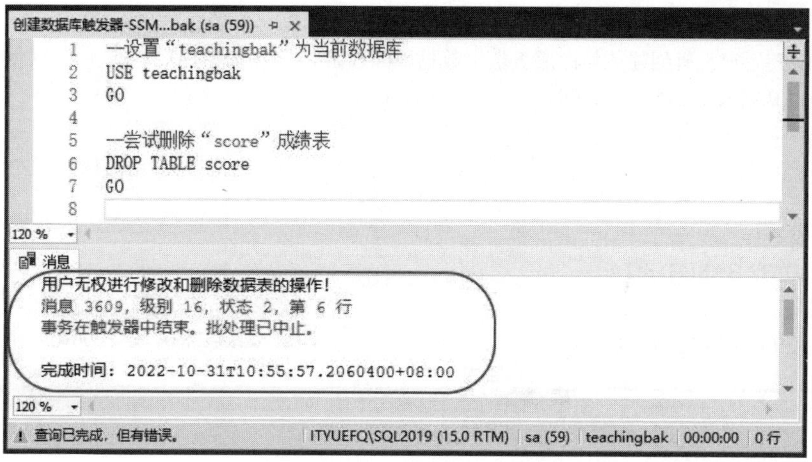

```
创建数据库触发器-SSM...bak (sa (59))
--设置"teachingbak"为当前数据库
USE teachingbak
GO

--尝试删除"score"成绩表
DROP TABLE score
GO
```

```
消息
用户无权进行修改和删除数据表的操作!
消息 3609，级别 16，状态 2，第 6 行
事务在触发器中结束。批处理已中止。

完成时间：2022-10-31T10:55:57.2060400+08:00
```

查询已完成，但有错误。 ITYUEFQ\SQL2019 (15.0 RTM) | sa (59) | teachingbak | 00:00:00 | 0 行

图 7-31　验证数据库触发器

从执行结果可知，“teachingbak”数据库拒绝了用户进行删除数据表的操作，说明该触发器已经起作用了。

2. 使用 Transact-SQL 语句创建 DDL 触发器

在“查询编辑器”窗口中，可以使用 CREATE TRIGGER 语句创建 DDL 触发器，其语法格式如下。

```
CREATE TRIGGER trigger_name
ON ALL SERVER | DATABASE
[ WITH ENCRYPTION ]
FOR | AFTER event_type | event_group [ ,...n ]
AS
sql_statement [ ,...n ]
```

说明：

- ALL SERVER：表示 DDL 触发器的作用域应为当前服务器。
- DATABASE：表示 DDL 触发器的作用域应为当前数据库。
- event_type：指定激发 DDL 触发器的 Transact-SQL 语句相关事件的名称。
- event_group：指定激发 DDL 触发器的预定义 Transact-SQL 语句事件分组的名称。

【例 7-9】 在“teachingbak”数据库中，使用 Transact-SQL 创建服务器作用域的触发器“Trig_07”，拒绝用户进行创建和修改数据库的操作，并给出提示信息。

Transact-SQL 语句如下。

```
--如果“Trig_07”触发器存在，则先删除
DROP TRIGGER IF EXISTS Trig_07
ON ALL SERVER              --服务器作用域
GO

--创建“Trig_07”触发器
CREATE TRIGGER Trig_07
ON ALL SERVER
FOR CREATE_DATABASE,ALTER_DATABASE
AS
```

```
BEGIN
    PRINT '用户没有创建或修改服务器上数据库的权限！'
    ROLLBACK TRANSACTION
END
GO

--测试触发器
CREATE DATABASE TESTA
GO
```

执行结果如图 7-32 所示。

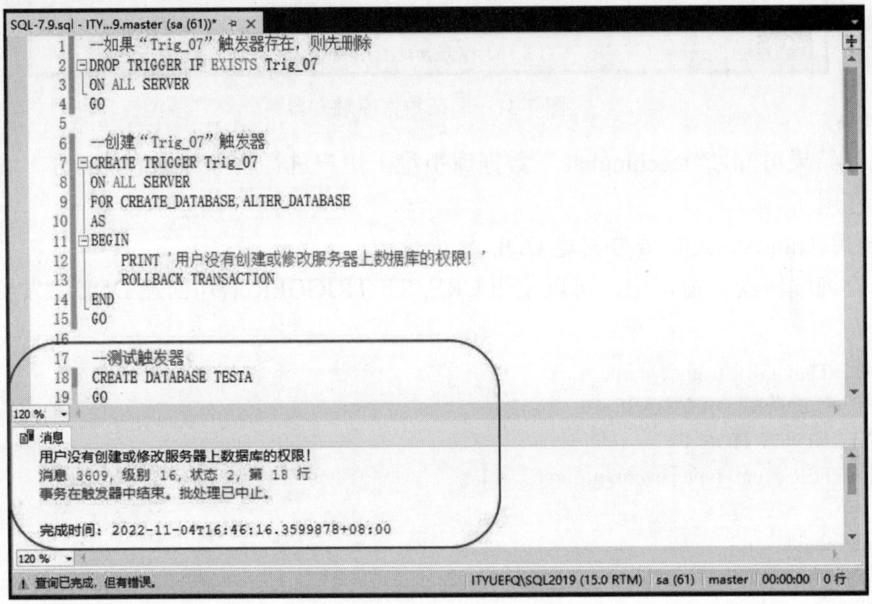

```
SQL-7.9.sql - ITY...9.master (sa (61))*
--如果“Trig_07”触发器存在，则先删除
DROP TRIGGER IF EXISTS Trig_07
ON ALL SERVER
GO

--创建“Trig_07”触发器
CREATE TRIGGER Trig_07
ON ALL SERVER
FOR CREATE_DATABASE, ALTER_DATABASE
AS
BEGIN
    PRINT '用户没有创建或修改服务器上数据库的权限！'
    ROLLBACK TRANSACTION
END
GO

--测试触发器
CREATE DATABASE TESTA
GO

消息
用户没有创建或修改服务器上数据库的权限！
消息 3609，级别 16，状态 2，第 18 行
事务在触发器中结束。批处理已中止。

完成时间：2022-11-04T16:46:16.3599878+08:00

查询已完成，但有错误。  ITYUEFQ\SQL2019 (15.0 RTM) | sa (61) | master | 00:00:00 | 0 行
```

图 7-32　例 7-9 执行结果

技巧：若要在“对象资源管理器”窗口中查看刚创建的服务器触发器，只需在实例服务器的“服务器对象”节点下，右击“触发器”节点，然后单击“刷新”菜单命令即可。

7.2.4　查看触发器

创建完触发器之后，可以根据需要查看触发器信息。

1. 使用对象资源管理器查看触发器

在“对象资源管理器”窗口中，使用“编写脚本为”菜单命令即可查看触发器的定义等相关信息。例如查看“Tri_01”触发器的定义信息的操作步骤如下。

（1）启动 SSMS，并连接到数据库服务器实例。

（2）在左侧的“对象资源管理器”窗口中，依次展开“数据库”→“teachingbak”→“表”→“score”→“触发器”节点。

（3）右击“Tri_01”触发器，在弹出的快捷菜单中依次单击“编写触发器脚本为”→“create 到”→“新查询编辑器窗口”菜单命令。

（4）在“查询编辑器”窗口中将显示创建该触发的代码内容，如图 7-33 所示。

```
USE [teachingbak]
GO

/****** Object:  Trigger [dbo].[Tri_01]    Script Date: 2022/11/4 23:12:58 ******/
SET ANSI_NULLS ON
GO

SET QUOTED_IDENTIFIER ON
GO

--创建“Tri_01”触发器
CREATE TRIGGER [dbo].[Tri_01]
   ON  [dbo].[score]
   AFTER INSERT,UPDATE
AS
BEGIN
    UPDATE score SET scoreall=score1*0.4+score2*0.6 WHERE sno IN (SELECT sno FROM inserted)
END
GO

ALTER TABLE [dbo].[score] ENABLE TRIGGER [Tri_01]
GO
```

图 7-33　查看“Tri_01”触发器的定义信息

2. 使用系统存储过程查看触发器

因为触发器是一种特殊的存储过程，所以也可以使用系统存储过程查看触发器的内容，例如使用 sp_helptext、sp_help 或 sp_depends 等系统存储过程查看触发器的相关信息。

【例 7-10】使用 sp_helptext 查看“Trig_02B”触发器的定义信息。

Transact-SQL 语句如下。

```
--设置“teachingbak”为当前数据库
USE teachingbak
GO

--查看定义信息
sp_helptext Trig_02B
GO
```

执行结果如图 7-34 所示。

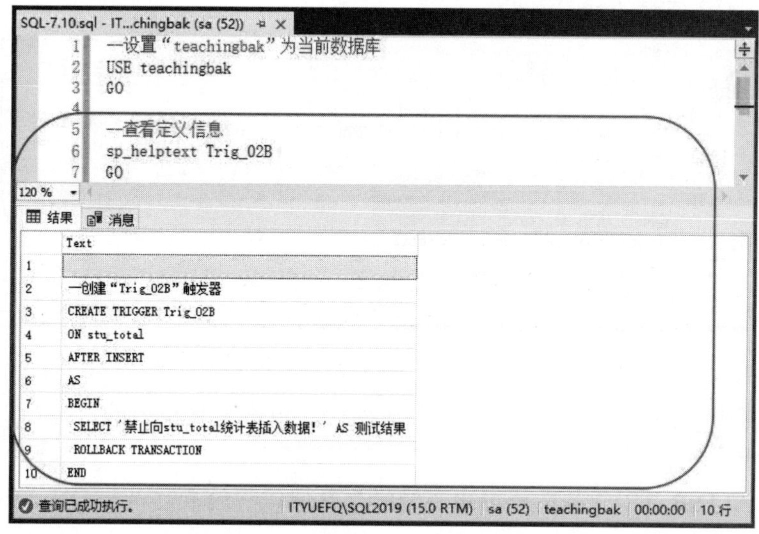

SQL-7.10.sql - IT...chingbak (sa (52))
--设置“teachingbak”为当前数据库
USE teachingbak
GO
--查看定义信息
sp_helptext Trig_02B
GO
结果
消息
Text
--创建“Trig_02B”触发器
CREATE TRIGGER Trig_02B
ON stu_total
AFTER INSERT
AS
BEGIN
SELECT '禁止向stu_total统计表插入数据！' AS 测试结果
ROLLBACK TRANSACTION
END
查询已成功执行。
ITYUEFQ\SQL2019 (15.0 RTM)
sa (52)
teachingbak
00:00:00
10 行

图 7-34　例 7-10 执行结果

从执行结果可以看到，使用系统存储过程 sp_helptext 查看的触发器的定义信息与前面输入代码查看定义信息的结果是相同的。

7.2.5 修改触发器

当触发器不满足需求时，可以修改触发器的定义和属性。在 SQL Server 2019 中可以通过两种方式修改触发器：一是先删除原来的触发器，再重新创建与之名称相同的触发器；二是直接修改现有触发器的定义。

修改触发器定义可以使用 ALTER TRIGGER 语句，其语法格式里除 ALTER 关键字之外，其他的参数与 CREATE TRIGGER 语句中的参数作用完全相同，具体可参考前面的 CREATE TRIGGER 语法格式。

也可以在“对象资源管理器”窗口中，使用菜单命令修改触发器，但其本质依然是使用 ALTER TRIGGER 语句。例如修改“Trig_02A”DML 触发器的操作步骤如下。

（1）启动 SSMS，并连接到数据库服务器实例。

（2）在左侧的“对象资源管理器”窗口中，依次展开“数据库”→“teachingbak”→“表”→“student”→“触发器”节点。

（3）右击“Tri_02A”触发器，在弹出的快捷菜单中单击“修改”菜单命令或者双击该触发器。

（4）在“查询编辑器”窗口中将显示该触发器的 ALTER TRIGGER 语句内容，如图 7-35 所示。

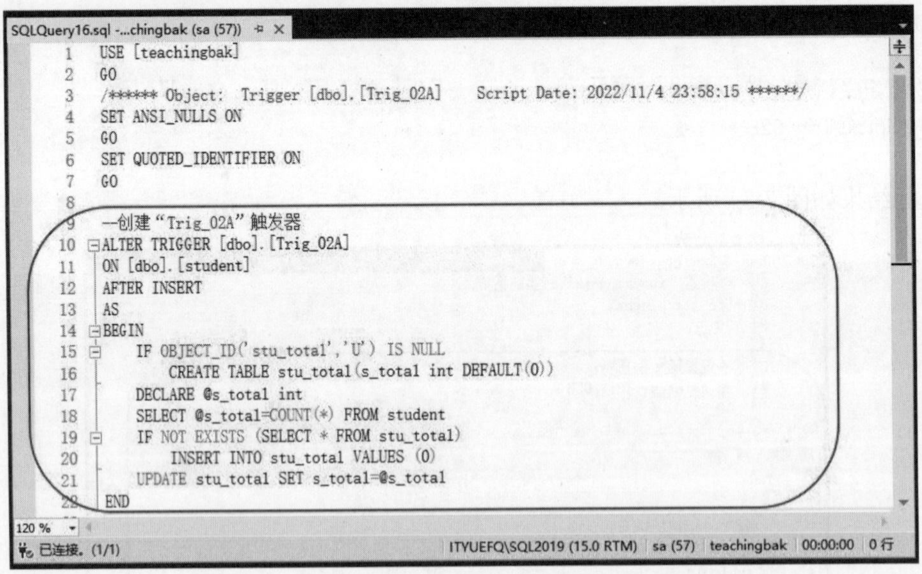

SQLQuery16.sql -...chingbak (sa (57))

```
USE [teachingbak]
GO
/****** Object:  Trigger [dbo].[Trig_02A]    Script Date: 2022/11/4 23:58:15 ******/
SET ANSI_NULLS ON
GO
SET QUOTED_IDENTIFIER ON
GO

--创建“Trig_02A”触发器
ALTER TRIGGER [dbo].[Trig_02A]
ON [dbo].[student]
AFTER INSERT
AS
BEGIN
    IF OBJECT_ID('stu_total','U') IS NULL
        CREATE TABLE stu_total(s_total int DEFAULT(0))
    DECLARE @s_total int
    SELECT @s_total=COUNT(*) FROM student
    IF NOT EXISTS (SELECT * FROM stu_total)
        INSERT INTO stu_total VALUES (0)
    UPDATE stu_total SET s_total=@s_total
END
```

120 % 已连接。(1/1) ITYUEFQ\SQL2019 (15.0 RTM) | sa (57) | teachingbak | 00:00:00 | 0 行

图 7-35 “Tri_02A”触发器的 ALTER TRIGGER 语句

可以根据需要修改触发器的定义和相关属性后，单击工具栏上的“执行”按钮完成修改操作。

注意：在 ALTER TRIGGER 语句中不能修改存储过程的名称以及 ON 关键字后的触发对象范围。

技巧：对于 DDL 触发器，右击后弹出的快捷菜单中没有提供“修改”菜单命令，此时可以依次单击“编写触发器脚本为”→“ALTER 到”→“新查询编辑器窗口”菜单命令打开 ALTER TRIGGER 代码编辑窗口。

7.2.6　启用和禁用触发器

触发器创建之后便可以启用了，如果暂时不需要使用某个触发器，可以将其禁用。对于 DML 触发器可以使用 ALTER TABLE 语句或者 DISABLE TRIGGER 语句，而 DDL 触发器只能使用 DISABLE TRIGGER 语句。

【例 7-11】使用 ALTER TABLE 语句或者 DISABLE TRIGGER 语句分别禁用“Trig_02A”“Trig_03”“Trig_04”和“Trig_05”DML 触发器以及“Trig_06”和“Trig_07”DDL 触发器。

Transact-SQL 语句如下。

```
--设置“teachingbak”为当前数据库
USE teachingbak
GO

--禁用“Trig_06”DDL 触发器
DISABLE TRIGGER Trig_06 ON DATABASE
GO

--禁用“Trig_07”DDL 触发器
DISABLE TRIGGER Trig_07 ON ALL SERVER
GO

--同时禁用“Trig_02A”和“Trig_03”DML 触发器
ALTER TABLE student DISABLE TRIGGER Trig_02A,Trig_03
GO

--同时禁用“Trig_04”和“Trig_05”DML 触发器
DISABLE TRIGGER Trig_04,Trig_05 ON student
GO
```

注意：由于“Trig_06”DDL 触发器对 ALTER TABLE 语句有影响，故需先禁用“Trig_06”DDL 触发器。

触发器被禁用后并没有被删除，它仍然作为数据库对象存储在当前数据库中。但是当用户执行触发操作时，被禁用的触发器不会被调用。可以通过 ALTER TABLE 语句或 ENABLE TRIGGER 语句重新启用被禁用的触发器。

【例 7-12】使用 ALTER TABLE 语句或者 ENABLE TRIGGER 语句重新启用“Trig_02A”“Trig_03”“Trig_04”和“Trig_05”DML 触发器以及“Trig_06”和“Trig_07”DDL 触发器。

Transact-SQL 语句如下。

```
--设置“teachingbak”为当前数据库
USE teachingbak
GO
```

```
--同时启用“Trig_02A”和“Trig_03”DML 触发器
ALTER TABLE student ENABLE TRIGGER Trig_02A,Trig_03
GO

--同时启用“Trig_04”和“Trig_05”DML 触发器
ENABLE TRIGGER Trig_04,Trig_05 ON student
GO

--启用“Trig_06”DDL 触发器
ENABLE TRIGGER Trig_06 ON DATABASE
GO

--启用“Trig_07”DDL 触发器
ENABLE TRIGGER Trig_07 ON ALL SERVER
GO
```

注意：同样，由于“Trig_06”DDL 触发器对 ALTER TABLE 语句有影响，故须先执行 ALTER TABLE 语句后再启用“Trig_06”DDL 触发器。

技巧：同样，可以在“对象资源管理器”窗口中，使用菜单命令禁用或启用触发器。其方法是右击要禁用或启用的触发器，在弹出的快捷菜单中单击“禁用”或“启用”菜单命令即可。

7.2.7 删除触发器

当触发器不再需要使用时，可以将其删除，删除触发器不会影响其操作的数据表，而当某个表被删除时，该表上的触发器也同时被删除。

1. 使用对象资源管理器删除触发器

与前面介绍的删除数据库、数据表、视图、索引以及存储过程类似，在“对象资源管理器”窗口中右击要删除的触发器，在弹出的菜单中选择“删除”菜单命令或者按 Delete 键进行删除，在弹出的“删除对象”对话框中，单击“确定”按钮即可。

2. 使用 Transact-SQL 语句删除触发器

DROP TRIGGER 语句可以删除一个或多个触发器，其语法格式如下。

```
--删除 DML 触发器
DROP TRIGGER [ IF EXISTS ] [schema_name.]trigger_name [ ,...n ]

--删除 DDL 触发器
DROP TRIGGER [ IF EXISTS ] trigger_name [ ,...n ]
ON DATABASE | ALL SERVER
```

说明：trigger_name 为要删除的触发器的名称。

【例 7-13】使用 DROP TRIGGER 语句删除前面创建的“Trig_01”“Trig_02A”“Trig_02B”“Trig_03”“Trig_04”和“Trig_05”DML 触发器以及“Trig_06”和“Trig_07”DDL 触发器。

Transact-SQL 语句如下。

```
--设置“teachingbak”为当前数据库
USE teachingbak
GO
```

```
--删除 DML 触发器
DROP TRIGGER IF EXISTS Trig_01,Trig_02A,Trig_02B,Trig_03,Trig_04,Trig_05
GO

--删除 DDL 触发器
DROP TRIGGER IF EXISTS Trig_06 ON DATABASE
DROP TRIGGER IF EXISTS Trig_07 ON ALL SERVER
GO
```

7.2.8　允许使用嵌套触发器

如果一个触发器在执行操作时调用了另外一个触发器，而被调用的触发器又接着调用了下一个触发器，那么就形成了嵌套触发器。触发器最多可以嵌套 32 层，如果嵌套的层数超过限制，那么该触发器将被终止，并回滚整个事务。使用嵌套触发器需要考虑以下注意事项。

（1）默认情况下，嵌套触发器配置选项是开启的。

（2）在同一个触发器事务中，一个嵌套触发器不能被触发两次。

（3）由于触发器是一个事务，如果在一系列嵌套触发器的任意层中发生错误，则整个事务都将被取消，而且所有数据将会回滚。

嵌套是用来保持整个数据库完整性的重要功能，但有时可能需要禁用嵌套，如果禁用了嵌套，那么修改一个触发器的实现不会再触发该表上的任何触发器。在下述情况下，用户可能需要禁止使用嵌套。

（1）嵌套触发要求复杂而有条理的设计，级联修改可能会修改用户不想涉及的数据。

（2）在一系列嵌套触发器中的任意点时间修改操作都会触发一些触发器，尽管这时数据库提供很强的保护功能，但如果要以特定的顺序更新表，就会产生问题。

嵌套触发器在安装时就被启用，但是可以使用系统存储过程 sp_configure 禁用和重新启用嵌套触发器。

使用如下语句禁用嵌套。

```
EXEC sp_configure 'nested triggers',0
```

如要再次启用嵌套可以使用如下语句。

```
EXEC sp_configure 'nested triggers',1
```

还可以通过“允许触发器激发其他触发器”的服务器配置选项来控制触发器嵌套。但不管此设置是什么，都可以嵌套 INSTEAD OF 触发器。

设置触发器嵌套选项的具体操作步骤如下。

（1）启动 SSMS，并连接到数据库服务器实例。

（2）在“对象资源管理器”窗口中，右击实例服务器，在弹出的快捷菜单中单击“属性”菜单命令。

（3）打开“服务器属性”窗口，选择“高级”选项页。

（4）设置“杂项”分类里的“允许触发器激活其他触发器”为 True 或 False，分别代表激活或不激活，如图 7-36 所示。

（5）设置完成后，单击“确定”按钮即可。

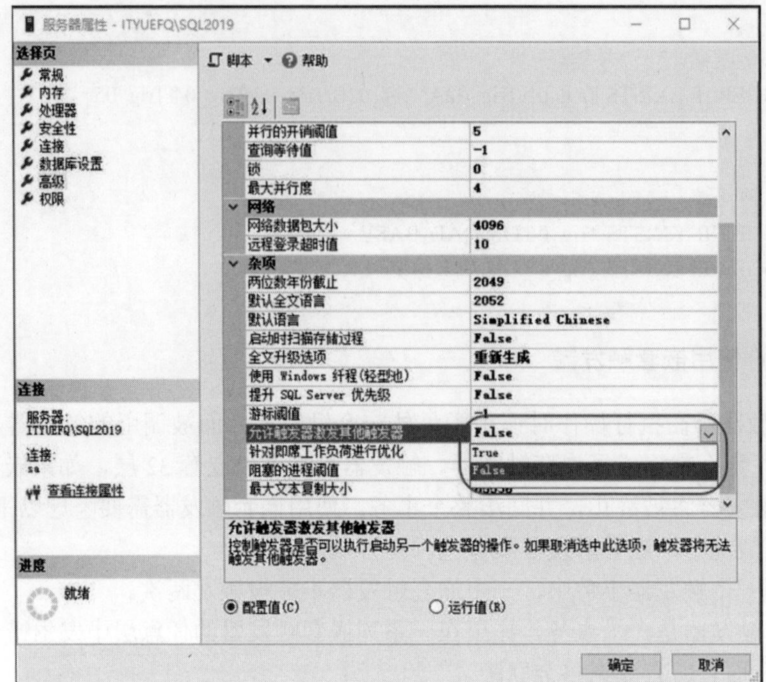

图 7-36　设置“允许触发器激活其他触发器”

7.2.9　允许使用递归触发器

递归触发器是指一个触发器从其内部再一次激活该触发器，例如，UPDATE 操作激活的触发器内部还有一条对数据表的更新语句，那么这条更新语句就有可能再次激活这个触发器本身。当然，这种递归触发器的内部还会有判断语句，只有在一定情况下才会执行那条 Transact-SQL 语句，否则就成为无限调用的死循环了。

SQL Server 2019 中的递归触发器包括两种：直接递归和间接递归。

（1）直接递归。触发器被触发并执行一个操作，而该操作又使该触发器再次被触发。

（2）间接递归。触发器被触发并执行一个操作，而该操作又使另一个表中的某个触发器被触发，第二个触发器使原始表得到更新，从而再次触发第一个触发器。

默认情况下，递归触发器选项是禁用的，但可以通过对象资源管理器启用递归触发器，操作步骤如下。

（1）启动 SSMS，并连接到数据库服务器实例。

（2）右击需要修改的数据库（例如“teachingbak”），在弹出的快捷菜单中单击“属性”菜单命令。

（3）打开“数据库属性”窗口，选择“选项”选项页。

（4）在“杂项”分类中，在“递归触发器已启用”后的下拉列表框中选择 True，如图 7-37 所示。

（5）单击“确定”按钮完成修改。

注意：递归触发器最多只能递归 16 层，如果递归中的第 16 个触发器激活了第 17 个触发器，则结果与发布 ROLLBACK 命令一样，所有数据将会回滚。

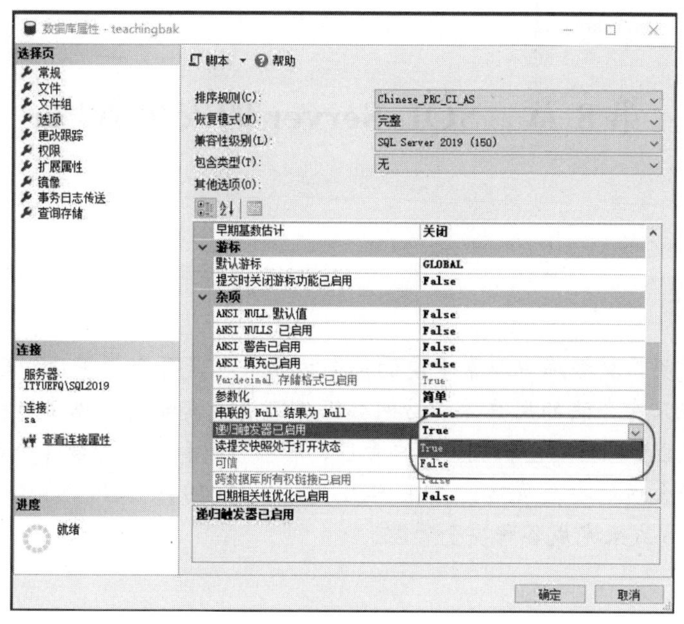

图 7-37　设置“递归触发器已启用”为 True

7.3　实 战 训 练

任务描述：

在销售管理系统开发过程中，软件设计工程师根据实际开发需要提出希望 SQL Server 数据库后台能提供可以调用存储过程以及通过触发器来加强数据的完整性约束和业务规则。作为一名数据库系统工程师，需要为软件设计工程师提供有力支持。

解决思路：

在“对象资源管理器”窗口中使用菜单命令或者在“查询编辑器”窗口中编写 Transact-SQL 语句来完成如下要求。

（1）创建并执行存储过程“Proc_sale1”，显示每种产品的销售总量和销售总金额。

（2）创建并执行存储过程“Proc_sale2”，根据指定的产品编号和日期，以输出参数的形式输出该日期该产品的销售总量和销售总金额。

（3）创建并执行存储过程“Proc_sale3”，根据指定的客户编号（cusno），统计某个时间段内的订单详细信息并返回购买次数。

（4）创建并执行存储过程“Proc_sale4”，根据指定的客户编号（cusno）统计汇总该客户所购买的每种产品的数量和消费金额。

（5）创建触发器“Trig_sale1”，实现即时更新每种商品的库存数量（需考虑入库和销售两种情况）。

（6）创建触发器“Trig_sale2”，拒绝用户对数据库对象进行任何操作（使用 DDL_DATABASE_LEVEL_EVENTS 事件）。

第 8 章　SQL Server 的安全管理

数据库安全是关系数据库中非常重要的一个方面，也是每个数据库管理员必须认真考虑的问题。如何保证只有合法的用户才能访问数据库？这就需要对数据库进行安全管理。SQL Server 的安全管理主要包括安全机制、账户管理、角色管理和权限管理 4 个部分，要求用户能根据实际业务选择合适的安全策略，并在 SQL Server 2019 中使用 SSMS 图形界面方式或 Transact-SQL 语句方式来完成各种安全管理。

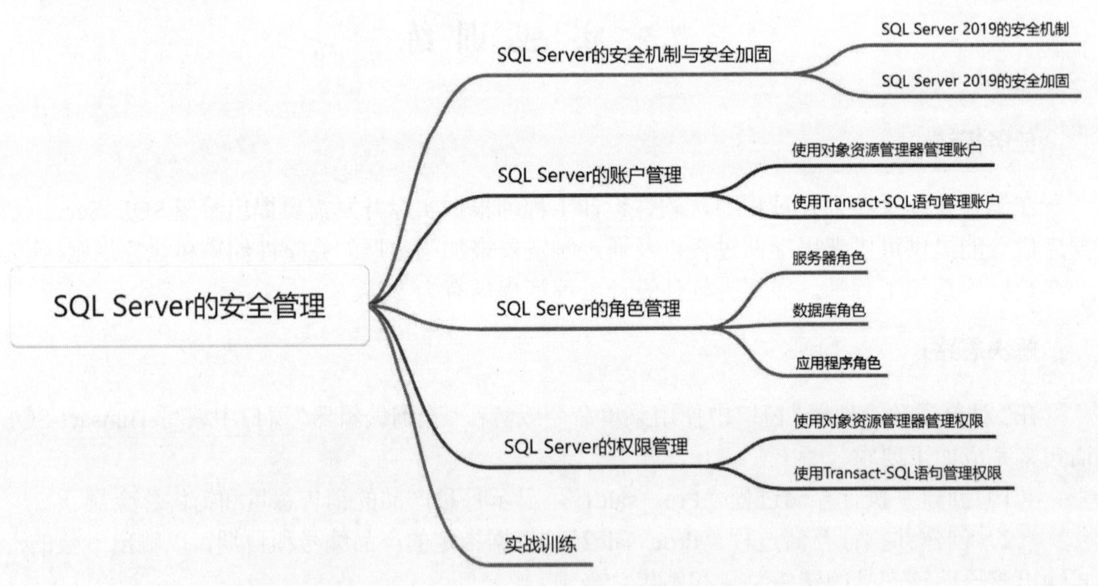

8.1　SQL Server 的安全机制与安全加固

随着互联网应用的范围越来越广，数据库的安全性也变得越来越重要。数据库中存储着公司重要的客户信息或资产信息等，这些无形的资产是公司的宝贵财富，必须对其进行严格的保护。SQL Server 的安全性就是用来保护服务器和存储在服务器中的数据的，其安全性可以决定哪些用户可以登录到服务器，登录到服务器的用户可以对哪些数据库及其对象执行哪些具体操作或管理任务等。

8.1.1　SQL Server 2019 的安全机制

SQL Server 2019 的整个安全体系可以分为认证和授权 2 个部分，其安全机制可以分为 5 个层级：客户机级别安全机制；网络传输级别安全机制；实例级别安全机制；数据库级别安全机制；对象级别安全机制。这些层级由高到低，所有层级之间相互联系，用户只有通过了高一层级的安全验证，才能继续访问低一层级的内容。

1. 客户机级别安全机制

数据库管理系统需要运行在某一特定的操作系统平台下，客户机操作系统的安全性直接影响到 SQL Server 2019 的安全性。用户使用客户机通过网络访问 SQL Server 2019 服务器时，首先要获得客户机操作系统的使用权限。由于 SQL Server 2019 采用了集成 Windows NT 网络安全性机制，提高了操作系统的安全性。保证操作系统的安全性是操作系统管理员或网络管理员的任务。

2. 网络传输级别安全机制

SQL Server 2019 对关键数据进行了加密，即使攻击者通过防火墙和服务器上的操作系统到达了数据库，也要对数据进行破解。SQL Server 2019 有两种对数据加密的方式：数据加密和备份加密。

（1）数据加密。可以执行所有数据库级别的加密操作，省去了应用程序开发人员编写定制代码实现数据加/解密的开发工作。将数据写到磁盘时进行加密，从磁盘读取时进行解密。使用 SQL Server 管理加/解密，可以保护数据库中的数据。

（2）备份加密。对备份进行加密可以防止数据泄露和被篡改。

3. 实例级别安全机制

SQL Server 2019 采用了标准 SQL Server 登录和集成 Windows 登录两种方式。无论使用哪种登录方式，用户在登录时必须提供账号和登录密码，设计和管理合理的登录方式是 SQL Server 数据库管理员的重要任务，也是 SQL Server 安全体系中重要的组成部分。SQL Server 服务器中预先设定了许多固定的服务器角色，用来为具有服务器管理员资格的用户分配使用权利，固定服务器角色的成员可以拥有服务器级的管理权限。

4. 数据库级别安全机制

在建立用户的登录账号信息时，SQL Server 提示用户选择默认的数据库，并分配给用户权限，每次用户登录服务器后，都会自动连接到默认数据库上。对任何用户来说，如果在设置登录账号时没有指定默认数据库，则用户的权限将限制在 master 数据库以内。SQL Server 2019 在数据库中预先设定了许多固定的数据库角色，用来为用户分配使用权利。SQL Server 2019 也允许用户在数据库中自定义新的角色，然后为该角色授予相关权限，最后再通过角色将权限赋给 SQL Server 2019 的用户，使其获得具体数据库的操作权限。

5. 对象级别安全机制

对象安全性检查是数据库管理系统的最后一个安全等级。新建数据库对象时，SQL Server 2019 将自动把该数据库对象的用户权限赋予该对象的所有者，该对象的所有者可以实现对该对象的安全控制。数据库对象的访问权限定义了用户对数据对象的引用、数据操作语句的许可权限。

SQL Server 2019 安全模式下的层次对于用户权限的划分并不是孤立的，相邻的层次之间通过账号建立关联，用户访问的时候需要经过 3 个阶段的处理。SQL Server 2019 安全控制模型如图 8-1 所示。

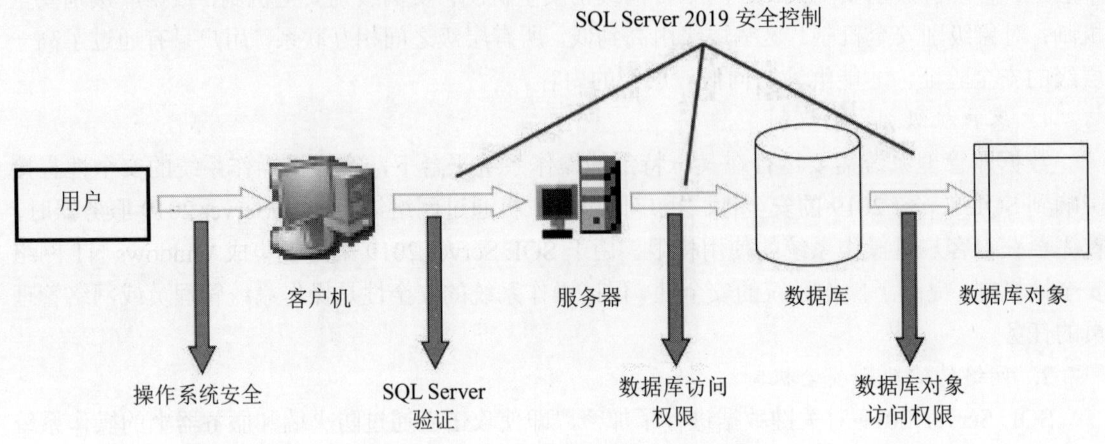

图 8-1 SQL Server 2019 安全控制模型

（1）第一阶段。用户登录到 SQL Server 的实例进行身份鉴别，确认身份合法后才能登录到 SQL Server 实例。

（2）第二阶段。用户在每个要访问的数据库中必须有一个账号，SQL Server 实例将登录映射到数据库用户账号上，在这个数据库账号上定义数据库的管理和数据库对象访问的安全策略。

（3）第三阶段。检查用户是否具有访问数据库对象、执行操作的权限，通过语句许可权限的验证，才能够对数据进行操作。

8.1.2 SQL Server 2019 的安全加固

在 SQL Server 2019 中，可以从以下 6 个方面对数据库系统进行设置，以对数据库进行安全加固。

（1）设置通信协议加密。

（2）设置连接协议和监听的 IP 范围。

（3）设置身份验证模式。

（4）启用日志记录功能。

（5）设置用户连接数和连接超时。

（6）设置日志目录权限。

1. 设置通信协议加密

在“SQL Server 2019 配置管理器”中设置通信协议加密的操作步骤如下。

（1）在开始菜单中找到并打开“SQL Server 2019 配置管理器”。

（2）在“SQL Server 2019 配置管理器”窗口中，首先展开“SQL Server 网络配置”节点，然后右击“SQL2019 的协议”节点，在弹出的快捷菜单中单击“属性”菜单命令。

（3）打开“SQL2019 的协议 属性”对话框，在“强行加密”下拉列表框中选择“是”选项，如图 8-2 所示。

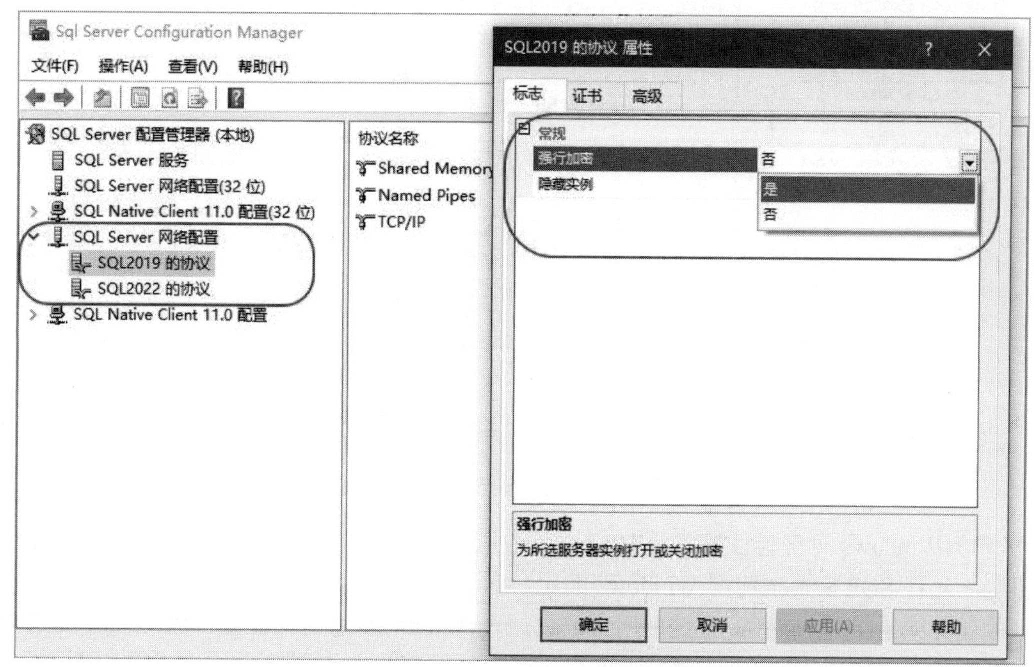

图 8-2　设置通信协议加密

（4）单击“确定”或“应用”按钮，返回“SQL Server 2019 配置管理器”窗口即可完成设置操作。

2. 设置连接协议和监听的 IP 范围

在“SQL Server 2019 配置管理器”中设置连接协议和监听的 IP 范围的操作步骤如下。

（1）在开始菜单中找到并打开“SQL Server 2019 配置管理器”。

（2）在“SQL Server 2019 配置管理器”窗口中，首先展开“SQL Server 网络配置”节点，然后展开“SQL2019 的协议”节点，在右侧窗口中右击禁用不需要的协议，例如 Share Memory 方式可能一般不需要使用。

（3）双击“TCP/IP”协议，打开“TCP/IP 属性”对话框，单击切换到“IP 地址”列表框。如有不必要监听的 IP 项，则把“活动”属性设置为“否”选项，如图 8-3 所示。例如，假设访问数据库的应用程序也安装在该服务器上，则只需要监听 127.0.0.1 即可，其他 IP 地址不需要监听。然后，在应用程序中配置为使用 127.0.0.1 访问数据库即可。

（4）单击“确定”或“应用”按钮，返回“SQL Server 2019 配置管理器”窗口即可完成设置操作。

3. 设置身份验证模式

SQL Server 2019 本地服务器主要提供了两种验证模式：Windows 身份验证模式和混合身份验证模式。设置验证模式是 SQL Server 实施安全性的第一步，用户登录到服务器后才能对数据库进行管理。

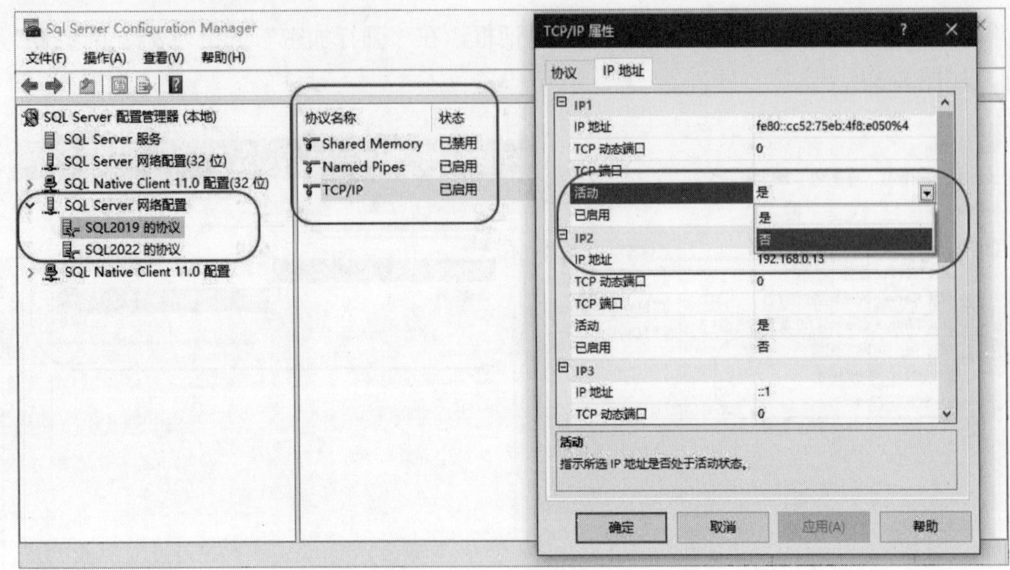

图 8-3 设置连接协议和监听的 IP 范围

（1）Windows 身份验证模式。Windows 身份验证模式使用操作系统用户安全性和账号管理机制，允许 SQL Server 使用 Windows 的用户名和口令。在这种模式下，SQL Server 把登录验证的任务交给了 Windows 系统，用户只要通过 Windows 系统的验证，就可以连接到 SQL Server 服务器。使用 Windows 身份验证模式可以获得最佳工作效率，在这种模式下，域用户不需要独立的 SQL Server 账户和密码就可以访问数据库。如果用户更新了自己的域密码，不必更改 SQL Server 2019 的密码，但是该模式下用户要遵从 Windows 安全模式的规则。默认情况下，SQL Server 2019 使用 Windows 身份验证模式，即使用本地账号来登录。

（2）混合身份验证模式（Windows 身份验证模式和 SQL Server 验证模式）。使用混合身份验证模式登录时，用户可以同时使用 Windows 身份验证和 SQL Server 身份验证。如果用户使用 TCP/IP Sockets 进行登录验证，则使用 SQL Server 身份验证；如果用户使用本地账户进行登录验证，则使用 Windows 身份验证。在该模式下，用户连接到 SQL Server 2019 时必须提供登录账号和密码，这些信息保存在数据库的“syslogins”系统表中，与 Windows 系统的登录账号无关。

对于 SQL Server 2019 的两种登录模式，用户可以根据实际情况进行选择。在 SQL Server 2019 的安装过程中，需要选择服务器实例的身份验证登录模式。成功登录到 SQL Server 2019 后，也可以设置服务器身份验证方式，具体操作步骤如下。

（1）启动 SSMS，并连接到数据库服务器实例。

（2）在“对象资源管理器”窗口中，右击服务器实例名称，在弹出的快捷菜单中单击“属性”菜单命令。

（3）打开“服务器属性”窗口，选择左侧的“安全性”选项页，系统提供了设置身份验证的模式：“Windows 身份验证模式”和“SQL Server 和 Windows 身份验证模式”。选择其中一种模式，如图 8-4 所示。

（4）单击“确定”按钮，完成身份验证模式的设置操作。

技巧：需重新启动 SQL Server 服务实例（SQL2019）后，身份验证模式的设置操作才会生效。

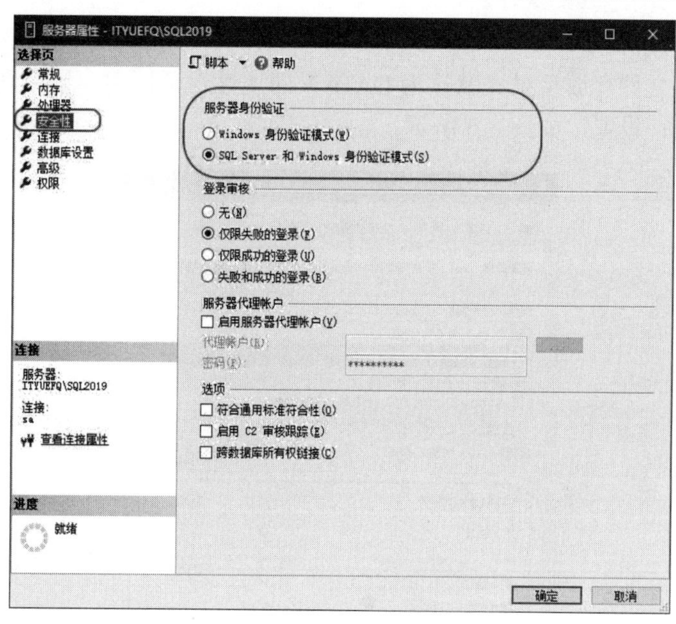

图 8-4　设置身份验证模式

4. 启用日志记录功能

在“服务器属性”对话框“安全性”选项页中，选择“登录审核”的审核级别为“失败和成功的登录”项，从而启用日志记录功能。

5. 设置用户连接数和连接超时

在“服务器属性”对话框“连接”选项页中，在右侧找到“连接”项，并根据需要设置“最大并发连接数”的数值；找到“远程服务器连接”项，为“远程查询超时值”设置合适的数值，如图 8-5 所示。

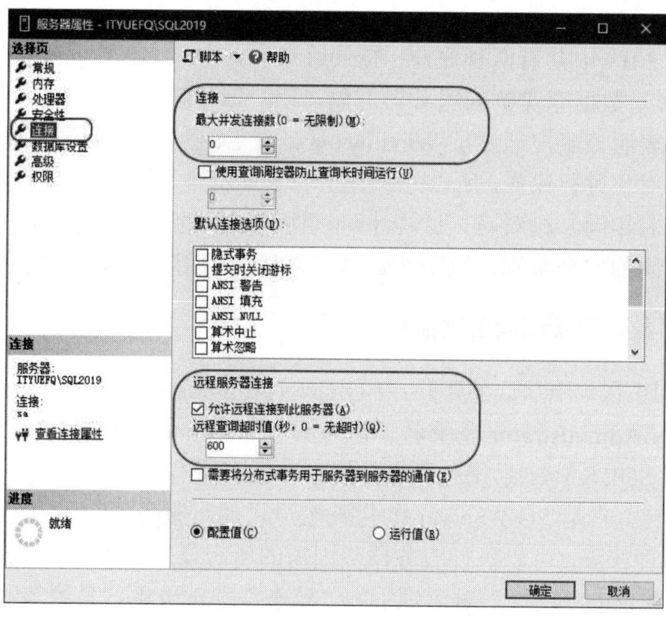

图 8-5　设置用户连接数和连接超时

6. 设置日志目录权限

在数据库日志文件存放目录（默认为 DATA）的属性对话框中，切换到“安全”选项卡，对日志目录权限进行设置，如图 8-6 所示。

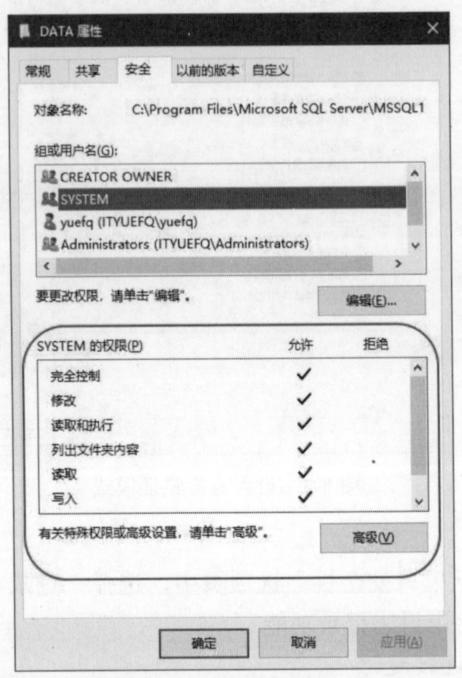

图 8-6 设置日志目录权限

8.2 SQL Server 的账户管理

在 SQL Server 2019 中共有两种账户：登录服务器的登录名（Login）和使用数据库的用户（User）。登录名属于数据库实例的服务器对象，用户属于数据库对象，两者意义不同。一个合法的登录名只能表明该账户通过了 Windows 认证或 SQL Server 认证，但不能表明可以对数据库的数据和数据对象进行操作。所以一个登录名账户总是与一个或多个用户账户（它的名称不要求一定与登录名相同）相对应，这样才可以访问具体的数据库。SQL Server 2019 为不同账户的用户授予不同的安全级别，以防止数据被未授权的用户故意或无意地修改。

8.2.1 使用对象资源管理器管理账户

SQL Server 2019 有 4 个默认的账户：BUILTIN\Administrator、sa、guest 和 dbo。

（1）BUILTIN\Administrator 登录名。它为每一个 Windows NT 系统管理员提供了一个默认的登录名，其在 SQL Server 系统和所有数据库中拥有所有的权限。

（2）sa 登录名。它是 SQL Server 的特殊账户，拥有服务器和所有的数据库权限。即 sa 账户拥有最高的管理权限，可以执行服务器范围内的所有操作，而且 sa 账户是无法被删除的。但是可以在“sa”登录的“属性”对话框中的“状态”选项页中，禁用该账户。这一设置经常在开发数据库应用程序时使用，这样可以有效提高 SQL Server 2019 数据库中数据的安全性。

（3）guest 用户。它是一个特殊的数据库用户，经常作为数据库的匿名访问者使用。当没有映射到数据库用户的登录名账号试图访问数据库时，SQL Server 将尝试用 guest 用户连接。无法删除 guest 用户，但可以通过撤消或授权其 CONNECT 权限来禁用或启用 guest 用户，方法是在除 master、tempdb 以外的其他任何数据库中执行 REVOKE CONNECT FROM GUEST 语句或 GRANT CONNECT to GUEST 语句。

（4）dbo 用户。该用户的全称是 database owner，它是新建数据库的登录账户映射到该数据库中的用户，其所创建的对象都是 dbo.对象名。

如果要登录到一个 SQL Server 2019 服务器的实例，那么在这个实例中必须有一个登录名与之相对应，这个登录名可以是 Windows 身份验证或 SQL Server 身份验证类型。如果希望登录后能具有访问某个数据库的相应权限，还必须在该数据库中至少拥有一个用户账户与之对应。

注意：一个登录在每个数据库中，只能有一个用户与之对应。

1. 新建 SQL Server 登录名账户

在“对象资源管理器”窗口中，使用菜单命令新建一个名为“SQL_Login01”的登录名，采用“SQL Server 身份验证”模式，默认指向“teaching”数据库并具有操作该数据库的权限，具体操作步骤如下。

（1）启动 SSMS，并连接到数据库服务器实例。

（2）在“对象资源管理器”窗口中，展开“安全性”节点。

（3）右击“登录名”节点，在弹出的快捷菜单中，单击“新建登录名”菜单命令，打开“登录名-新建”对话框。

（4）在“常规”选项页“登录名”文本框中输入“SQL_Login01”，选择“SQL Server 身份验证”并输入密码，取消勾选“强制实施密码策略”复选框，并设置“默认数据库”为“teaching”数据库。设置完成后的“常规”选项页，如图 8-7 所示。

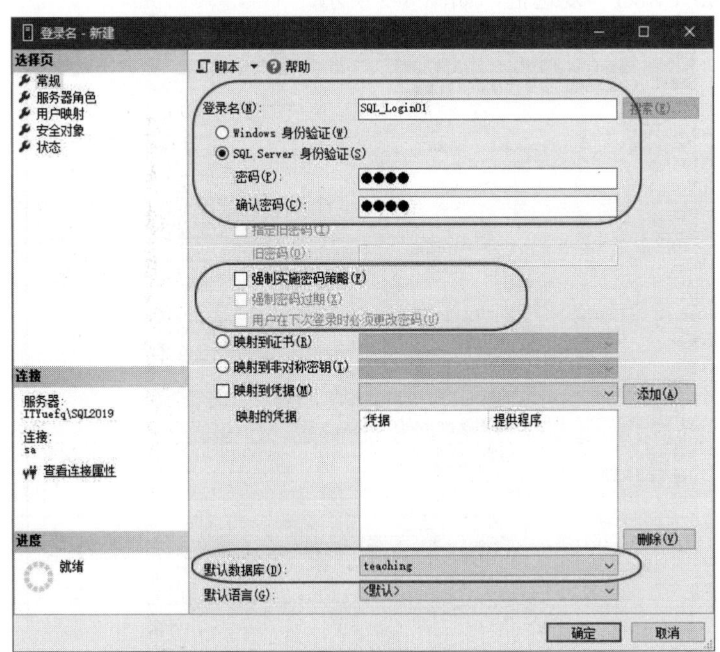

图 8-7　“常规”选项页

（5）选择“服务器角色”选项页，在此为用户添加服务器角色。这里保持选择默认值“public”，如图 8-8 所示。

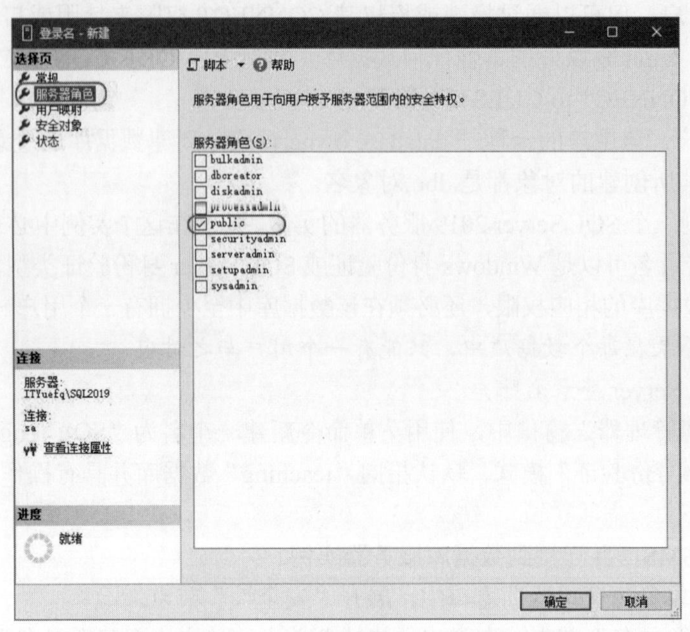

图 8-8 “服务器角色”选项页

（6）选择“用户映射”选项页，在此为新建的登录名添加映射到此登录名的用户，并添加数据库角色，从而使该用户获得数据库相应角色对应的数据库权限。这里首先选择映射到“teaching”数据库，并使用默认的“SQL_Login01”登录名，然后在“数据库角色成员身份”列表中，勾选“db_owner”复选框，如图 8-9 所示。

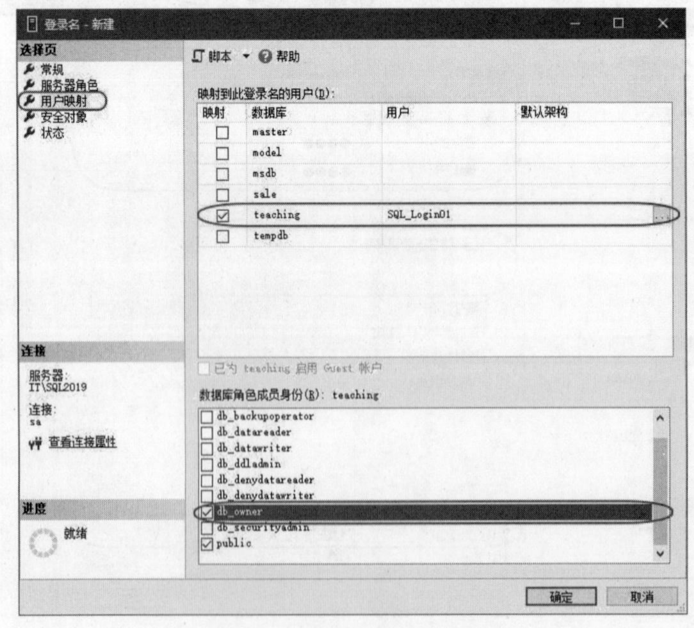

图 8-9 “用户映射”选项页

（7）选择“状态”选项页，设置“是否允许连接到数据库引擎”和“登录名”等信息，如图 8-10 所示。

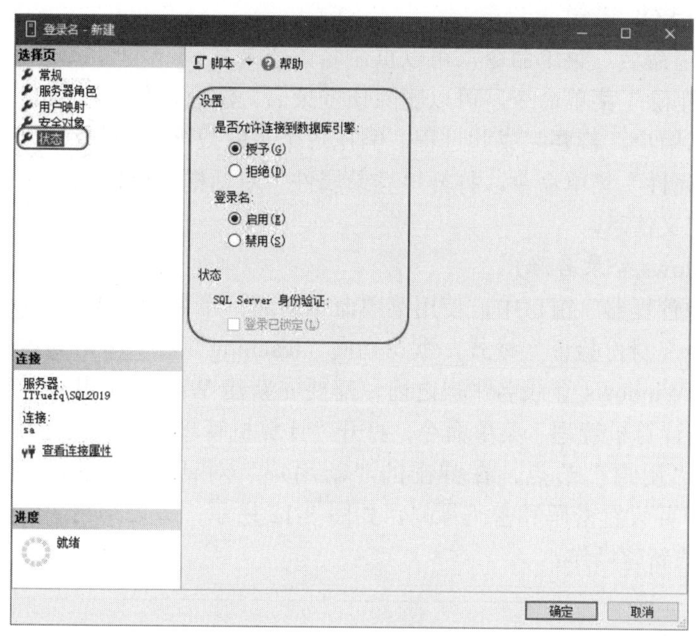

图 8-10　“状态”选项页

（8）单击“确定”按钮，完成该登录名的新建操作。

此时，用户即可在 SSMS 工具的“对象资源管理器”窗口的“安全性”→“登录名”节点下，查看刚才新建的“SQL_Login01”登录名。右击该登录名，弹出快捷菜单，如图 8-11 所示。单击某个菜单命令，可以管理和维护该登录信息。

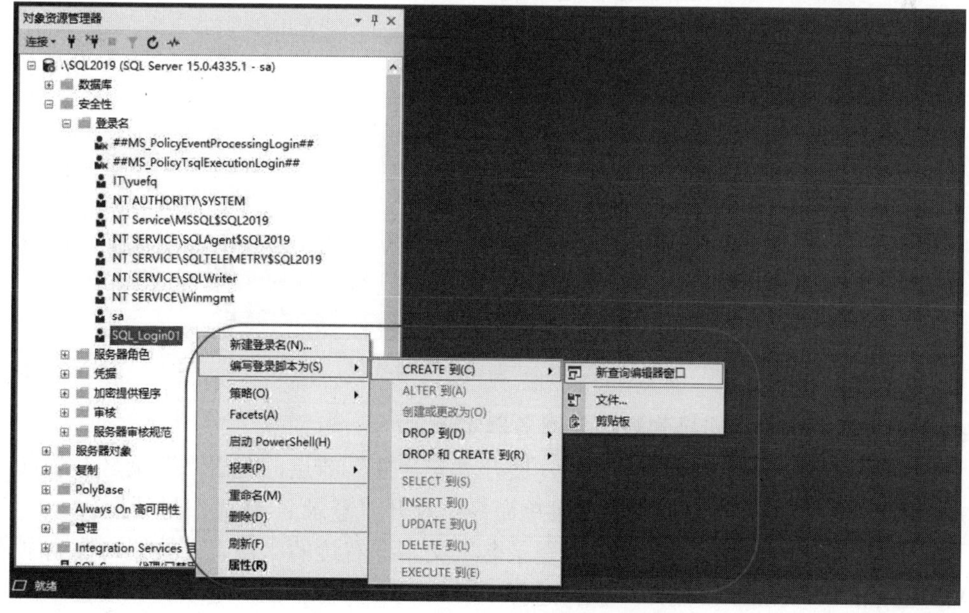

图 8-11　右击登录名弹出快捷菜单

（1）单击“新建登录名”菜单命令，可以继续建立其他的登录名。

（2）单击“编写登录脚本为”菜单命令，可以编写操作对应的 CREATE LOGIN 和 DROP LOGIN 的 Transact-SQL 语句。

（3）单击“重命名”菜单命令，可以重命名该登录名。

（4）单击“删除”菜单命令，可以删除该登录名。注意，删除登录名并不会删除与该登录名关联的数据库用户。若要完成此过程，需在每个关联数据库中分别删除绑定的用户。

（5）单击“属性”菜单命令，打开“登录属性”对话框，可以在该对话框中，重新设置该登录名的相关定义信息。

2. 新建 Windows 登录名账户

在“对象资源管理器”窗口中，使用菜单命令新建一个名为“Win_Login01”的登录名账户，采用“Windows 身份验证”模式，默认指向“teaching”数据库，具体操作步骤如下。

（1）在新建 Windows 登录名账户之前，需要先新建 Windows 用户。首先右击 Windows 开始菜单，单击“计算机管理”菜单命令，打开“计算机管理”窗口；然后展开“本地用户和组”节点，右击“用户”节点，在弹出的“新用户”对话框的“用户名”文本框中输入“Win_Login01”，并设置密码和密码策略，如图 8-12 所示；最后单击“新建”按钮，即可完成 Windows 用户的新建操作。

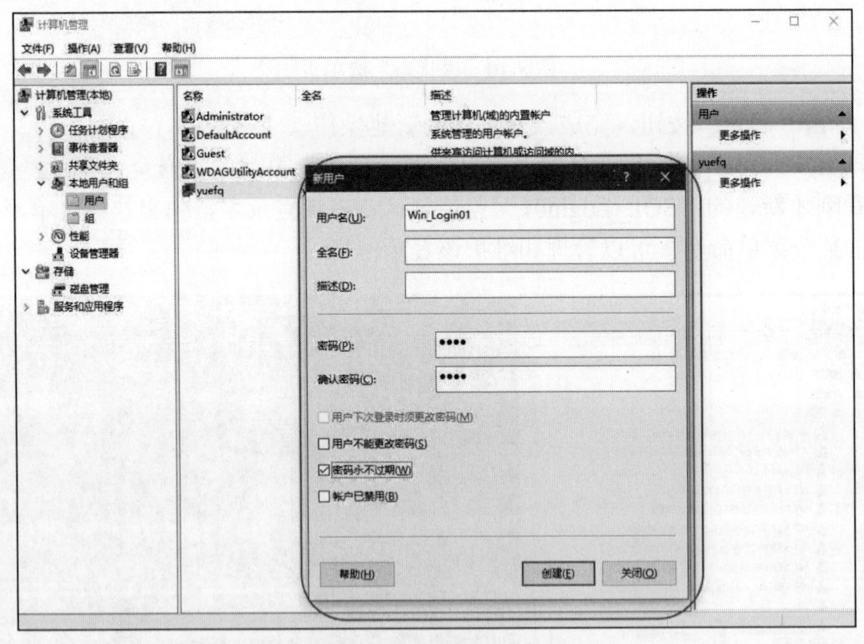

图 8-12 “新用户”对话框

（2）启动 SSMS，并连接到数据库服务器实例。

（3）在“对象资源管理器”窗口中，展开“安全性”节点，右击“登录名”节点，在弹出的快捷菜单中，单击“新建登录名”菜单命令，打开“登录名-新建”对话框。

（4）在“常规”选项页中，单击“登录名”文本框右边的“搜索”按钮，找到刚才新建的“Win_Login01”Windows 用户，保持选择“Windows 身份验证”选项，并设置“默认数据库”为“teaching”数据库。设置完成后的“常规”选项页，如图 8-13 所示。

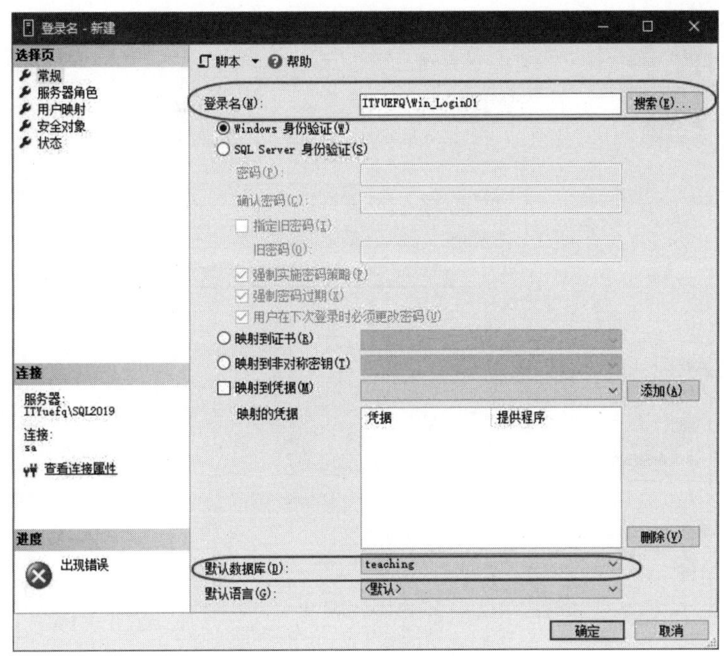

图 8-13　“常规”选项页

（5）单击“确定”按钮，完成该登录名的新建操作。

此时，同样可在 SSMS 工具“对象资源管理器”窗口的“安全性”→“登录名”节点下，查看刚才新建的“win_Login01”登录名。右击该登录名，在弹出的快捷菜单中选择某个菜单命令，即可管理和维护该登录信息。

3. *新建数据库用户*

用户是 SQL Server 2019 数据库级的安全策略，在为数据库新建用户前，必须存在一个有效的登录名。在“对象资源管理器”窗口中使用菜单命令，在“teaching”数据库中新建一个“win_Login01”登录名下的“DBuser01”用户，并且设置该用户只具有只读权限，具体操作步骤如下。

（1）启动 SSMS，并连接到数据库服务器实例。

（2）在“对象资源管理器”窗口中，依次展开“数据库”→“teaching”→“安全性”节点。

（3）右击“用户”节点，在弹出的快捷菜单中单击“新建用户”菜单命令，打开“数据库用户-新建”对话框。

（4）选择“常规”选项页。在“用户名”文本框中输入“DBuser01”，单击“登录名”文本框旁边的[...]按钮，打开“选择登录名”对话框，单击“浏览”按钮并查找到“win_Login01”登录名，如图 8-14 所示。

（5）依次切换到“拥有的架构”和“成员身份”选项页，勾选“db_datareader”选项。

（6）单击“确定”按钮，完成该用户的新建操作。

同样可以在 SSMS 工具的“对象资源管理器”窗口中的“数据库”→“teaching”→“安全性”→“用户”节点下，查看刚才新建的“DBuser01”用户。右击该用户，则出快捷菜单，如图 8-15 所示。选择某个菜单命令，可以管理和维护该用户信息。

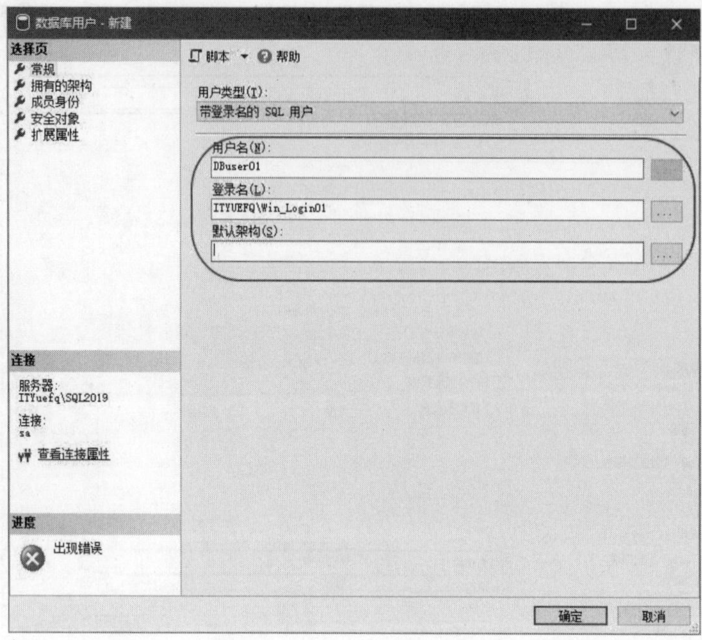

图 8-14 “常规”选项页

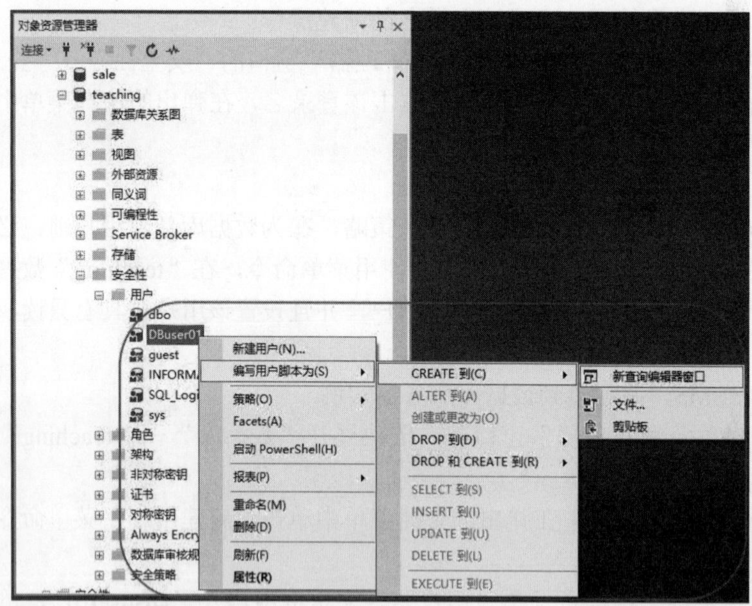

图 8-15 右击“DBuser01”用户的快捷菜单

（1）单击“新建用户”菜单命令，可以继续建立其他的用户。

（2）单击“编写用户脚本为”菜单命令，可以编写操作对应的 CREATE USER 和 DROP USER 的 Transact-SQL 语句。

（3）单击“删除”菜单命令，可以删除该用户。

（4）单击“属性”菜单命令，可以打开“数据库用户”对话框，重新设置该用户的相关定义信息。

8.2.2 使用 Transact-SQL 语句管理账户

同样，可以在“查询编辑器”窗口中，编写相应的 Transact-SQL 语句来管理登录名和用户账户。

1. 使用 CREATE LOGIN 语句新建登录名

在“查询编辑器”窗口中，使用 CREATE LOGIN 语句新建登录名，其语法格式如下。

```
CREATE LOGIN login_name { WITH <option_list1> | FROM <sources> }

<option_list1> ::=
    PASSWORD = { 'password' | hashed_password HASHED } [ MUST_CHANGE ]
    [ , <option_list2> [ ,... ] ]

<option_list2> ::=
    SID = sid
    | DEFAULT_DATABASE = database
    | DEFAULT_LANGUAGE = language
    | CHECK_EXPIRATION = { ON | OFF}
    | CHECK_POLICY = { ON | OFF}
    | CREDENTIAL = credential_name

 <sources> ::= WINDOWS [ WITH <windows_options>[ ,... ] ]
    | CERTIFICATE certname
    | ASYMMETRIC KEY asym_key_name

 <windows_options> ::=
    DEFAULT_DATABASE = database
    | DEFAULT_LANGUAGE = language
```

说明：

- login_name：指定新建的登录名。有 4 种类型的登录名：SQL Server 登录名、Windows 登录名、证书映射登录名及非对称密钥映射登录名。在创建从 Windows 域账户映射的登录名时，必须以[<domainName>\<login_name>]格式使用。
- PASSWORD ='password'：仅适用于 SQL Server 登录，指定正在创建的登录名的密码。应使用强密码且区分字母大小写。密码不能包含单引号或 login_name。
- PASSWORD =hashed_password：仅适用于 HASHED 关键字，指定正在创建登录名密码的哈希值。
- HASHED：仅适用于 SQL Server 登录，指定在 PASSWORD 参数后输入的密码将经过哈希运算。如果未选择此项，则在将作为密码的字符串存储到数据库中之前，对其进行哈希运算。此选项应仅用于在服务器之间迁移数据库。切勿使用 HASHED 关键字创建新的登录名。
- MUST_CHANGE：仅适用于 SQL Server 登录。如果使用此选项，则 SQL Server 将在首次使用新登录名登录时提示用户输入新密码。

- CREDENTIAL =credential_name：将映射到新 SQL Server 登录的凭据名称。该凭据必须已经存在于服务器中。当前此选项只将凭据链接到登录名，不能映射到系统管理员（sa）登录名。
- SID = sid：用于重新创建登录名。仅适用于 SQL Server 登录，不适用于 Windows 登录。指定新 SQL Server 登录的 SID。如果未使用此选项，SQL Server 将自动分配 SID。
- DEFAULT_DATABASE =database：指定将指派给登录名的默认数据库。如果未使用此选项，则默认将数据库设置为“master”。
- DEFAULT_LANGUAGE =language：指定将指派给登录名的默认语言。如果未使用此选项，则默认将语言设置为服务器的当前默认语言。即使服务器的默认语言发生更改，登录名的默认语言仍保持不变。
- CHECK_EXPIRATION = { ON | OFF }：仅适用于 SQL Server 登录，指定是否应对此登录账户强制实施密码过期策略。默认值为 OFF。
- CHECK_POLICY = { ON | OFF }：仅适用于 SQL Server 登录，指定是否应对此登录账户强制实施运行 SQL Server 的计算机的 Windows 密码策略。默认值为 ON。
- WINDOWS：指定将登录名映射到 Windows 登录名。
- CERTIFICATE certname：指定将与此登录名关联的证书名称。此证书必须已经存在于“master”数据库中。
- ASYMMETRIC KEY asym_key_name：指定将与此登录名关联的非对称密钥的名称。此密钥必须已经存在于“master”数据库中。

【例 8-1】在“查询编辑器”窗口中，使用 CREATE LOGIN 语句新建如下 2 个登录名。

（1）新建一个名为“SQL_Login02”的登录名，采用“SQL Server 身份验证”模式，密码为“SQL_Login02”，默认指向“teaching”数据库。

（2）新建一个名为“Win_Login02”的登录名，采用“Windows 身份验证”模式，默认指向“teaching”数据库（已经存在名为“Win_Login02”的 Windows 用户）。

Transact-SQL 语句如下。

```
--设置“master”为当前数据库
USE master
GO

--新建“SQL_Login02”登录名
CREATE LOGIN SQL_Login02 WITH PASSWORD='SQL_Login02',
DEFAULT_DATABASE=teaching,
CHECK_EXPIRATION=OFF,
CHECK_POLICY=OFF
GO

--新建“Win_Login02”登录名
CREATE LOGIN [IT\Win_Login02]            --[]不能省略，表示是 Windows 的域账户
FROM WINDOWS WITH DEFAULT_DATABASE=teaching
GO
```

2. 使用 CREATE USER 语句新建用户

在“查询编辑器”窗口中，使用 CREATE USER 语句新建用户的语法格式如下。

```
CREATE USER user_name
[ { FOR | FROM } LOGIN login_name ]
 | WITHOUT LOGIN
[ WITH DEFAULT_SCHEMA = schema_name ]
```

说明：

- user_name：指定在此数据库中用于识别该用户的名称。
- LOGIN login_name：指定为其创建数据库用户的登录名。login_name 必须是服务器的有效登录名。在创建从 Windows 主体映射的登录名时，使用格式[<domainName>\<login_name>]。
- WITHOUT LOGIN：指定不将用户映射到现有登录名。
- WITH DEFAULT_SCHEMA = schema_name：指定服务器为此数据库用户解析对象名称时将搜索的第一个架构。

注意：

- 如果省略{FOR | FROM } LOGIN，则新的数据库用户将被映射到已存在的同名 SQL Server 登录名。
- 不能使用 CREATE USER 语句新建 guest 用户，因为每个数据库中均已存在 guest 用户。

【例 8-2】在“查询编辑器”窗口中，使用 CREATE USER 语句在“teaching”数据库新建如下 2 个数据库用户。

（1）新建一个“SQL_Login02”登录名下的“SQL_Login02”用户，默认架构名为“dbo”。

（2）新建一个“Win_Login02”登录名下的“DBuser02”用户，默认架构名为“dbo”。

Transact-SQL 语句如下。

```
--打开“teaching”数据库
USE teaching
GO

--新建“SQL_Login02”用户
CREATE USER SQL_Login02 for LOGIN SQL_Login02 WITH DEFAULT_SCHEMA=dbo
GO

--新建“DBuser02”用户
CREATE USER DBuser02 for LOGIN [IT\Win_Login02] WITH DEFAULT_SCHEMA=dbo
GO
```

3. 使用 ALTER LOGIN 语句修改登录名

在“查询编辑器”窗口中，使用 ALTER LOGIN 语句修改登录名的语法格式如下。

```
ALTER LOGIN login_name
    {
    <status_option>
    | WITH <set_option> [ ,... ]
    | <cryptographic_credential_option>
    }
```

```
<status_option> ::=
    ENABLE | DISABLE

 <set_option> ::=
    PASSWORD = 'password' | hashed_password HASHED
     [
       OLD_PASSWORD = 'oldpassword'
       | <password_option> [<password_option> ]
     ]
    | DEFAULT_DATABASE = database
    | DEFAULT_LANGUAGE = language
    | NAME = login_name
    | CHECK_POLICY = { ON | OFF }
    | CHECK_EXPIRATION = { ON | OFF }
    | CREDENTIAL = credential_name
    | NO CREDENTIAL

<password_option> ::=
    MUST_CHANGE | UNLOCK

<cryptographic_credentials_option> ::=
    ADD CREDENTIAL credential_name
    | DROP CREDENTIAL credential_name
```

说明：

- login_name：指定正在更改 SQL Server 登录名的名称。域登录名必须用方括号括起，其格式为[domain\user]。
- ENABLE | DISABLE：启用或禁用登录名。禁用登录名不会影响已连接登录名的行为，可以使用 KILL 语句终止现有连接。禁用的登录名将保留它们的权限，且仍然可以模拟。
- PASSWORD ='password'：仅适用于 SQL Server 登录名，指定正在更改的登录名的密码。密码区分字终大小写。
- PASSWORD =hashed_password：仅适用于 HASHED 关键字，指定要创建的登录名密码的哈希值。
- OLD_PASSWORD ='oldpassword'：仅适用于 SQL Server 登录名，指定要指派新密码的登录名的当前密码。密码区分字母大小写。
- NAME = login_name：正在重命名的登录名的新名称。如果是 Windows 登录，则与新名称对应的 Windows 主体的 SID 必须与 SQL Server 中登录相关联的 SID 匹配。SQL Server 登录名的新名称不能包含反斜杠字符（\）。
- NO CREDENTIAL：删除登录到服务器凭据的当前所有映射。
- ADD CREDENTIAL：将可扩展的密钥管理（EKM）提供程序凭据添加到登录名。
- DROP CREDENTIAL：从登录名删除可扩展密钥管理（EKM）提供程序凭据。

【例 8-3】在“查询编辑器”窗口中，使用 ALTER LOGIN 语句完成登录名的如下修改操作。

（1）先禁用“SQL_Login02”登录名，然后再启用“SQL_Login02”登录名。

（2）将“SQL_Login02”登录名重命名为“SQL_Login002”，密码更新为“New_SQL_Login02”。

（3）恢复登录名为“SQL_Login02”。

Transact-SQL 语句如下。

```
--打开“master”数据库
USE master
GO

--先禁用“SQL_Login02”登录名，然后再启用“SQL_Login02”登录名
ALTER LOGIN SQL_Login02 DISABLE
GO

ALTER LOGIN SQL_Login02 ENABLE
GO

--将“SQL_Login02”登录名重命名为“SQL_Login002”，密码更新为“New_SQL_Login02”
ALTER LOGIN SQL_Login02 WITH NAME=SQL_Login002, PASSWORD='New_SQL_Login02'
GO

--恢复登录名为“SQL_Login02”
ALTER LOGIN SQL_Login002 WITH NAME=SQL_Login02
GO
```

4. 使用 ALTER USER 语句修改用户

在“查询编辑器”窗口中，使用 ALTER USER 语句修改用户的语法格式如下。

```
ALTER USER userName
WITH NAME = newUserName
        | DEFAULT_SCHEMA = { schemaName | NULL }
        | LOGIN = loginName
        [ ,...n ]
```

说明：

- userName：指定正在修改的用户的名称。
- NAME =newUserName：为此用户指定新名称。newUserName 不能已存在于当前数据库中。
- DEFAULT_SCHEMA = { schemaName | NULL }：指定服务器在解析此用户的对象名时将搜索的第一个架构。将默认架构设置为 NULL，表示将从 Windows 组中删除默认架构。Windows 用户不能使用 NULL 选项。
- LOGIN =loginName：通过将用户的安全标识符（SID）更改为另一个登录名的 SID，使用户重新映射到该登录名。

【例 8-4】在“查询编辑器”窗口中，使用 ALTER USER 语句完成数据库用户的如下修改操作。

（1）将“SQL_Login02”用户重命名为“SQL_Login002”，默认架构调整为“db_datawriter”。

（2）恢复用户名为“SQL_Login02”。

Transact-SQL 语句如下。

```
--打开“teaching”数据库
USE teaching
GO

--将“SQL_Login02”用户重命名为“SQL_Login002”，默认架构调整为“db_datawriter”
ALTER USER SQL_Login02 WITH NAME=SQL_Login002, DEFAULT_SCHEMA=db_datawriter
GO

--恢复用户名为“SQL_Login02”
ALTER USER SQL_Login002 WITH NAME=SQL_Login02
GO
```

5. 使用 DROP 语句删除登录名和用户

在“查询编辑器”窗口中，使用 DROP LOGIN 语句删除登录名的语法格式如下。

```
DROP LOGIN login_name
```

在“查询编辑器”窗口中，使用 DROP USER 语句删除用户的语法格式如下。

```
DROP USER [ IF EXISTS ] user_name
```

注意：

- 不能删除正在使用的登录名账户，也不能删除拥有任何数据库对象、服务器级别对象的登录名账户。
- 不能从数据库中删除拥有对象的用户。必须先删除或转移对象的所有者，然后再删除拥有这些对象的用户。

【例 8-5】 在“查询编辑器”窗口中，使用 DROP 语句完成如下操作。

（1）在“master”数据库中删除“SQL_Login02”和“Win_Login02”登录名。

（2）在“teaching”数据库中删除“SQL_Login02”和“Dbuser02”用户。

Transact-SQL 语句如下。

```
--打开“master”数据库
USE master
GO

--删除“SQL_Login02”和“Win_Login02”登录名
DROP LOGIN SQL_Login02
DROP LOGIN [IT\Win_Login02]          --[]不能省略，表示为 Windows 域用户
GO

--打开“teaching”数据库
USE teaching
GO

--删除“SQL_Login02”和“DBuser02”登录名
```

```
DROP USER IF EXISTS SQL_Login02
DROP USER IF EXISTS DBuser02
GO
```

6. 使用系统存储过程管理登录名和用户

在“查询编辑器”窗口中，还可以使用以下系统存储过程来完成登录名和用户的管理。

（1）sp_addlogin。创建一个新的 SQL Server 身份验证的登录名，允许用户使用 SQL Server 身份验证连接到 SQL Server 实例。

（2）sp_grantlogin。创建一个新的 Windows 身份验证的登录名。

（3）sp_droplogin。删除 SQL Server 登录名，并阻止访问该登录名下的 SQL Server 实例。

（4）sp_helplogins。提供有关每个数据库中的登录名以及与其相关用户的信息。

（5）sp_adduser。向当前数据库中添加新的用户。

（6）sp_dropuser。从当前数据库中删除用户。

（7）sp_helpuser。报告有关当前数据库中数据库级主体（用户和数据库角色）的信息。

提示：后续版本的 SQL Server 将删除这些系统存储过程。请尽量使用 CREATE LOGIN/USER、ALTER LOGIN/USER 和 DROP LOGIN/USER 语句。

8.3　SQL Server 的角色管理

在数据库中，为便于对用户及权限进行管理，可以将一组具有相同权限的用户组织在一起，这一组具有相同权限的用户就称为角色（Role）。角色类似于 Windows 系统安全体系中组的概念。在实际工作中，有大量用户的权限往往是相同的，如果让数据库管理员（Database Administrator，DBA）每次创建完用户后都对每个用户分别授权，会非常麻烦。但如果把具有相同权限的所有用户集中在角色中进行管理，则会更加方便。

使用角色可以简化将很多权限分配给很多用户这一复杂任务的操作。对一个角色进行权限管理就相当于对该角色中的所有用户进行操作。可以为具有相同权限的用户建立一个角色，然后为该角色授予合适的权限。使用角色的好处是 DBA 只需对权限的种类进行划分，然后将不同的权限授予不同的角色，而不必关心有哪些具体用户。而且当角色中的用户发生变化时，比如添加或删除用户，DBA 都无须进行任何关于权限的操作。

SQL Server 2019 支持 3 种类型的角色：服务器角色、数据库角色和应用程序角色。

8.3.1　服务器角色

SQL Server 提供服务器角色来帮助 DBA 管理服务器的权限，服务器角色的权限作用域为服务器范围。用户可以将服务器级别主体（SQL Server 登录名、Windows 账户和 Windows 组）添加到服务器角色中，使其成为服务器角色中的成员，从而具有服务器角色的权限。

SQL Server 2019 中存在 2 种类型的服务器角色：固定服务器角色和用户自定义的服务器角色。

1. 固定服务器角色

SQL Server 2019 中提供了 9 个固定服务器角色，在“对象资源管理器”窗口中，依次展开“安全性”→“服务器角色”节点，即可看到所有的固定服务器角色，如图 8-16 所示。

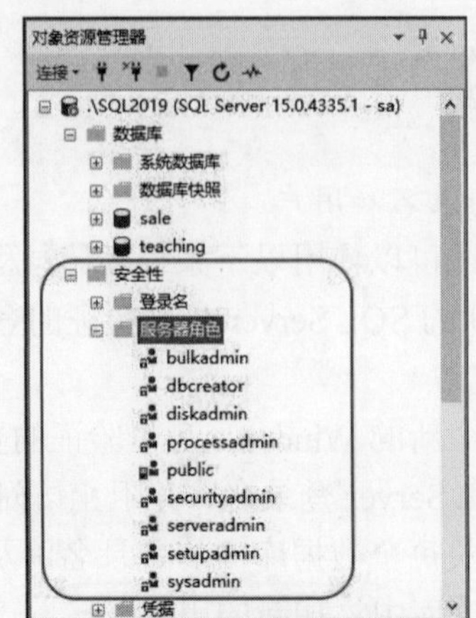

图 8-16 固定服务器角色

这些固定服务器角色及其权限，见表 8-1。

表 8-1 SQL Server 2019 固定服务器角色及其权限

固定服务器角色	权限
bulkadmin	可以执行 BULK INSERT 语句
dbcreator	可以创建、更改、删除和还原任何数据库
diskadmin	用于管理磁盘文件
processadmin	可以终止 SQL Server 实例中运行的进程
public	每个 SQL Server 登录名都属于 public 服务器角色。如果未向某个服务器主体授予权限或拒绝对某个安全对象的特定权限，用户将继承向 public 角色授予该对象的权限。只有在希望所有用户都能使用对象时，才在对象上分配 public 权限。用户无法更改具有 public 角色的成员身份。 注意：public 角色与其他角色的实现方式不同，可通过 public 固定服务器角色授予、拒绝或调用权限
securityadmin	可以管理登录名及其属性。它们可以是 GRANT、DENY 和 REVOKE 服务器级权限，也可以是 GRANT、DENY 和 REVOKE 数据库级权限。此外，它们可以重置 SQL Server 登录名的密码
serveradmin	可以更改服务器范围的配置选项和关闭服务器
setupadmin	可以使用 Transact-SQL 语句添加和删除链接服务器
sysadmin	可以在服务器中执行任何活动

2. 用户自定义的服务器角色

用户不能删除或更改固定服务器角色，因为它们具有完成常见任务必需的权限。如果需要更加灵活地设置服务器角色的权限，用户可以自定义服务器角色。

（1）使用对象资源管理器新建服务器角色。

在“对象资源管理器”窗口中，使用菜单命令新建一个名为“ServerRole01”的服务器角色，具体操作步骤如下。

1）启动 SSMS，并连接到数据库服务器实例。

2）在“对象资源管理器”窗口中，展开“安全性”节点。

3）右击“服务器角色”节点，单击“新建服务器角色”菜单命令，弹出“新服务器角色”对话框。

4）在“常规”选项页的“服务器角色名称”文本框中输入新服务器角色的名称“ServerRole01”。

5）在“所有者”文本框中输入拥有新角色的服务器主体的名称“sa”，或者单击文本框右侧的选择按钮，打开“选择服务器登录名或角色”对话框，在其中选择“sa”登录名。如果此处保持空白，则默认为当前登录名账户。

6）在“安全对象”选项组中，选择一个或多个服务器级别的安全对象，例如当前服务器（IT\SQL2019）。当选择安全对象时，可以向此服务器角色授予或拒绝针对该安全对象的权限。

7）在“显式”选项组中，勾选相应的复选框以针对选定的安全对象授予、授予再授予或拒绝此服务器角色的权限，例如勾选“连接任意数据库”项。如果某个权限无法针对所有选定的安全对象进行授予或拒绝，则该权限将表示为部分选择。

设置完成后的“常规”选项页，如图 8-17 所示。

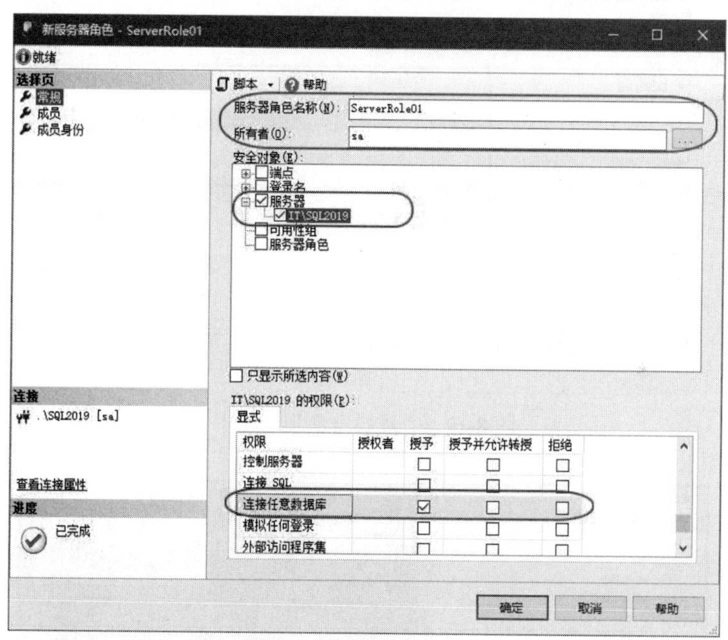

图 8-17　“常规”选项页

8）在“成员”选项页中，单击“添加”按钮将代表个人或组的登录名添加到新的服务器角色中，例如添加前面新建的登录名“SQL_Login01”，如图 8-18 所示。

9）用户自定义的服务器角色可以是另一个服务器角色的成员。在“成员身份”选项页中，勾选一个复选框以使当前用户自定义的服务器角色成为所选服务器角色的成员，例如勾选“dbcreator”和“serveradmin”项，如图 8-19 所示。

10）单击“确定”按钮，完成新建服务器角色操作。

此时，用户即可在“对象资源管理器”窗口的“安全性”→“服务器角色”节点下，查看刚才新建的“ServerRole01”的服务器角色。右击该服务器角色，则弹出快捷菜单，如图 8-20 所示。选择某个菜单命令，可以管理和维护该服务器角色信息。

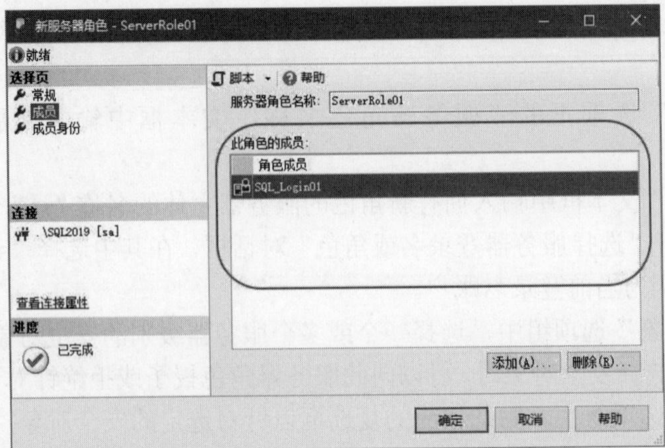

图 8-18 “成员”选项页

图 8-19 “成员身份”选项页

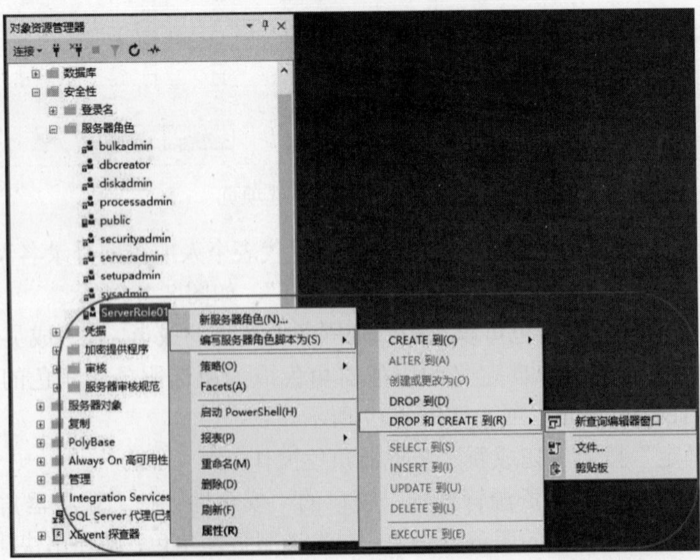

图 8-20 右击“SQL_Login01”服务器角色弹出的快捷菜单

1）单击“新建服务器角色”菜单命令，可以继续建立其他的服务器角色。

2）单击“编写服务器角色脚本为”菜单命令，可以编写操作对应的 CREATE SERVER ROLE 和 DROP SERVER ROLE 的 Transact-SQL 语句。

3）单击“重命名”菜单命令，可以重命名该服务器角色。

4）单击“删除”菜单命令，可以删除该服务器角色。

5）单击“属性”菜单命令，打开“登录属性”对话框，可以在该对话框中重新设置该服务器角色的相关定义信息。

（2）使用 Transact-SQL 语句新建服务器角色。

在“查询编辑器”窗口中，使用 CREATE SERVER ROLE 语句新建服务器角色的语法格式如下。

```
CREATE SERVER ROLE role_name [ AUTHORIZATION server_principal ]
```

说明：

- role_name：待创建的服务器角色的名称。
- AUTHORIZATION server_principal：将拥有新服务器角色的登录名。如果未指定登录名，则执行 CREATE SERVER ROLE 语句的登录名将拥有该服务器角色。还可以是某个固定的服务器角色。

【例 8-6】在“查询编辑器”窗口中，使用 CREATE SERVER ROLE 语句新建以下服务器角色。

（1）新建由登录名“SQL_Login01”拥有的服务器角色“ServerRole02”。

（2）新建由服务器角色“securityadmin”拥有的服务器角色“ServerRole03”。

Transact-SQL 语句如下。

```
--打开“master”数据库
USE master
GO

--新建由登录名“SQL_Login01”拥有的服务器角色“ServerRole02”
CREATE SERVER ROLE ServerRole02 AUTHORIZATION SQL_Login01
GO

--新建由服务器角色“securityadmin”拥有的服务器角色“ServerRole03”
CREATE SERVER ROLE ServerRole03 AUTHORIZATION securityadmin
GO
```

3. 服务器角色中的成员管理

用户可以为服务器角色添加或删除成员，让其成员具有服务器角色相对应的权限。

（1）使用对象资源管理器管理服务器角色成员。

在“对象资源管理器”窗口中，使用菜单命令在服务器角色中的添加成员，具体操作步骤如下。

1）启动 SSMS，并连接到数据库服务器实例。

2）在“对象资源管理器”窗口中，依次展开“安全性”→“服务器角色”节点。

3）右击要编辑的角色，例如刚才新建的“ServerRole02”，然后单击“属性”菜单命令，打开“服务器角色属性”对话框。

4）在“成员”选项页中，单击“添加”按钮。在弹出的“选择服务器登录名或角色”对话框的“输入要选择的对象名称（示例）”文本框中，输入要添加到该服务器角色的登录名或服务器角色。或者，单击“浏览”按钮，然后在“浏览对象”对话框中选择任意对象或所有可用对象。此处选择“[IT\Win_Login01]”和“[SQL_Login01]”登录名。

5）单击“确定”按钮，返回“服务器角色属性”对话框，如图 8-21 所示。

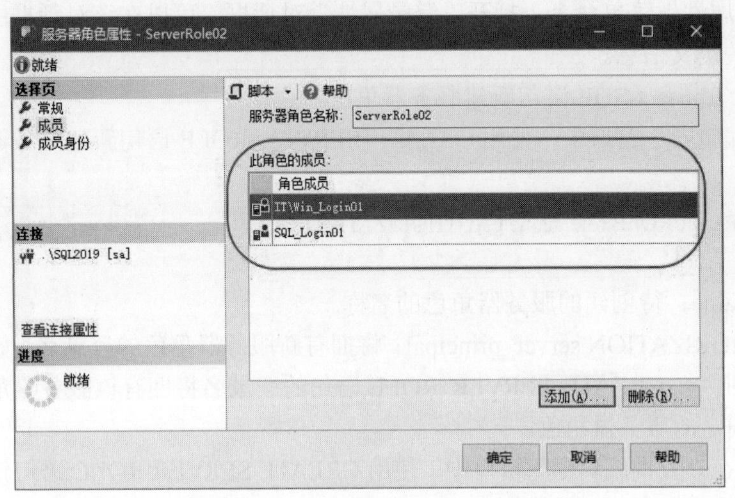

图 8-21　“服务器角色属性”对话框

6）单击“确定”按钮，完成服务器角色的成员添加操作。

技巧：

- 在“服务器角色属性”对话框的“成员”选项页中，单击“删除”按钮可以从该服务器角色中移除成员。
- 在自定义服务器角色的“服务器角色属性”对话框中，才会有“成员身份”选项页。选择相关的服务器角色，可以将本服务器角色以成员身份加入其他服务器角色。

（2）使用 ALTER SERVER ROLE 语句器管理服务器角色成员。

在“查询编辑器”窗口中，使用 ALTER SERVER ROLE 语句管理服务器角色的语法格式如下。

```
ALTER SERVER ROLE server_role_name
{ [ ADD MEMBER server_principal ]
  | [ DROP MEMBER server_principal ]
  | [ WITH NAME = new_server_role_name ] }
```

说明：

- server_role_name：要更改的服务器角色的名称。
- ADD MEMBER server_principal：将指定的服务器主体添加到服务器角色中。server_principal 可以是登录名或用户自定义的服务器角色，但不能是固定服务器角色、数据库角色或“sa”登录名。
- DROP MEMBER server_principal：从服务器角色中删除指定的服务器主体。同样，server_principal 可以是登录名或用户自定义的服务器角色，但不能是固定服务器角色、数据库角色或“sa”登录名。

- WITH NAME =new_server_role_name：指定用户自定义的服务器角色的新名称。服务器中不能已存在此名称。

【例 8-7】在“查询编辑器”窗口中，使用 ALTER SERVER ROLE 语句完成以下操作。

（1）创建一个名为“Product”的服务器角色，然后将该服务器角色的名称更改为“Production”。

（2）为 Production 的用户自定义服务器角色中添加一个名为“[IT\Win_Login01]”的域账户。

（3）为 Production 的用户自定义服务器角色中添加一个名为“SQL_Login01”的 SQL Server 登录名。

（4）从 Production 的用户自定义服务器角色中删除一个名为“[IT\Win_Login01]”的域账户。

Transact-SQL 语句如下。

```
--打开“master”数据库
USE master
GO

--创建一个名为 Product 的服务器角色，然后将该服务器角色的名称更改为 Production
CREATE SERVER ROLE Product
ALTER SERVER ROLE Product WITH NAME = Production
GO

--为 Production 的用户自定义服务器角色中添加一个名为“[IT\Win_Login01]”的域账户
ALTER SERVER ROLE Production ADD MEMBER [IT\Win_Login01]            --此处[]不能省
GO

--为 Production 的用户自定义服务器角色中添加一个名为“SQL_Login01”的 SQL Server 登录名
ALTER SERVER ROLE Production ADD MEMBER SQL_Login01
GO

--从 Production 的用户自定义服务器角色中删除一个名为“[IT\Win_Login01]”的域账户
ALTER SERVER ROLE Production DROP MEMBER [IT\Win_Login01]   --此处[]不能省
GO
```

（3）使用系统存储过程管理服务器角色成员。

在“查询编辑器”窗口中，使用 sp_addsrvrolemember 系统存储过程为服务器角色添加成员的语法格式如下。

```
sp_addsrvrolemember [ @loginame= ] 'login', [ @rolename = ] 'role'
```

说明：

- [@loginame=] 'login'：将添加到服务器角色中的登录名。login 可以是 SQL Server 登录名或 Windows 登录名，没有默认值。如果尚未向 Windows 登录名授予对 SQL Server 的访问权限，则系统会自动对其授予访问权限。
- [@rolename=] 'role'：将添加登录名的服务器角色的名称，默认值为 NULL。

在“查询编辑器”窗口中，使用 sp_dropsrvrolemember 系统存储过程为服务器角色删除成员的语法格式如下。

```
sp_dropsrvrolemember [ @loginame = ] 'loginame' [ , [ @rolename = ] 'rolename' ]
```

说明：

- [@loginame =] 'loginame'：要从服务器角色中删除的登录名。无默认值，但必须存在。
- [@rolename =] 'rolename'：服务器角色的名称，默认值为 NULL。

注意：

- 以上 2 个系统存储过程的返回代码值为 0（成功）或 1（失败）。
- 后续版本的 SQL Server 将删除该功能，请尽量使用 ALTER SERVER ROLE 语句。

【例 8-8】在“查询编辑器”窗口中，使用系统存储过程完成以下操作。

（1）将名为“[IT\Win_Login01]”的域账户，添加到自定义的服务器角色“ServerRole03”中。

（2）将名为“SQL_Login01”的 SQL Server 登录名，添加到自定义的服务器角色“ServerRole03”中。

（3）从“ServerRole03”的用户自定义服务器角色中删除“SQL_Login01”登录名。

Transact-SQL 语句如下。

```
--打开“master”数据库
USE master
GO

--将名为“[IT\Win_Login01]”的域账户，添加到自定义的服务器角色“ServerRole03”中
EXEC sp_addsrvrolemember 'IT\Win_Login01', 'ServerRole03'          --此处不能有[]
GO

--将名为“SQL_Login01”的 SQL Server 登录名，添加到自定义的服务器角色“ServerRole03”中
EXEC sp_addsrvrolemember 'SQL_Login01', 'ServerRole03'
GO

--从“ServerRole03”的用户自定义服务器角色中删除“SQL_Login01”登录名。
EXEC sp_dropsrvrolemember 'SQL_Login01', 'ServerRole03'
GO
```

4. 删除用户自定义服务器角色

在“查询编辑器”窗口中，使用 DROP SERVER ROLE 语句删除用户自定义服务器角色的语法格式如下。

```
DROP SERVER ROLE role_name
```

注意：

- 无法删除固定服务器角色。
- 无法从服务器中删除拥有安全对象的用户自定义服务器角色，若要删除，必须先转移这些安全对象的所有权或删除这些安全对象。
- 无法删除拥有成员的用户自定义服务器角色，若要删除，必须先使用 ALTER SERVER ROLE 语句或 sp_dropsrvrolemember 存储过程删除该角色的成员。
- 每次只能删除一个用户自定义的服务器角色。
- 通过查询 sys.server_role_members 目录视图可查看有关角色成员身份的信息。

【例 8-9】在“查询编辑器”窗口中，使用 DROP SERVER ROLE 语句删除用户自定义服务器角色“Production”。

Transact-SQL 语句如下。

```
--打开“master”数据库
USE master
GO

--删除“[IT\Win_Login01]”域账户成员后，再删除自定义服务器角色“Production”
ALTER SERVER ROLE Production DROP MEMBER SQL_Login01
DROP SERVER ROLE Production
GO

--通过查询 sys.server_role_members 目录视图查看有关角色成员身份的信息
SELECT * FROM sys.server_role_members
GO
```

8.3.2　数据库角色

数据库角色是定义在数据库级别上的，存在于每个数据库中，其权限作用域为数据库。可以将数据库用户添加到数据库角色中，使其成为数据库角色中的成员，从而具有数据库角色的权限。

SQL Server 2019 中存在 2 种类型的数据库角色：固定数据库角色和用户自定义的数据库角色。

1. 固定数据库角色

在“对象资源管理器”窗口中的某个数据库下，依次展开“安全性”→“角色”→“数据库角色”节点，即可看到其所有的固定数据库角色，如图 8-22 所示。

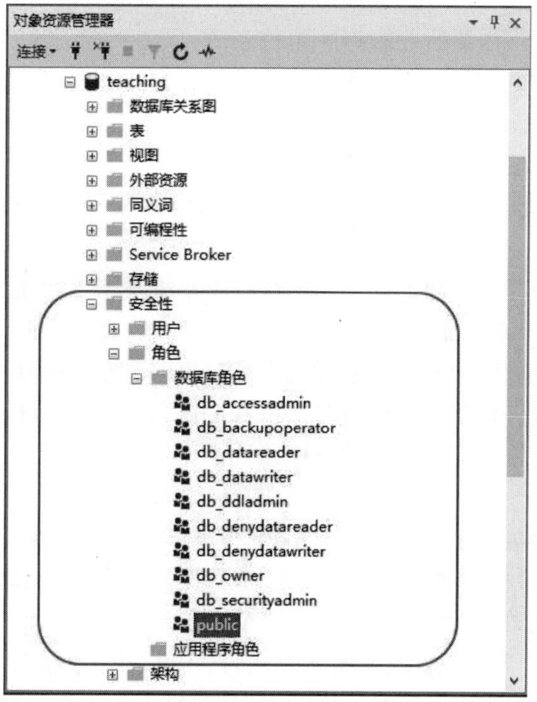

图 8-22　固定数据库角色

这些固定数据库角色及其权限，见表 8-2。

表 8-2 SQL Server 2019 固定数据库角色及其权限

固定数据库角色	权限
db_accessadmin	可以为 Windows 登录名、Windows 组和 SQL Server 登录名添加或删除数据库访问权限
db_backupoperator	可以备份数据库
db_datareader	可以从所有用户表和视图中读取数据
db_datawriter	可以在所有用户表中添加、删除或更改数据
db_ddladmin	可以在数据库中执行任何数据定义语言命令
db_denydatareader	不能读取数据库内用户表和视图中的任何数据
db_denydatawriter	不能添加、修改或删除数据库内用户表中的任何数据
db_owner	可以执行数据库的所有配置和维护活动，还可以删除 SQL Server 中的数据库
db_securityadmin	可以修改角色成员资格和管理权限
public	每个数据库用户都属于 public 数据库角色。当尚未对某个用户授予或拒绝对安全对象的特定权限时，该用户将继承授予该安全对象的 public 角色的权限

注意：

- db_owner 数据库角色的成员可以管理固定数据库角色成员身份。
- msdb 系统数据库中还有一些具有特殊用途的数据库角色。

2. 用户自定义的数据库角色

用户无法删除固定数据库角色，也无法更改分配给固定数据库角色的权限（public 除外）。如果需要更加灵活地设置数据库角色的权限，用户可以自定义数据库角色。

（1）使用对象资源管理器新建数据库角色。

在“对象资源管理器”窗口中，使用菜单命令在“teaching”数据库中，新建一个名为“Role01”的数据库角色，具体操作步骤如下。

1）启动 SSMS，并连接到数据库服务器实例。

2）在“对象资源管理器”窗口中，依次展开“数据库”→“teaching”→“安全性”→“角色”节点。

3）右击“数据库角色”节点，在弹出的快捷菜单中单击“新建数据库角色”菜单命令，弹出“数据库角色-新建”对话框。

4）在“常规”选项页中，设置角色名称为“Role01”，所有者为“dbo”，勾选“db_owner”架构，单击“添加”按钮，添加“DBuser01”和“SQL_Login01”数据库用户，如图 8-23 所示。

5）单击“确定”按钮，完成新建数据库角色操作。

技巧：

- 在自定义数据库角色的“数据库角色-新建”对话框中，才会有“安全对象”选项页。通过单击“搜索”按钮添加该数据库角色拥有的对象，以及分配相应的权限，包括列权限。
- 此时，用户即可在“对象资源管理器”窗口的“数据库”→“teaching”→“安全性”→“数据库角色”节点下，查看刚才新建的“Role01”的数据库角色。右击该数据库角色，使用弹出的快捷菜单命令，例如“新建数据库角色”“编写数据库角色脚本为”、“重命名”“删除”“属性”等管理和维护该数据库角色信息。

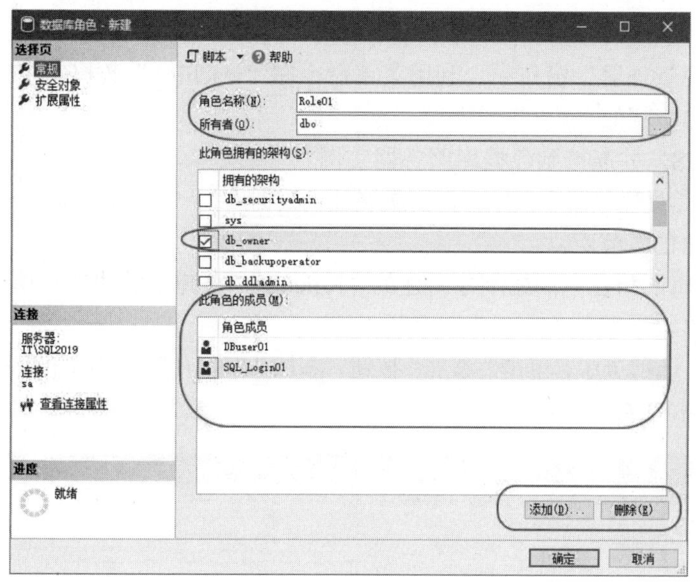

图 8-23　“常规”选项页

（2）使用 Transact-SQL 语句新建数据库角色。

在“查询编辑器”窗口中，使用 CREATE ROLE 语句新建数据库角色的语法格式如下。

```
CREATE ROLE role_name [ AUTHORIZATION owner_name ]
```

说明：

- role_name：待创建的数据库角色的名称。
- AUTHORIZATION owner_name：将拥有新角色的数据库用户或角色。如果未指定用户，则执行 CREATE ROLE 语句的用户将拥有该角色。角色的所有者或拥有角色权限的任何成员都可以添加或删除角色的成员。

【例 8-10】在“查询编辑器”窗口的“teaching”数据库中，使用 CREATE ROLE 语句新建以下数据库角色。

（1）新建由用户“SQL_Login01”拥有的数据库角色“Role02”。

（2）新建由数据库角色“db_securityadmin”拥有的数据库角色“Role03”。

Transact-SQL 语句如下。

```
--打开“teaching”数据库
USE teaching
GO

--新建由用户“SQL_Login01”拥有的数据库角色“Role02”
CREATE ROLE Role02 AUTHORIZATION SQL_Login01
GO

--新建由数据库角色“db_securityadmin”拥有的数据库角色“Role03”
CREATE ROLE Role03 AUTHORIZATION db_securityadmin
GO
```

3．数据库角色中的成员管理

用户可以为数据库角色添加或删除成员，让其成员具有数据库角色相对应的权限。

（1）使用对象资源管理器管理数据库角色成员。

在“对象资源管理器”窗口中，利用菜单命令在“teaching”数据库中的数据库角色中添加成员，具体操作步骤如下。

1）启动 SSMS，并连接到数据库服务器实例。

2）在“对象资源管理器”窗口中，依次展开“数据库”→“teaching”→“安全性”→“角色”→“数据库角色”节点。

3）右击要编辑的角色，例如刚才新建的“Role02”，在弹出的快捷菜单中单击“属性”菜单命令，打开在“数据库角色属性”对话框。

4）在“常规”选项页中，单击“添加”按钮，添加“Role01”数据库角色和“SQL_Login01”数据库用户，如图 8-24 所示。

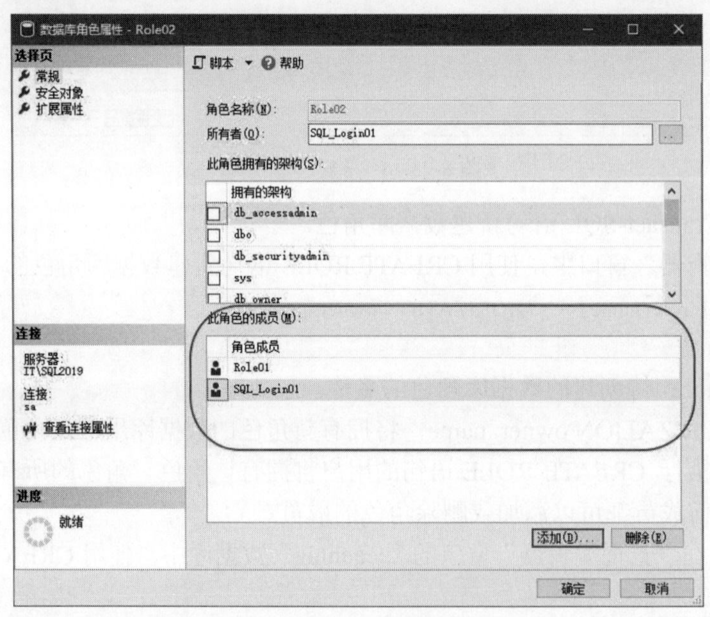

图 8-24 “数据库角色属性”对话框

5）单击“确定”按钮，完成数据库角色的成员添加操作。

技巧：

- 在“数据库角色属性”对话框中的“常规”选项页中，单击用“删除”按钮可以从该数据库角色中移除成员。
- 在自定义数据库角色的“数据库角色属性”对话框中，才会有“安全对象”选项页。

（2）使用 ALTER ROLE 语句器管理数据库角色成员。

在“查询编辑器”窗口中，使用 ALTER ROLE 语句管理数据库角色成员的语法格式如下。

```
ALTER ROLE role_name
{ ADD MEMBER database_principal
 | DROP MEMBER database_principal
 | WITH NAME = new_name }
```

说明：

- role_name：指定要更改的数据库角色名称。

- ADD MEMBER database_principal：指定向数据库角色成员添加数据库主体。database_principal 是数据库用户或用户自定义的数据库角色，但不能是固定的数据库角色或是服务器主体。
- DROP MEMBER database_principal：指定对数据库角色成员删除数据库主体。同样，database_principal 是数据库用户或用户自定义的数据库角色，但不能是固定的数据库角色或是服务器主体。
- WITH NAME = new_name：指定要更改的用户自定义数据库角色的名称。数据库中必须尚未包含该新名称。更改数据库角色的名称不会更改角色的 ID、所有者或权限。

【例 8-11】在“查询编辑器”窗口的“teaching”数据库中，使用 ALTER ROLE 语句完成以下操作。

（1）先将“Role03”数据库角色的名称更改为“Role003”，然后再恢复为原来的名称。

（2）为“Role03”数据库角色添加一个名为“DBuser01”的数据库用户和一个名为“Role02”的自定义数据库角色成员。

（3）从“Role03”数据库角色中，删除名为“Role02”的数据库角色成员。

Transact-SQL 语句如下。

```
--打开“teaching”数据库
USE teaching
GO

--先将“Role03”数据库角色的名称更改为“Role003”，然后再恢复为原来的名称
ALTER ROLE Role03 WITH NAME=Role003
ALTER ROLE Role003 WITH NAME=Role03
GO

--为“Role03”数据库角色添加一个名为“DBuser01”的数据库用户和一个名为“Role02”的自定义数据库角色成员
ALTER ROLE Role03 ADD MEMBER DBuser01
ALTER ROLE Role03 ADD MEMBER Role02
GO

--从“Role03”数据库角色中，删除名为“Role02”的数据库角色成员
ALTER ROLE Role03 DROP MEMBER Role02
GO
```

（3）使用系统存储过程管理数据库角色成员。

在“查询编辑器”窗口中，使用 sp_addrolemember 系统存储过程为数据库角色添加成员的语法格式如下。

```
sp_addrolemember [ @rolename = ] 'role', [ @membername = ] 'security_account'
```

说明：

- [@rolename=] 'role'：当前数据库中的数据库角色名称，没有默认值。
- [@membername=] 'security_account'：添加到该角色中的安全账户。没有默认值，可以是数据库用户、数据库角色、Windows 登录名或 Windows 组。

在“查询编辑器”窗口中，使用 sp_droprolemember 系统存储过程为数据库角色删除成员的语法格式如下。

```
sp_droprolemember [ @rolename = ] 'rolename', [ @membername = ] 'membername'
```

说明：

- [@rolename =] 'rolename'：要从角色中删除的成员名称。无默认值，且当前数据库中必须存在该名称。
- [@membername =] 'membername'：要从角色中删除的安全账户的名称。没有默认值，可以是数据库用户、另一个数据库角色、Windows 账户或 Windows 组，且当前数据库中必须存在该名称。

注意：

- 以上 2 个系统存储过程的返回代码值为 0（成功）或 1（失败）。
- 后续版本的 SQL Server 将删除该功能，尽量使用 ALTER ROLE 语句。

【例 8-12】在“查询编辑器”窗口的“teaching”数据库中，使用系统存储过程完成以下操作。

（1）新建一个用户自定义的数据库角色“Role04”。

（2）将名为“SQL_Login01”和“DBuser01”数据库用户，添加到自定义的数据库角色“Role04”中。

（3）从用户自定义数据库角色“Role04”中删除“SQL_Login01”数据库用户名。

Transact-SQL 语句如下。

```
--打开“teaching”数据库
USE teaching
GO

--新建一个用户自定义的数据库角色“Role04”
CREATE ROLE Role04
GO

--将名为“SQL_Login01”和“DBuser01”数据库用户，添加到自定义的数据库角色“Role04”中
EXEC sp_addrolemember 'Role04', 'SQL_Login01'
EXEC sp_addrolemember 'Role04', 'DBuser01'
GO

--从用户自定义数据库角色中“Role04”删除“SQL_Login01”数据库用户名
EXEC sp_droprolemember 'Role04', 'SQL_Login01'
GO
```

4. 删除用户自定义数据库角色

在“查询编辑器”窗口中，使用 DROP ROLE 语句删除用户自定义数据库角色的语法格式如下。

```
DROP ROLE [ IF EXISTS ] role_name
```

注意：

- 不能使用 DROP ROLE 语句删除固定数据库角色。
- 无法从数据库删除拥有安全对象的数据库角色，若要删除，必须先转移这些安全对象的所有权，或从数据库删除它们。

- 无法从数据库删除拥有成员的数据库角色，若要删除，必须首先删除角色的成员。使用 ALTER ROLE 语句删除数据库角色中的成员。
- 在 sys.database_role_members 目录视图中可以查看有关角色成员身份的信息。

【例 8-13】在“查询编辑器”窗口中，使用 DROP ROLE 语句删除用户自定义数据库角色“Role04”。

Transact-SQL 语句如下。

```
--打开“teaching”数据库
USE teaching
GO

--删除“DBuser01”数据库角色成员后，再删除自定义数据库角色“Role04”
ALTER ROLE Role04 DROP MEMBER DBuser01
DROP ROLE IF EXISTS Role04
GO

--通过查询 sys.database_role_members 目录视图查看“teaching”数据库中有关角色成员身份的信息
SELECT * FROM sys.database_role_members
GO
```

8.3.3　应用程序角色

应用程序角色是一个数据库主体，它使应用程序能够用其自身的、类似用户的权限来运行。使用应用程序角色，可以只允许通过特定应用程序连接的用户访问特定数据。与数据库角色不同的是，应用程序角色默认情况下不包含任何成员，且是非活动的。可以使用 sp_setapprole 启用应用程序角色，该过程需要密码。因为应用程序角色是数据库级主体，所以它们只能通过其他数据库中为 guest 授予的权限来访问这些数据库。因此，其他数据库中的应用程序角色无法访问任何已禁用 guest 的数据库。

在 SQL Server 中，应用程序角色无法访问服务器级元数据，因为它们不与服务器级主体关联。要禁用此限制，从而允许应用程序角色访问服务器级元数据，请使用-T4616 或 DBCC TRACEON(4616, -1)设置全局跟踪标志 4616。如果不希望启用此跟踪标志，可以使用证书签名的存储过程允许应用程序角色查看服务器状态。

说明：由于应用程序角色的创建与管理操作与前面的数据库角色的创建和管理的操作相似。所以，在此不再重复演示详细的操作过程，请读者参考执行。

8.4　SQL Server 的权限管理

当登录名和数据库用户成为数据库中的合法用户之后，该账户除了具有一些系统视图的查询权限，并不对数据库中的用户数据和对象具有任何操作权限。使用角色可以极大地简化将很多权限分配给很多用户这一复杂任务的操作。

但在实际情况中，往往还需要更加灵活地对权限进行管理。例如，在一个外卖数据库系统中，餐厅经理具有查看全部订单、收入和客户等信息的权限，而送餐员只能查看本人派送的订单信息。这时就需要进行各项权限的管理，为数据库中的不同用户分别授予不同的操作权限。

SQL Server 中包括 3 种类型的权限：对象权限、语句权限和隐含权限。

（1）对象权限。对象权限是对数据库中的表、视图等对象中的数据操作权限进行管理，主要包括对表和视图数据进行 SELECT、INSERT、UPDATE 和 DELETE 操作的授权。其中 SELECT 和 UPDATE 操作还可以对表和视图的单个列进行授权。

（2）语句权限。语句权限约束是否允许执行 CREATE TABLE、CREATE VIEW、CREATE DATABASE 等与创建数据库及对象有关的操作。

（3）隐含权限。隐含权限是管理由 SQL Server 预定义的服务器角色、数据库角色、数据库拥有者以及数据库对象拥有者所具有的权限。例如数据库拥有者自动拥有数据库一切操作的权限以及赋予其他用户权限的权限。无法设置不需要的隐含权限。

8.4.1 使用对象资源管理器管理权限

每个 SQL Server 安全对象都有关联的权限，可以将这些权限授予主体。数据库引擎中的权限在分配给登录名和服务器角色的服务器级上，以及分配给数据库用户和数据库角色的数据库级上进行管理。

1. 服务器级权限管理

在“对象资源管理器”窗口中，右击服务器实例节点，在弹出的快捷菜单中单击“属性”菜单命令，打开“服务器属性”对话框，切换到“权限”选项页，找到需要授权的登录名或用户自定义的服务器角色，即可进行相关权限的管理，如图 8-25 所示。

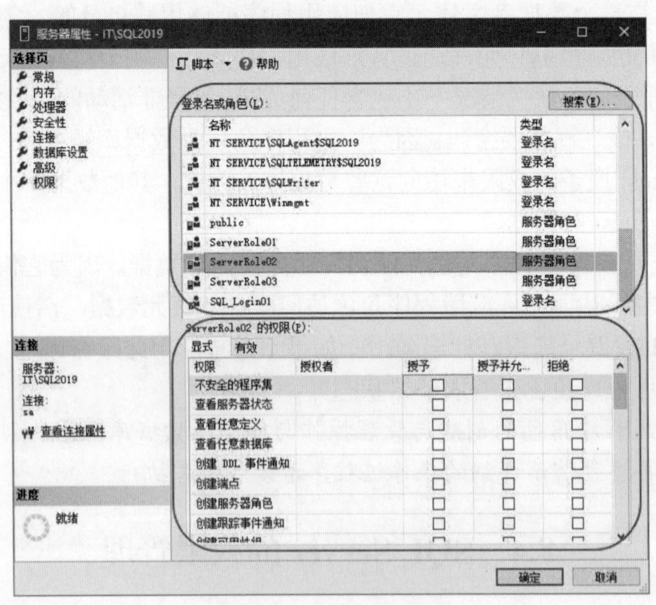

图 8-25 “权限”选项页

技巧：

- 如果在“登录名或角色”列表中找不到需要设置权限的登录名或用户自定义的服务器角色，可以单击右上角的“搜索”按钮进行查找。
- 可以在服务器实例的“安全性”节点下，右击需要设置权限的登录名（如“SQL_Login01”），在弹出的快捷菜单中单击“属性”菜单命令，打开“登录属性”对话框，切换到“安全对象”选项页，单击右上角的“搜索”按钮添加服务器实例，也可以完成同样的操作，如图 8-26 所示。

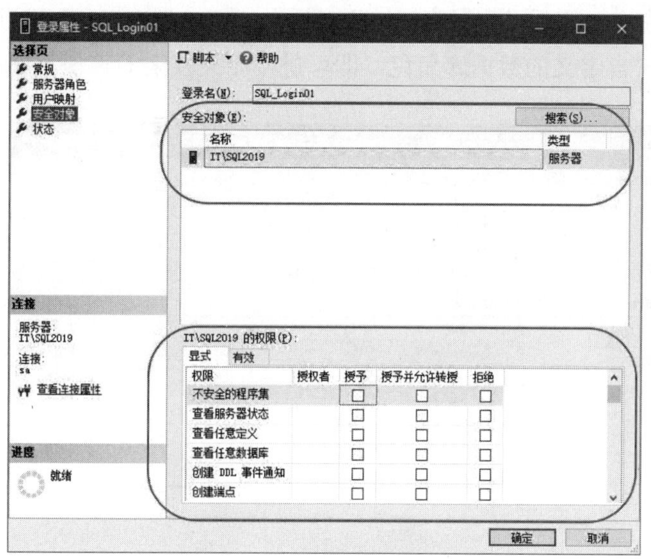

图 8-26　“安全对象”选项页

- 可以在服务器实例的“安全性”节点下，右击需要设置权限的用户自定义的服务器角色（如“ServerRole01”，固定服务器角色 public 也可以，其他固定服务器角色不能更改权限设置），在弹出的快捷菜单中选择“属性”菜单命令，打开“服务器角色属性”对话框，在“常规”选项页中找到服务器实例，也可以完成同样的操作，如图 8-27 所示。

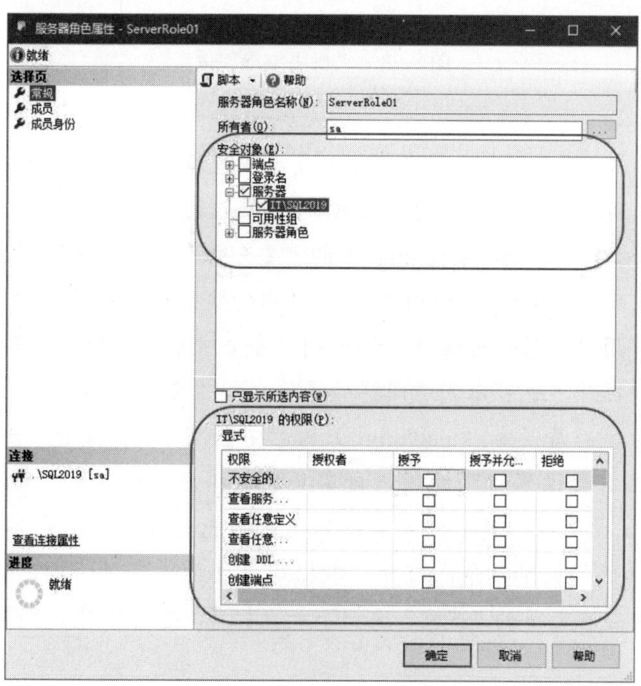

图 8-27　“常规”选项页

2. 数据库级权限管理

在“对象资源管理器”窗口中，右击某个数据库（如“teaching”），在弹出的快捷菜单中单击“属性”菜单命令，打开“数据库属性”对话框，切换到“权限”选项页，找到需要授权的数据库用户或用户自定义的数据库角色，即可进行相关权限的管理，如图 8-28 所示。

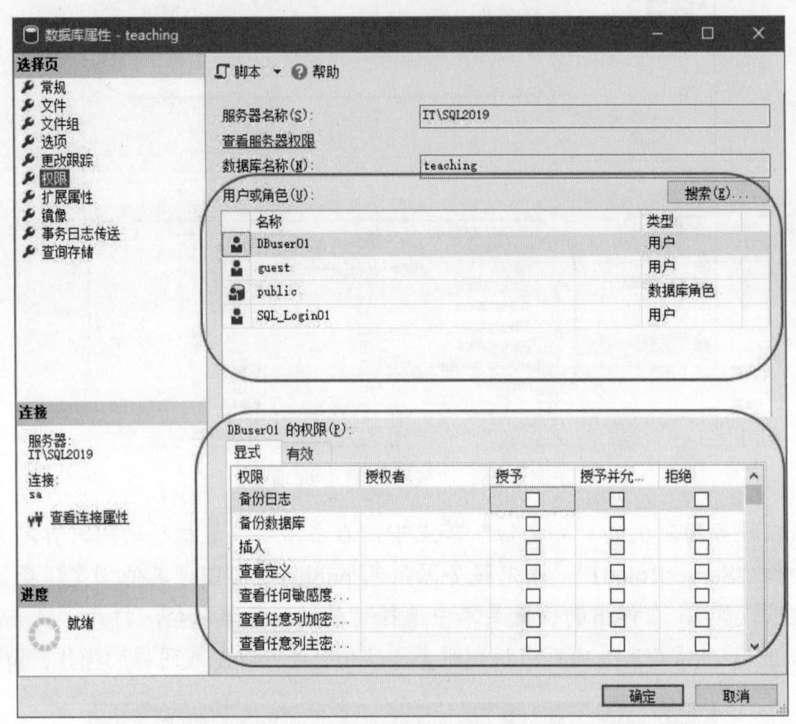

图 8-28　“权限”选项页

技巧：

- 如果在“用户或角色”列表框中找不到需要设置权限的数据库用户或用户自定义的数据库角色，可以单击右上角的“搜索”按钮进行查找。
- 可以在某个数据库（如“teaching”）的“安全性”→“用户”节点下，右击需要设置权限的用户（如“SQL_Login01”），在弹出的快捷菜单中单击“属性”菜单命令，打开“数据库用户”属性对话框，切换到“安全对象”选项页，单击右上角的“搜索”按钮添加数据库，也可以完成同样的操作，如图 8-29 所示。
- 可以在某个数据库（如“teaching”）的“安全性”→“角色”→“数据库角色”节点下，右击需要设置权限的用户自定义的数据库角色（如“Role01”，固定数据库角色 public 也可以，其他固定数据库角色不能更改权限设置），在弹出的快捷菜单中单击“属性”菜单命令，打开“数据库角色属性”对话框，切换到“安全对象”选项页，单击右上角的“搜索”按钮添加数据库，也可以完成同样的操作，如图 8-30 所示。

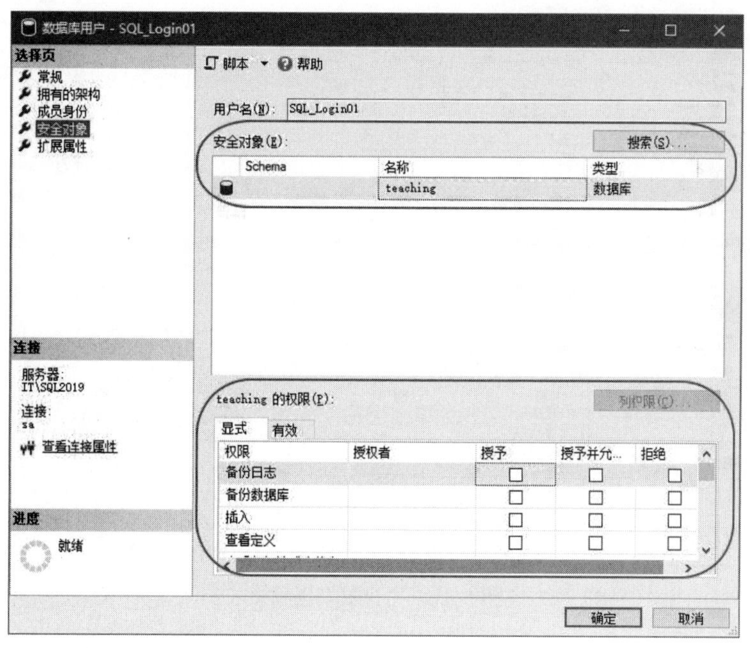

图 8-29　“安全对象”选项页

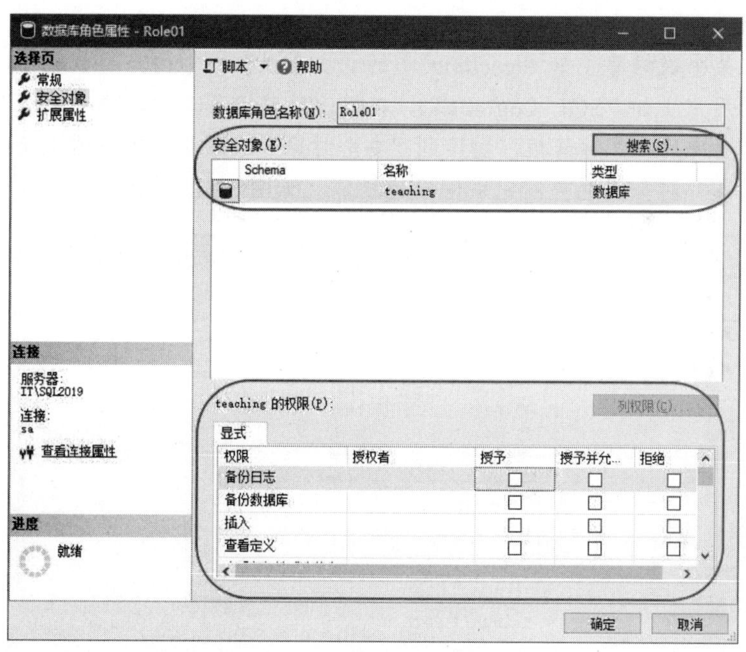

图 8-30　“安全对象”选项页

3. 数据库对象级权限管理

在“对象资源管理器”窗口中，依次展开“数据库”→“teaching”→“表”节点，右击需要设置权限的表（如“student”），在弹出的快捷菜单中单击“属性”菜单命令，打开“表属性”对话框，切换到“权限”选项页，单击右上角的“搜索”按钮，找到相应的数据库用户或用户自定义的数据库角色，即可进行相关权限的管理，如图 8-31 所示。

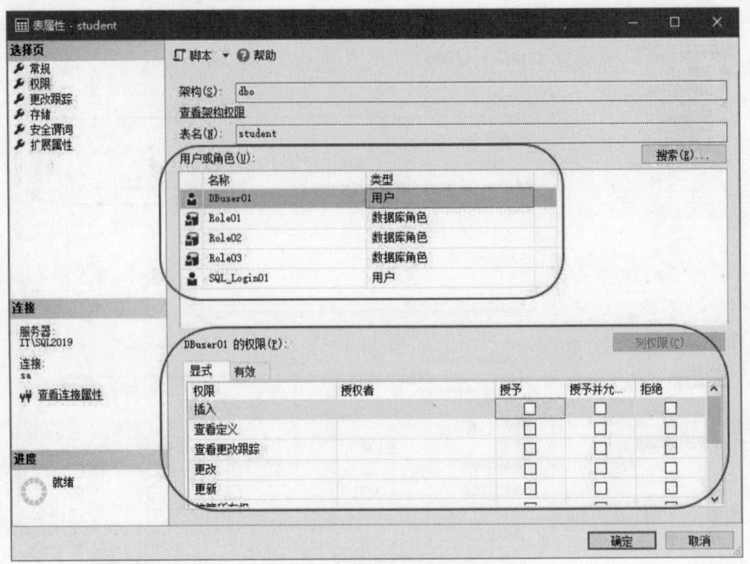

图 8-31 “权限”选项页

技巧：

- 对于数据库下的其他对象（如视图、存储过程、触发器等），也可以采用以上办法进行权限管理。
- 可以在某个数据库（如“teaching”）的“安全性”→“用户”节点下，右击需要设置权限的用户（如“SQL_Login01”），在弹出的快捷菜单中单击“属性”菜单命令，打开“数据库用户”对话框，切换到“安全对象”选项页，单击右上角的“搜索”按钮添加“表”对象，也可以完成同样的操作，如图 8-32 所示。

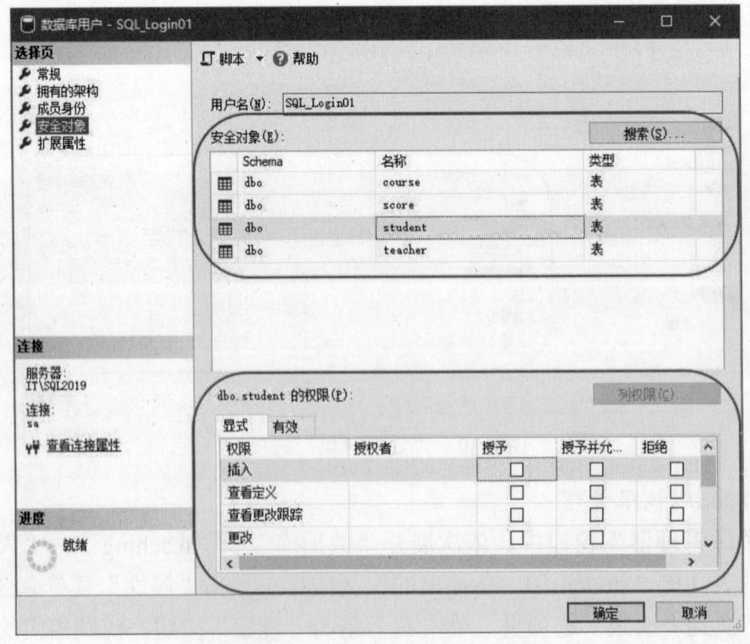

图 8-32 “安全对象”选项页

- 可以在某个数据库（如“teaching”）的“安全性”→“角色”→“数据库角色”节点下，右击需要设置权限的用户自定义的数据库角色（如“Role01”，固定数据库角色 public 也可以，其他固定数据库角色不能更改权限设置），在弹出的快捷菜单中单击“属性”菜单命令，打开“数据库角色属性”对话框，切换到“安全对象”选项页，单击右上角的“搜索”按钮添加“表”对象，也可以完成同样的操作，如图 8-33 所示。

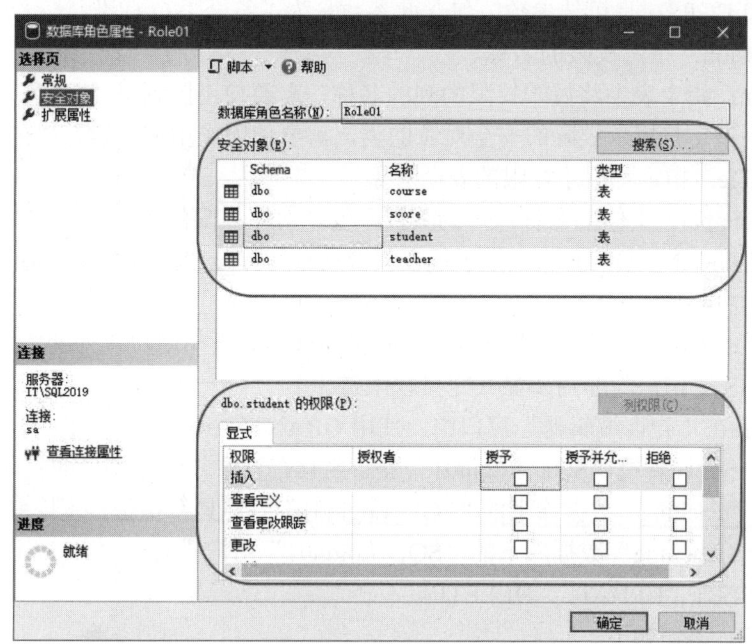

图 8-33　“安全对象”选项页

8.4.2　使用 Transact-SQL 语句管理权限

同样，可以在“查询编辑器”窗口中，编写相应的 Transact-SQL 语句管理权限。

1. 授予权限

在“查询编辑器”窗口中，使用 GRANT 语句授予权限的语法格式如下。

```
GRANT { ALL [ PRIVILEGES ] }
  | permission [ ( column [ ,...n ] ) ] [ ,...n ]
  [ ON [ class :: ] securable ] TO principal [ ,...n ]
  [ WITH GRANT OPTION ] [ AS principal ]
```

使用 ALL 等同于授予下列权限，但不推荐使用此选项，因为它不能授予所有可能的权限。

（1）如果安全对象是数据库，则 ALL 对应 BACKUP DATABASE、BACKUP LOG、CREATE DATABASE、CREATE DEFAULT、CREATE FUNCTION、CREATE PROCEDURE、CREATE RULE、CREATE TABLE 和 CREATE VIEW。

（2）如果安全对象是标量函数，则 ALL 对应 EXECUTE 和 REFERENCES。

（3）如果安全对象是表值函数，则 ALL 对应 DELETE、INSERT、REFERENCES、SELECT 和 UPDATE。

（4）如果安全对象是存储过程，则 ALL 对应 EXECUTE。

（5）如果安全对象是表，则 ALL 对应 DELETE、INSERT、REFERENCES、SELECT 和 UPDATE。

（6）如果安全对象是视图，则 ALL 对应 DELETE、INSERT、REFERENCES、SELECT 和 UPDATE。

说明：

- PRIVILEGES：是可选参数，包含此参数是为了符合 ISO 标准。
- permission：指定权限的名称。
- column：指定表中将授予权限的列的名称，需要使用圆括号“()”。
- class：指定将授予权限的安全对象的类，需要使用作用域限定符“::”。
- securable：指定将授予权限的安全对象。
- TO principal：主体的名称。可为其授予安全对象权限的主体因安全对象而异。
- WITH GRANT OPTION：指示被授权者在获得指定权限的同时还可以将指定权限授予其他主体。
- AS principal：指定权限授予者的主体应为执行该语句用户以外的主体。通常不建议使用 AS 子句，除非需要显式定义权限链。

【例 8-14】在“查询编辑器”窗口中，使用 GRANT 语句完成以下操作。

（1）授予并允许转授“SQL_Login01”登录名具有查看任何数据库的权限。

（2）授予“teaching”数据库下的“SQL_Login01”用户具有备份数据库和新建表的权限。

（3）授予“teaching”数据库下的“SQL_Login01”用户具有对“student”数据表的维护权限，包括 INSERT、UPDATE、DELETE。

Transact-SQL 语句如下。

```
--授予并允许转授“SQL_Login01”登录名具有查看任何数据库的权限
USE master
GO

GRANT VIEW ANY DATABASE TO SQL_Login01 WITH GRANT OPTION
GO

--授予“teaching”数据库下的“SQL_Login01”用户具有备份数据库和新建表的权限
USE teaching
GO

GRANT BACKUP DATABASE TO SQL_Login01
GRANT CREATE TABLE TO SQL_Login01
GO

--授予“teaching”数据库下的“SQL_Login01”用户具有对“student”数据表的维护权限，包括 INSERT、
UPDATE、DELETE
USE teaching
GO

GRANT INSERT,UPDATE,DELETE ON dbo.student TO SQL_Login01
GO
```

2. 拒绝授予权限

在“查询编辑器”窗口中，使用 DENY 语句拒绝授予权限的语法格式如下。

```
DENY { ALL [ PRIVILEGES ] }
 | <permission> [ ( column [ ,...n ] ) ] [ ,...n ]
 [ ON [ <class> :: ] securable ] TO principal [ ,...n ]
 [ CASCADE] [ AS principal ]
```

注意：DENY 语句与 GRANT 语句中的参数基本相同，其中参数 CASCADE 指示拒绝授予指定主体该权限，同时对该主体授予了该权限的所有其他主体，也拒绝授予该权限。当主体具有带 GRANT OPTION 的权限时，其为必选项。

【例 8-15】在“查询编辑器”窗口中，使用 DENY 语句完成以下操作。

（1）拒绝授予“SQL_Login01”登录名具有服务器角色的权限。

（2）拒绝授予“teaching”数据库下的“SQL_Login01”用户具有备份数据库日志的权限。

（3）拒绝授予“teaching”数据库下的“SQL_Login01”用户具有对“student”数据表的查询权限。

Transact-SQL 语句如下。

```
--拒绝授予“SQL_Login01”登录名具有服务器角色的权限
USE master
GO

DENY CREATE SERVER ROLE TO SQL_Login01
GO

--拒绝授予“teaching”数据库下的“SQL_Login01”用户具有备份数据库日志的权限
USE teaching
GO

DENY BACKUP LOG TO SQL_Login01
GO

--拒绝授予“teaching”数据库下的“SQL_Login01”用户具有对“student”数据表的查询权限
USE teaching
GO

DENY SELECT ON dbo.student TO SQL_Login01
GO
```

3. 撤销权限

在“查询编辑器”窗口中，使用 REVOKE 语句撤销权限的语法格式如下。

```
REVOKE [ GRANT OPTION FOR ]
 { [ ALL [ PRIVILEGES ] ] | permission [ ( column [ ,...n ] ) ] [ ,...n ] }
 [ ON [ class :: ] securable ] { TO | FROM } principal [ ,...n ]
 [ CASCADE] [ AS principal ]
```

注意：REVOKE 语句与 GRANT 语句中的参数基本相同，其中参数 CASCADE 表示当前正在撤销的权限也将从其他被该主体授权的主体中撤销。当主体具有带 GRANT OPTION 的权限时，其为必选项。

【例 8-16】在“查询编辑器”窗口中，使用 GRANT 语句完成以下操作。

（1）撤销“SQL_Login01”登录名具有查看任何数据库的权限。

（2）撤销“teaching”数据库下的“SQL_Login01”用户具有备份数据库和新建表的权限。

（3）撤销“teaching”数据库下的“SQL_Login01”用户具有对“student”数据表的维护权限，包括 INSERT、UPDATE、DELETE。

Transact-SQL 语句如下。

```
--撤销“SQL_Login01”登录名具有查看任何数据库的权限
USE master
GO

REVOKE VIEW ANY DATABASE FROM SQL_Login01 CASCADE
GO

--撤销“teaching”数据库下的“SQL_Login01”用户具有备份数据库和新建表的权限
USE teaching
GO

REVOKE BACKUP DATABASE FROM SQL_Login01
REVOKE CREATE TABLE TO SQL_Login01
GO

--撤销“teaching”数据库下的“SQL_Login01”用户具有对“student”数据表的维护权限，包括 INSERT、
UPDATE、DELETE
USE teaching
GO

REVOKE INSERT,UPDATE,DELETE ON dbo.student FROM SQL_Login01
GO
```

8.5 实 战 训 练

任务描述：

为了保障数据的安全，数据库管理员需要对数据库分配账号并授权，每个账号有一定的访问范围，超过此范围的访问被视为非法访问。如果你是数据库管理员，请为“sale”数据库分配账号并授权。

解决思路：

在“对象资源管理器”窗口中使用菜单命令或者在“查询编辑器”窗口中编写 Transact-SQL 语句来完成如下要求。

（1）新建一个名为“Win_sale”的 Windows 身份验证的登录名和一个名为“SQL_sale”

的 SQL Server 身份验证的登录名，其他参数均采用默认设置。

（2）用“SQL_sale”登录服务器实例，在“对象资源管理器”窗口中能否看到“sale”数据？展开“表”节点能否看到数据表？然后打开“查询编辑器”窗口，在可用数据库列表中能否看到“sale”数据库？能否对数据表进行查询操作？（思考：如果用“Win_sale”登录服务器实例呢？）

（3）将“Win_sale”登录名和“SQL_sale”登录名映射为“sale”数据库的用户，用户名均与登录名相同，其他参数均采用默认设置。

（4）再次用“SQL_sale”登录服务器实例，在“对象资源管理器”窗口中能否看到“sale”数据？展开“表”节点能否看到数据表？然后打开“查询编辑器”窗口，在可用数据库列表中能否看到“sale”数据库？能否对数据表进行查询操作？（思考：如果用“Win_sale”登录服务器实例呢？）

（5）在“sale”数据库中自定义一个名为“Select_Role”数据库角色，并授予该角色具有查询“customers”数据表和“products”数据表的权限。然后将“Win_sale”用户和“SQL_sale”用户均添加到该自定义数据库角色中。

（6）再次用“SQL_sale”登录服务器实例，在“对象资源管理器”窗口中能否看到“sale”数据？展开“表”节点能否看到数据表？有哪些表？然后打开“查询编辑器”窗口，在可用数据库列表中能否看到“sale”数据库？能否对数据表进行查询操作？有哪些表？（思考：如果用“Win_sale”登录服务器实例呢？）

（7）授予“SQL_sale”用户拥有对“orders”数据表和“orderitems”数据表的查询和更新权限。

（8）再次用“SQL_sale”登录服务器实例，在“对象资源管理器”窗口中能否看到“sale”数据？展开“表”节点能否看到数据表？有哪些表？然后打开“查询编辑器”窗口，在可用数据库列表中能否看到“sale”数据库？能否对数据表进行查询操作？有哪些表？能否对数据表进行更新操作？有哪些表？

（9）用“Win_sale”登录服务器实例，在“对象资源管理器”窗口中能否看到“sale”数据？展开“表”节点能否看到数据表？有哪些表？然后打开“查询编辑器”窗口，在可用数据库列表中能否看到“sale”数据库？能否对数据表进行查询操作？有哪些表？能否对数据表进行更新操作？有哪些表？

（10）将“Win_sale”用户和“SQL_sale”用户均添加到“db_owner”固定数据库角色中。

（11）再次用“Win_sale”登录服务器实例，在“对象资源管理器”窗口中能否看到“sale”数据？展开“表”节点能否看到数据表？有哪些表？然后打开“查询编辑器”窗口，在可用数据库列表中能否看到“sale”数据库？能否对数据表进行查询操作？有哪些表？能否对数据表进行更新操作？有哪些表？

（12）再次用“SQL_sale”登录服务器实例，在“对象资源管理器”窗口中能否看到“sale”数据？展开“表”节点能否看到数据表？有哪些表？然后打开“查询编辑器”窗口，在可用数据库列表中能否看到“sale”数据库？能否对数据表进行查询操作？有哪些表？能否对数据表进行更新操作？有哪些表？

第 9 章　数据库的备份与恢复

计算机同其他任何设备一样，都有可能发生故障。引起故障的原因是多种多样的，例如：介质故障、硬件故障、自然灾难和用户错误等。这些情况一旦发生，就有可能造成数据丢失。而数据库中的数据往往是有价值的信息资源，是不允许丢失或损坏的。因此，在维护数据库时，一项重要的任务就是对数据定期进行备份。一旦数据库中的数据丢失或者出现错误，就可以使用备份数据进行还原，以避免或减少宕机或者数据丢失所带来的损失。SQL Server 2019 提供了一整套功能强大的数据库备份和恢复工具。通过合理的备份和还原操作，可以很好地保护存储在数据库中的关键数据。

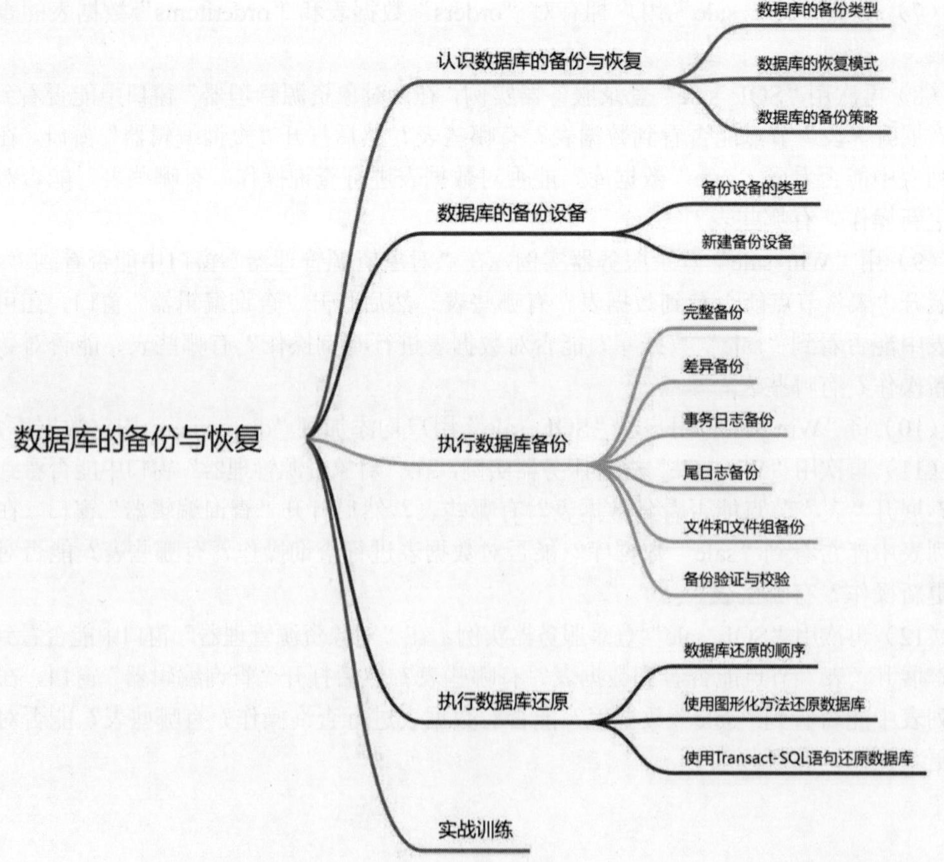

9.1　认识数据库的备份与恢复

数据库的备份是对数据库结构和数据对象进行复制，以便在遭到破坏时能够及时恢复数据库。备份数据库是数据库管理员非常重要的工作。数据库备份后，一旦系统发生崩溃或者执行了错误的数据库操作，数据库管理员就可以从备份文件中恢复数据库。数据库恢复是指将数据库备份加载到系统中的过程。

9.1.1　数据库的备份类型

SQL Server 2019 提供了以下多种数据库的备份类型，见表 9-1。其中完整备份、差异备份以及事务日志备份是常用的备份方式。

表 9-1　SQL Server 2019 数据库的备份类型

备份类型	描述
完整备份	备份整个数据库，包括事务日志部分（以便可以恢复整个备份）
差异备份	备份自上次完整备份以来变化的部分
事务日志备份	全部数据库变化都会记录在日志文件中
尾日志备份	备份事务日志的活动部分（如未提交的事务日志等）
文件及文件组备份	备份指定的文件或者文件组
仅复制备份	备份数据库或者日志
部分备份	备份主文件组、每一个读写文件组和任何指定的只读文件组

1. 完整备份

完整备份是指备份整个数据库，包括所有的对象、系统表、数据以及部分事务日志。完整备份可以还原数据库在备份操作完成时的完整数据库状态。

由于完整备份是对整个数据库的备份，因此这种备份类型速度较慢，并且将占用大量的磁盘空间。在对数据库进行完整备份时，所有未完成的或发生在备份过程中的事务都将被忽略。这种备份方法可以快速备份小型数据库。对于大型数据库而言，可以用一系列差异备份来补充完整数据库备份。

2. 差异备份

差异备份基于包含数据的最近一次完整备份，差异备份仅备份自该次完整备份后发生更改的数据。因为只备份改变的内容，所以这种类型的备份速度比较快，可以频繁地执行。差异备份中也备份了部分事务日志。

3. 事务日志备份

事务日志备份将备份所有数据库修改的记录，用来在还原操作期间提交完成的事务以及回滚未完成的事务。事务日志备份比完整数据库备份节省时间和空间。使用事务日志备份进行恢复时，可以指定恢复到某一个时间，而完整备份和差异备份做不到这一点。

注意：

- 如果没有执行一次完整备份，则不能进行事务日志备份。

- 当使用简单恢复模式时，不能进行事务日志备份。
- 事务日志备份仅备份从上次成功备份的事务日志到当前的事务日志结束。

4. 尾日志备份

尾日志备份是事务日志的备份，它包括以前未进行过备份的日志部分，即为事务日志的活动部分。尾日志备份并不截断日志。如果事务日志损坏，则最新有效备份之后执行的工作将丢失。因此，强烈建议将日志文件存储在容错的存储设备中。如果仅仅是数据库损坏，建议执行一次尾日志备份操作，可将数据库还原到当前时间点。

5. 文件及文件组备份

文件及文件组备份可以对数据库中的部分文件和文件组进行备份。当一个数据库很大时，完整备份会花费很多时间，这时可以采用文件和文件组备份。在进行文件和文件组备份时，还必须备份事务日志，所以不能在启用“在检查点截断日志”选项的情况下使用这种备份技术。

文件及文件组备份是一种将数据库存放在多个文件上的方法，这样数据库就不会受到只存储在单个硬盘上的限制，而可以分散到多个硬盘上。使用文件及文件组备份，每次可以备份这些文件中的一个或多个文件，而不备份整个数据库。

6. 仅复制备份

仅复制备份是独立于传统 SQL Server 备份顺序的备份。通常，进行该备份会更改数据库并影响其后备份的还原方式。但是，有时在不影响数据库总体备份和还原过程的情况下，为特殊目的而进行仅复制备份还是有用的。仅复制备份不适用于差异备份。

7. 部分备份

部分备份与完整备份类似，但部分备份不包含所有文件组。对于读写数据库，部分备份包含主文件组、每个读写文件组以及（可选）一个或多个只读文件中的数据。只读数据库的部分备份仅包含主文件组。对于部分备份，也可以使用差异备份。部分差异备份只记录部分备份完成后的文件组的变化。

所有 SQL Server 恢复模式都支持部分备份，如果部分备份用于简单恢复模式中，旨在提高对非常大的数据库（包含一个或多个只读文件组）进行备份的灵活性。部分备份在希望不包括只读文件组时非常有用。

9.1.2 数据库的恢复模式

SQL Server 2019 数据库中的事务日志是备份和恢复的基础，因为它记录了数据操作的步骤和过程。事务日志的记录方式也决定了备份和恢复的范围和程度。而决定事务日志记录方式的是数据库的“恢复模式”属性。“恢复模式”是 SQL Server 2019 数据库运行时，记录事务日志的模式，它决定事务记录在日志中的方式、事务日志是否需要备份以及允许的还原操作。“恢复模式”不仅决定了恢复的过程，还决定了备份的行为。

1. 恢复模式种类

SQL Server 2019 数据库的“恢复模式”包含完整恢复模式、大容量日志恢复模式和简单恢复模式 3 种类型。通常，数据库使用完整恢复模式或简单恢复模式。

（1）完整恢复模式。完整恢复模式完整记录了所有事务，并将事务日志记录保留到对其备份完毕为止。如果能够在出现故障后备份日志尾部，则可以使用完整恢复模式将数据库恢复到故障点。完整恢复模式还支持还原单个数据页。

（2）大容量日志恢复模式。大容量日志恢复模式记录了大多数大容量操作，它只用作完整恢复模式的附加模式。对于某些大规模大容量操作（如大容量导入或索引创建），暂时切换到大容量日志恢复模式可以提高性能并减少日志空间使用量。但是它仍需要进行日志备份。与完整恢复模式相同，大容量日志恢复模式也将事务日志记录保留到对其备份完毕为止。由于大容量日志恢复模式不支持时点恢复，因此必须在增大日志备份与增加工作丢失风险之间进行权衡。

（3）简单恢复模式。简单恢复模式可以最大程度地减少事务日志的管理开销，因为它不需要备份事务日志。如果数据库损坏，则简单恢复模式将面临极大的工作丢失风险，数据只能恢复到已丢失数据的最新备份。因此，在简单恢复模式下，备份间隔应尽可能短，以防止丢失大量数据。但是，备份间隔的长度应足以避免备份开销影响生产工作。在备份策略中加入差异备份可有助于减少开销。

通常，对于用户数据库，简单恢复模式用于测试或开发数据库，或者用于主要包含只读数据的数据库（如数据仓库）。简单恢复模式并不适合生产系统，因为对生产系统而言，丢失最新的更改是无法接受的，在这种情况下，建议使用完整恢复模式。

备份的方式与恢复模式有很大的关系，三种恢复模式所支持的备份类型，见表 9-2。

表 9-2　三种恢复模式所支持的备份类型

恢复模式	完整备份	差异备份	事务日志备份	文件和文件组备份
完全恢复模式	必须	可选	必须	可选
大容量日志恢复模式	必须	可选	必须	可选
简单恢复模式	必须	可选	不允许	不允许

2. 选择恢复模式

每种恢复模式都与业务需求、性能、备份设备和数据重要性相关。因此，在选择恢复模式的时候，应该权衡以下因素。

（1）数据库性能。

（2）数据丢失的容忍程度。

（3）事务日志存储空间需求。

（4）备份好恢复的易操作性。

合适的数据库恢复模式取决于实用性和数据库需求。简单恢复模式一般适合用于测试或开发数据库。对于生产数据库，最佳选择通常是完整恢复模式，也可以选择大容量日志恢复模式作为补充。但简单恢复模式有时也适合小型生产数据库（尤其是当其数据大部分或完全为只读时）或数据仓库使用。若要为特定数据库选择最佳恢复模式，应考虑数据库的恢复目标和要求以及其是否可对日志备份进行管理。

3. 更改恢复模式

SQL Server 2019 提供了几个系统数据库，分别是“master”“model”“msdb”和“tempdb”，如果查看这些数据库的恢复模式，会发现“master”“msdb”和“tempdb”数据库使用的是简单恢复模式，而“model”数据库使用的是完整恢复模式。因为“model”是所有新建立数据库的模板数据库，所以用户数据库默认也是使用完整恢复模式。

在“对象资源管理器”窗口中，使用菜单命令查看或更改“teaching”数据库的恢复模式，具体操作步骤如下。

（1）启动 SSMS，并连接到数据库服务器实例。

（2）在“对象资源管理器”窗口中，展开“数据库”节点。

（3）右击“teaching”数据库，在弹出的快捷菜单中，单击“属性”菜单命令，打开“数据库属性-teaching”对话框。

（4）切换到“选项”选项页，数据库的当前恢复模式显示在右侧的“恢复模式”下拉列表框中，如图 9-1 所示。

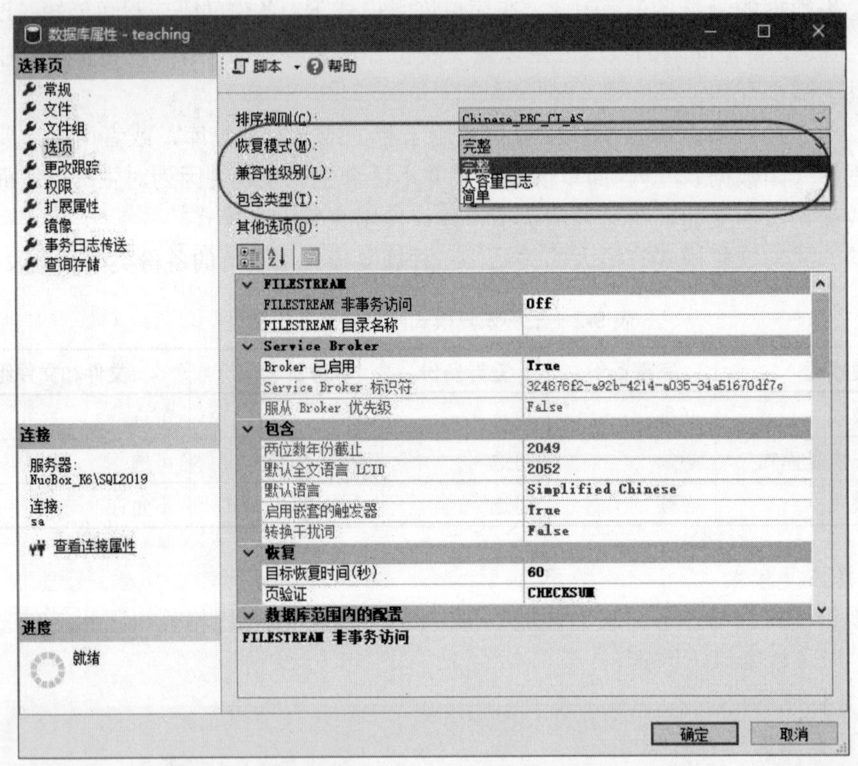

图 9-1 “数据库属性-teaching”窗口的“选项”选项页

（5）可以从“恢复模式”下拉列表框中，选择不同的模式来更改数据库的恢复模式。

（6）单击“确定”按钮，即可完成更改数据库的恢复模式的操作。

也可以在“查询编辑器”窗口中，使用 ALTER DABASE 语句修改数据库的恢复模式，其语法格式如下。

```
ALTER DATABASE database_name
SET
RECOVERY { FULL → BULK_LOGGED → SIMPLE }
```

说明：

- database_name：要修改的数据库名称。
- FULL→BULK_LOGGED→SIMPLE：可供选择的三种数据库恢复模式。

【例 9-1】在“查询编辑器”窗口中，使用 ALTER DABASE 语句，先将“teaching”数据库的恢复模式设置为“BULK_LOGGED”模式，然后恢复为默认的“FULL”模式。

Transact-SQL 语句如下。

```
--设置“master”为当前数据库
USE master
GO

--将“teaching”数据库的恢复模式设置为“BULK_LOGGED”模式
ALTER DATABASE teaching SET RECOVERY BULK_LOGGED
GO

--将“teaching”数据库恢复为默认的“FULL”模式
ALTER DATABASE teaching SET RECOVERY FULL
GO
```

9.1.3　数据库的备份策略

备份策略是根据数据库运行的业务特点制定的备份类型的组合。例如对一般的事务性数据库，使用完整备份与差异备份类型的组合，当然还要选择适当的恢复模式。下面提供了几种参考备份策略，主要包括完整备份策略、完整备份与事务日志备份策略、完整备份加差异备份再加事务日志备份策略和文件或文件组备份策略。

1. 完整备份策略

数据库的完整备份策略是指定期执行数据库的完整备份、备份数据只依赖完整备份。例如，定期修改数据的小型数据库，每天下午进行少量的数据修改，可以设置在每天 18:00 进行数据库的完整备份。数据库的完整备份策略适用于以下情况。

（1）如果数据库数据量小，总备份时间是可以接受的。

（2）如果数据库数据仅有很少的变化或数据库是只读的。

注意：使用了“完整恢复模式”的数据库，用户应该定期清除事务日志。如果用户实现了数据库的完整备份策略，数据库被配置使用完整恢复模式或大容量日志恢模式，事务日志会被填充；当事务日志变满，SQL Server 2019 可能阻止数据库活动，直到事务日志被清空。如果用户设置数据库恢复模式为简单恢模式，则这样的问题将会减少。

2. 完整备份与事务日志备份策略

当数据库要求较严格的可恢复性，而由于时间和效率的原因，仅通过使用数据库的完整备份并不可行时，可以考虑使用完整备份与事务日志备份策略。即在数据库完整备份的基础上，增加事务日志备份，以记录全部数据库的活动。

当数据库实现完整备份与事务日志备份策略时，用户应从最近的数据库完整备份开始使用事务日志备份。数据库实现数据和事务日志备份策略一般用于经常进行修改操作的数据库上。

3. 完整备份加差异备份再加事务日志备份策略

完整备份加差异备份再加事务日志备份策略包括执行常规的数据库完整备份和差异备份，并且可以在完整备份和差异备份中间执行事务日志备份。恢复数据库的过程则为首先恢复数据库的完整备份，其次是执行最新一次的差异备份，最后执行最新一次差异备份后的每一个事务日志备份。该策略在日常工作中被经常使用其一般用于以下备份需求的数据库。

（1）数据库变化比较频繁。

（2）备份数据库的时间尽可能地短。

4. 文件或文件组备份策略

文件或文件组备份策略主要包含备份单个文件或文件组的操作，通常这类策略用于备份读写文件组。备份文件和文件组期间，通常要备份事务日志，以保证数据库的可用性。这种策略虽然灵活，但是管理起来比较复杂，SQL Server 2019 不能自动维护文件关系的完整性。文件或文件组策略通常在数据库非常庞大、完整备份耗时太长的情况下使用。

9.2 数据库的备份设备

数据库的备份设备是用来存储数据库、事务日志以及文件和文件组备份的存储介质。在备份数据库之前，必须首先指定或创建备份设备。

9.2.1 备份设备的类型

数据库的备份设备可以是磁盘、磁带或逻辑备份设备。

1. 磁盘备份设备

磁盘备份设备是存储在硬盘或其他磁盘媒体上的文件，与常规操作系统文件一样，可以在服务器的本地磁盘或者共享网络资源的远程磁盘上定义磁盘备份设备。如果磁盘备份设备定义在网络上的远程设备上，则应该使用统一命名方式来引用该文件，例如“\\Servername\Sharename\Path\File”。同定义在服务器本地磁盘上的数据库备份设备一样，远程磁盘备份设备文件必须被设置为可供执行备份操作的人员读、写的安全模式。

注意：

- 如果在备份操作将备份数据追加到媒体集时磁盘文件已满，则备份操作会失败。备份文件的最大大小由磁盘设备上的可用磁盘空间决定，因此，磁盘备份设备的大小决定了备份数据规模的大小。
- 通过网络备份很容易发生故障，所以一定要在规划好备份策略后再进行尝试。
- 用户最好不要将磁盘备份设备定义在存放 SQL Server 2019 数据库的磁盘上，否则一旦发生不可挽回的磁盘介质故障，将永久失去数据和备份信息。

2. 磁带备份设备

磁带备份设备的用法与磁盘备份设备相同，磁带备份设备必须物理连接到 SQL Server 实例运行的计算机上。在使用磁带机时，备份操作可能会写满一个磁带，并继续在另一个磁带上进行。每个磁带包含一个媒体标头。使用的第一个媒体称为“起始磁带”，后续每个磁带称为“延续磁带”，其媒体序列号比前一磁带的媒体序列号大。

将数据备份到磁带备份设备上，需要使用磁带备份设备或者微软操作系统平台支持的磁带驱动器，对于特殊的磁带驱动器，则需要使用驱动器制作商推荐的磁带。

注意：在 SQL Server 的后续版本中将不再支持磁带备份设备。

3．逻辑备份设备

SQL Server 2019 数据库引擎通过物理设备名称和逻辑备份设备名称来识别备份设备。

（1）物理备份设备。物理备份设备是通过操作系统使用的路径名称来识别备份设备的，例如“D:\SQL_Backup*.bak”。

（2）逻辑备份设备。逻辑备份设备是用户给物理备份设备的一个别名，逻辑备份设备的名称保存在 SQL Server 2019 数据库的系统表中。逻辑备份设备的优点是可以简单地使用逻辑备份设备名称而不用给出复杂的物理备份设备路径，例如使用名称 BK_001，而不用给出物理备份设备所在的路径。另外，使用逻辑备份设备也便于用户管理备份信息。

9.2.2　新建备份设备

在使用逻辑备份设备进行数据库备份之前，要保证数据库备份的逻辑备份设备必须存在，否则，需要新建一个用来保存数据库备份的逻辑备份设备。新建备份设备时，需要指定备份设备（逻辑备份设备）对应的操作系统文件名和文件的存放位置（物理备份文件）。

1．使用对象资源管理器新建备份设备

在“对象资源管理器”窗口中，使用菜单命令新建一个名为“bk_teaching”的备份设备，指向“D:\SQL_Backup\bk_teaching.bak”文件，具体操作步骤如下。

（1）启动 SSMS，并连接到数据库服务器实例。

（2）在“对象资源管理器”窗口中，展开“服务器对象”节点。

（3）右击“备份设备”节点，在弹出的快捷菜单中单击“新建备份设备”菜单命令，打开“备份设备”对话框。

（4）设置备份设备的名称为“bk_teaching”，设置目标文件的位置“D:\SQL_Backup\bk_teaching.bak”，如图 9-2 所示。

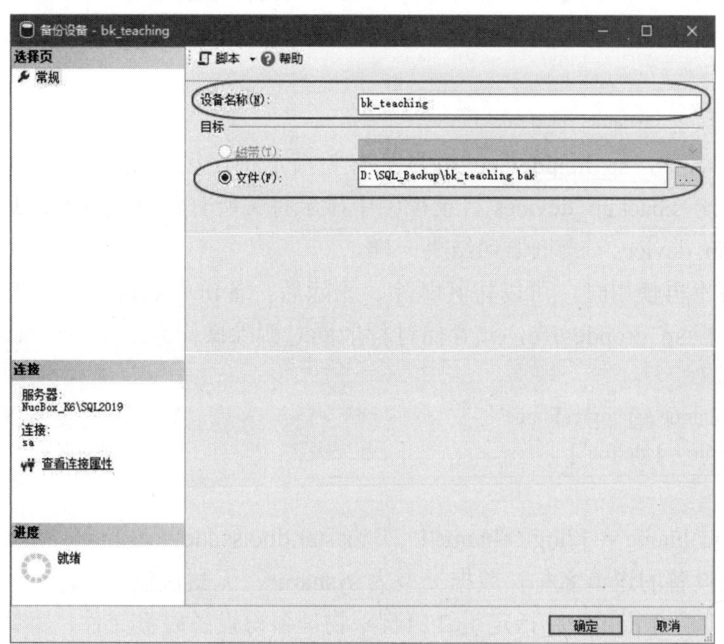

图 9-2　“备份设备”对话框

（5）单击“确定”按钮，完成新建备份设备操作。

技巧：

- 此时，用户可在“对象资源管理器”窗口的“服务器对象”→“备份设备”节点下，查看刚才新建的“bk_teaching”备份设备。右击该备份设备，使用弹出的快捷菜单命令，即可管理和维护该备份设备。
- 创建备份设备后，并不会立即在物理磁盘上创建备份设备文件，之后在该备份设备上执行备份时才会创建。

2. 使用系统存储过程新建、查看和删除备份设备

使用系统存储过程 sp_addumpdevice 来新建或添加备份设备，其语法格式如下。

```
sp_addumpdevice
[ @devtype = ] 'devtype'
, [ @logicalname = ] 'logicalname'
, [ @physicalname = ] 'physicalname'
```

说明：

- [@devtype =] 'device_type'：备份设备的类型，是 varchar(20)数据类型，没有默认值。其中，'disk'表示硬盘文件作为备份设备，'tape'表示 Windows 系统支持的任何磁带设备作为备份设备。
- [@logicalname =] 'logical_name'：在 BACKUP 和 RESTORE 语句中使用的备份设备的逻辑名称。logical_name 的数据类型为 sysname，无默认值，且不能为 NULL。
- [@physicalname =] 'physical_name'：备份设备的物理名称。@physicalname 是 nvarchar(260)数据类型，没有默认值，不能为 NULL。物理名称必须遵循操作系统文件名的命名规则，或网络设备的通用命名约定，并且必须包含完整路径。

使用系统存储过程 sp_helpdevice 可以查看当前服务器上所有备份设备的信息，其语法格式如下。

```
sp_helpdevice [ [ @devname = ] 'name' ]
```

如果指定了名称，sp_helpdevice 将显示有关指定备份设备的信息。如果未指定名称，sp_helpdevice 在 sys.backup_devices 目录视图中显示有关所有备份设备的信息，与“SELECT * FROM sys.backup_devices”查询语句结果一样。

当备份设备不再使用时，可以将其删除，删除后，备份中数据都将丢失。删除备份设备使用系统存储过程 sp_dropdevice，该存储过程能同时删除操作系统文件，其语法格式如下。

```
sp_dropdevice
    [ @logicalname = ] 'logicalname'
    [ , [ @delfile = ] 'delfile' ]
```

说明：

- [@logicalname =] 'logicalname'：在 master.dbo.sysdevices.name 中列出的数据库设备或备份设备的逻辑名称，数据类型为 sysname，无默认值。
- [@delfile =] 'delfile'：指定是否应删除物理备份设备磁盘文件，默认值为 NULL。如果指定为 DELFILE，则会删除物理备份设备磁盘文件。

【例 9-2】在“查询编辑器”窗口中，使用相关系统存储过程，完成如下操作。

（1）新建一个“bk_teaching01”的备份设备，指向“D:\SQL_Backup\bk_teaching01.bak”磁盘文件。

（2）查看“bk_teaching01”备份设备的相关信息。

（3）删除“bk_teaching01”备份设备，并删除“D:\SQL_Backup\bk_teaching01.bak”磁盘文件。

Transact-SQL 语句如下。

```
--设置“master”为当前数据库
USE master
GO

--新建一个“bk_teaching01”的备份设备，指向“D:\SQL_Backup\bk_teaching01.bak”磁盘文件
EXEC sp_addumpdevice 'disk', 'bk_teaching01', 'D:\SQL_Backup\bk_teaching01.bak'
GO

--查看“bk_teaching01”备份设备的相关信息
SELECT * FROM sys.backup_devices
EXEC sp_helpdevice 'bk_teaching01'
GO

--删除“bk_teaching01”备份设备，并删除“D:\SQL_Backup\bk_teaching01.bak”磁盘文件
EXEC sp_dropdevice 'bk_teaching01','delfile'
GO
```

9.3　执行数据库备份

如果希望能在灾难发生的时候将 SQL Server 2019 数据库恢复到可以接受的状态，那么就需要在灾难发生之前经常对数据库进行备份，以保证拥有数据库的可用版本，从而在数据库发生灾难的时候，可以及时得到恢复。

9.3.1　完整备份

完整备份是对数据库中所有的数据进行备份，因此需要较大的存储空间。且完整备份是所有备份策略中都要求完成的基准备份，因为其他所有类型的备份都依赖它。所以要先执行完整备份，之后才可以执行差异备份和事务日志备份。

在“对象资源管理器”窗口中，完整备份“teaching”数据库的具体操作步骤如下。

（1）启动 SSMS，并连接到数据库引擎服务器实例。

（2）在“对象资源管理器”窗口中，展开“数据库”节点。

（3）右击“teaching”数据库，在弹出的快捷菜单中，依次单击“任务”→“备份”菜单命令，打开“备份数据库-teaching”对话框（默认打开“常规”选项页）。

（4）在“源”栏下的“数据库”下拉列表框中，确认选择“teaching”数据库；在“备份

类型”下拉列表框中，确认选择“完整”类型；在“备份组件”中，确认选择“数据库”选项。

（5）在“目标”栏中，指定要备份到的设备，包括“磁盘”和“URL”两种。如果选择“磁盘”，那么可以指定要备份到的文件位置，可以是物理备份设备，也可以是逻辑备份设备。这里，将数据库备份到逻辑备份设备（“bk_teaching”）中，如图 9-3 所示。

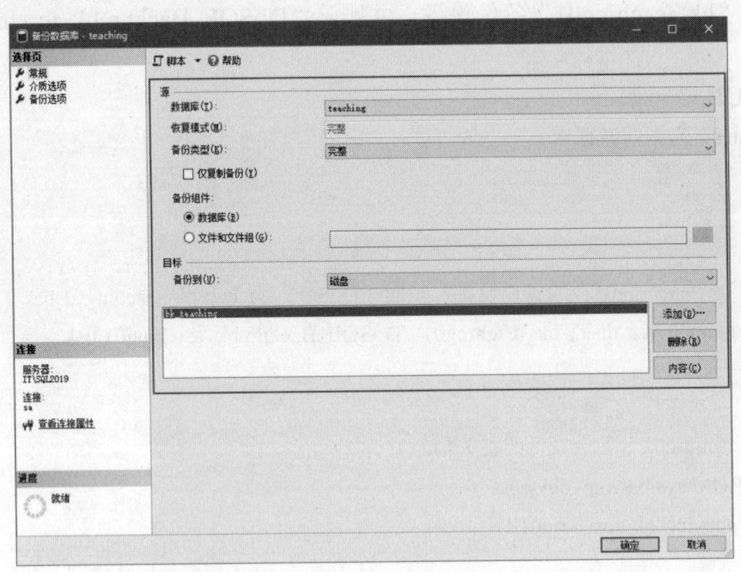

图 9-3　“备份数据库-teaching”对话框

（6）单击“确定”按钮，得到“teaching”数据库的一个完整备份。

技巧：在进行数据库备份时，将磁盘上的文件当作物理备份设备来处理。在备份时，可以向备份设备添加多份备份内容。默认情况下，再次备份的结果不会有冲突，也不会覆盖。如果希望再次备份时直接将以前的备份结果覆盖，可以在备份时切换到“备份数据库”对话框的“介质选项”选项页，选择“覆盖所有现有备份集”选项，如图 9-4 所示。

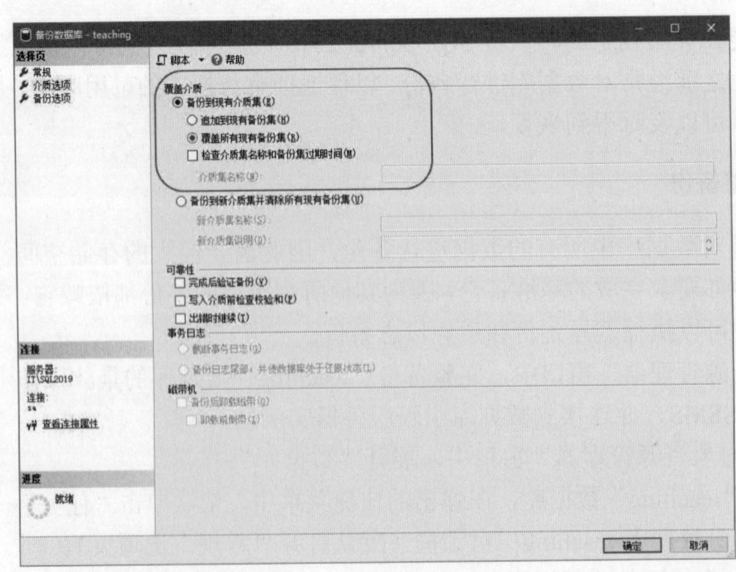

图 9-4　“介质选项”选项页

还可以在“查询设计器”窗口中，使用 BACKUP DATABASE 语句来完成数据库的备份，其语法格式如下。

```
BACKUP DATABASE { database_name }
TO { logical_device_name } | { DISK | TAPE | URL = 'physical_device_name' } [ ,...n ]
[ WITH { DIFFERENTIAL
        | COPY_ONLY
        | DESCRIPTION = { 'text' }
        | NAME = { backup_set_name }
        | { EXPIREDATE = { 'date'   } | RETAINDAYS = { days } }
        | { NOINIT | INIT }
        | { NOSKIP | SKIP }
        | { NOFORMAT | FORMAT } [ ,...n ] }
]
```

说明：

- database_name：指定备份事务日志、部分数据库或完整的数据库时所用的源数据库。
- logical_device_name：指定用于备份操作的逻辑备份设备。
- DISK | TAPE | URL = 'physical_device_name'：指定用于备份操作的物理备份设备。
- DIFFERENTIAL：表示差异备份。
- COPY_ONLY：指定备份类型为“仅复制备份”。
- DESCRIPTION = { 'text' }：指定备份集的自由格式文本。
- NAME = { backup_set_name }：指定备份集的名称。
- { EXPIREDATE = { 'date' }：指定允许覆盖该备份的备份集的日期。
- RETAINDAYS = { days }：指定必须经过多少天才可以覆盖该备份介质集。
- { NOINIT | INIT }：控制备份操作是追加到介质中最新的备份集还是覆盖介质中现有的备份集，默认为追加到介质中最新的备份集（NOINIT）。
- { NOSKIP | SKIP }：控制备份操作是否在覆盖介质中的备份集之前检查它们的过期日期和时间，默认为要检查（NOSKIP）。
- { NOFORMAT | FORMAT }：指定是否应该在用于此备份操作的卷上写入介质标头，以覆盖任何现有的介质标头和备份集，默认为不覆盖（NOFORMAT）。

【例 9-3】 在“查询编辑器”窗口中，使用 BACKUP DATABASE 语句完成以下操作。

（1）将“teaching”数据库完整备份到“D:\teaching\teaching.bak”物理备份设备中。

（2）将“teaching”数据库完整备份到“bk_teaching”逻辑备份设备中，并覆盖该备份介质。

Transact-SQL 语句如下。

```
--设置“master”为当前数据库
USE master
GO

--将数据库完整备份到“D:\teaching\teaching.bak”物理备份设备中
BACKUP DATABASE teaching
TO DISK ='D:\teaching\teaching.bak'
GO
```

```
--将数据库完整备份到“bk_teaching”逻辑备份设备中，并覆盖该备份介质
BACKUP DATABASE teaching
TO bk_teaching
WITH INIT
GO
```

9.3.2 差异备份

在数据库的完整备份中，数据库中的所有内容都被备份到备份文件中。如果数据库的容量非常大，那么完整备份所需要的时间将会很长，这将影响到数据库的正常使用。而差异备份刚好解决了这个问题，因为差异备份仅记录自上次完整备份后更改过的数据。因此，它比数据库完整备份要小，备份时间也更短，可以简化频繁的备份操作，减少备份数据库时所占用的系统资源。

要在“对象资源管理器”窗口中，进行差异备份。只需在“备份数据库”对话框的“常规”选项页的“备份类型”列表框中选择“差异”类型即可。

注意：

- 差异备份基于最近的一次完整备份，而不是基于上一次的差异备份。因此，只需要指定最近一次的差异备份文件和最近一次的完整备份，就可以进行还原操作。
- 用户可以查看“bk_teaching”逻辑备份设备里的内容，如图 9-5 所示。

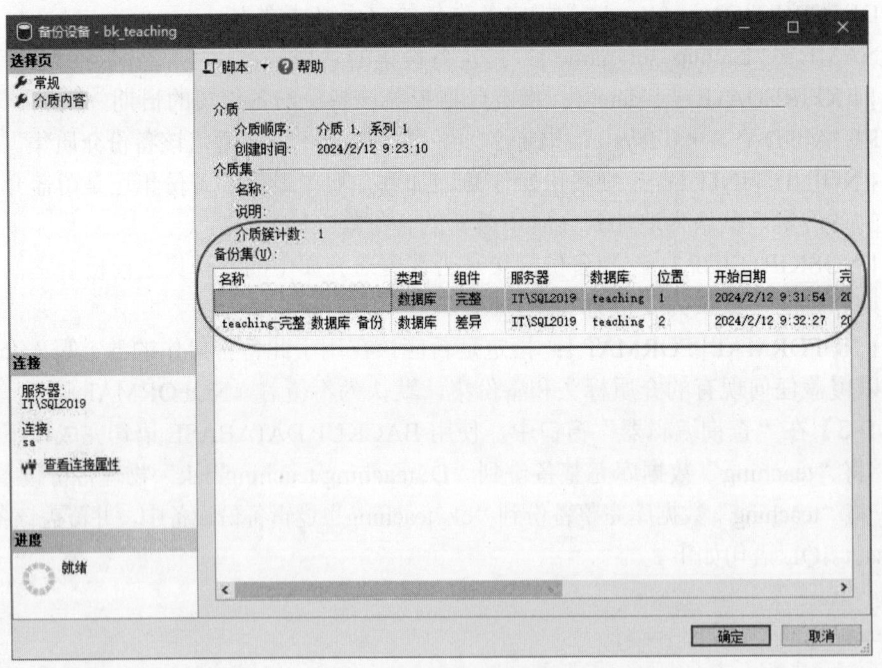

图 9-5 “bk_teaching”逻辑备份设备里的内容

同样可以在“查询编辑器”窗口中，使用 BACKUP DATABASE 语句来完成数据库的差异备份。

【例 9-4】在“查询编辑器”窗口中，使用 BACKUP DATABASE 语句完成以下操作。

（1）将“teaching”数据库差异备份到“D:\teaching\teaching.bak”物理备份设备中。

（2）将“teaching”数据库差异备份到“bk_teaching”逻辑备份设备中。

Transact-SQL 语句如下。

```
--设置“master”为当前数据库
USE master
GO

--将数据库差异备份到“D:\teaching\teaching.bak”物理备份设备中
BACKUP DATABASE teaching
TO DISK ='D:\teaching\teaching.bak'
WITH DIFFERENTIAL
GO

--将数据库差异备份到“bk_teaching”逻辑备份设备中
BACKUP DATABASE teaching
TO bk_teaching
WITH DIFFERENTIAL
GO
```

技巧：通过使用 WITH DIFFERENTIAL 参数指定对数据库进行差异备份。

9.3.3　事务日志备份

前面介绍的完整备份和差异备份主要是对数据库中的数据进行备份。除此之外，还可以对数据库中的日志信息进行备份，使用这些日志信息也可以恢复数据库。而且备份日志信息较备份数据具有更高的效率，可以节省更多的存储空间。

事务日志备份简称为日志备份，备份内容包括创建备份时处于活动状态的部分事务日志，以及先前日志备份中未备份的所有日志记录。日志备份只能在完整恢复模式或大容量日志恢复模式下完成，因为在简单恢复模式下，数据库的日志记录是不完整的。

日志备份也是依赖最近的一次数据库完整备份。这一点与数据库差异备份很相似，但它们之间存在本质上的区别：每一次日志备份都是对上一次日志备份之后的所有操作进行备份（备份操作记录，而不是数据本身），而数据库的差异备份则是对上一次数据库完整备份以后更改的所有数据进行备份（对数据本身进行备份）。

要在“对象资源管理器”窗口中，进行事务日志备份，只需在“备份数据库”对话框“常规”选项页的“备份类型”列表中选择“事务日志”类型即可。

同样可以在“查询编辑器”窗口中，使用 BACKUP LOG 语句来完成数据库的日志备份。其语法格式如下。

```
[ WITH { NORECOVERY | STANDBY = undo_file_name } | NO_TRUNCATE [ ,...n ] ]
```

说明：

- NORECOVERY：备份日志的尾部并使数据库处于 RESTORING 状态。当将故障转移到辅助数据库或在执行 RESTORE 操作前保存日志尾部时，NORECOVERY 很有用。若要执行最大程度的日志备份（跳过日志截断）并自动将数据库置于 RESTORING 状态，请同时使用 NO_TRUNCATE 选项和 NORECOVERY 选项。

- STANDBY=standby_file_name：备份日志的尾部并使数据库处于只读和 STANDBY 状态。使用 STANDBY 参数等同于 BACKUP LOG WITH NORECOVERY 语句后跟 RESTORE WITH STANDBY 事句。
- NO_TRUNCATE：指定事务日志不应被截断，并使数据库引擎尝试执行备份，而不考虑数据库的状态。因此，使用 NO_TRUNCATE 参数时执行的备份可能具有不完整的元数据。该选项允许在数据库损坏时备份事务日志。

【例 9-5】在“查询编辑器”窗口中，使用 BACKUP LOG 语句将“teaching”数据库日志备份到逻辑备份设备“bk_teaching”中。

Transact-SQL 语句如下（建议至少间隔执行 2 次代码）。

```
--设置“master”为当前数据库
USE master
GO

--将“teaching”数据库事务日志备份到逻辑备份设备“bk_teaching”中
BACKUP LOG teaching
TO bk_teaching
GO
```

9.3.4 尾日志备份

尾日志备份备份尚未备份的任何日志记录（日志尾部），以防工作丢失并确保日志链完好无损。在将 SQL Server 数据库恢复到其最近一个时间点之前，必须先备份数据库的事务日志。尾日志备份是数据库恢复计划中相关的最后一个备份。

并非所有还原方案都要求执行尾日志备份。如果恢复点包含在较早的日志备份中，则无须执行尾日志备份。如果准备移动或替换（覆盖）数据库，并且在最新备份后不需要将该数据库还原到某一时间点，则也不需要执行尾日志备份。

需要执行尾日志备份的场景如下。

（1）如果数据库处于联机状态并且计划对数据库执行还原操作，则执行尾日志备份。为避免联机数据库出错，必须使用 BACKUP LOG 语句的 WITH NORECOVERY 选项。

（2）如果数据库处于脱机状态而无法启动，需要还原数据库，则执行尾日志备份。由于此时不会发生任何事务，因此选择使用 WITH NO_TRUNCATE 选项，NO_TRUNCATE 的作用实际上与仅复制事务日志备份相同。由于此时不会发生任何事务，因此也可以选择使用 WITH NORECOVERY 选项。

（3）如果数据库损坏，尝试使用 WITH CONTINUE_AFTER_ERROR 选项执行尾日志备份。但此时尾部日志备份中正常捕获的部分元数据可能不可用。

注意：

- 对于损坏的数据库，仅当日志文件未受损、数据库处于支持尾日志备份的状态并且数据库不包含任何大容量日志更改时，尾日志备份才会成功。如果无法执行尾日志备份，则最新日志备份后提交的任何事务都将丢失。
- 如果打算对数据库继续执行还原操作，使用 NORECOVERY 选项使数据库进入还原状态。此步骤确保数据库在执行尾日志备份后不会发生更改。除非同时指定 NO_TRUNCATE 或 COPY_ONLY 选项，否则将截断日志。

- 除非数据库受损或脱机，否则不建议使用 NO_TRUNCATE 选项。在使用 NORECOVERY 选项执行还原之前，可能需要将数据库设置为单用户模式以获得独占访问权限。还原后再将数据库重新设置为多用户模式。

尾日志备份其本质上还是日志备份。要在“对象资源管理器”窗口中进行尾日志备份，只需在“备份数据库”对话框“常规”选项页的“备份类型”列表框中选择“事务日志”类型，然后在“介质选项”选项页中的“事务日志”部分，选择“备份日志尾部，并使数据库处于还原状态”选项即可，如图 9-6 所示。

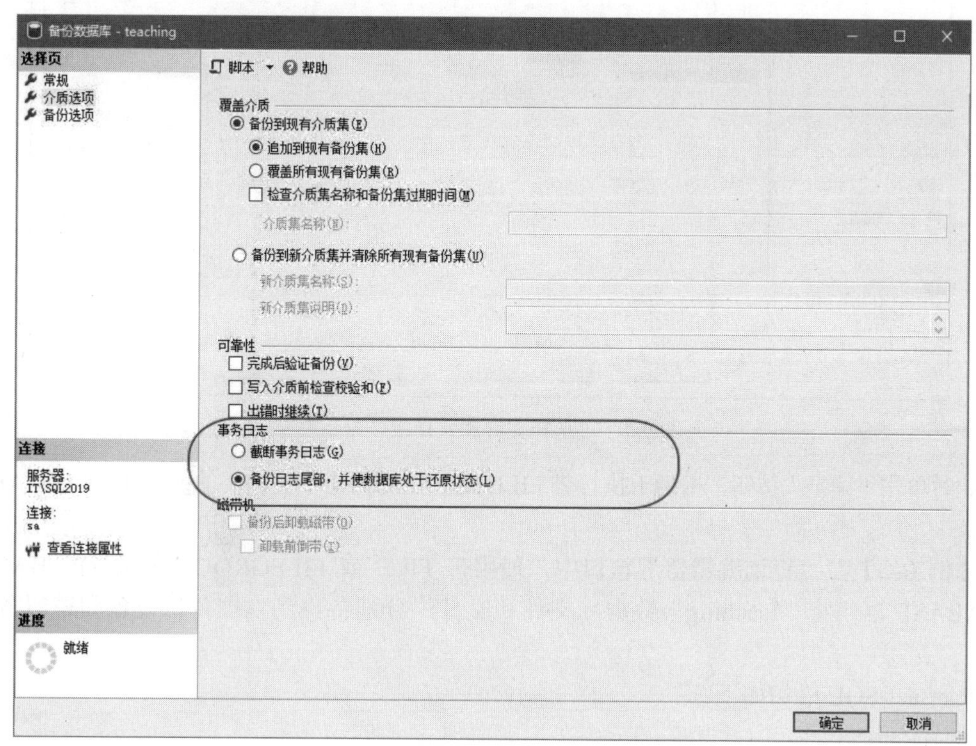

图 9-6　“介质选项”选项页

此时单击“确定”按钮，相当于执行以下 BACKUP LOG 语句。

```
BACKUP LOG teaching TO bk_teaching WITH NORECOVERY
```

注意：在查看备份设备里的内容或者数据库还原时的“还原数据库”对话框中，均将尾日志备份的类型显示为“事务日志（仅备份）”。

9.3.5　文件和文件组备份

当数据库大小和性能要求使执行完整数据库备份显得不切实际时，则可以执行文件和文件组备份。文件和文件组备份包含一个或多个文件（或文件组）中的所有数据。

要在“对象资源管理器”窗口中进行文件和文件组备份，只需在“备份数据库”对话框“常规”选项页的“备份组件”列表框中选择“文件和文件组”选项，打开“选择文件和文件组”对话框，选择要备份的文件和文件组即可，如图 9-7 所示。此时，可以选择一个或多个文件，也可以勾选文件组复选框，从而自动选择该文件组中的所有文件。

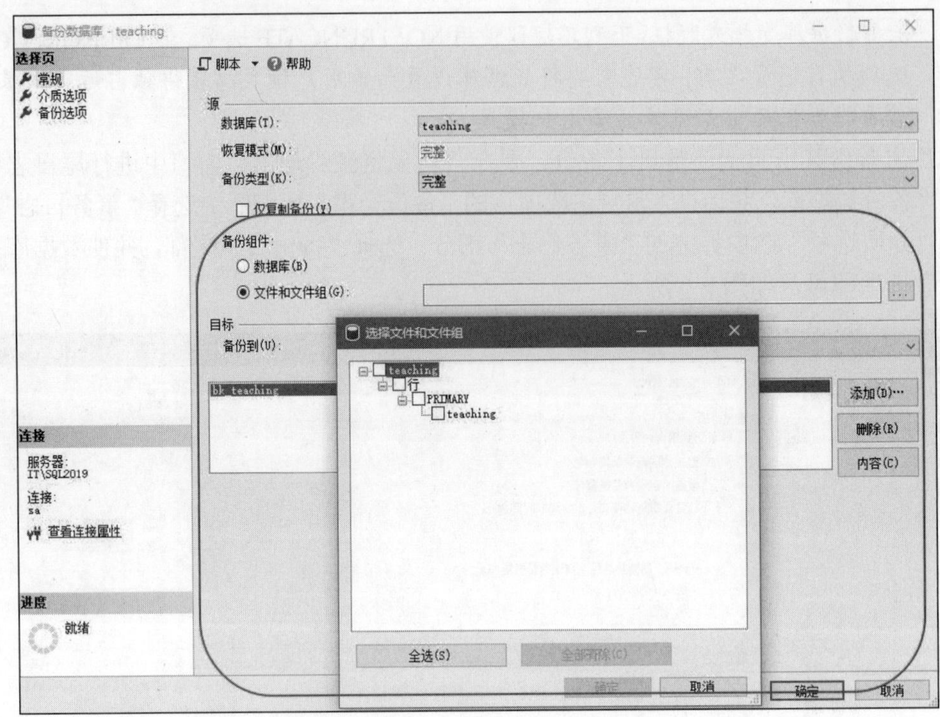

图 9-7 “选择文件和文件组”对话框

此时单击“确定”按钮，相当于执行带 FILE 或 FILEGROUP 关键字的 BACKUP DATABASE 语句。

【例 9-6】在“查询编辑器”窗口中，使用带 FILE 或 FILEGROUP 关键字的 BACKUP DATABASE 语句将“teaching”数据库文件和文件组分别备份到物理备份设备和逻辑备份设备中。

Transact-SQL 语句如下。

```
--设置“master”为当前数据库
USE master
GO

--将“teaching”数据库文件和文件组备份到物理备份设备中
BACKUP DATABASE teaching
FILE ='teaching',
FILEGROUP ='PRIMARY'
TO DISK ='D:\teaching\teaching.bak'
GO

--将“teaching”数据库文件和文件组备份到逻辑备份设备中
BACKUP DATABASE teaching
FILE ='teaching',
FILEGROUP ='PRIMARY'
TO bk_teaching
GO
```

注意：在完整恢复模式下，还必须备份事务日志。若要使用一整套文件的完整备份还原数据库，还必须拥有足够的日志备份，以便涵盖从第一个文件备份开始的所有文件备份。

9.3.6　备份验证与校验

在“对象资源管理器”窗口中，如果需要对备份进行验证和校验，只需在“备份数据库”对话框“介质选项”选项页“可靠性”选项组中选择“写入介质前检查校验和”项即可，如图 9-8 所示。

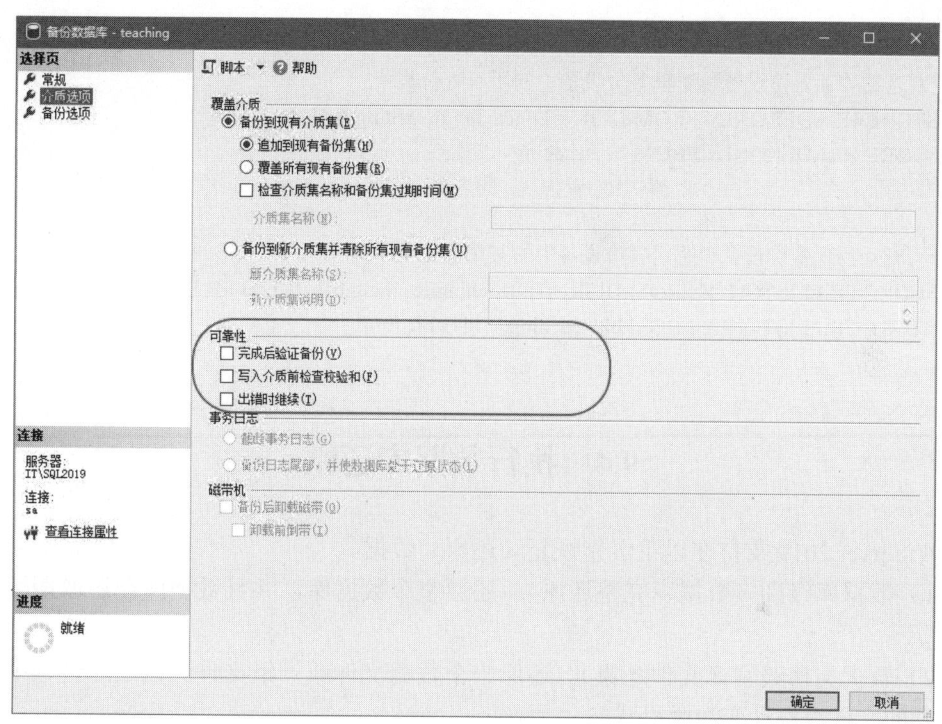

图 9-8　备份的“可靠性”选项组

此时选择“写入介质前检查校验和”选项，相当于在 BACKUP 语句中指定 WITH CHECKSUM 选项。若要禁用备份校验和，则可以 BACKUP 语句中指定 WITH NO_CHECKSUM 选项。

技巧：在数据库相关备份完成后，可以通过以下语句来对备份进行校验和查看。

- RESTORE VERIFYONLY FROM <backup_device> [,...n]。验证备份但不还原备份，检查备份集是否完整以及整个备份是否可读，其目标是尽可能接近实际的还原操作。
- RESTORE HEADERONLY FROM <backup_device>。返回包含 SQL Server 中特定备份设备上所有备份集的所有备份标头信息的结果集。
- RESTORE FILELISTONLY FROM <backup_device>。返回 SQL Server 中的备份集内包含的数据库和日志文件列表组成的结果集。

【例 9-7】在“查询编辑器”窗口中，使用 RESTORE 语句完成如下操作。

（1）分别对物理备份设备和逻辑备份设备进行校验。

（2）分别查看物理备份设备和逻辑备份设备中的所有备份集。

（3）分别查看物理备份设备和逻辑备份设备中的某个备份集。

Transact-SQL 语句如下。

```
--设置“master”为当前数据库
USE master
GO

--分别对物理备份设备和逻辑备份设备进行校验
RESTORE VERIFYONLY FROM DISK ='D:\teaching\teaching.bak'
RESTORE VERIFYONLY FROM bk_teaching
GO

--分别查看物理备份设备和逻辑备份设备中的所有备份集
RESTORE HEADERONLY FROM DISK ='D:\teaching\teaching.bak'
RESTORE HEADERONLY FROM bk_teaching
GO

--分别查看物理备份设备和逻辑备份设备中的某个备份集
RESTORE FILELISTONLY FROM DISK ='D:\teaching\teaching.bak' WITH FILE=2
RESTORE FILELISTONLY FROM bk_teaching WITH FILE=4
GO
```

9.4 执行数据库还原

SQL Server 2019 支持在以下级别恢复（还原）数据。

（1）数据库级别（数据库完整还原）。还原整个数据库，并且数据库在还原期间处于脱机状态。

（2）数据文件级别（文件还原）。还原一个数据文件或一组文件。在还原过程中，包含相应文件的文件组自动变为脱机状态。

9.4.1 数据库还原的顺序

还原数据库必须要按照一定的顺序执行，具体如下。

（1）在还原数据库之前，如果数据库的日志文件没有损坏，则为了尽可能减少数据的丢失，可在还原之前对数据库进行一次尾日志备份，这样可以将数据的损失减少到最低。

（2）还原最新的完整数据库备份而不还原数据库（即数据库仍处于还原状态，相当于在 RESTORE DATABASE 语句中使用 WITH NORECOVERY 选项）。

（3）如果存在差异备份，则还原最新的差异备份而不还原数据库（相当于在 RESTORE DATABASE 语句中使用 WITH NORECOVERY 选项）。

（4）从最后一次还原备份后创建的第一个事务日志备份开始，使用 WITH NORECOVERY 选项依次还原事务日志备份（包括尾日志备份）。

（5）还原数据库（相当于在 RESTORE DATABASE 语句中使用 WITH RECOVERY 选项）。此步骤也可以与还原上一次事务日志备份结合使用。

例如针对某个数据库的备份操作序列，见表 9-3。

表 9-3　数据库的备份操作序列

序号	时间	事件
1	8:00	进行完整数据库备份 1
2	12:00	进行事务日志备份 1
3	16:00	进行事务日志备份 2
4	18:00	进行完整数据库备份 2
5	20:00	进行事务日志备份 3
6	22:45	出现故障

如果要将数据库还原到 22:45（故障点），可以使用以下两种备选过程。

（1）备选过程 1。使用最新的完整数据库备份还原数据库。如果 18:00 进行的完整数据库备份可以正常使用，则可选择此备选过程。

实现过程为①进行尾日志备份；②还原 18:00 进行的完整数据库备份；③还原 20:00 进行的日志备份；④还原尾日志备份。

（2）备选过程 2。使用较早的完整数据库备份还原数据库。如果出现某些问题，使 18:00 进行的完整数据库备份无法使用，则可选择此备选过程，但此过程比使用 18:00 的完整数据库备份还原所需的时间长。

实现过程为①进行尾日志备份；②还原 8:00 进行的完整数据库备份；③按顺序依次还原 12:00、16:00 和 20:00 所进行的事务日志备份；④还原尾日志备份。

技巧：备选过程 2 的还原过程说明了数据库备份冗余的安全性，该安全性通过维护一系列完整数据库备份后的事务日志备份来获得。

9.4.2　使用图形化方法还原数据库

在“对象资源管理器”窗口中，使用“bk_teaching”备份设备中的备份集完整还原“teaching”数据库的具体操作步骤如下。

（1）启动 SSMS，并连接到数据库服务器实例。

（2）在“对象资源管理器”窗口中，右击“数据库”节点，在弹出的快捷菜单中，单击“还原数据库”菜单命令，打开“还原数据库”对话框。

（3）在默认打开的“常规”选项页中。

在“源”部分，指定要还原的备份集的源和位置（可以是数据库或设备）。这里选择“设备”并找到“bk_teaching”备份设备（也可以在“备份介质类型”下拉列表框中选择“文件”和“URL”项，使用物理备份设备）。

在“目标”部分，“数据库”文本框自动填充要还原的数据库的名称“teaching”，若要更改数据库名称，在“数据库”文本框中输入新名称即可；“还原到”文本框保留默认选项“上次执行的备份”，若要更改，可以单击“时间线”按钮打开“备份时间线”对话框以手动选择要停止恢复操作的时间点。

在“还原计划”部分的“要还原的备份集”网格中，选择要还原的备份。此网格将显示对于指定位置可用的备份。默认情况下，系统会推荐一个还原计划。若要覆盖建议的还原计划，可以勾选备份集中的具体文件以更改网格中的选择。当取消选择某个早期备份时，将自动取消选择那些需要还原该早期备份才能进行的备份。此处保留默认设置。

设置好后的界面如图 9-9 所示。

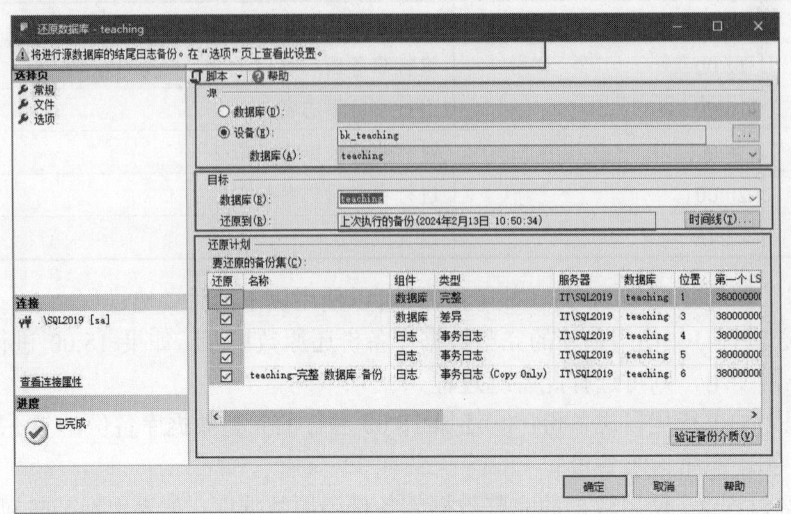

图 9-9 窗口“常规”选项页

（4）单击“确定”按钮，即可完成数据库的还原操作。

注意：由于此时的“teaching”数据库是正常的，其日志文件未损坏。故在“还原数据库”对话框顶部有“将进行源数据库的结尾日志备份”的提示，表示本次还原过程将包含尾日志的备份和还原操作。

技巧：此外，用户还可以通过“还原数据库”对话框中的“文件”和“选项”选项页，完成更多设置。

- 在“文件”选项页“将数据库文件还原为”网格中，勾选“将所有文件重新定位到文件夹”复选框，以指定新的数据文件和日志文件所保存的位置，如图 9-10 所示。如果指定的存放数据文件或日志文件的文件夹不存在，将无法成功还原数据库。

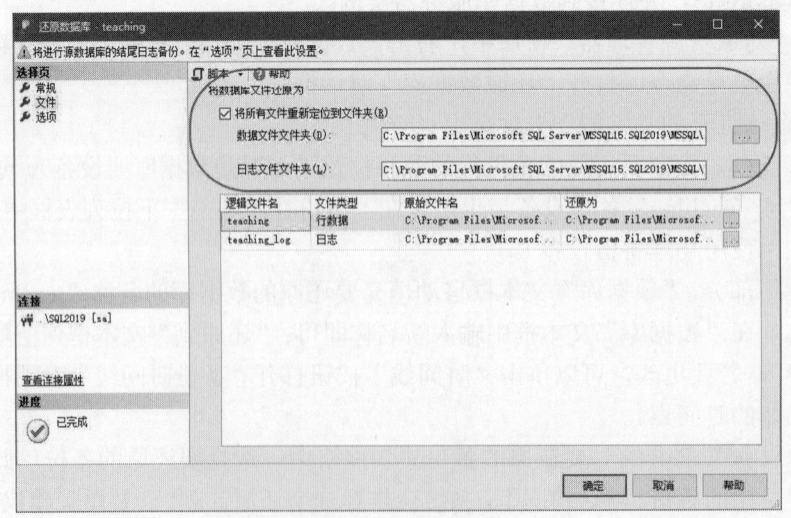

图 9-10 “文件”选项页

- 在“选项”选项页中，可以设置还原选项、恢复状态、结尾日志备份、是否关闭服务器连接和是否在还原每个备份前提示等，如图 9-11 所示。例如，如果要还原的数据库已经存在，则可在选项页中勾选“覆盖现有数据库”复选框，这相当于在 RESTORE DATABASE 语句中使用 WITH REPLACE 关键字。

图 9-11　“选项”选项页

9.4.3　使用 Transact-SQL 语句还原数据库

在“查询管理器”窗口中，可以使用 RESTORE DATABASE 语句和 RESTORE LOG 语句还原数据库和事务日志，其语法格式如下。

```
RESTORE DATABASE | LOG { database_name }
[ FROM <backup_device> [ ,...n ] ]
[ WITH
  { [ FILE = backup_set_file_number
    | [ RECOVERY | NORECOVERY | STANDBY = standby_file_name ]
    | MOVE 'logical_file_name_in_backup' TO 'operating_system_file_name' [ ,...n ]
    | REPLACE
    | RESTART
    | RESTRICTED_USER
    | STOPAT = 'datetime' [ ,...n ] ] }
```

说明：

- FILE=backup_set_file_number：标识要还原的备份集。例如，backup_set_file_number 为 1，指示备份介质中的第一个备份集；backup_set_file_number 为 2，指示备份介质中的第二个备份集。可以通过使用 RESTORE HEADERONLY 语句来获取备份集的 backup_set_file_ number。未指定时，默认值是 1，但对 RESTORE HEADERONLY 语句例外，因为它会处理介质集中的所有备份集。

- RECOVERY：指示还原操作回滚任何未提交的事务。在恢复进程后即可随时使用数据库。如果既没有指定 NORECOVERY 选项和 RECOVERY 选项，也没有指定 STANDBY 选项，则默认为 RECOVERY 选项。
- NORECOVERY：指定还原操作不回滚任何未提交的事务，数据库处于不可用状态，但可以对后续的备份继续进行还原操作。
- STANDBY=standby_file_name：指定一个允许撤销恢复效果的备用文件。STANDBY 选项可以用于脱机还原（包括部分还原），但不能用于联机还原。standby_file_name 指定了一个备用文件，其存储在数据库的日志中。如果某个现有文件使用了指定的名称，则该文件将被覆盖，否则数据库引擎会创建该文件。
- MOVE 'logical_file_name_in_backup' TO 'operating_system_file_name' [, ...n]：说明由 logical_file_name_in_backup 逻辑名称指定的数据或日志文件，将被还原到由 operating_system_file_name 指定的位置。创建备份集时，备份集中的数据或日志文件的逻辑文件名与其在数据库中的逻辑名称匹配。
- REPLACE：指定即使存在另一个具有相同名称的数据库，SQL Server 也应该创建指定的数据库及其相关文件。在这种情况下系统将删除现有的数据库。如果不指定 REPLACE 选项，则系统会执行安全检查。这样可以防止意外覆盖其他数据库。
- RESTART：指定 SQL Server 应从中断点重新启动被中断的还原操作。
- RESTRICTED_USER：限制只有 db_owner、dbcreator 或 sysadmin 角色的成员才能访问新还原的数据库。
- STOPAT='datetime'：指定将数据库还原到它在 datetime 参数指定的日期和时间时的状态。

【例 9-8】 使用“bk_teaching”备份设备中的备份集（图 9-12），在“查询编辑器”窗口中，使用 RESTORE DATABASE 语句和 RESTORE LOG 语句完成如下操作。

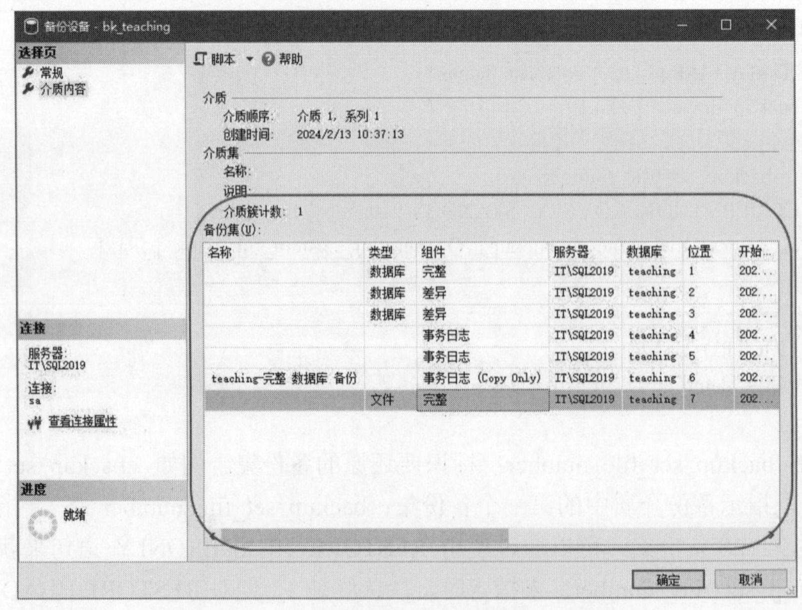

图 9-12 “bk_teaching”备份设备中的备份集

（1）将“teaching”数据库还原到最开始的完整备份后的状态。

（2）将“teaching”数据库还原到第 2 次差异备份后的状态。

（3）将“teaching”数据库还原到第 2 次事务日志备份后的状态。

Transact-SQL 语句如下。

```
--设置“master”为当前数据库
USE master
GO

--将“teaching”数据库还原到最开始的完整备份后的状态
RESTORE DATABASE teaching FROM bk_teaching WITH FILE=1, REPLACE
PRINT '结果 1：已经将“teaching”数据库还原到最开始的完整备份后的状态。'
GO

--将“teaching”数据库还原到第 2 次差异备份后的状态
DROP DATABASE IF EXISTS teaching
RESTORE DATABASE teaching FROM bk_teaching WITH FILE=1, NORECOVERY
RESTORE DATABASE teaching FROM bk_teaching WITH FILE=3, NORECOVERY
RESTORE DATABASE teaching WITH RECOVERY
PRINT '结果 2：已经将“teaching”数据库还原到第 2 次差异备份后的状态。'
GO

--将“teaching”数据库还原到第 2 次事务日志备份后的状态
BACKUP LOG teaching TO DISK='D:\SQL_Backup\bk_teaching_log.bak' WITH NORECOVERY
RESTORE DATABASE teaching FROM bk_teaching WITH FILE=1, NORECOVERY
RESTORE DATABASE teaching FROM bk_teaching WITH FILE=3, NORECOVERY
RESTORE LOG teaching FROM bk_teaching WITH FILE=4, NORECOVERY
RESTORE LOG teaching FROM bk_teaching WITH FILE=5, RECOVERY
PRINT '结果 3：已经将“teaching”数据库还原到第 2 次事务日志备份后的状态。'
GO
```

技巧：当要还原的数据库存在并且其日志文件未被破坏的情况下，直接使用 RESTORE DATABASE 语句还原数据库时，会因为尚未备份数据库的日志尾部而报错不能正确执行。如果该日志包含不希望丢失的工作，建议先使用 BACKUP LOG WITH NORECOVERY 语句备份该日志。在确保该尾部日志不再被需要的情况下也可以使用 RESTORE 语句的 WITH REPLACE 子句或 WITH STOPAT 子句来覆盖该日志的内容或者直接先删除该数据库然后再恢复该数据库。

9.5　实战训练

任务描述：

对于一个投入运行的数据库应用系统，数据库备份是一项重要的工作。备份数据时需要占用机器资源和 CPU 时间，因而会降低系统的运行效率，同时备份的数据会占用磁盘空间。因此，如果备份频率过高，会影响系统的正常运行效率、耗费大量的空间资源；如果备份频率太低，丢失数据的风险就比较大。设计一个有效的备份计划，不是一件容易的事情。一般来说，实时性强的重要数据，如银行数据等，一般需要有较高的备份频率；如果是历史性数据，如交易数据，则需要的备份频率比较低，甚至不需要备份。

请根据实际需求对“sale”数据库进行备份与恢复操作。

解决思路：

在“对象资源管理器”窗口中使用菜单命令或者在“查询编辑器”窗口中编写 Transact-SQL 语句将“sale”数据库进行完整备份、差异备份和事务日志备份，并完成还原工作，其中备份设备为“bk_sale”。

（1）制作备份方案表。对于一个需要备份的数据库系统而言，有些备份操作是带有共性规律的，可为其制定系统备份计划提供参考。比如，完整备份的频率应最低，而且大多选择在节假日、周末、凌晨进行，因为这时系统处于空闲状态的几率比较高。其次是差异备份，它备份的数据量较完整备份少得多，因此频率可以高一些。频率最高的是日志备份，它备份的是用户对数据进行操作的信息，因而其执行时间和耗费的存储空间都相对少一些。

请设计一种备份策略并填写在表 9-4 中，填写时不一定全部都填满，根据自身情况有理有据说明原因即可。

表 9-4 “sale”数据库备份方案表（样表）

序号	备份方式	时间和原因说明
1		
2		
3		
4		
5		
…		

（2）创建自动备份维护计划。数据管理员发现手工备份并不能满足实际工作的需求，需要在 SQL Server 2019 中创建自动备份维护计划。要求只保留 90 天的备份数据，到截止时间后系统会自动删除过期的备份数据。

从实现定期备份的技术层面看，需要借助一种机制来定期执行备份代码。在 SQL Server 2019 中，SQL Server 代理可提供了这样的一种机制，它可以定期执行 SQL 代码或存储过程，其最小执行时间间隔是 1 小时，也可以指定每天在某一个时间点执行。

参考备份方案见表 9-5。

表 9-5 “sale”数据库自动备份参考方案

序号	备份方式	时间和原因说明
1	完整备份	每个月的第一天，1:00
2	差异备份	每周的星期日，2:00
3	日志备份	每周的星期一至星期五的 8:00—22:00，每隔 2 小时备份一次

提示：使用 SQL Server 代理服务创建自动备份维护计划的步骤如下。

- 首先，在“对象资源管理器”窗口中，右击“SQL Server 代理（已禁用代理 xp）”节点，在弹出的快捷菜单中单击“启动”菜单命令，启动代理服务。或者在“SQL Server 2019 配置管理器”窗口“SQL Server 服务”节点中，启动“SQL Server 代理”服务。
- 然后，在“对象资源管理器”窗口中，展开服务器节点下的“管理”节点，右击“维护计划”，在弹出的快捷菜单中单击“维护计划向导”菜单命令，打开“维护计划”向导界面。
- 最后，使用向导工具逐步完成自动备份方案设置即可。

附录 A “teaching”数据库表结构及关系图

“teaching”数据库表结构及关系图见附表 A-1～附表 A-4。

附表 A-1 “student”表结构

序号	字段名	类型	允许为空	中文含义	备注
1	sno	nchar(10)	NOT NULL	学号	主键
2	sname	nvarchar(50)	NOT NULL	姓名	
3	sex	nchar(1)	NOT NULL	性别	只能是男/女；默认为男
4	birthday	date	NOT NULL	出生日期	
5	dept	nvarchar(50)	NOT NULL	所在学院	
6	major	nvarchar(50)	NOT NULL	所学专业	
7	tel	nvarchar(50)	NOT NULL	手机号码	唯一键
8	email	nvarchar(50)	NULL	电子邮箱	

附表 A-2 “course”表结构

序号	字段名	类型	允许为空	中文含义	备注
1	cno	nchar(3)	NOT NULL	课程代码	主键
2	cname	nvarchar(50)	NOT NULL	课程名称	
3	credit	int	NOT NULL	学分数	检查约束≥1 而且≤10
4	type	nvarchar(50)	NOT NULL	课程类型	只能为必修/限选/任选

附表 A-3 “teacher”表结构

序号	字段名	类型	允许为空	中文含义	备注
1	tno	nchar(6)	NOT NULL	教师工号	主键
2	tname	nvarchar(50)	NOT NULL	姓名	
3	sex	nchar(2)	NOT NULL	性别	男/女
4	birthday	date	NOT NULL	出生日期	
5	prot	nvarchar(50)	NULL	职称	若不为空，则只能是助教/讲师/副教授/教授
6	dept	nvarchar(50)	NOT NULL	所在学院	
7	tel	nchar(50)	NOT NULL	手机号码	唯一键
8	email	nvarchar(50)	NULL	电子邮箱	

附表 A-4 “score”表结构

序号	字段名	类型	允许为空	中文含义	备注
1	sno	nchar(10)	NOT NULL	学号	外键，主键
2	cno	nchar(3)	NOT NULL	课程代码	外键，主键
3	tno	nchar(6)	NOT NULL	教师工号	外键，主键
4	score1	decimal(6,2)	NULL	平时成绩	若不为空，则检查约束≥0 且≤100
5	score2	decimal(6,2)	NULL	期末成绩	若不为空，则检查约束≥0 且≤100
6	score3	decimal(6,2)	NULL	补考成绩	若不为空，则检查约束≥0 且≤100
7	score4	decimal(6,2)	NULL	重修成绩	若不为空，则检查约束≥0 且≤100
8	scoreall	decimal(6,2)	NULL	总评成绩	若不为空，则检查约束≥0 且≤100
9	remarks	nchar(50)	NULL	备注信息	若不为空，则只能为缺考/作弊/缓考/其他
10	logtime	datetime	NOT NULL	录入时间	默认为当前日期和时间

“teaching”数据库关系图如附图 A-1 所示。

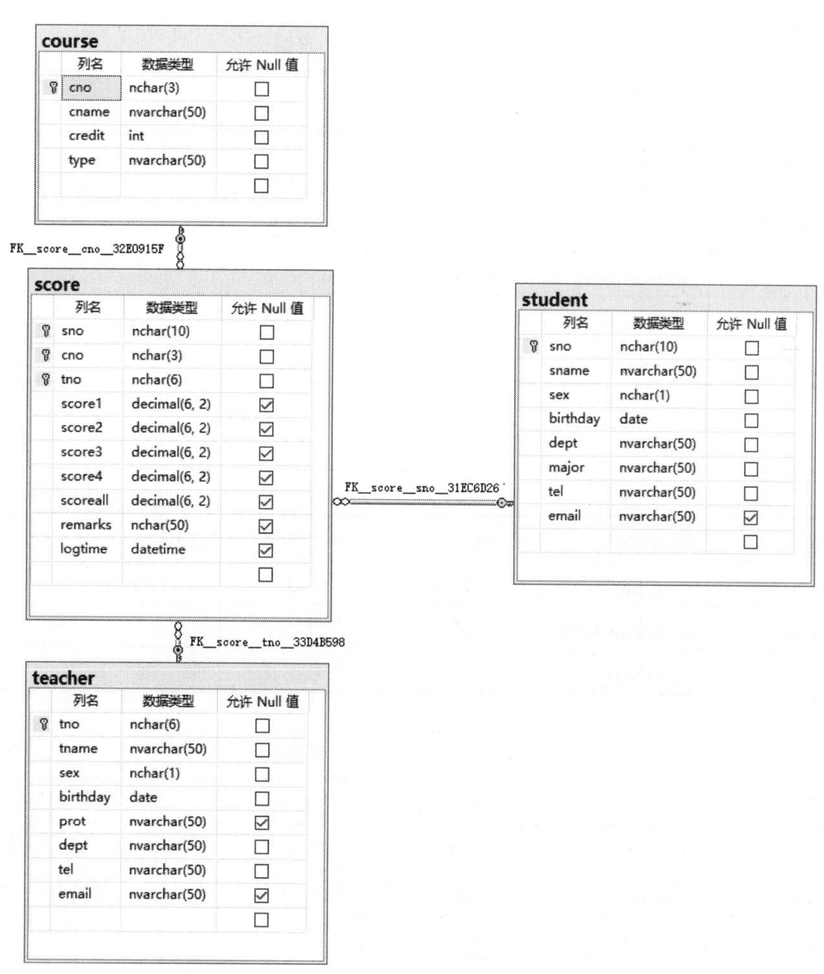

附图 A-1 “teaching”数据库关系图

附录 B “sale”数据库表结构及关系图

“sale”数据库表结构及关系图见附表 B-1～附表 B-6。

附表 B-1 “vendors”表结构

序号	字段名	类型	允许为空	中文含义	备注
1	venno	nchar(5)	NOT NULL	供应商编号	主键
2	venname	nvarchar(50)	NOT NULL	供应商名称	
3	address	nvarchar(200)	NOT NULL	供应商地址	
4	tel	nvarchar(50)	NOT NULL	联系电话	唯一键
5	country	nvarchar(50)	NOT NULL	所在国家	默认值：中国

附表 B-2 “products”表结构

序号	字段名	类型	允许为空	中文含义	备注
1	prono	nchar(5)	NOT NULL	商品编号	主键
2	venno	nchar(5)	NOT NULL	供应商编号	外键
3	proname	nvarchar(50)	NOT NULL	商品名称	
4	price	decimal(8,2)	NOT NULL	零售价格	
5	stocks	decimal(8,0)	NOT NULL	库存数量	
6	description	nvarchar(200)	NULL	商品介绍	

附表 B-3 “customers”表结构

序号	字段名	类型	允许为空	中文含义	备注
1	cusno	nchar(5)	NOT NULL	客户编号	主键
2	cusname	nvarchar(50)	NOT NULL	客户姓名	
3	address	nvarchar(200)	NOT NULL	收货地址	
4	tel	nvarchar(50)	NOT NULL	联系电话	唯一键

附表 B-4 “proins”表结构

序号	字段名	类型	允许为空	中文含义	备注
1	proinno	int	NOT NULL	入库编号	主键，从 1 开始自动编号
2	inputdate	datetime	NOT NULL	入库日期	默认为当期系统日期和时间
3	prono	nchar(5)	NOT NULL	产品编号	外键
4	quantity	decimal(6,0)	NOT NULL	入库数量	检查约束>0

附表 B-5 "orders" 表结构

序号	字段名	类型	允许为空	中文含义	备注
1	ordno	int	NOT NULL	订单编号	主键，从 1 开始自动编号
2	orddate	datetime	NOT NULL	订单日期	默认为当期系统日期和时间
3	cusno	nchar(5)	NOT NULL	客户编号	外键

附表 B-6 "orderitems" 表结构

序号	字段名	类型	允许为空	中文含义	备注
1	ordno	int	NOT NULL	订单编号	主键，外键
2	prono	nchar(5)	NOT NULL	产品编号	主键，外键
3	price	decimal(8,2)	NOT NULL	购买价格	
4	quantity	decimal(6,0)	NOT NULL	购买数量	

"sale" 数据库关系图如附图 B-1 所示。

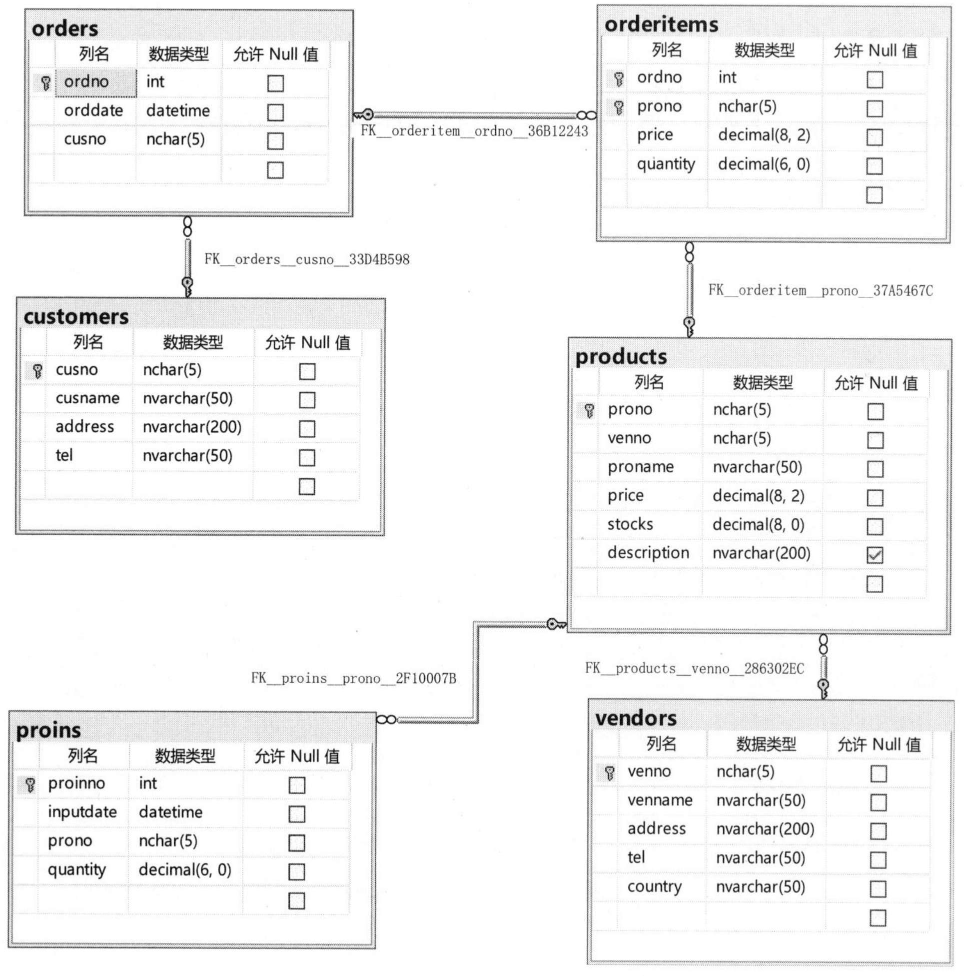

附图 B-1 "sale" 数据库关系图

参 考 文 献

[1] 岳付强，罗明英，韩德．SQL Server 2005 从入门到实践[M]．北京：清华大学出版社，2009．

[2] 岳付强，康莉．零点起飞学 SQL Server[M]．北京：清华大学出版社，2013．

[3] 蓝永健，周健飞．SQL Server 数据库项目教程[M]．北京：机械工业出版社，2020．

[4] 杨云，高玉珍．数据库管理与开发项目教程（SQL Server 2019）[M]．3 版．北京：人民邮电出版社，2022．

[5] 教育部考试中心．全国计算机等级考试三级教程：数据库技术（2022 年版）[M]．北京：高等教育出版社，2022．

[6] 王英英．SQL Server 2019 从入门到精通[M]．北京：清华大学出版社，2021．

[7] 蒙祖强，许嘉．数据库原理与应用[M]．3 版．北京：清华大学出版社，2023．

[8] 何玉洁．数据库基础与实践技术（SQL Server 2017）[M]．北京：机械工业出版社，2020．

[9] 王珊，杜小勇，陈红．数据库系统概论[M]．6 版．北京：高等教育出版社，2023．

[10] 杨先凤，岳静，朱小梅．数据库原理及应用：SQL Server 2017[M]．北京：科学出版社，2019．